150 Jahre
Wissen für die Zukunft
Oldenbourg Verlag

Humanressourcen-Management

von

Universitätsprofessor

Dr. Max Ringlstetter

und

Dr. Stephan Kaiser

Oldenbourg Verlag München

Bibliografische Information der Deutschen Nationalbibliothek

Die Deutsche Nationalbibliothek verzeichnet diese Publikation in der Deutschen Nationalbibliografie; detaillierte bibliografische Daten sind im Internet über <http://dnb.d-nb.de> abrufbar.

Rosenheimer Straße 145, D-81671 München
Telefon: (089) 45051-0
oldenbourg.de

Lektorat: Wirtschafts- und Sozialwissenschaften, wiso@oldenbourg.de
Herstellung: Anna Grosser
Coverentwurf: Kochan & Partner, München
Gedruckt auf säure- und chlorfreiem Papier
Druck: Grafik + Druck, München
Bindung: Thomas Buchbinderei GmbH, Augsburg

ISBN 978-3-486-58415-8

VORWORT

Das vorliegende Buch ist eine vertiefende Einführung in die Grundlagen eines Humanressourcen-Managements. Es macht Studierende und interessierte Praktiker in systematischer Form mit einer spezifischen Perspektive des Humanressourcen-Managements vertraut. In gewisser Weise wird dabei auf die Tradition der klassischen Personalwirtschaftslehre Bezug genommen. Darüber hinaus stehen aber gleichzeitig Schwerpunktsetzungen im Mittelpunkt der Ausführungen, die bisher wenig adressiert wurden:

- Entgegen der herrschenden Vorgehensweise steht nicht so sehr die Perspektive der Personalabteilung im Vordergrund. Vielmehr wird der Versuch unternommen, das Management von Humanressourcen in Anlehnung an Beer et alii. (1985) aus einer allgemeingültigen und breiteren „General Management-Perspektive" zu betrachten. Dadurch eignet sich das Buch nicht nur für Studierende, die in die Personalarbeit streben, oder für Personaler, sondern eben auch für diejenigen, die sich grundlegend mit dem Management der humanen Ressourcen auseinandersetzen möchten.

- Nicht zuletzt aufgrund dieser Perspektive wird für eine verstärkte Strategieorientierung im Humanressourcen-Management plädiert. Im Rahmen dieser werden Humanressourcen als nicht-triviale Ressourcen begriffen, die nachhaltige Wettbewerbsvorteile generieren. Gleichzeitig folgt daraus, dass das Humanressourcen-Management nicht nur inhaltlich und prozessual stärker mit der Unternehmensstrategie integriert werden sollte, sondern auch eine spezifische Philosophie der Professionalisierung verfolgen sollte.

Im ersten Teil des Buches werden Grundlagen des Humanressourcen-Managements skizziert. Im Mittelpunkt stehen dabei konzeptionelle Überlegungen. Wie lassen sich die Leistung von Humanressourcen bzw. genauer die Komponenten des menschlichen Leistungsverhaltens fassen und welche Ansatzpunkte ergeben sich daraus für das Management von Humanressourcen? Nach welcher allgemein nachvollziehbaren Logik lassen sich Funktionen eines Humanressourcen-Managements ableiten? Darüber hinaus wird auf relevante unternehmensinterne und -externe Rahmenfaktoren eingegangen.

Die bereits angesprochene Strategieorientierung des Humanressourcen-Managements ist Inhalt des zweiten Teils des Buches. Theoretische

Grundlage hierfür bildet zunächst der ressourcenorientierte Ansatz des strategischen Managements, der sich auf Humanressourcen bzw. auf das Management der Humanressourcen gut übertragen lässt. Obgleich dabei zu bedenken ist, dass Menschen nicht als „trivial" zu managende Ressourcen zu verstehen sind, gilt es Humanressourcen als wettbewerbskritische und damit strategische Potentiale für die Zukunft zu begreifen. Dies führt schließlich dazu, dass ein strategisches Humanressourcen-Management eine Philosophie der Professionalisierung verfolgen sollte, um erfolgsorientierte Aktivitäten zu entfalten.

Im dritten Teil des vorliegenden Buches stehen derartige Aktivitäten unter der Überschrift „Funktionen des Humanressourcen-Managements" im Blickpunkt. Zielsetzung dabei ist es, einen konzeptionellen Überblick zu diesen Funktionen zu geben und zudem heuristische Gestaltungsempfehlungen zu generieren. Hierbei geht es zunächst um die zentrale Funktion der Analyse der Allokation, die darauf abzielt, die vorhandenen Leistungspotentiale mit den gegenwärtigen oder zukünftigen Leistungsanforderungen zu vergleichen. Daraufhin werden Funktionen des Humanressourcen-Managements behandelt, die an den bereits im Unternehmen vorhandenen Humanressourcen ansetzen. Hierzu zählen die Motivation, die Entwicklung und das Placement von Humanressourcen. Schließlich wird auf die Funktionen eingegangen, die zu einem Zugang oder Abgang von Humanressourcen führen. Darunter fallen die Akquisition von Humanressourcen, aber auch deren Dispensation.

Trotz des roten Fadens, der sich insbesondere entlang der Idee eines Lebenszykluskonzepts durch das Buch zieht, wurde insgesamt Wert darauf gelegt, dass die einzelnen Kapitel und Teile des Buches für sich allein stehend lesbar bleiben. Wo notwendig, finden sich Querverweise zu anderen Stellen des Buches. Zur Vertiefung einzelner Themenblöcke sind Literaturempfehlungen angeführt, die zum Teil auch weitergehende Aspekte behandeln. Neben den Verweisen auf Standardwerke, bezieht sich ein Teil dieser Literaturempfehlungen auf Dissertationsschriften ehemaliger Mitarbeiter des Lehrstuhls für Organisation und Personal an der Katholischen Universität Eichstätt-Ingolstadt. In diesen wurden zentrale Überlegungen zu dem Verständnis eines Humanressourcen-Managements gelegt, wie es in diesem Buch vorzufinden ist. Da ohne diese Vorarbeiten das vorliegende Buch deshalb nicht möglich gewesen wäre, sei an dieser Stelle den betreffenden Personen namentlich gedankt. Zu nennen sind, in chronologischer Reihenfolge, Axel Kniehl, Frank Stetter, Janett Gauger, Arndt Brandenberg, Markus Höllmüller, Niclas Krauss, Daniel Ebert und Yasmin Fargel.

INHALTSVERZEICHNIS

Abbildungsverzeichnis

Teil 1 Grundlagen des Humanressourcen-Managements

Es ist heute weitgehend unbestritten, dass fähige und motivierte Mitarbeiter den Erfolg eines Unternehmens maßgeblich beeinflussen. Dies gilt nicht nur für wissensintensive Dienstleistungsunternehmen, die als besonders personalintensiv gelten, sondern auch für kapitalintensive Produktionsunternehmen. Insofern ist es nachvollziehbar, dass sich sowohl die Personalarbeit in der Praxis als auch die wissenschaftliche Beschäftigung mit dem Thema Personal von Fragen der reinen Personalverwaltung hin zum erfolgskritischen Humanressourcen-Management verlagert haben[1] und letzteres nunmehr als eine eigenständige Disziplin der Betriebswirtschaftslehre in Forschung und Lehre vertreten ist.[2]

Zielsetzung des Humanressourcen-Managements ist es, im Unternehmen eine Ausstattung mit Humanressourcen zu schaffen, die es ermöglicht, den gegenwärtigen und zukünftigen Problemstellungen und Anforderungen des Unternehmens gerecht zu werden. Diese zentrale Aufgabe des Humanressourcen-Managements ist offensichtlich komplexer Natur. Um dieser Komplexität gerecht zu werden, gliedern fast alle einschlägigen deutsch- sowie englischsprachige Personallehrbücher das Humanressourcen-Management systematisch in bestimmte Funktionen.[3] Die historische Grundlage für derartige Systematiken wurde im deutschsprachigen Bereich bereits durch die Arbeit von Nüßgens (1975) gelegt,[4] die in abgewandelter Form in die meisten Personallehrbücher einging.[5]

Im Folgenden wird eine eigene Systematik für Funktionen des Humanressourcen-Managements eingeführt. Dies geschieht, indem spezifische konzeptionelle Bezugspunkte gewählt werden, entlang und anhand derer sich die Funktionen des Humanressourcen-Managements ableiten lassen (siehe Kapitel 1). Beeinflusst werden diese Funktionen durch grundsätzliche unternehmensinterne und -externe Rahmenfaktoren, deren Veränderungen

1 Vgl. Staehle (1988) und Staehle (1999), S. 776f.

2 Vgl. Gaugler (2003), S. 841f. Siehe für die frühe Diskussion stellvertretend Hasenack (1961), Hax (1961).

3 Vgl. etwa Hentze (1994), Berthel (2000), Berthel/Becker (2003), Bühner (2004), Drumm (2005), Klimecki/Gmür (1998), Klimecki/Gmür (2001), Scholz (2000). Vgl. für englischsprachige Werke stellvertretend Fombrun et al. (1984), Beer et al. (1985) sowie Cascio (1989).

4 Vgl. Nüßgens (1975). Nüßgens unterscheidet folgende Funktionsbereiche: Personalbedarfsermittlung, Personalbeschaffung, Personalentwicklung, Personaleinsatz, Personalerhaltung, Personalfreistellung. In englischsprachigen Lehrbüchern sind das Michigan-Modell (vgl. Fombrun et al. (1984)) sowie das Harvard-Modell (vgl. Beer et al. (1985)) weit verbreitet.

5 Vgl. Thom (1987), S. 8. Einige Autoren übernahmen die Systematik von Nüßgens (1975) direkt. Vgl. z. B. Schultz (1981) und Bisani (1990).

und Einfluss durch das Humanressourcen-Management beachtet werden müssen (siehe Kapitel 2).

1 Konzeptionelle Bezugspunkte

Das Humanressourcen-Management ist dadurch gekennzeichnet, dass es eine Vielfalt von Theorien aus unterschiedlichen Disziplinen heranzieht, aber keine eigenständige Theorie des Humanressourcen-Managements existiert.[6] Daraus folgt die Notwendigkeit, zumindest durch einen konzeptionellen Bezugsrahmen Orientierungsmöglichkeiten zu schaffen. Ausgangspunkt eines derartigen Bezugsrahmens können Überlegungen hinsichtlich der Zielsetzung eines Humanressourcen-Managements sein. Die primäre Zielsetzung des Humanressourcen-Managements besteht darin, dem Unternehmen eine Humanressourcen-Ausstattung zur Verfügung zu stellen, mit deren Hilfe alle anstehenden, unternehmerischen Aufgaben bewältigt werden können. Die dahinter stehende Überlegung wird als Stimmigkeits- oder Fit-Gedanke bezeichnet. Allgemein wird unter dem Begriff Fit zunächst eine passgenaue Beziehung zwischen zwei oder mehreren Variablen verstanden.[7] Dabei ist zu beachten, dass die passende Beziehung der Variablen im Zeitablauf nicht vorab feststellbaren Gesetzmäßigkeiten folgt. In der personalwirtschaftlichen Forschung wird der Fit-Gedanke bisher vor allem im Rahmen der Entwicklung von Personal und der Personaleinsatzplanung verwandt. Für den Begriff „Fit" finden sich dabei Synonyme wie Passung, Übereinstimmung und Eignung.[8]

Im Allgemeinen zielen die Funktionen des Humanressourcen-Managements demnach darauf ab, einen Fit zwischen dem Leistungsniveau der Humanressourcen und den organisatorischen Leistungsanforderungen herzustellen.[9] Aufgrund dieser Zielsetzung ist zunächst zu erläutern, was unter der Leistung von Humanressourcen zu verstehen ist. Zentral dabei ist die Unterscheidung von zwei Komponenten, die für die Leistungsverhalten ursächlich sind: die Qualifikation (skill) und die Motivation (will) von Humanressourcen. Wie sich zeigen wird, spannen beide Komponenten eine „Will-Skill-Matrix" auf, mit deren Hilfe sich das Leistungsniveau grafisch im Sinne einer Metapher verdeutlichen lässt (siehe Abschnitt 1.1). Im Anschluss daran wird der Versuch unternommen, die Funktionen des Humanressourcen-Managements entlang des beruflichen Lebenszyklus eines Mitarbeiters abzuleiten

---

6 Vgl. Weibler (1995).

7 Vgl. allgemein Kirsch (1991), S. 441ff., Wolfrum (1993), 189ff.

8 Vgl. Fargel (2006), S. 25f. In organisationspsychologischen Studien hat sich diesbezüglich die so genannte „Person-Organization-Fit"-Forschung etabliert.

9 Vgl. Ringlstetter/Kniehl (1995), S. 152.

(siehe Abschnitt 1.2). Schließlich lassen sich die aus dem Lebenszyklus abgeleiteten Funktionen in spezifischer Weise in die ebengenannte Will-Skill-Matrix einordnen (siehe Abschnitt 1.3), da sie unterschiedlich an den Komponenten der Leistung ansetzen.

1.1 Komponenten der menschlichen Arbeitsleistung

Das Zustandekommen von Leistung (bzw. Leistungsverhalten) ist seit jeher ein zentraler Untersuchungsgegenstand der Verhaltenswissenschaften, insbesondere der Psychologie. Es herrscht weitgehender Konsens darüber, dass die Ursachen für das Leistungsverhalten von Menschen in komplexer Weise auf verschiedenste hypothetische Konstrukte zurückzuführen sind. Zu nennen sind etwa Instinkte und Triebe, Bedürfnisse und Motive, Werte und Einstellungen, Anspruchsniveaus und Erwartungen, sowie Qualifikationen.[10] Darüber hinaus ist das Verhalten immer auch von der spezifischen Situation und Umwelt geprägt, in der sich eine Person befindet. Letzteres wurde insbesondere durch die Feldtheorie Kurt Lewins thematisiert.[11] Im Folgenden wird ein vereinfachendes Modell vorgestellt, welches das Leistungsniveau von Humanressourcen anhand zweier Komponenten darstellt.[12] Dabei lässt sich zum einen eine Skill-Komponente unterscheiden, zum anderen eine Will-Komponente (1). Beide Komponenten determinieren das Leistungsniveau von Humanressourcen und lassen sich konzeptionell und illustrativ in einer Will-Skill-Matrix verknüpfen (2). Daraus lassen sich erste Implikationen für das Humanressourcen-Management ableiten (3).

(1) Die Skill- und die Will-Komponente

Eine erste Komponente menschlicher Arbeitsleistung ist die so genannte *Skill-Komponente.* Diese repräsentiert die Leistungsfähigkeit, d.h. die Qualifikation von Humanressourcen, die zu problemlösenden Handlungen in Unternehmen notwendig ist. Hierzu zählt das psychische und physische Können, also zum einen die überdauernden, geistigen Fähigkeiten und zum anderen die erfahrungsbedingten, erlernten Fertigkeiten.[13] Zudem beinhaltet die Skill-Komponente auch Kenntnisse im Sinne von erworbenem Wissen.[14]

---

10 Vgl. Staehle (1999), S. 162ff.

11 Vgl. Lewin (1963).

12 Vgl. auch Scholz (2000), S. 331, der vom eingesetzten individuellem Leistungspotential spricht.

13 Vgl. zum folgenden Comelli/Rosenstiel (1995), S. 1ff. und Rosenstiel (1992), S. 363ff.

14 Vgl. Staehle (1999), S. 179.

Aus Sicht des Humanressourcen-Managements sind die Qualifikationen von Mitarbeitern zielorientiert aufzubauen. Dabei wird das Problem offenkundig, dass Qualifikationen, hier insbesondere die Fähigkeiten, ein nur mittelbar beobachtbares, theoretisches Konstrukt bilden, das die potentielle Lösung bestimmter Aufgaben lediglich erwarten lässt.[15] Somit ist zweierlei zu bedenken: Erstens lässt sich ein bestimmtes Leistungsverhalten häufig mit unterschiedlichen Fähigkeiten erreichen. Zum anderen kann aus einem bestimmten Verhalten nicht direkt die konkrete Fähigkeit diagnostiziert werden.

Eine weitere und zweite Komponente der menschlichen Arbeitsleistung, die so genannte *Will-Komponente,* steht für die Leistungsbereitschaft, d.h. Motivation der Humanressourcen. Hierunter sind die Intensität und zeitliche Dauer des Leistungsverhaltens von Mitarbeitern zu verstehen. Dabei steht für das Humanressourcen-Management die Frage im Vordergrund, wie man Mitarbeiter dazu bringen kann, sich auf die Erledigung einer Aufgabe zu konzentrieren, bzw. wie man die Leistung (Intensität des Handelns) steigern kann. Der Motivationsbegriff umschreibt deswegen auch die Anziehungskraft eines Ziels oder einer Handlung und somit eine Motivationstendenz.[16] Diese entsteht aus der Interaktion von persönlichen Motiven[17] und wahrgenommenen Anreizen und geht mit einer Wahlentscheidung zwischen unterschiedlichen Handlungsalternativen einher.[18]

(2) Verknüpfung in einer Will-Skill-Matrix

Das Leistungsverhalten einer Humanressource wird einerseits durch ihre Leistungsfähigkeit (Skill) und andererseits durch ihre Leistungsbereitschaft (Will) determiniert. Diese beiden Komponenten lassen sich nun zumindest gedanklich bzw. im Sinne einer Metapher „multiplikativ" miteinander verknüpfen und bilden somit das Leistungsniveau von Humanressourcen ab. Aufgrund dieser Verknüpfung kommt es, falls für eine der beiden Komponenten der Wert Null anzunehmen ist, zu keiner problemlösenden Handlung.[19] Es gibt somit für Unternehmen grundsätzlich drei als kritisch zu beurteilende Fälle.

---

15 Der Begriff der Kompetenz wird an dieser Stelle also ähnlich wie der Begriff des Wissens verwendet.

16 Vgl. Nerdinger (1995), S. 13.

17 Unter einem Motiv wird "eine zeitlich relativ überdauernde psychische Disposition" (Rosenstiel (1992), S. 216), sich etwas bestimmtes zu wünschen, verstanden.

18 Vgl. Rosenstiel (1992), S. 363.

19 Vgl. ähnlich Ulrich (1998), der in Bezug auf geistige Leistungen von Humanressourcen die Formel "Intellectual Capital = Competence x Commitment" verwendet.

- Erstens den Fall leistungsbereite Mitarbeiter, denen jedoch die notwendigen Qualifikationen zur Vornahme einer Handlung fehlen. Folglich bleibt deren Leistungsbereitschaft ohne Wirkung.
- Problematisch ist zweitens der Fall qualifizierter Humanressourcen, denen jedoch die Motivation fehlt, ihre Fähigkeiten für das Unternehmen bzw. für die zugeordnete Aufgabe einzusetzen.
- Drittens können die beiden ersten Fälle in Kombination auftreten. Das Unternehmen sieht sich somit weder leistungsbereiten noch leistungsfähigen Mitarbeitern gegenüber.

Aufgrund der multiplikativen Verknüpfung der Will- und Skill-Komponenten kann das Leistungsniveau von Humanressourcen als Verlauf von Isoquanten zwischen einer Will- und Skill-Achse in einer Matrix dargestellt werden (siehe Abbildung 1-1). Dabei ist freilich zu beachten, dass die entstandene Will-Skill-Matrix lediglich als idealtypisches Denkmuster zu verwenden ist, und der Verlauf der Kurven keinesfalls als exakt abgeleitete Funktionen zu verstehen ist.

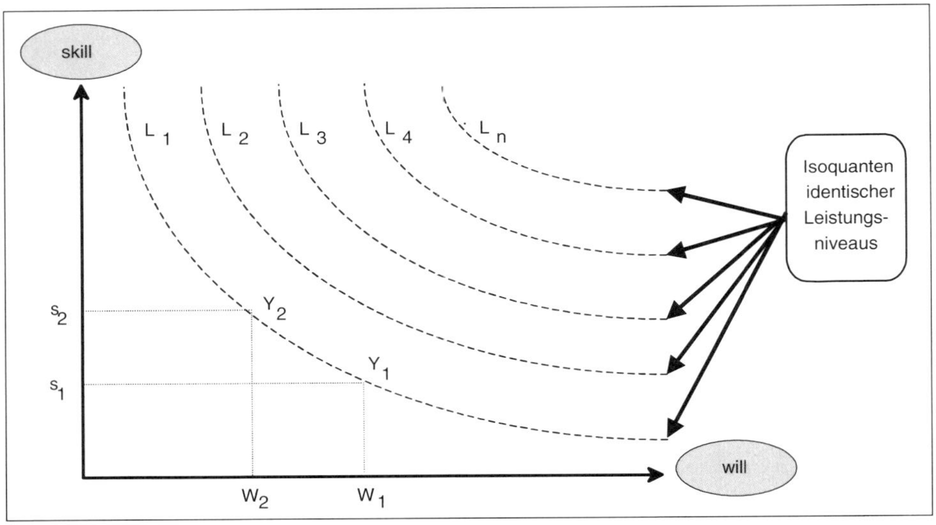

Abbildung 1-1: Leistungsniveaus der Humanressourcen in der Will-Skill-Matrix

Einzelne Punkte auf einer Isoquante bilden in der Will-Skill-Matrix ein identisches Leistungsniveau ab. So liegen etwa die Punkte Y_1 und Y_2 auf der gleichen Isoquante und weisen somit ein identisches Leistungsniveau auf. Die Isoquante ist der geometrische Ort aller Will-Skill-Kombinationen, die das gleiche Leistungsniveau erzeugen und denen gegenüber das Humanressourcen-Management bzw. die Unternehmensführung indifferent ist. Zu ergänzen ist an dieser Stelle ferner, dass im Sinne des Fit-Gedankens eine dritte Variable zu berücksichtigen ist. So ist das abgetragene Leistungsniveau quasi vor dem Hintergrund bzw. im Verhältnis zu spezifischen und durchaus dynamischen organisatorischen Anforderungen zu sehen. Dadurch ist das Leistungsniveau als zeitpunktbezogen und als relativ zu definieren.

Wie in der Abbildung zu sehen ist, unterscheiden sich die Punkte Y_1 und Y_2 allerdings in ihren jeweiligen Ausprägungen an will und skill. Eine Humanressource mit dem Leistungsniveau Y_1 verfügt demnach über ein geringeres Maß an Fähigkeiten (s_1) als eine Humanressource mit dem Leistungsniveau Y_2 und dem Fähigkeitsniveau s_2. Sie kann aber das geringere Maß an Fähigkeiten über eine höhere Motivation w_1, als die andere Humanressource mit der Motivation w_2, kompensieren. Der Verlauf der Isoquante bzw. genauer ihre unterschiedliche Steigung, weist auf die Vorstellung hin, dass es sich bei den beiden Leistungskomponenten um unvollständige Substitute handelt.[20]

(3) Implikationen für das Humanressourcen-Management

Die eben skizzierte Will-Skill-Matrix ermöglicht es, erste Folgerungen für das Humanressourcen-Management abzuleiten. Zunächst lässt sich das Ziel des Humanressourcen-Managements, die Bewegung innerhalb der Matrix von links unten nach rechts oben bzw. auf die nächsthöhere Isoquante illustrieren. Dies drückt aus, dass die organisatorischen Anforderungen besser getroffen werden. Die Vorstellung einer Will-Skill-Matrix ermöglicht es zudem, innerhalb dieser gleichen Logik organisatorische Leistungsanforderungen anzutragen (siehe Abbildung 1-2).

[20] Hinzuweisen ist auf fünf mikroökonomisch fundierte Annahmen bzw. Prinzipien: Das Prinzip der Nicht-Sättigung, das Prinzip des abnehmenden Grenznutzens, die ordinale Vergleichbarkeit, die Transitivität sowie die abnehmende Grenzrate der Substitution.

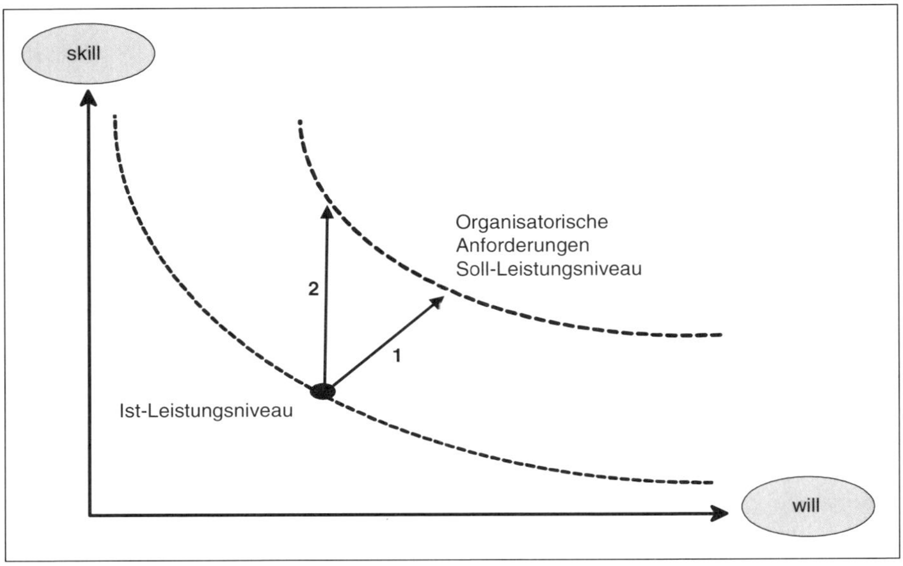

Abbildung 1-2: Implikationen für das Humanressourcen-Management

In Abbildung 1-2 ist eine Lücke zwischen dem bestehenden und erforderlichen Leistungsniveau (organisatorische Anforderungen) dargestellt; das gegenwärtige Ist-Leistungsniveau liegt unterhalb des Soll-Leistungsniveaus. Aufgabe des Humanressourcen-Managements wäre es dann, durch entsprechende Maßnahmen diese identifizierte Leistungslücke zu schließen:

- Dies kann zum einen durch eine proportionale Variation der beiden Komponenten geschehen. In diesem Fall würde versucht, sowohl die Skill- als auch die Will-Komponente gleichermaßen zu erhöhen (1).
- Zum anderen sind partielle Komponentenvariationen denkbar. Beispielsweise kann der Versuch unternommen werden, durch eine Erhöhung der Skill-Komponente das Leistungsniveau auf die erforderliche Höhe zu bringen (2).

Welche Variante gewählt wird, hängt nicht zuletzt von den „Preisen“ der Erhöhung der jeweiligen Komponente ab. Letztlich sieht sich das Humanressourcen-Management auch einer Budgetrestriktion gegenüber, die sich in einer Geraden ausdrückt, deren Steigung von den Preisen der beiden

Komponenten abhängt.[21] Darüber hinaus ist jedoch zu bedenken, dass Leistungsfähigkeiten und -bereitschaften der Humanressourcen sich nicht nur in quantitativer sondern auch qualitativer Hinsicht unterscheiden.[22] Das Humanressourcen-Management kann somit beispielsweise nicht nur versuchen, Fähigkeiten quantitativ zu erhöhen (etwa durch Verbesserung der Englischkenntnisse einer Humanressource), sondern es können auch qualitativ andere, neuartige Fähigkeiten vermittelt werden (z. B. Vermittlung von Kenntnissen einer neuen Sprache).

Es zeigt sich folglich bereits hier, dass die Analyse von Leistungsniveaus für die Ableitung von Handlungsbedarfen zentral ist. Die Ermittlung des momentan vorhandenen bzw. des benötigten Leistungsniveaus wird im Folgenden als die Analyse der Allokation-Ist bzw. -Soll bezeichnet. Dabei ist zusätzlich zu beachten, dass sich in der Will-Skill-Matrix sowohl Leistungsniveaus einzelner Humanressourcen konzeptionell abbilden lassen als auch aggregierte und damit abstraktere Leistungsniveaus der gesamten Ausstattung an Humanressourcen, die in einem Unternehmen vorhanden sind.

1.2 Beruflicher Lebenszyklus der Humanressource

Aus der Betrachtung von vorhandenen und benötigten Leistungsniveaus in der Will-Skill-Matrix lässt sich prinzipiell der Handlungsbedarf für das Humanressourcen-Management herleiten. Dies klärt aber noch nicht die Frage, welche konkreten Funktionen und Maßnahmen des Humanressourcen-Managements das Leistungsniveau von Humanressourcen steigern können. Um diese Frage zu klären, wird im Folgenden eine anwendungsorientierte Systematik vorgestellt, in die sich die Funktionen eines Humanressourcen-Managements einordnen lassen. Als Orientierung hierfür dient ein prototypischer, beruflicher Lebenszyklus von Humanressourcen, aus dem sich durch einen Perspektivenwechsel die Funktionen des Humanressourcen-Managements ableiten lassen (1). Jede der so ermittelten Funktionen des Humanressourcen-Managements widmet sich spezifischen und – zumindest in einem ersten Zugriff – grundlegend unterschiedlichen Fragestellungen (2).

21 Gemäß einem mikroökonomischen Kalkül würde versucht, die Kombination an Will und Skill zu erreichen, bei der die Steigung der Budgetgeraden der Steigung der Isoquante bzw. der Grenzrate der Substitution gleicht.

22 Vgl. Krauss (2002), S. 14.

(1) Lebenszyklusorientierte Funktionen des Humanressourcen-Managements

Wie bereits angedeutet, basiert die hier verfolgte Systematik von Funktionen auf einer Orientierung an einem prototypischen, beruflichen Lebenszyklus einer einzelnen Humanressource, der sich vom Berufseinstieg bis zum Berufsausstieg erstreckt.[23] Durch einen Perspektivenwechsel lassen sich anschließend korrespondierende Funktionen eines Humanressourcen-Managements ableiten. Der Grund für die Orientierung am Lebenszyklus der Humanressourcen lässt sich anhand von zwei miteinander verbundener Argumente erläutern:

- Zunächst lässt sich ins Feld führen, dass eine lebenszyklusorientierte Herangehensweise automatisch die Orientierung an den Objekten des Humanressourcen-Managements, nämlich Personen in spezifischen Situationen ermöglicht.
- Dies wiederum ist besonders wichtig, da Humanressourcen, wie später noch detailliert erläutert wird,[24] keine „trivialen" Ressourcen sind. Ein Bezugsrahmen, der spezifische Bedürfnisse und Konstellationen während des Lebenszyklus einer Humanressource systematisch mit einbezieht, kann der Vielschichtigkeit einer nicht-trivialen Ressource möglichst weitgehend gerecht werden.

Der gewählte Bezugspunkt des Lebenszyklus der Humanressourcen impliziert einen in erster Linie analytischen Zugang. Entscheidend ist die Frage, welchen Maßnahmen unternehmerischen Handelns sich einzelne Mitarbeiter, Mitarbeitergruppen oder die Gesamtheit der Mitarbeiter eines Unternehmens prinzipiell unterwerfen. Ob diese Aufgaben von einer Personalabteilung oder einer Führungskraft in der Linie erbracht werden, ist somit zunächst ohne Belang. Dahinter verbirgt sich die Auffassung, dass das Humanressourcen-Management nicht auf die Dinge reduziert werden kann, welche die Personalabteilungen empirisch beobachtbar machen. Ansonsten bestünde die Gefahr, dass der Begriff „Humanressourcen-Management" zur konzeptionslosen Realdefinition degeneriert: Humanressourcen-Management ist dann genau das, was Personalabteilungen in der Praxis tun (und sonst nichts).[25]

Steht also die Humanressource als Objekt des Humanressourcen-Managements im Mittelpunkt, so wird der typische Verlauf des Arbeitslebens zum Bezugspunkt für die Ableitung der Funktionen des Humanressourcen-Managements (siehe Abbildung 1-3):

---

23 Vgl. hierzu und zum folgenden Ringlstetter/Kniehl (1995), S. 151ff.

24 Siehe Unterabschnitt I3.2.2.

25 Vgl. hierzu Neuberger (1997), S. 15 ff. und S. 34 ff..

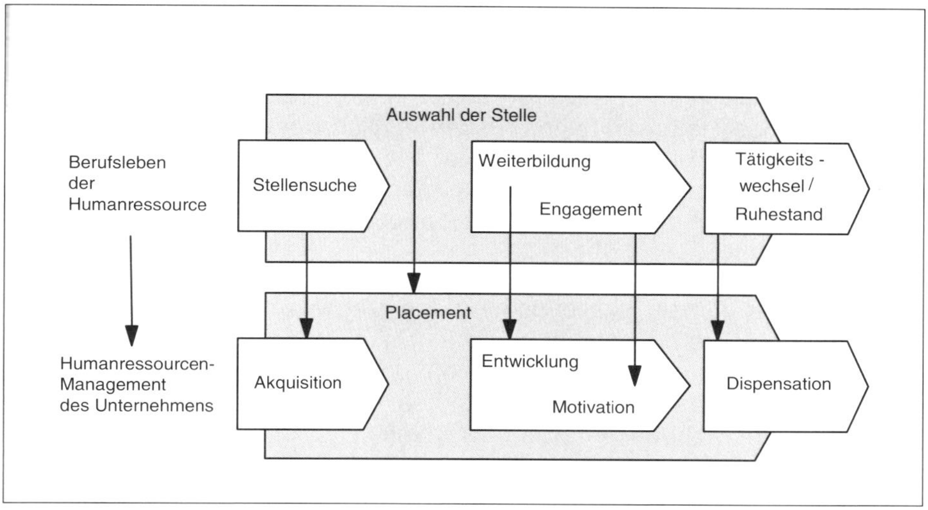

Abbildung 1-3: Lebenszyklusorientiertes Humanressourcen-Management

- Zu Beginn des Berufslebens oder bei einem Wechsel zu einem anderen Arbeitgeber beschäftigt sich die Humanressource mit Fragen der Stellensuche. Aus der Managementperspektive entspricht dieser Vorgang der *Humanressourcen-Akquisition*, die sich mit der Beschaffung von Humanressourcen am externen Arbeitsmarkt befasst.

- Die Suche nach einem Arbeitgeber wird komplettiert durch die Auswahl einer konkreten Stelle im entsprechenden Unternehmen. Dies entspricht auf Unternehmensseite der Stellenbesetzung, beziehungsweise dem *Humanressourcen-Placement*. Dieses ist jedoch nicht reduzierbar auf einen einmaligen Vorgang zu Beginn eines Arbeitsverhältnisses. Vielmehr kann es im Laufe eines Vertragsverhältnisses zwischen Mitarbeiter und Unternehmen zu einigen Stellenwechseln kommen, die durch Aktivitäten des Humanressourcen-Managements begleitet werden.

- Es kann davon ausgegangen werden, dass sich mit der Zeit die organisatorischen Anforderungen verändern, die an den Mitarbeiter gestellt werden. Im Laufe seines Arbeitslebens wird sich der Mitarbeiter deshalb um die Verbesserung seiner Qualifikationen bemühen müssen oder wollen, um den Wert seiner Arbeitskraft zu erhalten oder zu erhöhen. Im Kontext des Humanressourcen-Managements wird dann von der *Entwicklung von Humanressourcen* zum Aufbau und Erhalt von Fähigkeiten gesprochen.

- Darüber hinaus stellt sich der Mitarbeiter im Laufe seines Berufslebens täglich die Frage, in welchem Ausmaß und in welcher Form er sich für das Unternehmen engagieren soll. Die entsprechenden Maßnahmen seitens des Unternehmens müssen folglich darauf abzielen, das Engagement der Humanressourcen zu bewahren, zu steigern und zu lenken. Alle diese Aktivitäten des Humanressourcen-Managements lassen sich unter dem Begriff der *Humanressourcen-Motivation* zusammenfassen.

- Ein letzter Aspekt schließlich ist das Verlassen des Unternehmens durch den Mitarbeiter. Dies geschieht nicht unbedingt nur im Rahmen der Pensionierung oder Berentung des Mitarbeiters, sondern etwa auch weil er das Unternehmen wechseln will, sich selbstständig macht, etc. Darüber hinaus verlassen Mitarbeiter das Unternehmen, wenn sie aus persönlichen oder betriebsbedingten Gründen freigestellt werden. Alle diese Prozesse spiegeln sich in der Funktion der *Humanressourcen-Dispensation* wider, die ganz allgemein eine Entpflichtung des Mitarbeiters von seinen aktuellen Aufgaben bedeutet.

(2) Grundlegende Zielsetzungen und Fragestellungen der Funktionen des Humanressourcen-Managements

Mit den aus dem Lebenszyklus einzelner Humanressourcen abgeleiteten Funktionen des Humanressourcen-Managements werden seitens des Unternehmens grundlegende Zielsetzungen verfolgt. Gleichzeitig sind mit der Verfolgung dieser Zielsetzungen jeweils bestimmte Fragestellungen verbunden, die sich zumindest in abstrakter Weise kurz skizzieren lassen:

- Die *Akquisition* ist darauf ausgerichtet, die für die gegenwärtige und zukünftige Leistungserstellung erforderlichen Humanressourcen am externen Arbeitsmarkt zu beschaffen. Dabei ist zunächst zu entscheiden, welche Segmente des externen Arbeitsmarktes für die Akquisitionsaktivitäten ausgewählt werden. Nach dieser Entscheidung gilt es, die ausgewählten Marktsegmente näher zu analysieren. Nur auf Basis der Analyse lassen sich zielorientiert Strategien ableiten und umsetzen. Zu bedenken ist jedenfalls, dass das Unternehmen mit anderen Unternehmen am Arbeitsmarkt im Wettbewerb um Humanressourcen steht und deshalb auch als Arbeitgeber eine starke Wettbewerbsposition erreichen sollte. Ausdruck dieses Strebens ist eine ausgeprägte Kundenorientierung gegenüber potentiellen Mitarbeitern (siehe Abschnitt 7.1).

- Mit dem *Placement* von Humanressourcen zielt die Unternehmensführung darauf ab, Stellen mit Humanressourcen zu besetzen, die die Stellenanforderungen hinsichtlich Skill- und Will-Komponente erfüllen können. Dabei gilt es, im Rahmen der unternehmerischen Stellenplanung der hohen Dynamik der marktinduzierten Veränderungen von organisatorischen Anforderungen gerecht zu werden. Darüber hinaus ist die Abstimmung von unternehmerischer Stellen- und Laufbahnplanung und individueller Karriereplanung des Mitarbeiters erforderlich (siehe Abschnitt 6.3).

- Die Funktion der *Entwicklung* von Humanressourcen hat die Zielsetzung, die individuelle Leistungsfähigkeit (Skill-Komponente) von Humanressourcen sowie die kollektive Leistungsfähigkeit der gesamten Ausstattung mit Humanressourcen zu steigern. Entsprechend ist die Entwicklung von Humanressourcen zum einen darauf ausgerichtet, individuelle und strategisch relevante Qualifikationen aufzubauen. Zum anderen gilt es aber ebenso, durch Schaffung gemeinsamer Orientierungsmuster und Initiierung organisationaler Lernprozesse kollektive Problemlösungsfähigkeiten zu schaffen (siehe Abschnitt 6.2).

- Hinter der Funktion der *Motivation* verbirgt sich die Intention, bei den Humanressourcen zweierlei Dinge zu erreichen: Erstens sollen die Mitarbeiter zur engagierten Bewältigung von organisatorisch erforderlichen Leistungen bewegt werden. Hierzu ist es notwendig, zielgerichtet Anreizsysteme zu gestalten. Zweitens wird darauf abgezielt, die Mitarbeiter zu einer Verbleibe-Entscheidung zu bewegen, mit anderen Worten sie an das Unternehmen zu binden. Hinsichtlich beider Zielsetzungen gilt es, individuelle Präferenzen der Mitarbeiter und individuell differenzierte Wirkmechanismen zu berücksichtigen (siehe Abschnitt 6.1).

- Mit der Funktion der *Dispensation* von Humanressourcen ist primär die Zielsetzung verbunden, die unternehmerische Ausstattung an Humanressourcen bei quantitativen und gegebenenfalls auch qualitativen Überkapazitäten durch eine Reduktion der Kapazitäten anzupassen. In erster Linie handelt es sich bei der Dispensation demnach um das Management von internen und externen Freistellungen. Darüber hinaus zielen Aktivitäten in der Funktion der Dispensation aber auch darauf ab, eine Humanressourcen-Ausstattung mit ausreichender Flexibilität zu schaffen. Auf Basis dieser Flexibilität wird das Potential für mögliche Kapazitätsanpassungen erhöht (siehe Abschnitt 7.2).

Den fünf eben kurz skizzierten Funktionen ist die Analyse bzw. Prognose ces gegenwärtigen und zukünftig vorhandenen und benötigten Leistungsriveaus als zentrale Funktion des Humanressourcen-Managements vorgelagert. Die Analyse der Allokation von Humanressourcen ermöglicht funcierte Entscheidungen für oder gegen einzelne Aktivitäten oder Funktionen ces Humanressourcen-Managements. Als informatorische Grundlage verbindet die Analyse der Allokation somit gewissermaßen alle anderen Funktionen des Humanressourcen-Managements (siehe Kapitel 5).

1.3 Verortung der Funktionen in der Will-Skill-Matrix

Wie in vorangegangenen Abschnitt erläutert, lassen sich die Funktionen des Humanressourcen-Managements aus dem Lebenszyklus eines einzelnen Mitarbeiters ableiten. Darüber hinaus wurde bereits angeführt, dass es die Zielsetzung des Humanressourcen-Managements ist, das Leistungsniveau einzelner Mitarbeiter – gemessen an der jeweiligen Kombination geeigneter Will- und Skill-Komponenten – zu erhöhen und damit gleichsam das Leistungsniveau der gesamten Humanressourcen-Ausstattung des Unternehmens insgesamt den organisatorischen Anforderungen anzupassen.

Beide Aspekte lassen sich kombinieren, indem die aus dem beruflichen Lebenszyklus abgeleiteten Funktionen des Humanressourcen-Managements in die oben beschriebene Will-Skill-Matrix eingetragen werden. Damit wird gleichzeitig die eher individualistische Perspektive des Lebenszyklus ergänzt durch eine kollektive Perspektive, gemäß derer die gesamte Ausstattung an Humanressourcen durch das Humanressourcen-Management zu betrachten wäre. Hierzu zählt auch die Vorstellung, dass die Ausstattung an Humanressourcen eine eigenständige Struktur aufweist, die aufgrund von zwei Aspekten zustande kommt:

- *Organisatorische Verortung:* Humanressourcen sind im Sinne eines organisatorischen Stellengefüges in der Organisationsstruktur verortet und erbringen innerhalb ihre Stelle spezifische Teilaufgaben einer organisatorischen Gesamtaufgabe.

- *Prozessuale Abhängigkeit:* Aufgrund der Zusammenarbeit von Humanressourcen sind wechselseitige Beziehungen zwischen diesen vorzufinden sind, die sich als prozessuale Abhängigkeit begreifen lassen.

Insgesamt lassen sich durch die Kombination des Lebenszykluskonzepts und der Will-Skill-Matrix drei unterschiedliche Stoßrichtungen der Funktionen nachzeichnen:

- *Nutzung und Strukturierung:* Erstens kann man Funktionen unterscheiden, mit deren Hilfe der Versuch unternommen wird, die bisherige Humanressourcen-Ausstattung in der momentanen Struktur besser zu nutzen. In einem zweiten Schritt sind Funktionen des Humanressourcen-Managements denkbar, die ebenso auf eine bessere Nutzung bestehender Humanressourcen abzielen, allerdings dabei eine strukturelle Veränderung der Humanressourcen-Ausstattung bedeuten (1).

- *Restrukturierung:* Drittens besteht die Möglichkeit, das Leistungsniveau der Humanressourcen-Ausstattung dadurch den organisatorischen Anforderungen anzupassen, indem im Sinne eines Portfolio-Managements neue Humanressourcen zu der bisherigen Ausstattung hinzukommen bzw. bisherige Humanressourcen das Unternehmen verlassen. Dadurch findet eine Restrukturierung der bestehenden Humanressourcen-Ausstattung statt (2).

Obgleich hiermit die Funktionen des Humanressourcen-Managements konzeptionell nochmals klarer abgegrenzt werden, ist ferner jedoch darauf hinzuweisen, dass zwischen den einzelnen Funktionen nicht unerhebliche Interferenz- und Substitutionsverhältnisse bestehen (3).

(1) Nutzung und Strukturierung der bestehenden Humanressourcen-Ausstattung

Funktionen, die darauf ausgelegt sind, vorhandene Humanressourcen besser zu nutzen, setzen direkt an einer positiven Veränderung der Will- bzw. Skill-Komponente der Humanressourcen-Ausstattung an. Es geht also um die Verbesserung der Leistungsfähigkeiten bzw. -bereitschaften der im Unternehmen beschäftigten Mitarbeiter. Vor dem Hintergrund dieser Zielsetzung lassen sich die Funktionen der Entwicklung und Motivation in der Will-Skill-Matrix verorten (siehe Abbildung 1-4).

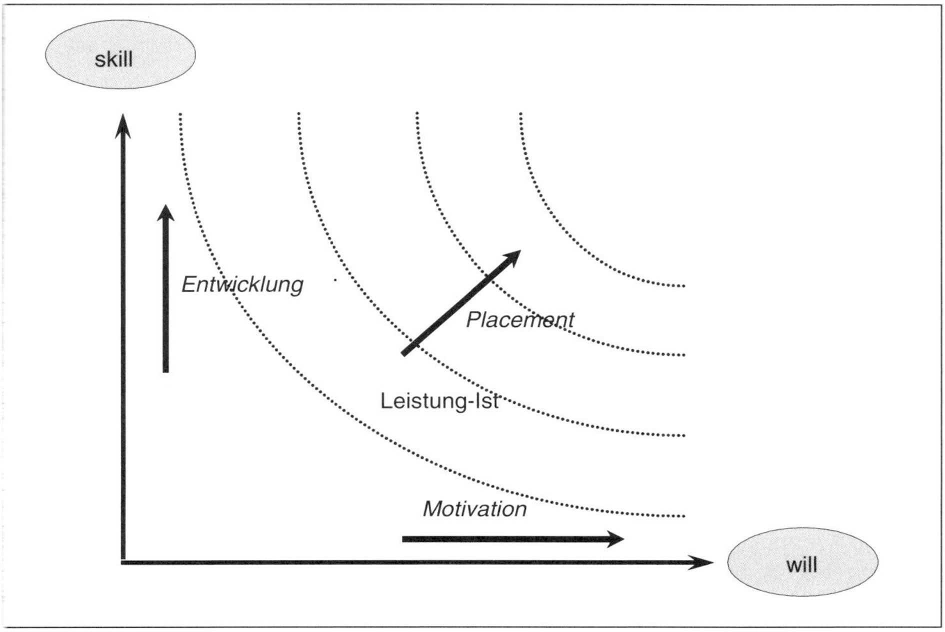

Abbildung 1-4: Nutzung und Strukturierung der Humanressourcen-Ausstattung

Wie aus der Abbildung ersichtlich wird, zielt das Humanressourcen-Management mit der Funktion der Entwicklung von Humanressourcen in erster Linie darauf ab, die Fähigkeiten von Humanressourcen zu erhöhen. Mit Hilfe der Motivation von Humanressourcen hingegen, soll etwa durch das entsprechende Setzen von Anreizen die Leistungsbereitschaft gesteigert werden.

Mit Hilfe der Strukturierung der Humanressourcen-Ausstattung wird ebenfalls versucht, das Leistungsniveau des Unternehmens den organisatorischen Anforderungen anzupassen. Grundidee bzw. zentrale Annahme dabei ist es, dass den organisatorischen Anforderungen, sprich Aufgaben und Stellen, in optimaler Form entsprechende Humanressourcen zugewiesen werden können. Die korrespondierende Funktion des Humanressourcen-Managements ist demnach das Placement von Humanressourcen. Dieses setzt an beiden Komponenten der Will-Skill-Matrix an, und wirkt somit in Richtung einer diagonalen Verschiebung des Leistungsniveaus nach oben (siehe Abbildung 1-4).

Placementaktivitäten führen zu einer neuartig strukturierten Humanressourcen-Ausstattung und sind – ausgehend von einer optimierten Humanressourcen-Ausstattung – auf den ersten Blick immer nur dann notwendig, wenn

- sich erstens neue organisatorische Anforderungen ergeben haben, oder
- sich zweitens die Leistungsniveaus der Humanressourcen verändert haben. Dies ist etwa der Fall, wenn Mitarbeiter im Laufe der Zeit alle für ihre Stelle notwendigen Qualifikationen erlernt haben und es aufgrund erster Demotivationseffekte zu einem Leistungsabfall kommt.

Allerdings ist es ebenso vorstellbar, dass konkrete Karriereversprechungen durch das Unternehmen erfüllt werden müssen. Mit anderen Worten werden Placementaktivitäten auf den zweiten Blick immer auch dann notwendig, wenn sich die objektiven Anforderungen des Stellengefüges eines Unternehmens nicht verändert haben.

Insgesamt können durch Placementaktivitäten im größeren Umfang völlig neuartige Problemlösungsfähigkeiten hervorgebracht werden. Beispielsweise hat der japanische Canon-Konzern durch Placement von Mitarbeitern in eine Taskforce, die Fähigkeit zur Entwicklung der ersten von einem Mikroprozessor gesteuerten Spiegelreflexkamera gewonnen. Die Humanressourcen waren zuvor in den Bereichen Optik, Mechanik und Mikroelektronik tätig.[26] In jüngster Zeit werden derartige marktgetriebene Placementaktivitäten auch als „Patching“ bezeichnet.[27]

---

26 Vgl. Kaiser (2001), S. 121, unter Rekurs auf Steidl (1999), S. 155ff. und Goold et al. (1994), S. 169ff.

27 Vgl. Eisenhardt/Brown (1999).

(2) Restrukturierung der Humanressourcen-Ausstattung

Die Nutzung und Strukturierung der Humanressourcen-Ausstattung erfolgt, ohne dass Humanressourcen das Unternehmen verlassen oder in das Unternehmen eintreten. Im Rahmen der Restrukturierung der Humanressourcen-Ausstattung kommt es hingegen zu einem Zu- bzw. Abgang von Humanressourcen. Dies entspricht, wie unschwer zu erkennen ist, den Funktionen der Dispensation und Akquisition von Humanressourcen. In beiden Fällen kommt es zu einer Anpassung des Leistungsniveaus an die organisatorischen Anforderungen. Ob es dabei zu einer absoluten Erhöhung oder Absenkung der Will- oder Skill-Komponenten kommt, ist zunächst nicht entscheidend, da aus Sicht des Fit-Gedankens nicht die absolute Ausprägung der beiden Leistungskomponenten entscheidend ist, sondern die relative Passung zu den organisatorischen Anforderungen. Demnach ist die eigentliche Intention der Restrukturierung, das „richtige" Leistungsniveau zu generieren (siehe Abbildung 1-5).

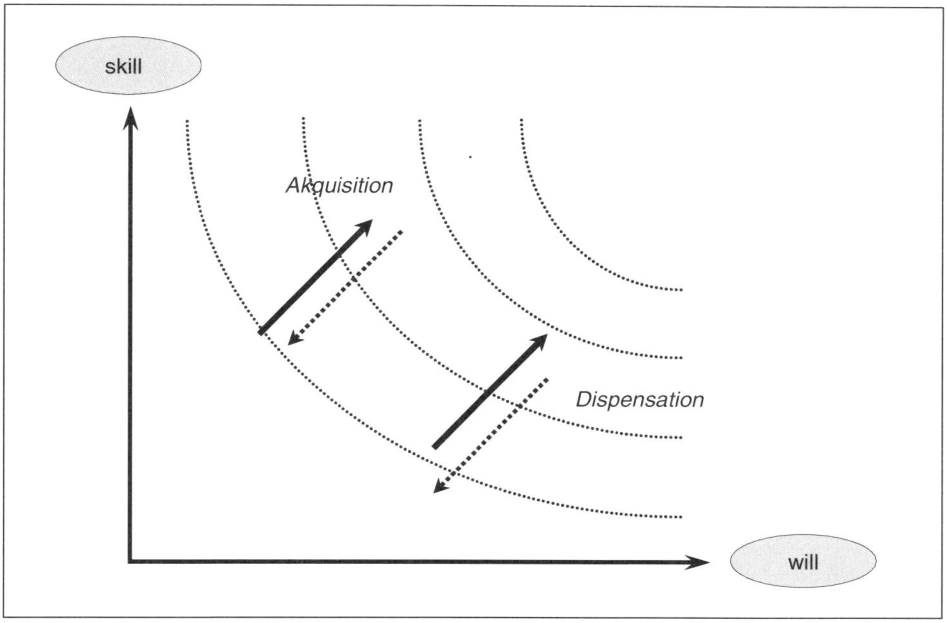

Abbildung 1-5: Restrukturierung der Humanressourcen-Ausstattung

Allerdings kommt es bei der Akquisition neuer Humanressourcen im Regelfall zu einer Erhöhung des Leistungsniveaus des Unternehmens. Es sei denn, der neu akquirierte Mitarbeiter lässt sich als Fremdkörper in die Prozesse der Leistungserstellung nicht integrieren. Im Fall der Dispensation von Humanressourcen hingegen wird das Leistungsniveau des Unternehmens in absoluter Hinsicht zunächst nach unten angepasst. Dies mag zunächst überraschen, ist aber aus Gesichtspunkten der Effizienz verständlich. Denn es ist aus Sicht des Unternehmens ineffizient eine Humanressourcen-Ausstattung vorzuhalten, die ein absolut höheres Leistungsniveau aufweist als das in Relation zu den Anforderungen notwendige. Umgekehrt kann es jedoch sein, dass durch die Dispensation einzelner Mitarbeiter das kollektive Leistungsniveau ansteigt. Zu denken wäre beispielsweise an einen Mitarbeiter, der das reibungslose Funktionieren eines Teams verhindert. Abstrakt gesprochen können durch die Dispensation von Mitarbeitern strukturelle Pathologien der Humanressourcen-Ausstattung aufgelöst werden.[28]

Jenseits der obigen Überlegungen lassen sich Maßnahmen der Restrukturierung hinsichtlich ihrer Bedeutung unterscheiden. Beispielsweise kann man an die Ersatzbeschaffung einer Mitarbeiterin aus der Buchhaltung denken, die aufgrund eines Ortswechsels ihres Lebenspartners das Beschäftigungsverhältnis gekündigt hat. Das Leistungsfähigkeitsniveau des Unternehmens wird – ohne die Leistung von Sachbearbeitern in der Buchhaltung schmälern zu wollen – nach der Ersatzbeschaffung wieder hergestellt sein. Anders kann dies jedoch sein, wenn etwa der langjährige Vorstandsvorsitzende eines Konzerns durch einen visionären und dynamischen Nachfolger ersetzt wird. Dies mag es dem Unternehmen mittelfristig ermöglichen, völlig neue Geschäftsfelder zu bearbeiten. Entscheidend hinsichtlich der Veränderung von Leistungsniveaus ist also immer die Stellung der Humanressource im Organisationsgefüge, sprich die Frage, in welchen Bereichen und natürlich auch in welchem Umfang die Restrukturierung der Humanressourcen-Ausstattung erfolgt.

(3) Substitutions- und Interferenzeffekte zwischen den Funktionen des Humanressourcen-Managements

Der berufliche Lebenszyklus von Humanressourcen und die Vorstellung einer Will-Skill-Matrix ermöglichen es grundsätzlich, die Funktionen eines Humanressourcen-Managements voneinander hinsichtlich zweier Aspekte abzugrenzen:

- *Zeitpunkt:* Die Funktionen des Humanressourcen-Managements werden zu einem typischen Zeitpunkt des Lebenszyklus relevant.
- *Wirkung:* Die Funktionen unterscheiden sich hinsichtlich ihrer Wirkungen auf die Komponenten der menschlichen Leistungsfähigkeit.

---

[28] Vgl. Kaiser (2001), S. 122.

Obgleich die damit verbundene Vorstellung der Einordnung von Funktionen sowohl theoretisch nachvollziehbar ist als auch in der Praxis der Personalarbeit häufig in ähnlicher Weise vollzogen wird, so ist an dieser Stelle doch darauf hinzuweisen, dass die konzeptionelle Unterscheidung zu relativieren ist. Grund für die Notwendigkeit der Relativierung sind Effekte der Substitution (a) und der Interferenz (b). Beide Effekte führen zu einer Erhöhung der Entscheidungskomplexität des Humanressourcen-Managements (c).

(a) *Substitutionseffekte:* Der Effekt der Substitution drückt sich darin aus, dass das Humanressourcen-Management in einigen Entscheidungen die Wahl hat, die gleiche Problemstellung mit Hilfe unterschiedlicher Funktionen anzugehen. Dies liegt wiederum darin begründet, dass sich einzelne Funktionen durch andere ersetzen lassen. Beispielsweise steht die Funktion der Akquisition in einem Substitutionsverhältnis zu Funktionen der Entwicklung oder Motivation von Humanressourcen, je nachdem ob es sich bei der Beschaffungsherausforderung um eine qualitative oder quantitative Problemstellung handelt:[29]

- Eine *qualitative Herausforderung* der Akquisition findet darin ihren Ausdruck, dass die Beschaffung neuer Qualifikationen notwendig ist, um neuartige organisatorische Anforderungen zu bewältigen. Dies kann durch die Beschaffung spezifisch qualifizierter Humanressourcen am externen Arbeitsmarkt gelingen, aber ebenso durch gezielte Entwicklung bereits vorhandener Mitarbeiter.

- Eine *quantitative Herausforderung* der Akquisition liegt dann vor, wenn die Intensität von Aufgaben, die durch das Unternehmen bereits bewältigt werden müssen, zunimmt. Beispielsweise kann dies der Fall sein, wenn im Vertrieb mehr Kunden als bisher betreut werden müssen. Diesbezüglich ist es sowohl möglich, neue Vertriebsmitarbeiter durch Beschaffungsaktivitäten am externen Arbeitsmarkt zu gewinnen als auch bereits vorhandene Mitarbeiter des Vertriebs durch zusätzliche Leistungsanreize zur Betreuung der neuen Kunden zu motivieren.

Ähnliche substitutive Beziehungen existieren auch für viele andere Funktionen des Humanressourcen-Managements.

(b) *Interferenzeffekte:* Die Effekte der Interferenz betreffen Abstrahleffekte einzelner Funktionen auf andere Funktionen. Damit ist angesprochen, dass einige Aktivitäten des Humanressourcen-Managements, die an sich einer spezifischen Funktion zuzurechnen sind, gleichzeitig Effekte im Sinne einer anderen Funktion zeitigen. So ist es beispielsweise denkbar, dass durch

29 Vgl. hierzu allgemein auch Thom (1987), S. 1.

Maßnahmen der Entwicklung von Qualifikationen gleichzeitig auch die Leistungsbereitschaft einzelner Mitarbeiter zunehmen kann, da die Teilnahme eines Mitarbeiters an einem Seminar zur Erhöhung von Fremdsprachkenntnissen diesen nicht nur befähigen, sondern indirekt vor allem auch motivieren, den Kontakt zu ausländischen Kunden aufzunehmen oder zu intensivieren. In besonderer Weise auffällig sind die Interferenzeffekte im Falle der Funktion des Placements von Humanressourcen. Hierbei ist zu bedenken, dass durch die Funktion Placement nicht nur die Zuweisung von Humanressourcen auf Aufgaben und Stellen im Sinne größtmöglicher Stimmigkeit optimiert wird. Vielmehr erhöhen Placementaktivitäten zum einen direkt die Leistungsbereitschaft von Mitarbeitern,[30] zum anderen wird aber auch die Entwicklung von neuartigen Leistungsfähigkeiten gefördert. Der motivationale Effekt beruht dabei auf der Tatsache, dass ein Placement für den Mitarbeiter gleichzeitig auch ein positiv wahrgenommener Karriereschritt sein kann. Der Entwicklungseffekt hingegen ist darauf zurückzuführen, dass der Mitarbeiter durch die neuartigen Aufgaben, die er im Rahmen seiner Tätigkeit auf der neuen Stelle zu bewältigen hat, zu Lernprozessen angeregt wird. Dies beeinflusst wiederum positiv seine Skill-Komponente.

(c) Komplexitätserhöhung: Aus Sicht des Humanressourcen-Managements und der Unternehmensführung ist es relevant, die geschilderten Effekte zu verstehen, um fundierte Entscheidungen zu treffen. Insgesamt bedeutet die Existenz der Effekte eine Erhöhung der Komplexität des Humanressourcen-Managements:

- Aufgrund der *Substitutionseffekte* nimmt die Zahl der prinzipiellen Entscheidungsalternativen zu, die im Rahmen der Festlegung konkreter Aktivitäten und Instrumente des Humanressourcen-Managements bedacht werden müssen.
- Das Vorhandensein von *Interferenzeffekten* zeitigt eine erhöhte Unschärfe der Wirkung von Maßnahmen des Humanressourcen-Managements. In der Folge wird das zielgerichtete und punktgenaue Steuern der menschlichen Leistungsfähigkeit erschwert.

Beide Effekte und ihre Konsequenzen führen letztlich zu der Auffassung, dass ein Management von Humanressourcen systematisch durch eine gewisse Unschärfe gekennzeichnet ist und die Vorstellung einer geplanten Evolution der Humanressourcen-Ausstattung (siehe Unterabschnitt 4.2.2) diese Problematik zu verstehen hilft.

---

30 Umgekehrt sind jedoch auch Demotivationseffekte denkbar!

Diskussions- und Verständnisfragen:

(1) Diskutieren Sie, inwieweit die Darstellung der menschlichen Arbeitsleitstung in der Will-Skill-Matrix die Entscheidungen des Humanressourcen-Managements unterstützen kann.

(2) Wie lässt sich analytisch anhand der Will-Skill-Matrix erklären, dass eine starke preisliche Veränderung des Angebots von Weiterbildungsanbietern in einer Neuausrichtung des Humanressourcen-Managements münden könnte?

(3) Diskutieren Sie die Gemeinsamkeiten und die Unterschiede der einzelnen Funktionen des Humanressourcen-Managements. Wie hängen diese mit den Substitutions- und Interferenzeffekten zusammen?

(4) Wie hängt die konzeptionelle Unterscheidung der Nutzung, Strukturierung bzw. Restrukturierung der Humanressourcen-Ausstattung mit den Funktionen des Humanressourcen-Managements zusammen.

Literaturempfehlungen:

- Ausführungen zu in diesem Buch verwendeten Bezugsrahmen finden sich bei: **Ringlstetter, M./Kniehl, A. (1995):** Professionalisierung als Leitidee eines Human Resource Managements. In: Wächter, H./Metz, T. (Hg.). Professionalisierte Personalarbeit? Perspektiven der Professionalisierung des Personalwesens. München, 139–161.
- Einen klassischen Überblick über die Funktionen des Humanressourcen-Managements bietet: **Hentze, J. (1994):** Personalwirtschaftslehre 1 – Grundlagen, Personalbedarfsermittlung, -beschaffung, -entwicklung und -einsatz. Bern.
- Für eine intensive Vertiefung der theoretischen Grundlagen und der geschichtlichen Entwicklung des Personalwesens eignet sich: **Neuberger, O. (1997):** Personalwesen 1: Grundlage, Entwicklung, Organisation, Arbeitszeit, Fehlzeiten. Stuttgart.

2 Zentrale Rahmenfaktoren

Das Humanressourcen-Management agiert in einem dynamischen Umfeld mit spezifischen Rahmenfaktoren.[31] Diese Rahmenfaktoren schränken zum einen die Handlungsoptionen des Humanressourcen-Managements ein, indem sie gewisse Leitplanken des Handelns vorgeben, zum anderen bieten sie Chancen zur spezifischen Ausrichtung des Humanressourcen-Managements. Die Berücksichtigung von Rahmenfaktoren ist von zentraler Bedeutung für das Humanressourcen-Management:

- Einerseits wirken sie als Einflussfaktoren auf die Unternehmensentwicklung und damit auf die zu erwartenden organisatorischen Anforderungen. Deshalb ist das Thema Rahmenfaktoren insbesondere für die Analyse des zukünftig notwendigen Leistungsniveaus relevant.

- Andererseits existieren Rahmenfaktoren, die direkte Auswirkungen auf einzelne Funktionen des Humanressourcen-Managements besitzen. Ein Beispiel hierfür wären rechtliche Bestimmungen, die im Rahmen einer betriebsbedingten Kündigung eingehalten werden müssen.

Die Rahmenfaktoren des Humanressourcen-Managements lassen sich in interne und externe differenzieren. Die internen Rahmenfaktoren sind durch das Humanressourcen-Management zumindest mittelbar und langfristig beeinflussbar (siehe Abschnitt 2.1). Die externen Rahmenfaktoren hingegen müssen im Regelfall als Datum für das Humanressourcen-Management hingenommen werden und lassen sich kaum modifizieren (siehe Abschnitt 2.2).

2.1 Interne Rahmenfaktoren

Zu den *internen Rahmenfaktoren* gehören die Unternehmensstrategie, -struktur und -kultur. Zu diesen drei Rahmenfaktoren lassen sich dabei folgende Tendenzaussagen treffen: Während die vorherrschende Unternehmenskultur als relativ stabiles Konstrukt in erster Linie das aktuelle Leistungsniveau beeinflusst, wirken Veränderungen der Unternehmensstrategie und der Unternehmensstruktur vor allem auf das zukünftig benötigte Leis-

---

31 Vgl. Scholz (2000).

tungsniveau. Letzteres lenkt als informatorische Grundlage und Zielgröße die Handlungen des Humanressourcen-Managements.

(1) Unternehmensstrategie

Die *Unternehmensstrategie* stellt einen ersten wichtigen internen Rahmenfaktor dar.[32] Dabei gilt grundsätzlich, dass strategische Vorgaben der Unternehmensleitung die Ausrichtung des Humanressourcen-Managements beeinflussen, da die gewählte Unternehmensstrategie in qualitativer und quantitativer Hinsicht Einfluss auf die Leistungsanforderungen und damit auf das Humanressourcen-Management hat.[33]

- So verlangt eine *Wachstumsstrategie* in der Regel nicht nur eine Erhöhung der Mitarbeiteranzahl in den bisherigen Tätigkeitsfeldern des Unternehmens. Zudem ist auch eine Verbesserung der Personalqualität erforderlich, da die Mitarbeiter meist mit neuen Aufgabeninhalten oder mit einer höheren Arbeitsbelastung konfrontiert werden.

- Eine *Diversifikationsstrategie* hingegen erfordert den Aufbau einer Humanressourcen-Ausstattung mit entsprechenden Qualifikationen in einem neuen Tätigkeitsfeld. Die Mitarbeiter müssen für das neue Geschäftsfeld qualifiziert werden und hierfür eine entsprechende Lernbereitschaft und -geschwindigkeit besitzen, um die neuen Aufgabeninhalte zu erlernen. Dies spricht für einen Zuwachs der qualitativen Anforderungen an die Humanressourcen-Ausstattung. Hierfür müssen Fähigkeiten der vorhandenen Humanressourcen-Ausstattung entweder entwickelt oder neue Humanressourcen mit entsprechenden Qualifikationen akquiriert werden.

- Ist das Unternehmen dagegen gezwungen, eine *Konsolidierungsstrategie* zu verfolgen, wird an das Humanressourcen-Management die Aufgabe gestellt, die Qualität der Humanressourcen-Ausstattung zu halten und dabei gleichzeitig nach Rationalisierungspotentialen zu suchen. Dies geht meist mit einer Steigerung des Leistungsniveaus einzelner Mitarbeiter einher. Während folglich die qualitativen Allokationsanforderungen an die gesamte Humanressourcen-Ausstattung konstant bleiben, steigen die individuellen Anforderungen an einzelne Mitarbeiter bei insgesamt sinkender Anzahl an Mitarbeitern.

---

32 Vgl. z. B. Krauss (2002), Holtbrügge (2004), sowie ausführlich 4.1.

33 Vgl. zum Folgenden auch Jacobs et al. (1987), Riedl (1995).

Unterschiedliche Konsequenzen zeitigen darüber hinaus Strategien der Differenzierung und Kostenführerschaft.[34] Differenzierungsstrategien führen dazu, dass der Erfolg von Unternehmen mit Funktionen der Entwicklung und der Motivation von Humanressourcen gekoppelt sind. Das Humanressourcen-Management von Kostenführern verspricht hingegen dann erfolgreich zu sein, wenn administrative Maßnahmen der Personalkontrolle ergriffen werden.

(2) Organisationsstruktur

Der zweite zentrale interne Rahmenfaktor ist die *Organisationsstruktur*. Insbesondere die Leitungskonfiguration des Unternehmens zeitigt Auswirkungen bezüglich der Leistungsanforderungen an die Humanressourcen. Die Leitungskonfiguration ergibt sich unter anderem durch die Anzahl der hierarchischen Ebenen und der Leitungsspanne.[35] Zwischen der Leitungsspanne, also der Zahl der einem Vorgesetzten direkt zugeordneten Mitarbeiter, und der Anzahl der hierarchischen Ebenen sowie der Zahl der benötigten Humanressourcen insgesamt besteht dabei ein enger Zusammenhang.[36]

Wenige Hierarchieebenen ziehen eine hohe Leitungsspanne nach sich, d.h. einer Führungskraft ist eine große Anzahl von Humanressourcen unterstellt. Dies stellt besondere Herausforderungen sowohl an die Führungskräfte als auch an die Mitarbeiter des Unternehmens: Da der Führungskraft bei einer hohen Leitungsspanne eine größere Anzahl von Mitarbeitern unterstellt ist, erfordert dies eine hohe Delegationsfähigkeit, sowie die Fähigkeit zum Umgang mit Unsicherheit. Gleichzeitig ist bei einer hohen Leitungsspanne der quantitative Bedarf an Führungskräften relativ gering. Von den Mitarbeitern wird bei einer hohen Leitungsspanne eine große Selbstständigkeit sowie die Bereitschaft zur Übernahme von Verantwortung verlangt. Dies erklärt sich daraus, dass den Führungskräften bei höheren Leitungsspannen weniger Zeit für koordinierende und kontrollierende Tätigkeiten in Hinblick auf den einzelnen Mitarbeiter bleibt, so dass hierdurch die Anforderungen an die Eigenständigkeit der einzelnen Humanressource entsprechend hoch sind. Dies macht ein hohes Qualifikationsniveau der einzelnen Mitarbeiter erforderlich. Für diese existieren allerdings nur begrenzte Aufstiegsmöglichkeiten, da bei einer hohen Leitungsspanne und einer geringen Anzahl an Hierarchieebenen auch die Anzahl von Füh-

34 Vgl. Arthur (1992).

35 Vgl. Ringlstetter (1997).

36 Vgl. Kieser/Kubicek (1992).

rungspositionen und somit der Beförderungsmöglichkeiten verhältnismäßig gering ist.

Ist die Leitungsspanne vergleichsweise gering, so bestehen andere Anforderungen an Führungskräfte und Mitarbeiter als bei einer hohen Leitungsspanne. So muss bei Führungskräften die Bereitschaft bestehen, neben ihren Führungsaufgaben auch operative Aufgaben im Unternehmen zu übernehmen. In quantitativer Hinsicht besteht bei einer geringen Leitungsspanne und vielen Hierarchieebenen ein relativ hoher Bedarf an Führungskräften. Von den Mitarbeitern wird eine gute Kontaktfähigkeit im Umgang mit Humanressourcen aus unterschiedlichen Hierarchieebenen ebenso wie „Gehorsam" gegenüber ihren Vorgesetzten vorausgesetzt. Das erforderliche Qualifikationsniveau ist aufgrund von konkreteren Aufgabenzuweisungen durch den Vorgesetzten und einer geringeren erforderlichen Selbständigkeit und Verantwortungsspielraum niedriger als bei einer hohen Leitungsspanne. Für die einzelnen Mitarbeiter des Unternehmens bestehen aufgrund einer größeren Anzahl von Hierarchieebenen mehrere Beförderungsmöglichkeiten.

(3) Unternehmenskultur

Eine dritte und letzte interne Rahmenbedingung ist die *Unternehmenskultur*. Spezifische Unternehmenskulturen stellen nicht nur besondere Anforderungen an Mitarbeiter, sondern wirken auch in direkter Art und Weise auf das Leistungsverhalten von Mitarbeitern. Diesbezüglich lassen sich nach Schein (1992) 3-Ebenen der Unternehmenskultur mit den Bestandteilen Artefakte, Werte und Grundannahmen differenzieren, die jeweils auf das Leistungsverhalten wirken können:

- *Artefakte* stellen konkret wahrnehmbare Symbole der Unternehmenskultur dar, wie beispielsweise Bekleidungsvorschriften, Rituale, Legenden etc. Artefakte sind zwar aufgrund ihrer Sichtbarkeit relativ leicht zu erfassen, aber schwer dechiffrierbar. Das heißt der jeweils individuell unterschiedliche Bedeutungsinhalt der Artefakte und ihr Einfluss auf das individuelle Leistungsverhalten ist nur schwer zu erfassen.

- *Werte,* die sich in Normen und Standards, Maximen, Verhaltensrichtlinien und auch Verboten niederschlagen, sind eine weitere Komponente der Unternehmenskultur. Werte können das Leistungsverhalten der Mitarbeiter stärker beeinflussen als die schwer dechiffrierbaren Artefakte. Herrscht im Unternehmen beispielsweise ein ausgeprägtes Leistungsdenken als anerkannter Wert vor, so wirkt sich dies in der Regel positiv auf die Motivierbarkeit von Mitarbeitern aus.

- *Grundannahmen* bilden schließlich den eigentlichen Kern der Unternehmenskultur. Sie gelten als grundlegende Orientierungsgrößen im

Unternehmen, die von den Mitarbeitern als selbstverständlich erachtet und nicht mehr hinterfragt werden. Auch Grundannahmen dienen der Steuerung des Leistungsverhaltens, indem sie etwa das Kommunikationsverhalten und die Kollegialität beeinflussen.

Im Allgemeinen hängt die Einflussstärke der Unternehmenskultur auf das Leistungsverhalten der Humanressourcen von der Nachhaltigkeit der vorherrschenden Unternehmenskultur ab. Dabei wird die Nachhaltigkeit der Unternehmenskultur von deren Prägnanz, ihrem Verbreitungsgrad im Unternehmen und ihrer Verankerungstiefe bestimmt.[37]

2.2 Externe Rahmenfaktoren

Als wichtige *externe Rahmenfaktoren* eines Humanressourcen-Managements lassen sich rechtlich-politische Regelungen, wirtschaftlich-konjunkturelle sowie technologische Entwicklungen, aber auch soziokulturelle Entwicklungen anführen.[38]

(1) Recht

Zu den rechtlich-politische Rahmenfaktoren des Humanressourcen-Managements lässt sich insbesondere das Arbeitsrecht zählen.[39] Allgemein unterscheidet man zwei Felder des Arbeitsrechts, das so genannte individuelle und das kollektive Arbeitsrecht.

Durch das *individuelle* Arbeitsrecht wird das einzelne Arbeitsverhältnis zwischen Arbeitnehmer und Unternehmen geregelt. Umgekehrt heißt das, dass individualarbeitsrechtliche Normen nur dann Geltung besitzen, wenn ein Arbeitsverhältnis auf Basis eines Arbeitsvertrags besteht. Freie Mitarbeiter und Beamte unterliegen grundsätzlich nicht dem individuellen Arbeitsrecht.[40] Ursprünglich dient das Arbeitsrecht dem Schutz des Arbeitnehmers. Das Arbeitsrecht ist in erster Linie Arbeitsvertragsrecht, insofern als kein eigenständiges Arbeitsgesetzbuch existiert. Vielmehr setzt sich das Arbeitsrecht aus einer Vielzahl an Einzelregelungen zusammen und ist insbesondere auch durch die Rechtssprechung, etwa des Bundesarbeitsge-

---

37 Vgl. Schreyögg (1998), S. 464ff. und Ridder (1999), S. 547f.

38 Vgl. Scholz (2000), Scherm/Süß (2003), Holtbrügge (2004).

39 Das Arbeitsrecht beeinflusst letztlich alle Funktionen des Humanressourcen-Managements, da es die Arbeitgeber-Arbeitnehmer-Beziehung mitregelt. Vgl. Oechsler (2000), Greer (2001).

40 Vgl. Hoyningen-Huene (2004), Sp. 359.

richts, geprägt. Deshalb wird häufig auch vom so genannten Richterrecht gesprochen.

Zentral für das individuelle Arbeitsverhältnis ist der Arbeitsvertrag.[41] In diesem werden die Haupt- und Nebenpflichten des Arbeitnehmers aber auch des Arbeitgebers geregelt. Zudem sind die Rechtsfolgen bei Pflichtverletzungen festgelegt. Relevant für das Humanressourcen-Management ist der Arbeitsvertrag insbesondere auch deshalb, da Veränderungen der Arbeitsleistungen, die nicht im Rahmen des Direktionsrechts möglich sind, zu einer einvernehmlichen Veränderung des Arbeitsvertrags oder auch zu einer Änderungskündigung führen. Komplettiert wird das individuelle Arbeitsrecht durch das so genannte Arbeitsschutzrecht, das man in arbeitsplatz- und personenorientiert differenzieren kann.[42] Hierbei geht es zum einen um den Schutz von Leben und Gesundheit aller Mitarbeiter, zum anderen um den Schutz bestimmter Mitarbeitergruppen, etwa Jugendlicher, werdender Mütter und Schwerbehinderter.

Das *kollektive* Arbeitsrecht besteht im Wesentlichen aus dem Koalitionsrecht, Tarifrecht sowie der betrieblichen und Unternehmensmitbestimmung.[43] Aufgrund des direkten Einflusses ist die betriebliche Mitbestimmung für das Humanressourcen-Management von besonderer Bedeutung.[44] Deren Inhalte sind vor allem im Betriebsverfassungsgesetz geregelt. Zentral für das Humanressourcen-Management sind die sich daraus ergebenden Mitwirkungs- und Mitbestimmungsrechte des Betriebsrats:[45]

- Diese zentralen *Beteiligungsrechte* umfassen etwa Informationsrechte des Betriebsrates bei der Personalplanung, der Ausschreibung von Stellen, Beratungsrechte bei der Berufsbildung und Anhörungsrechte bei Kündigungen.

- Weitreichender sind die *Initiativrechte* bei Stellenausschreibungen und Sozialplänen, sowie die Zustimmungs- und Widerspruchsrechte zu sozialen Angelegenheiten und personellen Einzelmaßnahmen.

Insgesamt haben sowohl das individuelle als auch das kollektive Arbeitsrecht starken Einfluss auf alle Handlungen der Humanressourcen-Manager, indem sie Mindestanforderungen setzen. Rechtliche Regelungen und Vorschriften sind deshalb für alle Funktionen entscheidungsrelevant.

---

41 Vgl. zum Folgenden z. B. Höland (2004).

42 Vgl. Heilmann (2004), Sp. 389ff.

43 Vgl. Rieble (2004).

44 Vgl. Drumm (2005), S. 45ff.

45 Vgl. zum Folgenden auch Scholz (2000), S. 177f.

(2) Wirtschaft und Konjunktur

Wirtschaftlich-konjunkturelle Entwicklungen sind eine weitere Rahmenbedingung für das Humanressourcen-Management. Hierzu zählt nicht nur die Situation auf den Absatzmärkten des Unternehmens, die in direkter Weise den Bedarf an Humanressourcen beeinflusst, sondern vor allem der Arbeitsmarkt spielt eine zentrale Rolle.[46] Der Arbeitsmarkt kann als Ort des Zusammentreffens von Arbeitsangebot und -nachfrage bezeichnet werden.[47] Für das Humanressourcen-Management ist jedoch vor allem der so genannte unternehmerische Arbeitsmarkt relevant, d.h. der Arbeitsmarktausschnitt, auf dem das Unternehmen als Anbieter von Arbeit auftreten will oder kann.[48]

Die Situation auf diesem Arbeitsmarkt beeinflusst das Humanressourcen-Management in verschiedenster Weise, wie einige Beispiele verdeutlichen können. Ist etwa der Arbeitsmarkt aus Sicht des Unternehmens angespannt, d.h. es gibt wenig Bewerber aber viele offene Stellen, so führt dies zu einer Intensivierung der Akquisitionsbemühungen des Unternehmens. Dies äußert sich in höheren Budgets für das Personalmarketing, einer verstärkten Einbindung des Top-Managements in Rekruitierungsveranstaltungen etc. Die Unternehmensberatung McKinsey hat für derartige Arbeitsmarktsituationen den Begriff des „war for talent“ geprägt.[49] Sind die Bemühungen des Unternehmens am Arbeitsmarkt nicht erfolgreich, führt dies unter Umständen zu Einstellungen von Mitarbeitern mit geringer Qualifikation, was wiederum erhöhten Aufwand für die Entwicklung von Humanressourcen bedeutet.

Die zurzeit am meisten diskutierten Herausforderungen des Arbeitsmarktes in Deutschland sind die Folgen der demographischen Entwicklung. Hiermit verbunden sind verschiedene Effekte.[50] Zum einen wird insgesamt ein Rückgang der Anzahl der Erwerbstätigenanzahl prognostiziert. Damit einher geht eine Erhöhung des Anteils der älteren Beschäftigten. Erwartet wird auch ein steigender Anteil an weiblichen sowie ausländischen Erwerbspersonen. Die angenommenen Folgen für das Humanressourcen-Management sind gravierend. Zunächst kann es zu Problemen bei der Deckung des Bedarfs an Humanressourcen kommen. Bisherige Mitarbeiter

---

46 Vgl. Scherm/Süß (2003), Holtbrügge (2004).

47 Vgl. Kleinhenz/Falck (2004).

48 Vgl. Drumm (2005), S. 92. Davon zu unterscheiden ist der so genannte interne Arbeitsmarkt, d.h. der Markt auf dem bereits im Unternehmen beschäftigte Arbeitsanbieter und -nachfrager interagieren.

49 Vgl. Chambers et al. (1998).

50 Vgl. Mühlbrandt/Schawilye (2005).

müssen durch Anreize an das Unternehmen gebunden werden. Die physische, kognitive und psychische Leistungsfähigkeit bei den Mitarbeitern muss bis in ein höheres Alter als bisher aufrechterhalten und gefördert werden. Die Zusammenarbeit von jung und alt in gemischten Teams muss unterstützt und geregelt werden.

(3) Technologie

Beeinflusst wird das Humanressourcen-Management auch durch neue technologische Entwicklungen.[51] Diesbezüglich sind zwei Stossrichtungen des Einflusses zu differenzieren. Erstens können neue Technologien zu einer Veränderung der qualifikatorischen Anforderungen an die Mitarbeiter sowie zu einer Veränderung des quantitativen Bedarfs führen. Zweitens kann es aber auch in der Personalarbeit an sich zu erheblichen Veränderungen kommen. Hinsichtlich der Richtung und des Ausmaßes der qualifikatorischen Veränderungen durch die Einführung neuer Technologien besteht eine gewisse Uneinigkeit:[52]

- Einerseits gibt es Argumente für die Dequalifizierung. Dabei wird davon ausgegangen, dass die Notwendigkeit zu beruflicher Qualifikation durch neue Techniken abnimmt, da beispielsweise Steuerungs- und Kontrollprozesse automatisiert werden.
- Andererseits und konträr findet sich die Auffassung, dass neue Technologien neue und höherwertige Anforderungen an die Qualifikation der Mitarbeiter stellen.
- Eine vermittelnde Position kann man einnehmen, indem man davon ausgeht, dass sich je nach Aufgabenbereich entweder eine Erhöhung oder eine Absenkung des Qualifikationsbedarfs ergibt.
- Darüber hinaus finden sich jedoch auch Vertreter, die insgesamt eine geringe Veränderung der Qualifikationsbedürfnisse durch neue Technologien propagieren.

Unbestritten dürfte hingegen sein, dass in vielen Unternehmen Arbeitsplätze in der Vergangenheit durch technologische Fortschritte weggefallen sind. Dass unter Umständen in anderen Unternehmen, die neue Technologien entwickeln, neue Arbeitsplätze entstanden sind, ist für das Humanressourcen-Management des abbauenden Unternehmens zumindest nicht von

51 Gelegentlich wird in der Literatur anstelle von *technologischem* auch von *technischem* Wandel gesprochen. Der Übergang zwischen beiden Begriffen ist fließend.

52 Vgl. zu Folgenden Lay (1989).

direkter Relevanz. Jenseits dieser qualifikatorischen und quantitativen Aspekte der Einführung neuer Technologien, lassen sich auch positive motivationale Effekte spezifischer Technologien auf Mitarbeiter belegen. Ein Beispiel hierfür ist etwa der motivierende Effekt von Social Software, wie z.B. Weblogs, auf den inter- und intraorganisationalen Austausch von Wissen.[53]

In sehr direkter Weise ist das Humanressourcen-Management durch den Einzug von E-Business-Lösungen betroffen.[54] Hierzu zählen insbesondere folgende Veränderungen:[55] die Verbreitung von *E-Cruiting* (Electronic Recruiting) im Rahmen der Humanressourcen-Akquisition, die Durchführung von *Web-Based-Training* (WBT) im Bereich der Humanressourcen-Entwicklung, sowie die Implementierung von *Employee-Self-Service* oder *HR-Portalen* für diverse Aufgaben des Humanressourcen-Managements.

- *E-Cruiting* heißt zunächst die Veröffentlichung von Stellenangeboten im Internet. Dabei ist sowohl die Website des Unternehmens eine denkbare Plattform als auch die von professionellen Vermittlern und Agenturen. Die Bewerbung auf diese oder auch auf nicht veröffentlichte Stellen ist dann für den Bewerber ebenfalls online möglich und wird manchmal durch online durchführbare Eignungstests begleitet. Für das Humanressourcen-Management sind damit im wünschenswerten Idealfall eine Beschleunigung von Prozessen und eine Einsparung von Kosten verbunden.

- Unter dem Begriff *Web-Based-Training* (WBT) werden Aus- und Weiterbildungsaktivitäten verstanden, die auf Basis der Internet-Technologie angewandt und optimiert werden.[56] Damit ist Web-Based-Training also nicht nur auf das Lernen mit Hilfe der Web-Technologie beschränkt. Sondern vielmehr bezieht sich der Begriff Web-Based-Training sehr umfassend auf den gesamten Prozess der Weiterbildungsaktivitäten. Web-Based-Training beginnt also mit der Veröffentlichung von Informationen über das Kursangebot, beinhaltet die Kursanmeldung sowie das eigentliche interaktive, multimediale Training und ermöglicht Online-Prüfungen sowie eine Verwaltung der Teilnehmer und der angebotenen Kurse etc. So gesehen handelt es sich beim Web-Based-Training also um weit mehr als nur um eine Weiterent-

53 Vgl. Kaiser et al. (2007a).
54 Vgl. Kaiser (2008 im Erscheinen-a).
55 Vgl. Gerpott (2004), S. 1890f.
56 Vgl. Kaiser (2008 im Erscheinen-b).

wicklung und Vereinfachung des klassischen Computer-Based-Training (CBT).

- Die neuen Funktionen und Instrumente, wie beispielsweise E-Cruiting und WBT finden ihren Niederschlag in so genannten *HR-Portalen.* Diese werden in jeweils spezifischer Ausprägung sowohl von Personalmanagern als auch von Mitarbeitern und Führungskräften aus der Linie genutzt, wobei es teilweise zu der Verknüpfung von Funktionalitäten kommt. Von großer praktischer Bedeutung ist hierbei die Idee des *Employee Self Service* (ESS). Hier nehmen Mitarbeiter nicht nur personalwirtschaftliche Verwaltungsaufgaben in die eigene Hand (z. B. Stammdatenpflege, Seminarplanung, Zeiterfassung etc.), sondern partizipieren auch verstärkt an personalwirtschaftlichen Maßnahmen bezüglich der eigenen Person. Das Gegenstück des ESS ist der so genannte Manager Self Service (MMS), über den Führungskräfte ihre personalwirtschaftlichen Aufgaben, etwa die Analyse von Abwesenheiten oder von Personalstrukturen, wahrnehmen können. Ein neuester Trend ist die Ergänzung der HR-Portale um Elemente des Wissensmanagement, wodurch nicht nur vorhandenes Wissen vernetzt, sondern auch neues Wissen generiert werden soll.

(4) Soziokultur

Soziokulturelle Tendenzen bilden eine weitere wichtige Rahmenbedingung für das Humanressourcen-Management.[57] Seit langem wird diesbezüglich vor allem der Einfluss von Werten bzw. des Wertewandels diskutiert.[58] Der Wandel von Werten betrifft regelmäßig auch die Einstellung von Menschen zur Arbeit, zum zwischenmenschlichen Umgang in der Arbeitswelt etc. Somit ist auch das Humanressourcen-Management dazu angehalten, den Wertewandel etwa hinsichtlich der Motivation und der Entwicklung von Humanressourcen zu berücksichtigen. Ein prognostizierter Wertetrend ist die verstärkte Individualisierung und die damit verbundene Entstehung neuer moralischer Kontrakte zwischen Arbeitgebern und Arbeitnehmern,[59] die eine Abkehr von den bisher üblichen psychologischen Verträgen und Normalarbeitsverhältnissen erfordern, die von einer langfristigen Beziehung zwischen Arbeitgeber und Arbeitnehmer ausgehen.[60] Natürlich ist dies

57 Vgl. Greer (2001).

58 Vgl. für einen Überblick etwa Staehle (1999), Stitzel (2004) sowie beispielhaft Inglehart (1977), Klages (1984).

59 Vgl. Sattelberger (1999a), S. 72ff.

60 Vgl. Rousseau (1995), S. 9, zu den unterschiedlichen Typen relevanter psychologischer Verträge für Arbeitsverhältnisse.

gleichzeitig aber auch ein Ausdruck der stärkeren Flexibilisierung von Unternehmen.[61] In der Folge kommt es zum Auftreten neuer Beschäftigungsformen und Belegschaftstypen, etwa die des „Neuen Selbständigen".[62] Dieser Belegschaftstyp zeichnet sich durch ein von Flexibilität geprägtes Arbeitsleben aus, in dem der häufige Arbeitgeberwechsel zum Normalfall erklärt wird.[63] Um dieser Flexibilität gerecht zu werden, ist es nötig, die Beschäftigungsfähigkeit, auch Employability genannt, eben dieser „Neuen Selbständigen" zu erhalten.[64] Darüber hinaus sind je nach Belegschaftstyp differenzierte Anreizsysteme, Bindungsinstrumente, Entwicklungswege etc. zu gestalten.[65] Letztlich führen die neuen Beschäftigungsformen zu einer größeren Diversität der Belegschaft, so dass sie im Rahmen des so genannten Diversity-Managements berücksichtigt werden müssen. Diversity Management hat dabei das Ziel, die Unterschiedlichkeit von Mitarbeitern nicht nur zu handhaben, sondern auch zielgerichtet zu nutzen, um den Erfolg von Unternehmen zu verbessern.[66] Die Integration der unterschiedlichen Beschäftigungsformen wird somit zu einer neuartigen Herausforderung und Rahmenbedingung für das Humanressourcen-Management.[67]

---

61 Vgl. Kaiser/Rossbach (2003).

62 Vgl. Sattelberger (1999a), S. 73f. sowie Burton-Jones (1999), insbesondere S. 46ff.

63 Kanter (1989) hat diese Entwicklungen für die US-amerikanische Wertewelt bereits Ende der Achtziger Jahre festgestellt: "(W)hat people are increasingly working to acquire is the capital or their own individual reputation instead of the organizational capital that comes from learning one system well and meeting its idiosyncratic requirements" (Kanter (1989), S. 324).

64 Laut Burnes (1992) ist die individuelle Spezialisierung und Professionalisierung heutzutage weniger eine Frage der Arbeitsplatzsicherheit als der Wiederanstellungssicherheit, sprich der Employability. Vgl. Burnes (1992), S. 69.

65 Vgl. Kaiser/Ringlstetter (2003), Kaiser/Paust (2004).

66 Vgl. Wright et al. (1995), Simons et al. (1999).

67 Vgl. Kaiser/Ringlstetter (2003).

Diskussions- und Verständnisfragen:

(1) Diskutieren Sie, warum es wichtig ist, interne und externe Rahmenbedingungen des Humanressourcen-Managments zu beachten.
(2) Denken Sie an aktuelle gesellschaftliche Veränderungen. Welche Funktionen des Humanressourcen-Managments werden Ihrer Meinung nach in besonderer Weise betroffen sein?
(3) Diskutieren Sie, ob und in welcher Weise es möglich ist, dass das Humanressourcen-Management Einfluss auf die Ausgestaltung der Rahmenfaktoren nimmt.
(4) Stimmen Sie zu, dass neue Technologien in doppelter Hinsicht das Humanressourcen-Management verändern werden? Falls ja, weshalb?

Literaturempfehlungen:

- Nochmals der Hinweis auf den in diesem Buch verwendeten Bezugsrahmen: **Ringlstetter, M./Kniehl, A. (1995):** Professionalisierung als Leitidee eines Human Resource Managements. In: Wächter, H./Metz, T. (Hg.). Professionalisierte Personalarbeit? Perspektiven der Professionalisierung des Personalwesens. München, 139–161.

- Eines der personalwirtschaftlichen Standardwerke, die insbesondere das Thema Recht berücksichtigen ist: **Oechsler, W. (2000):** Personal und Arbeit: Grundlagen des Human Ressourcen Managements und der Arbeitgeber-Arbeitnehmer-Beziehungen. München.

- Den globalen Einfluss von konjunkturellen Schwankungen (insbesondere Rezession) auf das Personalmanagement liefert der Herausgeberband von: **Scholz, C./Oberschulte, H. (1994):** Personalmanagement in Abhängigkeit von der Konjunktur. München.

- Einen immer noch aktuellen Einblick in die Veränderung der Arbeitswelten und -werte ermöglicht: **Sattelberger, T. (1999):** Der "Neue Moralische Kontrakt": Nadelöhr für das strategische Management der Humanressourcen in Netzwerkorganisationen. In: Sattelberger, T. (Hg.). Handbuch der Personalberatung: Realität und Mythos einer Profession. München, 59–95.

Teil 2 Strategieorientierung im Humanressourcen-Management

Die Strategieorientierung im Humanressourcen-Management beinhaltet zwei zentrale Aspekte. Grundlegend ist zunächst der Kerngedanke, durch ein Management von Humanressourcen eine Position zu erreichen, die es dem Unternehmen erlaubt, langfristige und im Vergleich zum Wettbewerber überdurchschnittliche Rentenrückflüsse zu erwirtschaften. In diesem Zusammenhang ist es eine erste Facette, Humanressourcen als strategische Ressourcen zu betrachten (siehe Kapitel 2).[68] Humanressourcen sind in dieser Sichtweise Ressourcen, die langfristig einen nicht-imitierbaren Wettbewerbsvorteil für das Unternehmen bewirken. Hinsichtlich des Managements strategischer Ressourcen wird häufig zwischen den grundlegenden Strategien einer Ressourcenauswahl („ressource-picking“) und eines Ressourcenaufbaus („capability-building“) unterscheiden.[69] Das Humanressourcen-Management wird somit zum strategischen Erfolgsfaktor, wenn davon ausgegangen wird, dass die Auswahl von Humanressourcen sowie die Nutzung und Weiterentwicklung von bereits vorhandenen Humanressourcen in nicht trivialer Weise von Maßnahmen des Humanressourcen-Managements abhängen.[70]

In einem zweiten Schritt führt die Strategieorientierung deshalb zu einem strategischen Humanressourcen-Management, da annahmegemäß strategisch relevante Ressourcen auch entsprechend durch ein auf langfristige Erfolgspotentiale ausgerichtetes Management angesprochen werden müssen (siehe Kapitel 4). Hiermit verbunden ist nicht nur die inhaltliche und prozessuale Verknüpfung des Humanressourcen-Managements mit der Unternehmensstrategie, sondern auch insgesamt eine Professionalisierung, d.h. eine reflektierte Weiterentwicklung des Humanressourcen-Managements. Ausdruck hierfür ist schließlich auch die Herausbildung organisatorischer Strukturen und die Institutionalisierung eines Controllings des Humanressourcen-Managements.

68 Vgl. Ridder et al. (2001), S. 25.

69 Vgl. Makadok (2001), S. 287.

70 Vgl. allgemein Kaiser (2001), S. 20ff.

3 Humanressourcen als strategische Ressourcen

Es ist weitgehend unbestritten, dass Mitarbeiter eines Unternehmens, d.h. die Humanressourcen-Ausstattung, grundlegend zum langfristigen unternehmerischen Erfolg beitragen. In der Forschung und Lehre zum Humanressourcen-Management lässt sich dies theoretisch fundieren, indem verstärkt der so genannte ressourcenorientierte Ansatz aus dem strategischen Management übertragen und genutzt wird (siehe Abschnitt 3.1).[71] Zentrale Aussage dieses Ansatzes ist, dass aufgrund einer Ressourcenausstattung, die bestimmte Kriterien erfüllt, langfristige Wettbewerbsvorteile entstehen. Lassen sich diese Überlegungen auf die Ausstattung mit Humanressourcen übertragen, so impliziert dies, dass Humanressourcen für ein Unternehmen nachhaltige Wettbewerbsvorteile generieren können.[72] Allerdings besteht die besondere Herausforderung, dass sich Humanressourcen dem zielorientierten Management aufgrund diverser Eigenschaften zumindest teilweise entziehen. Humanressourcen werden entsprechend als nicht-triviale und individualisierte Ressourcen bezeichnet und dargestellt (siehe Abschnitt 3.2). In Konsequenz sind hinsichtlich des wettbewerbs- und potentialorientierten Managements von Humanressourcen spezifische Herausforderungen zu beachten (siehe Abschnitt 3.3).

3.1 Die ressourcenorientierte Argumentation

Zentrale Idee des ressourcenorientierten Ansatzes (Resource based view) des strategischen Managements ist, dass Unternehmen hinsichtlich ihrer Ausstattung an Ressourcen differieren und dass sie je nach Ressourcenausstattung im Wettbewerb unterschiedlich erfolgreich sind.[73] Zielsetzung dieses Abschnittes ist es zunächst, Humanressourcen als immaterielle Ressourcen darzustellen (siehe Unterabschnitt 3.1.1). Darauf aufbauend wird die ressourcenorientierte Perspektive als Ausgangspunkt für die Betrachtung von Humanressourcen zu diskutiert. Hierbei stützt sich der ressourcenorientierte Ansatz auf eine ökonomische Argumentation.[74] Die Grundidee dabei ist folgende: aus dem Einsatz bestimmter Ressourcen

---

71 Vgl. Boxall/Purcell (2001), Ridder et al. (2001).

72 Vgl. z. B. Wright et al. (1994).

73 Vgl. z. B. Rasche/Wolfrum (1994), S. 503.

74 Vgl. Knyphausen (1993), S. 775.

lassen sich Rückflüsse generieren, die auf Basis mikroökonomischer Rentenüberlegungen erklärt werden können.[75] Humane Ressourcen lassen sich in in der Konsequenz als wertvolle Ressourcen bezeichnen (siehe Unterabschnitt 3.1.2).[76] Zur nachhaltigen Beibehaltung der Rückflüsse jedoch müssen die Humanressourcen jedoch bestimmte Eigenschaften aufweisen bzw. Anforderungen erfüllen (siehe Unterabschnitt 3.1.3).

3.1.1 Humanressourcen als immaterielle Ressourcen

Am Anfang einer ressourcenorientierten Perspektive steht zwangsläufig die Beschäftigung mit dem Begriff der Ressource. Allgemein wird der Begriff wird dabei recht weit und abstrakt gefasst. Wernerfelt (1984) als ein Vorreiter des ressourcenorientierten Ansatzes führt aus:[77]

> "By a resource is meant anything which could be thought of as a strength or weakness of a given firm. More formally, a firm's resources at a given time could be defined as those (tangible and intangible) assets which are tied semi permanently to the firm." (Wernerfelt (1984), S. 172)

Wernerfelt (1984) stellt in seinen Ausführungen damit drei Punkte als wesentlich heraus.[78] Erstens kann in der bestehenden Ressourcenausstattung eines Unternehmens entweder eine Stärke oder eine Schwäche gesehen werden. Es lassen sich zweitens fassbare sowie weniger fassbare Ressourcen unterscheiden. Drittens wird es für erforderlich gehalten, dass die Ressourcen dem Unternehmen zumindest zeitweise zur Verfügung stehen und somit genutzt werden können.

Aufgrund des zunächst weit gefassten Begriffverständnisses werden konsequenterweise Versuche unternommen, Arten von Ressourcen zu klassifizieren. Ein Beispiel hierfür ist die Klassifikation von Hall.[79] Dieser schlägt vor, immaterielle Ressourcen in die Untergruppen „Assets" und „Skills" bzw. „Competencies" aufzuteilen. Während die erste Untergruppe von Ressourcen noch weitestgehend kodifiziert werden kann,[80] weist die zweite Untergruppe deutlich diffuseren Charakter auf. Steidl (1999) umschreibt sie mit Fähigkeiten, die nicht nur „händisch intangibel", sondern auch gedank-

---

75 Vgl. Mahoney/Pandian (1992), S. 364, sowie Tollison (1982).

76 Vgl. Kutschker (1999), S. 57.

77 Vgl. Wernerfelt (1984) sowie zur Vorreiterrolle Wernerfelt (1995), S. 171.

78 Vgl. Kaiser (2001), S. 13f.

79 Vgl. Hall (1992), S. 136ff., und Hall (1993), S. 608f., sowie Steidl (1999), S. 131.

80 Vgl. Kogut/Zander (1992), S. 387.

ich und analytisch schwer zu fassen sind.[81] Resümierend ergibt sich der in Abbildung 3-1 dargestellte Überblick.

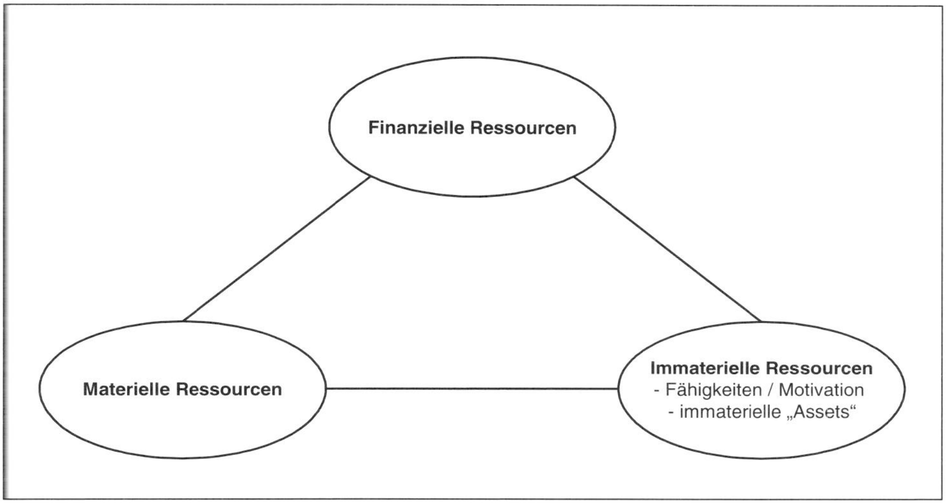

Abbildung 3-1: Arten von Ressourcen
(Quelle: verändert übernommen aus Steidl (1999), S. 132)

Unbeachtlich der unterschiedlichen Klassifizierung von Ressourcen, beziehen alle Vertreter des ressourcenorientierten Ansatzes die Humanressourcen in ihre Untersuchungen mit ein. Dabei werden nicht immer explizit die Begriffe „Menschen“ oder „Personal“ verwendet: Humanressourcen werden vielmehr meist unter dem Typ immaterieller oder intangibler Ressourcen subsumiert, oder es finden sich Ressourcentypen, die auf einzelne Aspekte von Humanressourcen verweisen.[82] Denn es steht ja nicht das materielle oder physische Vorhandensein von Humanressourcen im Mittelpunkt, sondern vielmehr der intangible Charakter von Humanressourcen.[83] Wright/ McMahan/ McWilliams (1994) stellen deshalb fest: “We focus on the knowledges, skills and abilities inherent in the individuals”.[84] Ähnlich thematisiert Penrose, die oft als Protagonistin der Diskussion um die in der Ressour-

---

81 Vgl. Steidl (1999), S. 131.

82 Vgl. Chatterjee/Wernerfelt (1991), S. 35, Steidl (1999), S. 131 f. und S. 141 ff.

83 Vgl. etwa die Beträge in Martin (2003).

84 Wright et al. (1994), S. 304.

cenheterogenität begründete „Unterschiedlichkeit“ von Unternehmen angeführt wird,[85] explizit die Humanressourcen.

> „Not only can the personnel of a firm render a heterogeneous variety of unique services, but also the material resources of the firm can be used in different ways, which means they can provide different kinds of services. This kind of heterogeneity in the services from the material resources with which a firm works permits the same resources to be used in different ways and for different purposes if the people who work with them get different ideas about how they can be used.“ (Penrose (1959), S. 75 f.)

Hieraus geht hervor, dass auch die Unterschiedlickkeit von materiellen Ressourcen auf die Verwenung durch Humanressourcen zurückzuführen ist. Insofern kommt den humanen Ressourcen im ressourcenorientierten Ansatz eine Doppelrolle zu.

3.1.2 Der Wert von Humanressourcen

Die Frage, ob Humanressourcen wertvolle Ressourcen sind, lässt sich klären, indem die mikroökonomischen Rentenüberlegungen des ressourcenorientierten Ansatzes angewandt werden. Dabei sind ganz allgemein drei Grundannahmen relevant:[86] Erstens wird von einer heterogenen Ressourcenausstattung auf Seite der Unternehmen ausgegangen. Zweitens ist zwischen einzelnen Unternehmen ein Grad an Immobilität von Ressourcen vorzufinden. Daraus folgt wiederum drittens, dass am Markt Unternehmen existieren, die eine relativ zu anderen Unternehmen überlegene Ausstattung an knappen Ressourcen besitzen: „Firms with superior resources will earn rents“.[87] Aufbauend auf dieser auch als Ressourcenasymmetrie bezeichneten Idee lassen sich zwei unterschiedliche Arten von Renten identifizieren:[88]

---

85 Vgl. zu Knyphausen-Aufsess (1995), Kirsch (1997b), S. 172 ff., ferner Rasche (1994), S. 55 ff. und Wright et al. (1994), S. 300.

86 Vgl. Barney (1991), S. 103ff., Collis (1991), sowie Rasche/Wolfrum (1994), S. 503.

87 Peteraf (1993), S. 189.

88 Vgl. zusammenfassend Thiele (1997), S. 56ff., und Peteraf (1993), S. 188ff.

- *Ricardo-Renten*[89] ergeben sich direkt aus der überlegenen Ausstattung mit knappen Humanressourcen. Es wird angenommen, dass Unternehmen mit überlegener Ressourcenausstattung bei einem marktlichen Gleichgewichtspreis zu niedrigeren Durchschnittskosten produzieren können und somit entsprechende Renten abschöpfen.

- Als *Quasi-Renten* werden Renten bezeichnet, die ihre Ursache in der Spezifität von Humanressourcen haben: Aufgrund von spezifischen Merkmalen hat jede Ressource eine optimale Verwendungsmöglichkeit. Wird eine Ressource jenseits dieser Verwendungsmöglichkeit eingesetzt, so ergibt sich eine Differenz hinsichtlich der Generierung von Renten. Die Quasi-Rente ist Ausdruck eben dieser Differenz.[90]

Im Hinblick auf Humanressourcen weniger relevant sind Monopol- und Schumpeter-Renten. Der Abschöpfung von *Monopol-Renten*[91] liegt eine überlegene Marktmacht eines oder auch mehrerer Unternehmen zugrunde. Aufgrund der monopolartigen Position und den damit verbundenen Markteintrittsbarrieren kann das Unternehmen dann langfristig Renten abschöpfen, die weit über den regulär erzielbaren liegen. So genannte *Schumpeter-Renten*[92] resultieren aus einer so genannten First-Mover-Position des Unternehmens auf neuen Märkten. Solange kein anderes Unternehmen in diese Märkte eintritt, lassen sich entsprechend überdurchschnittliche Renten abschöpfen.[93]

Humanressourcen sind dann als wertvoll zu bezeichnen, wenn sie es dem Unternehmen in Relation zu anderen Unternehmen in besonderer Weise ermöglichen, auftauchende Gelegenheiten zu nutzen und drohende Gefahren abzuwehren. Dies ist nur dann der Fall, wenn aufgrund einer gewissen *Heterogenität* von Humanressourcen entsprechende Ressourcenasymmetrien entstehen. Es lässt sich annehmen, dass sowohl die Nachfrage nach als auch das Angebot an Humanressourcen durch Heterogenität geprägt sind. Denn zum einen haben Unternehmen unterschiedliche und spezifische Anforderungen an die Leistungsfähigkeiten von Humanressourcen, und zum anderen differieren Humanressourcen hinsichtlich ihres Leis-

---

89 Vgl. als Namensgeber Ricardo (1817). Vgl. zusammenfassend Peteraf (1993), S. 189f.

90 "Quasi-rents are defined as the difference between the value of an asset in its first best use and its value in its next best use" (Castanias/Helfat (1991), S. 161).

91 Vgl. Connor (1991), S. 124ff.

92 Vgl. Schumpeter (1950). Vgl. Connor (1991), S. 127, Collis/Montgomery (1995), S. 20f.

93 Vgl. Thiele (1997), S. 57.

tungsniveaus.[94] Aufgrund der dadurch denkbaren Ressourcenasymmetrie wird im Falle einer überlegenen bzw. spezifischen Ausstattung mit Humanressourcen die Generierung von Ricardo-Renten bzw. auch Quasi-Renten wahrscheinlich.

Diese Wahrscheinlichkeit der Rentengenerierung steigt mit zunehmenden Grad der *Immobilität* der Humanressourcen an, da aufgrund von Immobilität auf schlecht funktionierende Humanressourcen-Märkte geschlossen werden kann. Sind einzelne Humanressourcen heute vermutlich „mobiler" als früher, so sind sie doch nicht uneingeschränkt mobil. Dies liegt zum einen an den beträchtlichen Transaktionskosten, die mit dem Wechsel von Humanressourcen zwischen einzelnen Unternehmen verbunden sind. Die betreffende individuelle Humanressource muss zunächst abwägen, ob die zukünftige Position wirklich signifikant besser ist als ihre momentane, und sie muss die mit einem derartigen Wechsel verbundenen pekuniären und nicht pekuniären Kosten in ihr Kalkül einbeziehen.[95] Zum anderen sind die Renten generierenden Faktoren häufig in kollektiven Aspekten der gesamten Humanressourcen-Ausstattung begründet. Diese ist jedoch ex natura höchst immobil, selbst wenn das Abwerben von Teams in Einzelfällen, beispielsweise im Investmentbanking, vorkommt.

3.1.3 Die Nachhaltigkeit wertvoller Humanressourcen

Ziel eines Unternehmens ist es nun nicht, Rentenrückflüsse nur zu einem Zeitpunkt zu realisieren. Vielmehr steht die Beibehaltung eines permanenten, d.h. nachhaltigen Rentenrückflusses im Mittelpunkt der Bestrebungen. Damit eine momentan wertvolle[96] Ressourcenausstattung eben diesen nachhaltigen Rentenrückfluss gewährt, fordert die ressourcenorientierte Perspektive, dass die Ressourcen bestimmte Eigenschaften aufweisen und Anforderungen erfüllen.[97]

---

94 Vgl. dazu Steffy/Maurer (1988).

95 Vgl. Abelson/Baysinger (1984), S. 335f.

96 Wertvoll im Sinn von rentengenerierend. Vgl. insbesondere Grant (1991), S. 123ff.

97 Vgl. überblicksartig Thiele (1997), S. 46ff., Hennemann (1997), S. 74ff., sowie Steidl (1999), S. 134ff.

- Durch die *Knappheit* bzw. die *relative Seltenheit*[98] von Ressourcen entsteht eine originär begrenzte Verfügbarkeit, die verhindert, dass Konkurrenten die Ressource zur Rentengenerierung nutzen können. Begründet wird die Knappheit bzw. relative Seltenheit mit dem Fehlen von funktionierenden Märkten für die fokalen Ressourcen (1).

- Die Nachhaltigkeit der Ressourcenasymmetrie hängt zudem von einer beschränkten oder sogar *Nicht-Imitierbarkeit* der Ressource ab. Also führt nicht nur das Fehlen von funktionierenden Märkten zu Ressourcenknappheit, sondern auch wenn die Ressourcen im Rahmen eines Eigenaufbaus nicht entwickelt werden können, verstärkt dies ihre Knappheit. Ob dieser Eigenaufbau von Ressourcen möglich ist, hängt ab von der Dauer und den Spezifika des Prozesses des Ressourcenaufbaus, von der exakten Identifizierbarkeit der wettbewerbsrelevanten Ressource sowie von der tatsächlichen Steuerbarkeit des Ressourcenaufbaus (2).[99]

- Zusätzlich wird die Eigenschaft der *Nicht-Substituierbarkeit* eingefordert. Das heißt, es dürfen keine Ersatzressourcen zur Verfügung stehen, durch deren Nutzung am Markt identische Rentenrückflüsse erzielt werden können. Ersatzressourcen können dabei ähnliche oder auch völlig andere Ressourcen sein (3).

Darüber hinaus wird häufig die *Spezifität* von Ressourcen eingefordert.[100] Diese führt automatisch zu einer gewissen Nicht-Imitierbarkeit,[101] da spezifische Ressourcen meist unter schwer nachbildbaren historischen Bedingungen entstehen. Darüber hinaus überlagert das Thema der Spezifität von Ressourcen jedoch auch die Eigenschaft der Knappheit, da spezifische Ressourcen aufgrund ihrer inhärenten Einzigartigkeit naturgemäß knappe Ressourcen sind. Im Folgenden wird deshalb die Spezifität von Ressourcen als eine weitere, wenn auch verschnittene Anforderung betrachtet. Zusammenfassend lässt sich der Gang der Argumentation der ressourcenorientierten Perspektive in Abbildung 3-2 nachzeichnen:

98 Das Problem der Knappheit von Ressourcen liegt grundsätzlich allem "Wirtschaften" zugrunde. Vgl. dazu Ringlstetter (1995), S. 81. Knappheit ist somit eine Basisannahme einer Betriebswirtschaftslehre, die sich grundsätzlich mit der Produktion von Gütern unter Knappheitsbedingungen beschäftigt.

99 Vgl. Kaiser (2001), S. 23f.

100 Vgl. zur Spezifität Rasche (1994), S. 82ff.

101 Vgl. Knyphausen (1993), S. 777, in Bezug auf Williamson (1985).

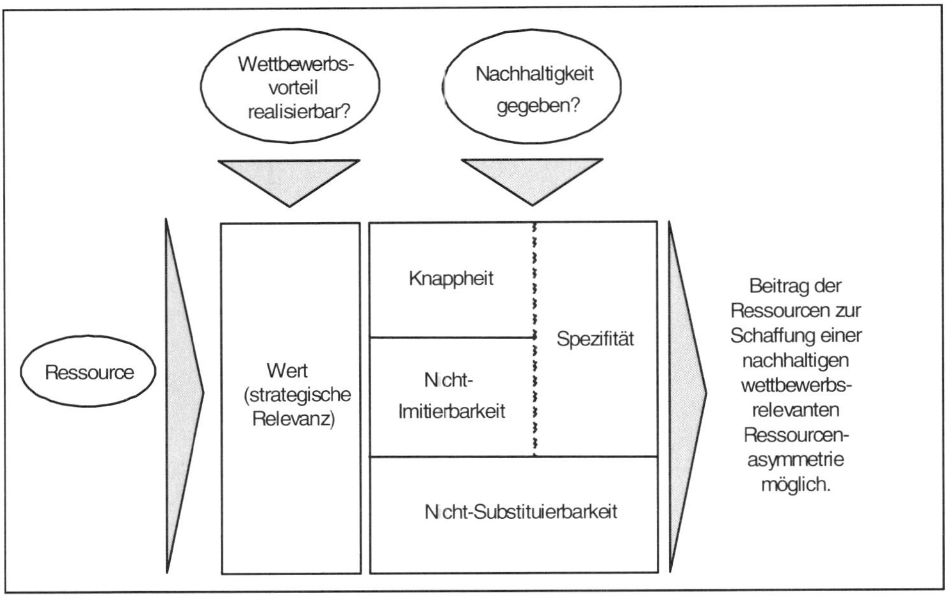

Abbildung 3-2: Anforderungen an Ressourcen – Prüfungsschema (Quelle: verändert übernommen aus Steidl (1999), S. 137)

Aufbauend auf den allgemeinen Grundzügen des ressourcenorientierten Ansatzes ist es möglich,[102] die strategische Bedeutung von Humanressourcen zu analysieren und damit auch die Relevanz eines Humanressourcen-Managements zu fundieren.[103] In den bisher durchgeführten Analysen lassen sich zwei Punkte erkennen:

- Der Analyse liegt meist ein recht eng efasstes Verständnis von Humanressourcen zugrunde. So verstehen etwa Wright et alii (1994) unter Humanressourcen "the pool of human capital under the firm's control in a direct employment relationship".[104]

---

[102] Die ressourcenorientierte Perspektive ist trotz ihrer primär ökonomischen Argumentation als besonders geeignet, ökonomische und sozialwissenschaftliche Erklärungsweisen zu integrieren. Vgl. Knyphausen (1993), S. 786.

[103] Vgl. insbesondere den Beitrag von Wright et al. (1994), sowie Coff (1997), Boxall (1996), für den deutschsprachigen Raum Kaiser (2001) und Ridder et al. (2001). Allgemein zur Wettbewerbsrelevanz von Humanressourcen, vgl. stellvertretend Schuler/MacMillan (1984).

[104] Wright et al. (1994), S. 304.

- Es findet sich die Tendenz, Eigenschaften oder bestimmte Charakteristika von Humanressourcen allgemein und somit unternehmensunabhängig als gegeben zu betrachten. Es ist jedoch davon auszugehen, dass nicht alle Humanressourcen bzw. Humanressourcen-Ausstattungen gleichermaßen wettbewerbsrelevant sind. Das heißt, Unternehmen unterscheiden sich hinsichtlich ihrer strategischen Bedeutung der Humanressourcen.

(1) Die Knappheit oder relative Seltenheit

Wären alle Humanressourcen – weltweit – identisch bzw. zeigten sie identische Qualitäten, so könnte man wohl kaum von einer Knappheit an Humanressourcen sprechen. Geht man jedoch davon aus, dass sich die Qualitäten und damit Fähigkeiten von Humanressourcen[105] durchaus unterscheiden und in der Bevölkerung normalverteilt sind,[106] so spricht dies für eine Knappheit von Humanressourcen mit einen hohen Niveau an bestimmten Fähigkeiten.[107]

Die gleichen Überlegungen gelten natürlich beispielsweise auch innerhalb einer Humanressourcen-Ausstattung eines Konzerns. Humanressourcen, die in einer Teileinheit eingesetzt sind, stehen nicht ohne weiteres auch anderen Teileinheiten zur Verfügung. Humanressourcen, die innerhalb einer Teileinheit bestimmte Aufgaben verrichten, können nur im begrenzten Umfang für andere Tätigkeiten der gleichen Teileinheit zur Verfügung stehen.

(2) Die Nicht-Imitierbarkeit von Humanressourcen

Nicht-Imitierbarkeit als eine weitere zentrale Voraussetzung für die Nachhaltigkeit von Rentenrückflüssen bedeutet, dass der Eigenaufbau einer identischen Ausstattung mit Humanressourcen *nicht ohne weiteres* gelingen darf. Es geht folglich nicht um eine Entscheidung zwischen imitierbar oder nicht imitierbar, sondern es geht darum, Kriterien zu finden, anhand derer das Ausmaß der Imitierbarkeit festzustellen ist. Für das Ausmaß der Imitierbarkeit von Humanressourcen-Ausstattungen sind nun im einzelnen insbesondere drei Kriterien grundlegend: die *Historizität*[108] der Entwicklung, die *uneindeutige Identifizierbarkeit* wettbewerbsrelevanter Humanressourcen sowie deren *soziale Komplexität*. Zusätzlich gilt es auch hier, die eingeschränkte Mobilität von Humanressourcen im Auge zu behalten.

---

105 Vgl. Hunter/Hunter (1984) zur Frage der Fähigkeiten als Qualitätsmaßstab von Humanressourcen und als Prädiktor für Leistungsfähigkeit im Berufsleben.

106 Vgl. dazu an mehreren Stellen, Jenson (1980).

107 Vgl. Wright et al. (1994), S. 307 sowie Drumm (2005), S. 177.

108 Verwandt hierzu ist der Begriff der „Pfadabhängigkeit“ von Ressourcen.

- *Historizität*: Die spezifische Ausstattung mit Humanressourcen ist Ergebnis einer historischen Entwicklung, da sie letztlich ein Produkt vergangener und nicht beliebig wiederholbarer Entscheidungen ist.[109] Dierickx/Cool (1997) verweisen in diesem Zusammenhang auf den Faktor Zeit als wesentliche Bestimmungsgröße.[110] Ebenso haben die Humanressourcen eines Unternehmens im Zeitablauf bestimmte Leistungsfähigkeiten entwickelt, die sich bei noch so großen Anstrengungen nicht von heute auf morgen imitieren lassen. Zusätzlich ist es wahrscheinlich, dass der Ausbau und die Weiterentwicklung der Humanressourcen-Ausstattung auf Basis einer bereits überlegenen Anfangsausstattung an Humanressourcen deutlich erleichtert werden. Dies lässt sich auf Multiplikatoreneffekte zurückführen,[111] die letztlich auf wechselseitigen Lernprozessen basieren.

- *Uneindeutige Identifizierbarkeit:* Die Zusammenhänge zwischen Humanressourcen und damit erzielten Wettbewerbsvorteilen sind oft kaum nachzuvollziehen.[112] Dieses als kausale Ambiguität bekannte Phänomen wird durch Beziehungen, die aufgrund der Arbeitsteilung innerhalb eines Unternehmens zwangsläufig entstehen, verstärkt. Diese kollektiven Effekte sind für einen Außenstehenden in der Regel nicht erkennbar. Sogar als „Mitglied“ der Humanressourcen-Ausstattung dürfte es wohl eher nur ein implizites Verständnis für derartige Zusammenhänge geben. Insgesamt wird es somit einem potentiellen Wettbewerber erschwert, die Renten generierenden Teile einer Humanressourcen-Ausstattung zu imitieren, da er diese ganz einfach nicht (er)kennt.

---

109 Vgl. Hennemann (1997), S. 78.

110 Vgl. Dierickx/Cool (1997), S. 165f. Sie sprechen in diesem Zusammenhang von "Time Compression Diseconomies". Zur Illustration geben sie ein fiktives Gespräch zwischen einem englischen Lord und seinem amerikanischen Besucher wieder. Die beiden unterhalten sich über die herausragende Qualität des englischen Rasens: "How come you got such a gorgeous lawn?" "Well the quality of the soil is, I dare say, of the utmost importance." "No problem" "Furthermore, one does need the finest quality seed and fertilizers." "Big deal." "Of course, daily watering and weekly mowing are jolly important." "No sweat, just leave it to me." "That`s it." "No kidding?!" "Oh, absolutly. There is nothing to it, old boy; just keep it up for five centuries" (Dierickx/Cool (1997), S. 165).

111 Diesen Effekt bezeichnen Dierickx/Cool (1997) mit "asset mass efficiencies": "Sustainability will be enhanced to the extent that adding increments to an existing asset stock is facilitated by possessing high levels of that stock" (Dierickx/Cool (1997), S. 166).

112 Vgl. Dierickx/Cool (1997), S. 167f. zum Begriff der kausalen Ambiguität.

- *Soziale Komplexität:* Selbst wenn ein Wettbewerber Kenntnis der Renten generierenden Elemente einer Humanressourcen-Ausstattung erlangen würde, kann eine Imitationsbarriere aufgrund sozialer Komplexität der Humanressourcen existieren. Diese Imitationsbarriere liegt dann in einer grundsätzlichen Schwierigkeit der Nachbildung begründet. Die Humanressourcen-Ausstattung entzieht sich einer direkten Steuerung durch das Management nicht zuletzt dadurch, dass zwischen einzelnen Humanressourcen vielfältige Interdependenzen bestehen.[113] Diese erhöhen nicht nur die Kompliziertheit der Humanressourcen-Ausstattung, sondern sie sind auch permanenten Veränderungen unterworfen. Eine Nachbildung von Humanressourcen-Ausstattungen in Form eines „Social Engineering" durch einen Wettbewerber erscheint folglich denkbar schwierig.[114]

(3) Die Nicht-Substituierbarkeit von Humanressourcen

Eine letzte Bedingung, die erfüllt sein muss, um die Dauerhaftigkeit von Rentenrückflüssen zu sichern, ist die Nicht-Substituierbarkeit. Diese ist idealtypisch immer dann gegeben, wenn es keine anderen Unternehmensressourcen gibt, die ihrerseits strategisch äquivalent zu den Humanressourcen eines Unternehmens eingesetzt werden können. Genannt wird als Beispiel für ähnliche Ressourcensubstitute der Ersatz eines einzigartigen Topmanagement-Teams mit einen anderen hoch qualifizierten Top-Management-Team. Als Beispiel für völlig andersartige Ressourcensubstitute wird der Ersatz einer charismatischen Führungskraft mit einem systematischen unternehmensweiten Planungssystem ins Feld geführt. [115] Letzteres, der Ersatz von hoch qualifizierten Humanressourcen durch neue Technologien ist jedoch eher selten. Ist ein solcher möglich, so darf man annehmen, dass es sich im Regelfall nicht um den Ersatz von hoch qualifizierten Humanressourcen handeln dürfte. Mit anderen Worten erscheint ein Ersatz von Humanressourcen, welche die vorangegangenen Anforderungen erfüllen, nur im Falle von revolutionären Technologieveränderungen wahrscheinlich. Meist handelt es sich jedoch dann um am Markt käufliche Technologien, die somit ihrerseits keinen dauerhaften Wettbewerbsvorteil begründen können.[116]

---

113 Vgl. Rasche (1994), S. 73, der Interdependenzen zwischen Ressourcen mit sozialer Komplexität gleichsetzt.

114 Vgl. allgemein Willke (1996b), S. 71, zur Schwierigkeit der Intervention in soziale komplexe Systeme.

115 Vgl. Hennemann (1997), S. 84.

116 Vgl. Wright et al. (1994), S. 312.

3.2 Humanressourcen als nicht-triviale Ressourcen

Führt man sich nochmals ein Verständnis von Unternehmensressourcen vor Augen, wie dies beispielsweise Wernerfelt (1984) oder Amit und Shoemaker (1993) propagieren, so fällt unter anderem insbesondere ein Aspekt auf: Es wird für notwendig gehalten, dass sowohl die Verfügbarkeit von Ressourcen als auch deren kontrollierte Nutzung gegeben ist.[117] Beides ist jedoch bei Humanressourcen weder vollständig noch jederzeit gewährleistet. Coff (1997) bezieht dies explizit in seinem Verständnis von Humanressourcen mit ein, indem er unter Humanressourcen „human capital under *limited* organizational control“[118] versteht. Hinter dieser Aussage steht die Frage, mit welchem „Menschenbild“ bzw. mit welchem Anspruch gegenüber Humanressourcen agiert wird. Analysiert man die bisherige Forschung und Anwendung von Menschenbildern im Humanressourcen-Management (siehe Unterabschnitt 3.2.1) so zeigt sich, dass ein Bild vom eigensinnigen Menschen in besonderer Weise angebracht ist (siehe Unterabschnitt 3.2.2).

3.2.1 Klassifikation von Menschenbildern

Menschenbilder können als „Realtypologien von menschlichen Eigenschaften“ interpretiert werden, die „in Anlehnung an die Realität aufgrund von Plausibilitätsüberlegungen und Grundannahmen über Dritte gewonnen werden“.[119] In diesem Zusammenhang wird auch von impliziten Persönlichkeitstheorien gesprochen, die beinhalten, welche Eigenschaften Menschen aufweisen.[120] Menschenbilder dienen letztlich der Reduktion von Komplexität, weil sie *erstens* die real vorkommenden Menschentypen auf wenige Grundformen reduzieren und *zweitens* die Ableitung standardisierter Handlungsempfehlungen erlauben.[121] Auf dieser Grundlage wäre es dann möglich, die Funktionen und Aufgaben eines Humanressourcen-Managements optimal auszugestalten und miteinander abzustimmen. Die zeitlich ersten entwickelten Menschenbilder gehen vermutlich auf das Jahr 1914 zurück, als Spanger zwischen sechs Grundtypen unterschied. Mittlerweile finden sich in der wissenschaftlichen Literatur zahlreiche Klassifikationen von

---

[117] Vgl. Wernerfelt (1984), S. 40, Amit/Shoemaker (1993), S. 35.

[118] Coff (1997), S. 375, (Hervorhebung durch Verfasser).

[119] Drumm (2005), S. 497.

[120] Vgl. Nerdinger (2003), S. 62ff.

[121] Vgl. Scholz (2000), S. 117., sowie Schanz (2000), S. 56.

Menschenbildern,[122] die sich im Wesentlichen auf folgende zwei Grundformen zurückführen lassen:[123]

Eine erste Grundform von Klassifikationen unterstellt einfache und überschaubare Eigenschaften und Motivstrukturen, die ihrerseits im Zeitablauf keinerlei oder nur geringfügigen Veränderungen unterliegen. Auf Basis dieser Annahmen ist es dann leicht möglich, inhaltliche Empfehlungen für eine Beeinflussung bzw. zielgerichtete Steuerung von Menschen zu generieren.[124] Ob diese Empfehlungen allerdings tatsächlich effektives Verhalten erzeugen ist in Frage zu stellen, da dies eben davon abhängt ob die im Menschenbild getroffenen Annahmen mit der Realität weitgehend übereinstimmen. Beispielhaft hierfür lassen sich die Bilder eines „economic man“ oder „social man“ skizzieren. Während beim „economic man“ davon ausgegangen wird, dass er rein durch monetäre Anreize motivierbar ist und nach zweckrationaler Bewältigung seiner Entscheidungsprobleme sucht, ist der „social man“ dadurch geprägt, dass er der Befriedigung seiner sozialen Interaktionsbedürfnisse nachgeht.

Andere Menschenbilder gehen von erheblich komplexeren Annahmen aus. So postuliert zum Beispiel Schein mit dem „complex man“[125] eine generelle Vielschichtigkeit von Eigenschaften und Motivstrukturen. Dies führt unter anderem dazu, dass Menschen sich in unterschiedlichen Situationen andersartig verhalten und nach ungleichen Zielen streben. Auf diese Weise wird der Individualität der Menschen Rechnung getragen, wenngleich umgekehrt die Ableitung von Handlungsoptionen zur Beeinflussung der Mitarbeiter auch entsprechend schwer fällt. Einen Schritt weiter gehen Menschenbilder, die mit dem Begriff des Eigensinns in Verbindung stehen sind. So wird etwa unter der Bezeichnung des „capricious man“ von einem launenhaften Menschen mit vielfältigen Motivstrukturen ausgegangen, die gleichzeitig mehrere variierende Eigeninteresse implizieren.

In beiden Grundformen manifestiert sich also ein Spannungsfeld zwischen Realitätsnähe einerseits und der einfachen Anwendung im Rahmen eines Humanressourcen-Managements andererseits. Zieht man jedoch die Aspekte der Wirksamkeit einzelner Handlungsempfehlungen – die wiederum

122 Vgl. Zu den bis heute prominentesten Typologien zählen neben anderen: McGregors Theorien X und Y (vgl. McGregor, 1960, S. 33–53), die Typisierung nach Schein (vgl. Schein (1970), S. 55–70) und die empirisch überprüfte Typisierung von Weinert (vgl. Weinert (1984)). Eine Übersicht bezüglich weiterer Ansätze liefern Scholz (2000), S. 117 ff., und Staehle (1999), S. 191 ff.

123 Vgl. zu Folgenden Brandenberg (2001).

124 In Anlehnung an Bühner (2004), S. 168 f., und Drumm (2005), S. 399 f.

125 Vgl. Schein (1970), S. 67 ff.

mit der Realitätsnähe der Annahmen korreliert, so ist für das Humanressourcen-Management ein weitestgehend realistisches und damit komplexes Menschenbild notwendig, das in Abhängigkeit von der zugrunde liegenden Problemstellung alle relevanten Merkmale von Menschen beinhaltet.[126] Zusätzlich ist dabei zu bedenken, dass auch auf Seiten des Managements komplexe, eigensinnige Motivstrukturen vorzufinden sind (siehe insgesamt Abbildung 3-3).

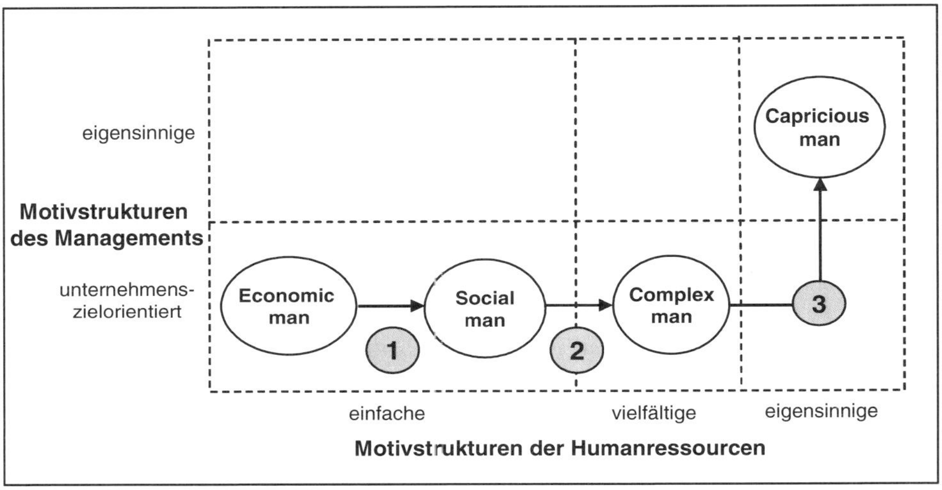

Abbildung 3-3: Auf dem Weg zum eigensinnigen Menschenbild

3.2.2 Ein eigensinniges Menschenbild

Die Vorstellung eines „eigensinnigen" Menschen erscheint im Hinblick auf die Realitätsnähe als besonders geeignet.[127] In einem allgemeinen Zugriff ist unter dem „Eigensinn" eines Menschen die opportunistische bzw. egoistische Durchsetzung eigener, vom Unternehmensinteresse abweichender, Wünsche bzw. Vorstellungen zu verstehen. Neben diesem eher alltagsweltlichen Begriffsverständnis können unter dem „Eigensinn" von Menschen zwei Phänomene subsumiert werden: Erstens ist dies die *Eigenlogik* bzw. Inkommensurabilität. Ausgangspunkt dieses Aspektes ist die Überlegung,

126 Vgl. Schanz (2000).

127 Vgl. zu den nachstehenden Ausführungen Ringlstetter (1995), S. 61 ff., und Ringlstetter (1997), S. 9 ff. Siehe zur Inkommensurabilität auch ausführlich Kirsch (1997b), S. 255 ff.

dass Menschen zur Definition eines Problems auf Kontexte angewiesen sind, also auf Sprachwelten, die aus verstehbar machenden Begriffen und Vorstellungen bestehen.[128] Diese Kontexte sind jedoch keineswegs einheitlich, vielmehr ist anzunehmen, dass Menschen „... in unterschiedlicher Weise denken, Probleme in individuellen Kontexten definieren und darauf aufbauend ihre Lösungsmaßnahmen erarbeiten."[129]

Damit ist jedes Problem kontextspezifisch und vom individuellen Verständnis des Problemlösers abhängig. Inkommensurabilität bedeutet nun, dass die Kontexte unvereinbar und nur schlecht ineinander übersetzbar sind. In der Folge können die Übertragung von Informationen und ein gemeinsames Verstehen beinahe unmöglich sein. Das bedeutet, auch wenn bestimmte Begriffe in zwei Kontexten die gleichen Worte verwendet werden, dass vor dem Hintergrund des jeweiligen Kontextes andere Inhalte gemeint sein können. Wenn nun aber A bereits Schwierigkeiten hat, die von B verwendeten Begriffe in ihrem Verwendungszusammenhang zu verstehen, kann A auch die Logik der Argumentation und des Handelns von B nicht verstehen.[130]

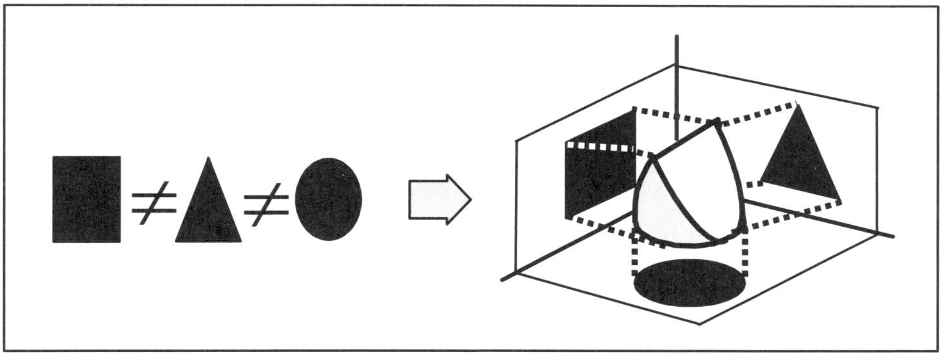

Abbildung 3-4: Inkommensurabilität als Unterschied in den Sichtweisen (Quelle: Krippendorf (1984), S. 60)

Das zweite für den „Eigensinn" charakteristische Phänomen ist das *Eigeninteresse*, worunter die Verfolgung eigener Ziele und Interessen zur Nutzenmaximierung zu verstehen ist. Es muss also in Anlehnung an den aus der Mikroökonomie bekannten „homo oeconomicus" angenommen werden,

128 Vgl. zum Kontextbegriff ausführlich Kirsch (1991), S. 5 f., und Kirsch (1992), S. 8 ff. Siehe zur Herkunft des Kontextbegriffes auch Etzioni (1975), S. 180 ff.

129 Ringlstetter (1997), S. 10.

130 Vgl. Ringlstetter (1997), S. 11.

dass sehr viele Handlungen eines Mitarbeiters der Maximierung seines persönlichen Nutzens dienen. Dabei kann die Verfolgung dieses Eigeninteresses sowohl in offener als auch in verdeckter Form, z. B. mit Hilfe von List, geschehen. Bei letzterer Variante, für die Williamson den Term Opportunismus geprägt hat,[131] werden die Folgen für die Betroffenen zwar spürbar, aber sie können unter Umständen die dahinter stehenden Eigeninteressen nicht erkennen und folglich auch nur schlecht gegensteuern. Hierin kommt die für das Humanressourcen-Management wichtige Annahme zum Ausdruck, dass die „Funktionsweise" des Menschen nicht ohne weiteres verallgemeinert werden kann und damit zumindest Zweifel an einer umfassenden Steuerbarkeit von Menschen angebracht sind.[132]

Insgesamt führt dies dazu, dass der Mensch als „nicht trivialisierbar" betrachtet wird und man ihn demzufolge nicht als „Trivialmaschine" betrachtet, deren Output durch einen spezifischen Input (Anreize, Arbeitsbedingungen usw.) mehr oder weniger stark determiniert werden kann. Damit geht die Feststellung einher, dass Probleme, die mit dem Management von Humanressourcen verbunden sind, nicht als „Ingenieurprobleme" behandelt werden können, die in einem konstruktivistischen Sinne stets beherrsch- und eindeutig lösbar sind. Der Mensch ist zu vielschichtig und daher mit dem Funktionieren einer „Maschine" nicht zu vergleichen, die auf der Basis bestimmter Inputs erwünschte Outputs erzeugt.[133] Folglich sind die diagnostizierten Probleme in bestmöglicher Weise – unter Berücksichtigung der spezifischen Situation und ihrer jeweiligen Rahmenfaktoren – zu handhaben. Forderungen nach „der" Lösung der Probleme müssen zurückgewiesen werden.[134] Hierunter fällt auch die im Humanressourcen-Management weit verbreitete Forderung nach einer weitgehenden Individualisierung. Dieses Postulat der Individualisierung[135] beinhaltet das Aufgeben von allgemein gültigen Regelungen und die Berücksichtigung individueller Besonderheiten und Interessen von Mitarbeitern.[136] Damit ist gleichzeitig auch ein erster Ansatz skizziert, wie die prinzipielle strategische Relevanz der Humanressourcen auch einem Management zugeführt werden kann.

---

131 Vgl. Ringlstetter (1997), S. 12, nach Williamson (1990), S. 54.
132 Vgl. Ringlstetter/Kniehl (1995), S. 149.
133 Vgl. auch Ringlstetter/Kniehl (1995), S. 149 ff.
134 Vgl. in diesem Zusammenhang auch Knebel (1999).
135 Vgl. Scholz (2000), S. 70ff.
136 Vgl. Schanz (1992), Drumm (2005).

3.3 Wettbewerbs- und Potentialorientierung

Humanressourcen sind im Sinne des ressourcenorientierten Ansatzes strategisch relevante Ressourcen, die zu nachhaltigen Wettbewerbsvorteilen führen können. Dies gilt trotz der Akzeptanz eines möglichst realistischen Bildes von eigensinnigen Menschen, durch das die gezielte managementorientierte Herbeiführung von Wettbewerbsvorteilen erschwert wird. Für das Humanressourcen-Management eines Unternehmens bedeutet dies erstens, dass es mit anderen Unternehmen in den Wettbewerb um Humanressourcen treten muss (siehe Unterabschnitt 3.3.1). Allerdings lassen sich Wettbewerbsvorteile häufig erst langfristig realisieren. Daraus folgt, dass Humanressourcen als Potentiale für zukünftig verwirklichbare Wettbewerbsvorteile betrachtet werden müssen (siehe Unterabschnitt 3.3.2).

3.3.1 Der Wettbewerb um Humanressourcen

Die Forderung einer Wettbewerbsorientierung des Humanressourcen-Managements bedeutet zunächst folgendes: Unternehmen müssen sich bewusst sein, dass sie im Wettbewerb um Humanressourcen stehen und sollten deshalb entsprechende Strategien zur Positionierung im Wettbewerb entwickeln. Wettbewerbsorientierung bedeutet somit zugleich immer auch eine Orientierung am Markt für Humanressourcen. Auch wenn auf den ersten Blick Humanressourcen, die auf dem externen Arbeitsmarkt akquiriert werden können, zunächst nicht als Lieferanten nachhaltiger Wettbewerbsvorteile gelten, so sind sie doch erstens temporär wettbewerbsrelevant, wenn sie knapp und wertvoll sind, und zweitens langfristig wettbewerbsrelevant, wenn sie nicht-imitierbare und nicht-substituierbare Leistungsfähigkeiten entwickeln. Hinsichtlich der Sicherstellung dieser wettbewerbsrelevanten Eigenschaften von Humanressourcen sind unterschiedliche Stellhebel denkbar (1). Darüber hinaus erfordert die Wettbewerbsorientierung auf einer übergeordneten Ebene ein wettbewerbsorientiertes Denken des Humanressourcen-Managements (2).

(1) Stellhebel der Wettbewerbsorientierung

Zwei generische Möglichkeiten oder „Stellhebel“ zur Schaffung von Wettbewerbsvorteilen durch Humanressourcen bzw. zur Vermeidung von Wettbewerbsnachteilen lassen sich identifizieren:[137] Erstens die Beschaffung und Bindung wertvoller Humanressourcen (a), sowie zweitens die direkte oder indirekte Steigerung des Wertes individueller Humanressourcen oder der Humanressourcen-Ausstattung (b).

137 Vgl. Krauss (2002), S. 154 f.

(a) Die wettbewerbsorientierte *Beschaffung und Bindung wertvoller Humanressourcen* führt zu einem so genannten „Kampf um Talente“.[138] Dieses Schlagwort geht auf Veröffentlichungen der Unternehmensberatung McKinsey & Company zurück. Der englische Ausdruck spricht sogar von Krieg: "War for Talent."[139] Insgesamt sind die damit einhergehenden Bemühungen um die Beschaffung und Bindung wettbewerbsrelevanter Humanressourcen mit einer fundamentalen Umorientierung in Richtung einer marktbezogenen Denkweise verbunden:[140]

Ein Unternehmen bietet erstens nicht mehr „Arbeitsplätze“ an, um die sich potentielle Mitarbeiter bewerben. Vielmehr wird der Kandidat selbst zum Anbieter seiner Humanressource. Diese Sichtweise vom Unternehmen als Nachfrager in einem Verkäufermarkt manifestiert sich in einer Umkehrung der bisherigen Verhältnisse. Ein wettbewerbsorientiertes Humanressourcen-Management gestaltet zweitens die Positionierung des Unternehmens so, dass der Kandidat nicht Anbieter seiner Arbeitskraft, sondern Kunde in einem Käufermarkt ist. Die Organisation demgegenüber verteilt nicht Arbeitsplätze, es gilt vielmehr, das Produkt „Arbeitsplatz“ zu verkaufen.[141] Hierbei ist nicht nur die Beitrittsentscheidung der Kandidaten zum Unternehmen von Relevanz, sondern auch die Entscheidung zum Verbleib im Unternehmen wird von Mitarbeitern, die über einen hohen Marktwert verfügen, regelmäßig einer Revision unterzogen. Finden sich attraktivere Angebote alternativer Arbeitgeber, wird der betreffende Mitarbeiter seine weitere Teilnahme an der Organisation sehr kritisch überprüfen. Neben Methoden des Personalmarketings[142] und der Ausgestaltung von Anreizsystemen[143] kommt der Differenzierung im Wettbewerb um Humanressourcen eine zentrale Bedeutung zu.[144]

(b) Die *direkte oder indirekte Steigerung des Werts von Humanressourcen* ist ein weiterer Stellhebel der Wettbewerbsorientierung. Eine direkte und kurzfristige Wertsteigerung knapper Humanressourcen ist durch den Einsatz existierender Humanressourcen in alternativen Betätigungsfeldern möglich, in denen die spezifischen Charakteristika der Humanressourcen Wert schaffen. Ein Beispiel ist die Beauftragung eines Mitarbeiters mit hervorragenden analytischen Fähigkeiten mit dem Aufbau eines bislang im

---

138 Vgl. Barrenstein (1999).
139 Vgl. Chambers et al. (1998).
140 Vgl. Krauss (2002), S. 155ff.
141 Vgl. Barrenstein (1999).
142 Vgl. hierzu den Herausgeberband von Simon et al. (1995).
143 Zu Anreizsystemen für Führungskräfte vgl. Becker (1987) bzw. Becker (1990).
144 Vgl. Simon/Wiltinger (1998), S. 29.

Unternehmen nicht existenten strategischen Planungssystems. In den Kategorien der Skill-Will-Matrix bedeutete dies die Schaffung einer neuen, den Eigenschaften der Humanressource adäquaten „Stelle“. Diese Vorgehensweise dreht den Gedanken der Anpassung des Leistungsniveaus an die Anforderungen der Organisation um. Eine indirekte und langfristige Möglichkeit der Wertsteigerung besteht in der Verknappung wertvoller Humanressourcen. Dies gelingt insbesondere indem Ressourcenasymmerien hergestellt werden, welche die Konkurrenten benachteiligt. Ein Beispiel hierfür ist das präventive „Leerkaufen“ spezifischer Arbeitsmarktsegmente, um den Konkurrenten die Möglichkeit der Akquisition dieser Humanressourcen zu nehmen. Aufgrund der mangelnden Steuerbarkeit des Angebots an spezifischen Humanressourcen ist dies allerdings als problematisch zu sehen und bestenfalls für große Konzerne in spezifischen Arbeitsmarktsegmenten realisierbar (z. B. Nachwuchsingenieure mit spezifischen Ausbildungen).[145]

(2) Wettbewerbsorientiertes Denken

Insgesamt scheint eine Wettbewerbsorientierung im Humanressourcen-Management aus zwei Gründen geboten.

- Erstens gilt es, durch die Anerkennung eines Wettbewerbs um knappe, hoch qualifizierte und motivierte Humanressourcen und der entsprechenden Ausrichtung am Markt, Wettbewerbsnachteile zu verhindern.

- Zweitens stellen einzelne Mitarbeiter und deren Skills und Wills die Bausteine der Humanressourcen-Ausstattung dar. Demnach besteht die Gefahr, durch die Abwerbung von Mitarbeitern aus der eigenen Organisation nicht nur wertvolle einzelne Humanressourcen, sondern beispielsweise auch Kollektivfähigkeiten zu verlieren.

Wenn als Konsequenz immer mehr Unternehmen die Mitarbeiter als strategische Ressourcen ansehen[146] und damit die Logik des Wettbewerbs Einzug hält, so führt dies zu drei wesentlichen Veränderungen für Unternehmen:[147]

Erstens gilt es bisher weniger beachtete neue Märkte zu beobachten und zu bearbeiten, denn neben dem Wettbewerb auf den Absatzmärkten entsteht ein zweites zentrales Konkurrenzfeld auf dem Arbeitsmarkt. Hierbei sollte sich die Thematisierung knapper und wertvoller HR erstens nicht auf Kategorien fachlicher bzw. beruflicher Qualifikationen beschränken. Zu be-

145 Zur Steuerung und zu aktiven Eingriffen in den Arbeitsmarkt, vgl. Drumm (2005), S. 706f.

146 Vgl. Ulrich (1998), S. 16.

147 Vgl. Krauss (2002), S. 155f.

rücksichtigen sind vielmehr auch übergreifende Fähigkeiten und Motivationen und daraus resultierende Leistungs- und Verhaltenspotentiale, die sich in keiner Berufsklassifizierung ablesen lassen. Bedenkenswert ist auch die Ausweitung der Diskussion um knappe Humanressourcen auf prinzipiell alle Beschäftigungsgruppen. Eine Konzentration auf das Top-Management oder Führungskräfte ist angesichts des Mangels unangebracht.[148]

Auf den Arbeitsmärkten begegnet das Unternehmen zweitens neuen Wettbewerbern, die nicht der gleichen Branche entstammen. Ein Unternehmen aus der Maschinenbauindustrie beispielsweise wetteifert nicht nur mit dem Absatzmarktkonkurrenten um qualifizierte Ingenieure, sondern auch mit der Strategieberatung, sowie mit dem High-Tech-Konzern um fähige Finanzmanager oder engagierte Team-Assistenten.[149]

Darüber hinaus kommen drittens neuartige organisationsinterne Spielregeln zum Tragen. Es ändert sich also nicht nur der Auftritt am Markt, sondern auch die unternehmensinterne Logik des strategischen Handelns verschiebt sich. Aufwendungen für die Akquisition, Bindung und Entwicklung von Humanressourcen stellen in dieser Sichtweise keine Kosten für die Besetzung von Stellen dar, sondern vielmehr Investitionen in Potentiale. Eine Führungskraft oder ein zentrales Humanressourcen-Management (als Institution) ist dann nicht mehr nur für die Einhaltung eines Kostenbudgets verantwortlich, sondern ebenso für die Schaffung der Voraussetzungen für die Realisierung von Strategien und zudem für den Aufbau von Humanressourcen-Potentialen in seinem Verantwortungsbereich. Damit stellen wertvolle und knappe Humanressourcen auch die Vorbedingung für *zukünftige* Wettbewerbsvorteile dar.

3.3.2 Potentiale für die Zukunft

Die Humanressourcen-Ausstattung stellt eine historisch gewachsene und damit wettbewerbsrelevante Ressource dar. Sie dient nicht nur der routinierten und effizienten Bewältigung von alltäglichen Aufgaben, sondern führt aufgrund ihrer spezifischen Einzigartigkeit und Historizität zu einer Nachhaltigkeit von Rentenrückflüssen. Allerdings ist mit einer spezifisch gewachsenen Ausstattung an Humanressourcen immer eine Tendenz zur

---

148 Vgl. Krauss (2002), S. 158 und die dort zitierte Literatur. Krauss nennt als Beispiel die vergebliche Suche von Sekretärinnen für Anwaltskanzleien oder von Servicekräften für Tankstellen.

149 Vgl. etwa Sattelberger/Höllmüller (2001), S. 346ff.

Starrheit verbunden,[150] so dass in einem zukunftsorientierten Blick nach vorne das Argument einer negativ konnotierten, strukturellen Trägheit an Gewicht gewinnt.[151] Denn durch den Blick nach vorne zeigt sich, dass eine Annahme unveränderter, alltäglicher Aufgaben und Probleme von wenig Realismus zeugt.

Dementsprechend muss auch die Humanressourcen-Ausstattung Momente der Flexibilität zulassen, d.h. für die Zukunft veränderbar bleiben. Es erscheint deshalb lohnend, die Ausstattung mit Humanressourcen im Sinne einer Potentialorientierung zu diskutieren, da diese eine flexible Ausrichtung an der Zukunft erleichtert. Unter Potentialen versteht man zunächst Vorsteuergrößen für zukünftige Erfolge.[152] Im Folgenden wird zunächst der Aspekt der Zukunftsorientierung anhand einer Metapher erläutert, um anschließend den Aufbau von Humanressourcen-Potentialen zu diskutieren.

(1) Die Zukunftsorientierung von Potentialen

Will man die Zukunftsorientierung von Potentialen erklären, so ist zunächst darauf hinzuweisen, dass durch die spezifischen Merkmale der Humanressourcen bestimmte Handlungen in der Zukunft ermöglicht werden. Zusätzlich ist es jedoch auch notwendig, dass im organisatorischen Umfeld stimmige Verwendungsmöglichkeiten für die Humanressourcen-Ausstattung angeboten werden. Die Stimmigkeit führt zurück auf das – nicht nur im Humanressourcen-Management – häufig verwendete „Fit"-Konzept (siehe Abschnitt 1.1). Auf dem darin steckenden Stimmigkeits-Gedanken[153] baut auch die Metapher von Schlüssel und Schloss auf, die sich zur Verdeutlichung der Potentialorientierung verwenden lässt.[154]

Die Grundidee der angesprochenen Metapher ist folgende: Die Humanressourcen eines Unternehmens entsprechen Schlüsseln, mit deren Hilfe sich ergebende Handlungsgelegenheiten im Sinne von Schlössern wahrnehmen bzw. öffnen lassen. Eine Humanressourcen-Ausstattung konstituiert also nur dann ein Erfolgspotential, wenn entsprechende Schlösser – sprich organisatorische Handlungserfordernisse oder -optionen – bestehen, die sich mit den Schlüsseln der Humanressourcen-Ausstattung öffnen lassen. In Abbildung 3-5 ist das Prinzip verdeutlicht:

---

150 Vgl. auch Kaiser (2001), S. 46. Typisch in diesem Zusammenhang der Hinweis auf die Rigidität von Kernkompetenzen.

151 Vgl. diesbezüglich Knyphausen-Aufsess (1995), S. 146ff.

152 Vgl. Gälweiler (1987), S. 24.

153 Vgl. Knyphausen-Aufsess (1995), S. 304ff. sowie S. 361 und Süss (2001), S. 49.

154 Vgl. dazu insbesondere Wolfrum (1993), S. 58ff.

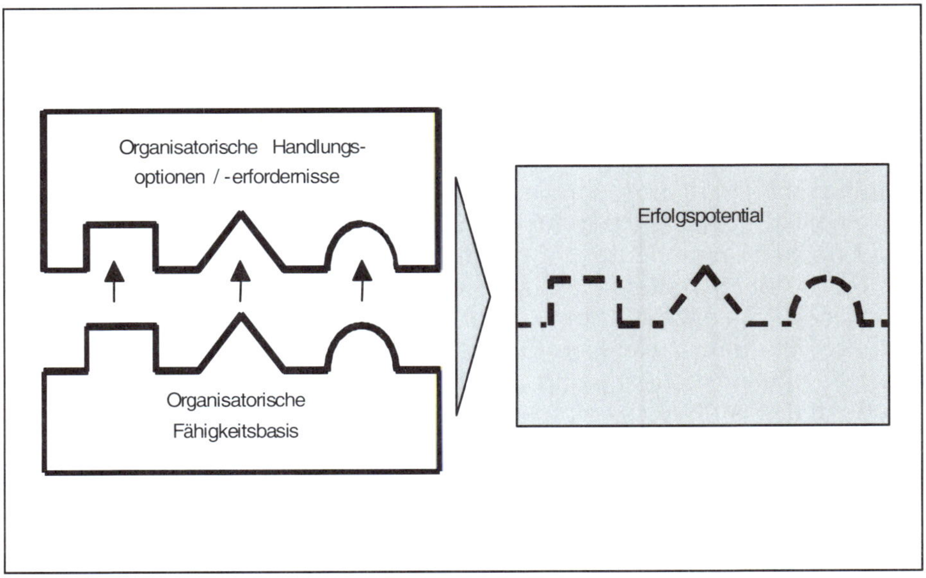

Abbildung 3-5: Die Metapher von Schlüssel und Schloss

Die Metapher von Schlüssel und Schloss ist nicht nur eingängig, sondern bietet auch die Möglichkeit, einige weitergehende Aspekte der Zukunftsorientierung von Potentialen zu thematisieren.[155]

- Eine heute Erfolg versprechende Leistungsfähigkeit in Zukunft uninteressant werden kann, wenn sich die Herausforderungen und Problemstellungen, d.h. die Schlösser, ändern oder nicht mehr existieren.

- Die Handlungen einzelner Humanressourcen sind interdependent. Damit ist gemeint, dass individuelle Handlungen sowohl eigene als auch fremde Erfolgspotentiale beeinflussen können. Übertragen auf die Metapher von Schlüssel und Schloss kann dies bedeuten: Erst wenn ein bestimmtes Schloss mit Hilfe bestimmter Humanressourcen geöffnet wurde, macht es Sinn, d.h. ist es Erfolg versprechend, auch ein anderes zu öffnen. Zum Beispiel macht es erst dann Sinn, dass eine Marketingabteilung ihre Fähigkeit zur Kommunikation von Produkteigenschaften einsetzt, wenn gleichzeitig die Forschungs- und Entwicklungsabteilung sowie die Produktionsstätten derartige Produkteigenschaften zu garantieren oder zu produzieren in der Lage sind.

155 Vgl. dazu das Potentialkonzept von Kirsch (1997b), S. 464ff. sowie Kaiser (2001), S. 46fff.

- Die Humanressourcen-Ausstattung als ganzes ist für das Erreichen möglicher Welten zentral.[156] Damit ist zweierlei angesprochen: Zum einen lassen sich mit Humanressourcen unterschiedliche erfolgreiche Handlungsgelegenheiten wahrnehmen, d.h. es sind Schlüssel vorhanden, die unterschiedliche Schlösser sperren. Zum anderen können erfolgreiche Handlungen unter Umständen auch auf unterschiedlichen Wegen, d.h. mit unterschiedlichen Humanressourcen durchgeführt werden. Es ist also vorstellbar, dass mehrere unterschiedliche Humanressourcen-Ausstattungen im Sinne funktionaler Äquivalente bestehen.[157]

(2) Aufbau von Humanressourcen-Potentialen

Die Humanressourcen-Ausstattung birgt dann Potentiale, wenn durch sie in Zukunft Strategien realisiert werden, mit deren Hilfe drohende Gefahren abgewendet und Gelegenheiten wahrgenommen werden können. Ein potentiaorientiertes Humanressourcen-Management hat deshalb die Aufgabe, den Aufbau zukünftiger Potentiale zu fördern. Dabei lassen sich zwei grundsätzliche Stoßrichtungen unterscheiden, wie Abbildung 3-6 illustriert:[158]

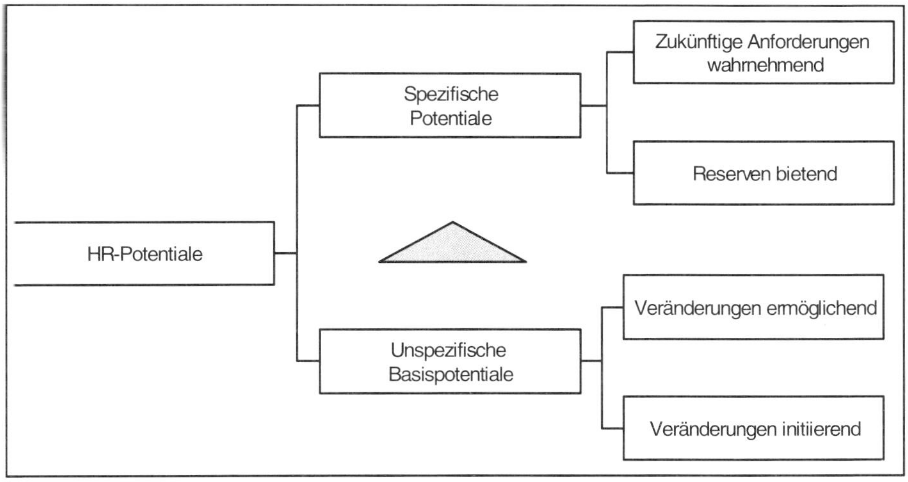

Abbildung 3-6: Aufbau von Potentialen (Quelle: in Anlehnung an Krauss (2002), S. 160)

---

156 Vgl. Wolfrum (1993), S. 157ff.

157 Im Rahmen der Metapher von Schlüssel und Schloss ist also immer mitzudenken, dass es unter Umständen mehrere Türen mit unterschiedlichen Schlössern für ein und den selben Raum gibt. Dieser kann somit auf unterschiedlichen Wegen erfolgreich betreten werden.

158 Vgl. Krauss (2002), S. 160.

Zum einen geht es um den Aufbau spezifischer Potentiale (a). Mit deren Hilfe kann erstens prognostizierten, zukünftigen Anforderungen entsprochen werden, zweitens geht es aber auch darum, Reserven vorzuhalten, um zukünftige Strategien nicht scheitern zu lassen. Zum anderen sind unspezifische Potentiale aufzubauen, die entweder organisatorische Veränderungen erleichtern oder initiieren (b). Eine Besonderheit der unspezifischen Basispotentiale ist darüber hinaus, dass sie gleichzeitig auch die Entwicklung spezifischer Potentiale mitsteuern.

(a) Der Aufbau spezifischer Potentiale dient dazu, konkretisierbare Leistungen von Humanressourcen für die Zukunft sicherzustellen. Im Mittelpunkt steht also die Frage, welche Humanressourcen-Potentiale in der Zukunft wettbewerbsrelevant sein werden. Dementsprechend ist es notwendig, zwei zentrale Prognoseprobleme zu handhaben.[159]

So gilt es zunächst die zukünftige Unternehmensentwicklung zu antizipieren. Denn nur in Abhängigkeit von der Entwicklung des Unternehmens lässt sich einschätzen, welche Humanressourcen für die Zukunft wertvoll sind und welche nicht. Zu beachtende Dimensionen der Unternehmensentwicklung sind beispielsweise die Veränderung von Kundenanforderungen und eine damit einhergehende Neugestaltung von Wertschöpfungsketten.[160]

Darüber hinaus ist es notwendig, zukünftige Knappheiten von Humanressourcen mit spezifischen Leistungsfähigkeiten vorherzusehen. Typischerweise geschieht dies in Form von Arbeitsmarktanalysen. Dabei ist nicht nur der interne Arbeitsmarkt zu betrachten, d.h. etwa die Entwicklung der Humanressourcen-Ausstattung durch Fluktuation, Verrentung etc. Vielmehr ist vor allem auch der externe Arbeitsmarkt zu analysieren. Dies geschieht etwa in Form von demographischen Studien oder durch eine Analyse der Bildungspolitik etc. Problematisch ist hierbei in erster Linie sowohl die Vielzahl der Einflussfaktoren auf die Veränderungen des Angebots an Humanressourcen als auch in einem zweiten Schritt die mangelnde Beeinflussbarkeit des externen Arbeitsmarkts durch die Unternehmen.[161]

(b) Aufbau unspezifischer Potentiale: Humanressourcen fungieren als Schlüssel zur Wahrnehmung sich zukünftig ergebender Handlungsoptionen. Allerdings wurde bereits angedeutet, dass sich zukünftige Handlungsoptionen einer Prognose häufig entziehen.[162] Damit lässt sich nun eine Forderung nach mög-

---

159 Vgl. Krauss (2002), S. 161.

160 Vgl. Krauss (2002), S. 162, sowie Laukamm/Walsh (1985).

161 Vgl. zu Möglichkeiten der proaktiven Arbeitsmarktbeeinflussung Drumm (2005), S. 405ff.

162 Es ist also nicht nur unklar, mit welchen Humanressourcen welche Handlungsoptionen wahrgenommen werden können, sondern auch welche Handlungsoptionen zukünftig überhaupt zur Disposition stehen.

lichst großer *Flexibilität der Humanressourcen-Ausstattung* verbinden. Mit anderen Worten ist es für Unternehmen sinnvoll, unspezifische Humanressourcen-Potentiale aufzubauen. Während der Aufbau von spezifischen Potentialen sich noch stark an der Prognose von zukünftigen Anforderungen orientiert, impliziert die Entwicklung unspezifischer Potentiale das Gegenteil. Ein solches Vorgehen zielt vielmehr darauf ab, derartige Humanressourcen-Potentiale aufzubauen, die momentan überhaupt noch nicht „im Raum der gedachten Möglichkeiten stehen" (Krauss (2002), S. 164). Damit wird eine Prognose von organisatorischen und marktinduzierten Anforderungen obsolet und das Humanressourcen-Management richtet sich danach aus, eine ungezielte Flexibilität[163] im Hinblick auf die Humanressourcen-Potentiale zu erreichen.

Diese Ausrichtung auf eine ungezielte Flexibilität, die einen ausschließlich vorsteuernden Charakter besitzt, verweist auf höherwertige Fähigkeiten, die eine Entwicklung von nachgelagerten Humanressourcen-Potentialen vor- und mitsteuern.[164] Derartige unspezifische, höherwertige Potentiale lassen sich im Folgenden auch als *Basispotentiale* bezeichnen, die insbesondere zwei Funktionen erfüllen sollen:

- Erstens sollen organisatorische Veränderungen erleichtert werden, indem durch generalisierbare und überdurchschnittliche Fähigkeiten eine hohe Flexibilität in der Organisation erreicht wird. Ein Beispiel wäre etwa die Lernfähigkeit der Humanressourcen.
- Zweitens sollen durch unspezifische Humanressourcen-Potentiale organisatorische Veränderungen auch initiiert werden. Damit sind Fähigkeiten von Humanressourcen angesprochen, das eigene Verhalten kritisch zu reflektieren und Veränderungen proaktiv mitzusteuern.

Die Entwicklung von unspezifischen Humanressourcen-Potentialen korrespondiert mit dem Aufbau einer flexibel-dynamischen Humanressourcen-Ausstattung. Eine derartige Humanressourcen-Ausstattung ermöglicht ein Aufweichen der Verfestigung von bestehenden Strukturen und somit eine Weiterentwicklung bestehender Leistungsfähigkeiten.[165] Damit sprechen Basispotentiale für die herausragende Bedeutung der Prozesse der Veränderung der Humanressourcen-Ausstattung (siehe Abbildung 3-7).[166]

---

163 Vgl. Meffert (1985), S. 121ff.

164 Vgl. zum Folgenden Kaiser (2001), S. 51ff.

165 Vgl. auch Schreiner (1998), S. 217ff.

166 An dieser Stelle lässt sich auch auf die Verwandtschaft zum Konzept der "dynamic capabilities" hinweisen. Vgl. dazu Teece/Pisano (1994), sowie Teece et al. (1997).

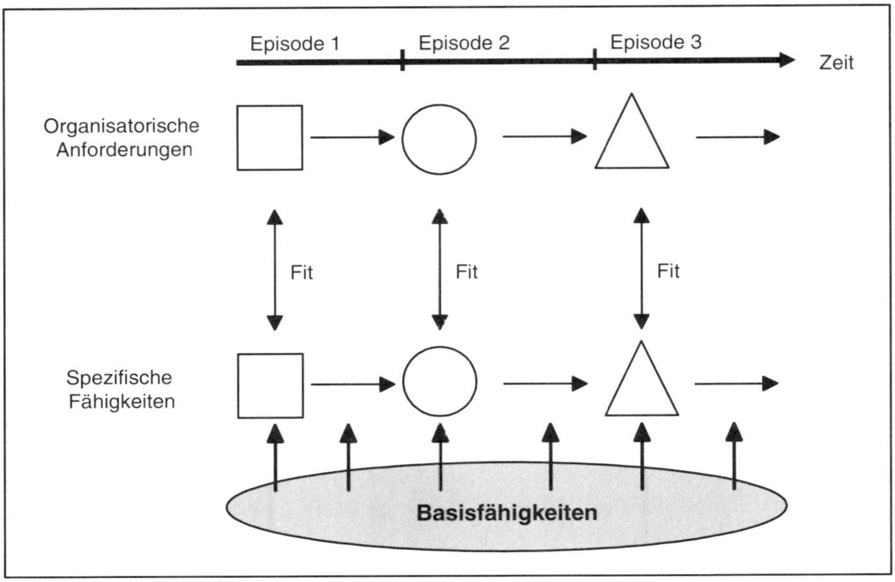

Abbildung 3-7: Basispotentiale und ihr Einfluss (Quelle: in Anlehnung an Kaiser (2001), S. 52)

Begreift man dies als Kritik an bzw. Weiterentwicklung der ressourcenorientierten Perspektive, so äußert sich dies in der Feststellung, dass es nicht nur darum geht, vorhandene, strategisch relevante Humanressourcen auszunutzen, sondern vor allem auch darum, neue spezifische Humanressourcen-Potentiale zu generieren und die Voraussetzung hierfür zu schaffen.[167]

> "In our view, it is not only the bundle of resources that matter, but the mechanism by which firms learn and accumulate new skills and capabilities, and the forces that limit the rate and direction of this process" (Teece et al. (1990) S. 11).

Der Fokus eines Humanressourcen-Managements verlagert sich also von den strategischen Inhalten auf den Prozess der Entwicklung und des Aufbaus von Humanressourcen-Potentialen.[168] Es ist deshalb zentrale Aufgabe des potentialorientierten Humanressourcen-Management, zu verstehen, auf welche Weise sich die Humanressourcen-Ausstattung eines Unternehmens entwickelt bzw. verändern lässt. Auf dieser Basis kann es gelingen, nicht nur Wettbewerbsvorteile zu schaffen, indem für die Zukunft wertvolle

167 Vgl. allgemein Knyphausen (1993), S. 781, sowie Amit/Belcourt (1999), S. 177.

168 Vgl. zu einer analogen Argumentation hinsichtlich eines strategischen Managements, Klimecki/Gmür (1993).

und knappe Humanressourcen aufgebaut werden. Vielmehr ermöglicht der Zukunftsbezug, die Nachhaltigkeit von humanressourcen-basierten Wettbewerbsvorteilen zu gewährleisten.[169]

169 Vgl. Krauss (2002), S. 166.

Diskussions- und Verständnisfragen:

(1) Wie lässt sich die Argumentation des ressourcenorientierten Ansatzes auf Humanressourcen übertragen?
(2) Welche Rolle spielt die Vorstellung eines eigensinnigen Menschenbilds in der ressourcenorientierten Argumentation. Welche Konsequenzen lassen sich daraus für das Humanressourcen-Management ableiten?
(3) Diskutieren Sie die zentralen Elemente und Stellhebel eines wettbewerbsorientieren Humanressourcen-Managements.
(4) Weshalb ist mit einer Potentialorientierung im Humanressourcen-Management gleichzeitig eine Ausrichtung auf die Zukunft gegeben?

Literaturempfehlungen:

- Große Aufmerksamkeit hat folgender Aufsatz zum ressourcenorientierten Ansatz des strategischen Managements gefunden: **Wernerfelt, B. (1984):** A Resource-based View of the Firm. In: Strategic Management Journal 5, 171–180.
- Die Anwendung des ressourcenorientierten Ansatzes auf Humanressourcen findet sich erstmals ausführlich bei: **Wright, P. M./ McMahan, G. C./McWilliams, A. (1994):** Human Resources and Sustained Competitive Advantage. A Resource-based Perspective. In: International Journal of Human Resource Management 5 (2), 299–326.
- Die Tatsache, dass sich Humanressourcen nicht ohne Weiteres als „Ressourcen" managen lassen, thematisiert: **Coff, R. W. (1997):** Human Assets and Management Dilemmas: Coping with Hazards on the Road to Resource-based Theory. In: Academy of Management Review 22 (2), 374–402.
- Allgemeine Ausführungen zum ressourcenorientierten Ansatz und Humanressourcen sowie zur Potentialorientierung finden sich bei: **Kaiser, S. (2001):** Entwicklung von Humanressourcen. Eine ressourcen- und lernorientierte Perspektive. Wiesbaden.
- Eine vertiefende Diskussion des Begriffs des Potentials und die Idee von Erfolgskriterien sind Inhalte von: **Wolfrum, U. (1993):** Erfolgspotentiale: Kritische Würdigung eines zentralen Konzeptes der strategischen Unternehmensführung. München.

4 Strategisches Humanressourcen-Management

Die Ressourcenorientierung als zentrale Leitlinie des Humanressourcen-Managements thematisiert die Mitarbeiter eines Unternehmens als wettbewerbsrelevante Ressourcen im Sinne von Potentialen erster Ordnung. Das Leistungsniveau der Humanressourcen-Ausstattung ist jedoch in prozessualer Hinsicht das Ergebnis der langfristigen Anstrengungen und Aktivitäten des Humanressourcen-Managements. Die dem Humanressourcen-Management inhärenten Handlungskompetenzen lassen sich somit als Potentiale zweiter Ordnung beschreiben, die in gewisser Weise zu einer Vervielfachung von erfolgsrelevanten Humanressourcen führen.[170] Das Humanressourcen-Management wird dementsprechende zur Quelle von Wettbewerbsvorteilen.[171]

Allerdings existieren bis heute kaum empirische Untersuchungen, die eine derartige Auffassung zweifelsfrei belegen.[172] Die Gründe hierfür liegen unter anderem in den komplexen theoretischen Konstrukten und kausalen Zusammenhängen, sowie den daraus resultierenden methodischen Problemen. Trotz dieser fehlenden empirischen Bestätigung lassen sich zwei Aspekte identifizieren, die den Erfolgsbeitrag des Humanressourcen-Managements wahrscheinlicher machen. Erstens ist für den Einfluss des Humanressourcen-Managements auf den Unternehmenserfolg sowohl eine interne strategische Abstimmung von Instrumenten und Funktionen des Humanressourcen-Managements untereinander als auch eine Verknüpfung der Unternehmensstrategie erforderlich (siehe Abschnitt 4.1). Zur Umsetzung eines strategisch ausgerichteten Humanressourcen-Managements sind ein hohes Maß an professionellem Wissen und organisationalen Vorkehrungen sowie ein erfolgsorientiertes Controlling notwendig. Diese Voraussetzungen lassen sich dadurch herstellen, dass eine Philosphie weitgehender Professionalisierung des Humanressourcen-Managements gelebt wird (siehe Abschnitt 4.2).

---

170 Vgl. Krauss (2002), S. 168.

171 Vgl. Barney/Wright (1998).

172 Vgl. Gmür/Schwerdt (2005). Zu Studien mit grundsätzlich positivem Befund, vgl. beispielhaft Schuster (1986), Welbourne/Andrews (1996).

4.1 Aspekte der Strategieorientierung

Das Humanressourcen-Management lässt sich als strategisch bezeichnen, wenn es – vereinfacht ausgedrückt – eine strategische Abstimmung innerhalb des Humanressourcen-Managements gibt und wenn das Humanressourcen-Management in enger Wechselwirkung mit der Unternehmensstrategie steht.[173] Während die Abstimmung von Funktionen und Instrumenten innerhalb des Humanressourcen-Managements in erster Linie inhaltlichen Charakter besitzt, ist die Wechselwirkung mehrschichtiger, da hierbei neben inhaltlichen (siehe Unterabschnitt 4.1.1) zusätzlich auch prozessuale (siehe Unterabschnitt 4.1.2) Aspekte entscheidend sind.

4.1.1 Inhaltliche Aspekte

Der inhaltliche Aspekt einer Strategieorientierung des Humanressourcen-Managements lässt sich in zwei Dimensionen unterteilen. Zum einen wird von einer strategischen, horizontalen Abstimmung der Funktionen eines Humanressourcen-Managements untereinander gesprochen (horizontaler Fit), zum anderen wird die Abstimmung der Aktivitäten des Humanressourcen-Managements mit der Unternehmensstrategie thematisiert (vertikaler Fit).

- *Horizontaler Fit:* Der Forderung nach einem horizontalen Fit liegt die Betrachtung der internen, d.h. wechselseitigen, Konsistenz der Funktionen zugrunde. Das strategische Ziel dabei ist, durch das Humanressourcen-Management insgesamt eine gemeinsame Richtung bzw. strategische Vorgabe zu verfolgen.

- *Vertikaler Fit:* Ausgangspunkt für den vertikalen Fit ist die Abstimmung der Aktivitäten des Humanressourcen-Managements auf die verfolgte Unternehmensstrategie. Dem Humanressourcen-Management kommt dabei eine instrumentelle Funktion zu. Konkret heißt dies erstens, dass je nach Unternehmensstrategie Schwerpunkte auf ausgewählte Funktionen gesetzt werden sollen. Zweitens sollen die Funktionen des Humanressourcen-Managements inhaltlich so ausgefüllt werden, dass sie die Unternehmensstrategie unterstützen.

Die horizontale Konsistenz einerseits und der vertikale Fit des Humanressourcen-Managements zur Unternehmensstrategie andererseits bilden das Muster für das weitere Vorgehen.[174] Dabei lässt sich konzeptionell zwi-

173 Vgl. zusammenfassend zum Thema Strategieorientierung insbesondere die Dissertationsschrift von Krauss (2002).

174 Vgl. Krauss (2002), S. 25.

schen Ansätzen differenzieren, die entweder auf keine, eine oder beide Dimensionen des Fit Bezug nehmen. Abbildung 4-1 stellt die dabei grundsätzlich denkbaren Einordnungen dar.

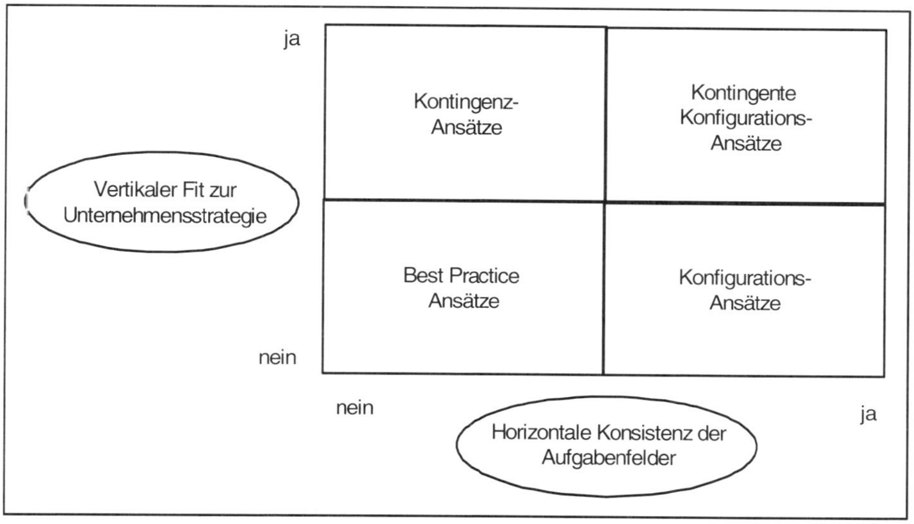

Abbildung 4-1: Perspektiven des inhaltlichen Fits (Quelle: Krauss (2002), S. 26)

Zunächst sind Ansätze denkbar, die auf keine der beiden Dimensionen Bezug nehmen. Derartige Ansätze versuchen in jeder Situation erfolgreiche „Best Practices" zu identifizieren (Quadrant 1). Sie sind lediglich insofern Ausdruck einer strategischen Orientierung, als dass sie über den Effekt der Best Practices auf den Unternehmenserfolg argumentieren.[175] Wird eine interne Stimmigkeit des Humanressourcen-Managements im Sinne des Vorliegens konsistent abgestimmter Funktionen thematisiert, nicht jedoch eine vertikale Abstimmung mit der Unternehmensstrategie, handelt es sich um die Beschreibung von so genannten „Konfigurationsansätzen" (Quadrant 2). Hingegen sind „Kontingenzansätze" (Quadrant 3) durch die Ausrichtung einzelner Funktionen an der Unternehmensstrategie gekennzeichnet. Kommt ergänzend die Forderung nach interner Abstimmung des Humanressourcen-Managements hinzu, ist von so genannten „kontingenten Konfigurationsansätzen" (Quadrant 4) zu sprechen.[176]

---

175 Vgl. Delery/Doty (1996), S. 802.

176 Der Begriff der Konfiguration berücksichtigt, dass nicht alle Kombinationen von Ausprägungen der Funktionen sinnvolle Formen darstellen. Vielmehr ist von einer be-

(1) Horizontale Konsistenz zwischen den Funktionen

Eine Vorstufe der horizontalen Konsistenz zwischen den Funktionen des Humanressourcen-Managements bilden so genannte "Best Practice" Ansätze, die nicht wirklich auf eine Stimmigkeit zwischen einzelnen Aktivitäten des Humanressourcen-Managements abzielen, sondern von der Existenz optimaler Maßnahmen ausgehen (a). Weitergehende Konfigurationsansätze hingegen beruhen auf der Überlegung, dass die Abstimmung von Funktionen untereinander erst zu optimalen Ergebnissen und Zielerreichungen führen kann.

(a) Best Practice Ansätze als Ausgangspunkt: Die Grundüberlegung der Best Practice Ansätze ist, dass spezifische Praktiken innerhalb der Funktionen des Humanressourcen-Managements erfolgreicher sind als andere, d.h. zu besseren Ergebnissen führen. Zielgrößen sind in der Regel organisatorische Erfolgsmaßstäbe oder gar finanzielle Ergebnisse.[177] Der Einsatz von Best Practices zielt also auf die inhaltliche Ausgestaltung einzelner Funktionen des Humanressourcen-Managements ab. Dabei geht es etwa um die besonders starke Partizipation der Mitarbeiter an Entscheidungen, eine besonders ausgeklügelte Humanressourcen-Akquisition oder die Förderung von Mitarbeitern durch spezifische Entwicklungsmaßnahmen etc.[178] Die Annahme der Vertreter von Best Practice Ansätzen ist wie folgt: Je mehr dieser Praktiken eingeführt werden und je konsequenter eine einzelne Praktik angewandt wird, desto erfolgreicher ist das Unternehmen.[179] Dabei wird von einer Gültigkeit für alle Unternehmen ausgegangen.

Worin liegt nun das eigentlich Strategische dieser Best Practice Ansätze? Die Vertreter der Ansätze führen diesbezüglich zwei Punkte an: Eine strategische Komponente liegt zunächst in der Bedeutsamkeit der aufgestellten Praktiken für den Gesamterfolg des Unternehmens. Ein zweiter Punkt ist die Aufwertung der Humanressourcen zu einem strategischen Erfolgsfaktor. Das Humanressourcen-Management nimmt in dieser Sicht nicht mehr die Stellung einer nachgelagerten, verwaltenden Funktion ein, sondern gewinnt an strategischer Bedeutung.[180] Allerdings wird die horizontale, wechselseitige Abstimmung der Praktiken, die nicht systematisch aus grundlegenden Funktionen sondern eher willkürlich abgeleitet werden, nicht thematisiert. Vielmehr lautet die Kernaussage: „Je mehr, desto besser“

schränkten Anzahl in sich konsistenter Muster – sprich Konfigurationen – auszugehen. Vgl. Delery/Doty (1996), S. 803 f.

177 Vgl. Krauss (2002), S. 33.

178 Vgl. für besonders erfolgreiche Praktiken Pfeffer (1995), S. 57ff.

179 Vgl. Delery/Doty (1996), S. 803.

180 Vgl. Krauss (2002), S. 34.

(Krauss (2002), S. 37). Eine Praktik ist besser als keine, drei sind besser als zwei usw.[181] Diese vereinfachte Sicht einer additiven Verknüpfung von einzelnen Best Practices wird den komplexen Zusammenhängen eines Humanressourcen-Managements jedoch mit Sicherheit nicht gerecht.

(b) Konfigurationsansätze: Werden die einzelnen Funktionen im Sinne von Konfigurationen zu einem intern konsistenten Humanressourcen-Management abgestimmt, lässt sich von Konfigurationsansätzen sprechen. Konsistenz bedeutet, dass sich die grundlegenden Annahmen, Ziele und Praktiken der Funktionen nicht widersprechen dürfen. Diese Herstellung von Konsistenz durch Bündeln von Praktiken des Humanressourcen-Managements wird als strategische Orientierung des Humanressourcen-Managements angesehen.[182] Die strategische Orientierung ergibt sich folglich über die Existenz einer Strategie des Humanressourcen-Managements. Die Sinnhaftigkeit des horizontalen Abstimmens von Maßnahmen eines Humanressourcen-Managements basiert im Wesentlichen auf drei Argumenten:[183]

- Das Argument der *Kongruenz* zielt auf das Vermeiden von gegenläufigen und widersprüchlichen Effekten einzelner Maßnahmen des Humanressourcen-Managements. Gegenläufige Effekte kommen insbesondere durch intraindividuelle Rollenkonflikte zum Tragen.[184] Beispielsweise widersprechen sich auf Innovation ausgerichtete Entwicklungsmaßnahmen und Anreizsysteme, die auf rein operative Größen abstellen und fehlgeschlagene innovative Experimente bestrafen.[185]

- Eine Abstimmung der Maßnahmen kann zudem mit dem Argument der *Komplementarität* begründet werden. Mit einem Bündel von Maßnahmen, die gleichzeitig die Fähigkeiten und die Motivation steigern, lassen sich komplementäre Synergieeffekte erzielen. Denn das Bündel besitzt eine stärkere Wirkung als eine einzelne Praktik, die beispielsweise lediglich an der Motivation ansetzt.[186]

- Mit dem Argument der *Konsonanz* ist angesprochen, dass durch abgestimmte Maßnahmen identitäre Synergieeffekte zu erwarten sind. Dies ist immer dann der Fall, wenn Maßnahmen des Humanressourcen-Managements eine multiplikative Wirkung auf eine Leistungs-

181 Vgl. Schuster (1986), S. 10.
182 Vgl. Arthur (1994), S. 670.
183 Vgl. auch Huselid (1995), S. 642f. sowie Krauss (2002), S. 39.
184 Vgl. Schuler (1989), S. 166.
185 Vgl. Krauss (2002), S. 40.
186 Vgl. Krauss (2002), S. 40.

dimension zeitigen.[187] So weist Krauss darauf hin, dass sich ein stark ergebnisorientiertes Beurteilungssystem durch ein Anreizsystem unterstützen lässt, das Ergebnisse belohnt. Gleichzeitig fördert dieses Anreizsystem die Umsetzung des Beurteilungssystems, da es dessen Resultate voraussetzt.[188] Darüber hinaus ist es denkbar, auch innerhalb einer Funktion positiv verstärkende Wirkungen zu erzeugen. So kann etwa die Entwicklung von Fähigkeiten durch organisierte arbeitsimmanente Lernprozesse potenziert werden, indem durch zusätzliche Weiterbildungsveranstaltungen entsprechende Reflexionsprozesse angestoßen werden.[189]

Die abgestimmte Bündelung von Maßnahmen des Humanressourcen-Managements führt zu einer internen, horizontalen Konsistenz des Humanressourcen-Managements. Allerdings muss dabei die mangelnde Berücksichtigung situativer Kontextfaktoren kritisiert werden. Auch wenn die Argumente der Kongruenz, Konsonanz und Komplementarität theoretisch fundierte Aspekte eines strategisch orientierten Humanressourcen-Managements darstellen,[190] so fehlt dem Humanressourcen-Management zunächst der gerichtete Charakter im Sinne eines tragfähigen Grundprinzips. Im Folgenden wird deshalb auf Ansätze eingegangen, die im Sinne eines vertikalen Fit eine Berücksichtigung der strategischen Situation respektive der Unternehmensstrategie beinhalten.

(2) Vertikaler Fit zur Unternehmensstrategie

Mit dem Stichwort des vertikalen Fit wird die Übereinstimmung von Unternehmensstrategie und Ausrichtung des Humanressourcen-Managements thematisiert.[191] Dabei wird zunächst eine generelle inhaltliche Ausrichtung des Humanressourcen-Managements am unternehmensstrategischen Kontext unterschieden, ohne darauf zu achten, ob gleichzeitig zwischen den einzelnen Funktionen ein horizontaler Fit hergestellt wird (a). In einem weiteren Schritt wird jedoch letzterer mit integriert. Man spricht dann von kontingenten Konfigurationsansätzen (b).

(a) Reine Kontingenzansätze: Die reinen Kontingenzansätze können als erster Versuch gelten eine strategische Richtung in das Humanressourcen-Management zu bringen. Gefordert wird eine dem strategischen Kontext angepasste Ausgestaltung des Humanressourcen-Managements. Als Kon-

---

187 Also entweder auf Will oder Skill.

188 Vgl. Krauss (2002), S. 40.

189 Vgl. Kaiser (2001), S. 91f.

190 Und auch empirisch gut fundiert sind, vgl. Krauss (2002), S. 40ff.

191 Vgl. Krauss (2002), S. 55.

textfaktoren lassen sich beispielsweise der Lebenszyklus der Organisation oder die momentane Wettbewerbsposition identifizieren. Aber auch aus der gewählten Wettbewerbsstrategie lassen sich spezifische Anforderungen an das Humanressourcen-Management ableiten.[192] Insgesamt geht es also nicht so sehr um die Unternehmensstrategie im Sinne der „corporate strategy", sondern eher um die jeweilige „business strategy".[193] Übergreifende Orientierungen, Managementphilosophien und strukturelle Merkmale der Organisation werden damit als Einflussfaktoren nicht thematisiert.[194]

Beispielsweise unterscheiden Schuler und Jackson drei Geschäftsfeldstrategien: Innovation, Qualitätssteigerung und Kostenreduktion.[195] Ihre zentrale These ist, dass diese unterschiedlichen Geschäftsfeldstrategien in spezifischen Anforderungen an das Verhalten der Mitarbeiter resultieren. Abbildung 4-2 fasst diese zusammen:

Wettbewerbsstrategien		
Innovation	Qualitätssteigerung	Kostenführerschaft
· Hohes Maß an Kreativität	· Relativ vorhersagbares Verhalten	· Relativ vorhersagbares Verhalten
· Langfristiger Fokus	· Mittel- bis langfristiger Fokus	· Relativ kurzfristiger Fokus
· Kooperatives Verhalten	· Gewisses Maß an Kooperation	· Vorwiegend autonome oder individuelle Aktivitäten
· Mittlere Beachtung der Qualität	· Hohe Beachtung der Qualität	· Mittlere Beachtung der Qualität
· Mittlere Beachtung der Quantität	· Mittlere Beachtung der Quantität	· Hohe Beachtung der Quantität des Outputs
· Ausgeglichene Beachtung von Arbeitsablauf und Arbeitsergebnis	· Starke Prozessorientierung	· Vorwiegend Ergebnisorientierung
· Höhere Risikofreudigkeit	· Geringe Risikoübernahme	· Geringe Risikoübernahme
· Hohe Toleranz in unklaren und unerwarteten Situationen	· Flexible Anpassung an neue Arbeitsanforderungen	· Akzeptanz von Stabilität

Abbildung 4-2: Erforderliches Rollenverhalten bei unterschiedlichen Strategien (Quelle: Krauss (2002), S. 58 in Anlehnung an Schuler/Jackson (1987))

192 Vgl. ausführlich Krauss (2002), S. 57ff.

193 Vgl. zur Unterscheidung von "Corporate Strategy" und "Business Strategy" Hofer/Schendel (1978), S. 14. Generell werden im Rahmen der "Corporate Strategy" die Geschäftsfelder bestimmt ("Wo konkurrieren?"), während die "Business Strategy" als Geschäftsfeldstrategie sich mit der Frage des "Wie konkurrieren?" auseinandersetzt.

194 Vgl. Krauss (2002), S. 63.

195 Vgl. Schuler/Jackson (1987).

Die Grundidee ist, dass das strategieadäquate Verhalten der Mitarbeiter über spezifische Maßnahmen des Humanressourcen-Managements sichergestellt werden muss. Zu diesem Zweck werden Vorschläge für die optimale Ausgestaltung der Funktionen gemacht. Krauss illustriert dies am Beispiel der Innovationsstrategie:[196]

> „Relativ offen gehaltene Stellenbeschreibungen schaffen den Rahmen für flexibles, kreatives und kooperatives Verhalten, aber auch für die Entwicklung einer breiten Fähigkeitenbasis. Dies wird unterstützt durch breite Karrierepfade. Die Beurteilungen stellen auf langfristige Erfolge von Gruppen und weniger von Individuen ab und fördern damit den notwendigen langfristigen Fokus und ein gewisses Maß an Risikofreude. Fehlgeschlagene Innovationsversuche werden nicht negativ sanktioniert" (Krauss (2002), S. 58).

Da also zur Umsetzung einer Innovationsstrategie ganz bestimmtes Verhalten der Mitarbeiter zielführend ist, muss das Humanressourcen-Management dafür Sorge tragen, dass die Mitarbeiter derartiges Verhalten zeigen. Somit sind alle Funktionen durch die Betonung der Kreativität und der Teamorientierung in ihrer Ausprägung betroffen. Allerdings werden dabei grundsätzlich mögliche Inkonsistenzen zwischen den Funktionen nicht automatisch beseitigt. Dies liegt letztlich an der fehlenden Thematisierung einer horizontalen Konsistenz und Konfiguration der Funktionen des Humanressourcen-Managements. Darüber hinaus lässt sich festhalten, dass Kontingenzansätze auf sehr konkrete Fragen, wie etwa sinnvolle Eigenschaften oder Verhaltensweisen von Mitarbeitern, fokussieren. Dabei handelt es sich oft nur um Anforderungsprofile für eingegrenzte Mitarbeitergruppen.[197] Auch wenn durch die Kontingenzansätze die grundsätzliche Notwendigkeit einer situativen Abstimmung des Humanressourcen-Managements auf den unternehmensstrategischen Kontext anerkannt wird, so wird dadurch nicht eine weithin stimmige Ausrichtung des Humanressourcen-Managements erreicht. Vielmehr wird auf einzelne und spezifische Problembereiche abgestellt.[198]

(b) Kontingente Konfigurationsansätze berücksichtigen nicht nur die Vorgabe einer Richtung durch den strategischen Kontext, sondern thematisieren gleichzeitig die konsistente Abstimmung der Funktionen untereinander. Die wesentliche Neuerung liegt also in der Bezugnahme auf das gesamte Humanressourcen-Management und nicht auf einzelne Maßnahmen oder auf Verhaltensanforderungen an einzelne Mitarbeiter.[199] Zudem argumentieren

---

196 Zu den folgenden Ausführungen vgl. Schuler/Jackson (1987), S. 213.

197 Vgl. Krauss (2002), S. 62.

198 Vgl. Krauss (2002), S. 63.

199 Vgl. Tyson (1995), S. 10.

konfigurativ ausgelegte Ansätze, im Vergleich zu den reinen Kontingenzansätzen, auf der Strategieebene des gesamten Unternehmens. Aussagen beziehen sich somit in einer ganzheitlichen Sicht auf das gesamte Humanressourcen-Management.

Die strategische Ausrichtung des Unternehmens stellt in dieser Auffassung die unabhängige, das Humanressourcen-Management als Ganzes die abhängige Variable dar. Kontingente Konfigurationsansätze gehen also nicht von der Annahme aus, es gebe eine „beste" Strategie für das Humanressourcen-Management. Vielmehr kann angenommen werden, dass ganz unterschiedliche Bündel von Maßnahmen existieren, die je nach Unternehmensstrategie unterschiedlich zweckmäßig sind.[200] Vereinfacht lautet die Argumentation also folgendermaßen: Unterschiedliche Unternehmensstrategien erfordern spezifische Organisationsstrukturen,[201] die wiederum bestimmen, welche Muster eines Humanressourcen-Managements zweckmäßig sind. Dabei wird indirekt immer auch die horizontale Konsistenz der Funktionen untereinander gefordert. Strategische Orientierungen für das Humanressourcen-Management können aus verschiedensten Feldern entstammen. So wird beispielsweise der Lebenszyklus der Organisation angeführt,[202] strategische Grundhaltungen werden herangezogen,[203] man setzt an Führungsstilen der Konzernzentrale an,[204] oder spezifische Strategien des Humanressourcen-Managements ergeben sich aus unterschiedlichen Wachstumsstrategien.[205]

Zur Verdeutlichung wird beispielhaft der Grundgedanke der Ableitung von Strategien des Humanressourcen-Managements von Wachstumsstrategien dargestellt:[206] Organisch wachsende Unternehmen weisen insgesamt einen langfristigen strategischen Fokus auf. Dementsprechend richtet sich ihr Humanressourcen-Management auf langfristige Investitionen in die Humanressourcen und integrativ aus. Bei Organisationen hingegen, deren Wachstum in erster Linie über Fusionen und Akquisitionen sowie das Management des Geschäftsportfolios getrieben wird, dominieren kurzfristige, finanzielle Zielgrößen. Diese Ausrichtung schlägt sich dann in einem an kurzfristigen Erfolgen orientierten Humanressourcen-Management nieder.

200 Vgl. hierzu und zum folgenden Krauss (2002), S. 63ff.
201 Vgl. zu dieser Diskussion auch Chandler (1962).
202 Vgl. beispielsweise Kochan/Barocci (1985), S. 101 ff.
203 Vgl. Miles/Snow (1986).
204 Vgl. Tyson (1995), S. 130 ff.
205 Vgl. Guest (1989), S. 50 ff., Purcell/Ahlstrand (1994), S. 46 ff. und Purcell (1995), S. 67 ff.
206 Vgl. zum folgenden Krauss (2002), S. 67f.

Zusammenfassend lässt sich die zentrale gemeinsame Erkenntnis der Ansätze zu einem vertikalen und inhaltlichen Fit festhalten. Es wird in erster Linie eine Ausrichtung des Humanressourcen-Managements am vorgelagerten unternehmensstrategischen Kontext gefordert.[207] Dies bedeutet konkret, dass unterschiedliche Unternehmensstrategien spezifische inhaltliche Ausgestaltungen des Humanressourcen-Managements erfordern.

4.1.2 Prozessuale Aspekte

Im Rahmen der eben behandelten und dargestellten inhaltlichen Konzepte wurde eine Frage offen gelassen. So argumentieren alle vorgestellten Konzepte zur Implementierung von Unternehmensstrategien ausschließlich in *inhaltlichen* Kategorien. Dies verhindert den Blick auf die Möglichkeiten einer systematischen prozessualen Verknüpfung von Unternehmens- und Humanressourcen-Strategie. Die zentrale Frage ist dabei, wie sich das Humanressourcen-Management an der Strategie des Unternehmens auszurichten hat, mithin welche Mechanismen zur Sicherstellung einer vertikalen und auch horizontalen Integration genutzt werden können. Darüber hinaus lenkten die inhaltlichen Aspekte den Blick lediglich auf die Implementierungsfunktion des Humanressourcen-Managements, also auf eine Funktion zur Umsetzung der übergeordneten und vorgelagerten Unternehmensstrategie. Mögliche originäre strategische Beiträge des Humanressourcen-Managements ließen sich nicht thematisieren.[208]

Im Folgenden gilt es also, sich nicht mehr mit der Frage zu beschäftigen, was im Humanressourcen-Management inhaltlich zu tun ist, um die einzelnen Funktionen horizontal konsistent auszugestalten und insbesondere auch einen Fit zur Unternehmensstrategie herzustellen. Vielmehr geht es um die Beantwortung der Frage, wie dies zu geschehen hat. Deshalb soll dargestellt werden, auf welche Art das Humanressourcen-Management und die Unternehmensstrategie integriert werden können.[209] Es lassen sich diesbezüglich zwei grundsätzliche Optionen unterscheiden.[210] Entweder dient das Humanressourcen-Management zur Umsetzung der Unternehmensstrategie (Implementierungsfunktion), oder das Humanressourcen-Management trägt zur Entwicklung der Unternehmensstrategie bei (Beitragsfunktion). Diese beiden Funktionen werden im Folgenden näher be-

---

207 Vgl. Krauss (2002), S. 69f.

208 Vgl. Krauss (2002), S. 89.

209 Vgl. hierzu und zum Folgenden Krauss (2002), S. 92ff.

210 Vgl. Krauss (2002), S. 92ff., in Rekurs auf Bühner (2004), Krulis-Randa (1987), S. 6ff. und Dubs (1997), S. 26f.

leuchtet (1). Darüber hinaus gibt es aber eher informelle Einflüsse, die ein Humanressourcen-Management auf die Unternehmensentwicklung haben kann (2).

(1) Implementierungs- und Beitragsfunktion eines Humanressourcen-Management

In einer planerischen Perspektive lassen sich zwei Funktionen des Humanressourcen-Managements unterscheiden, erstens eine Implementierungsfunktion (a) und zweitens eine Beitragsfunktion (b).

(a) Implementierungsfunktion und damit verbundene Probleme: Wird das Management der Humanressourcen von einer übergeordneten Unternehmensstrategie abgeleitet, so kommt dem Humanressourcen-Management lediglich eine derivative Implementierungsstrategie zu. Strategien des Humanressourcen-Managements dienen quasi einer logisch vorgelagerten Unternehmensstrategie, so dass man auch von einer hierarchischen oder top-down Planung sprechen kann. Abbildung 4-3 veranschaulicht diese Zusammenhänge.

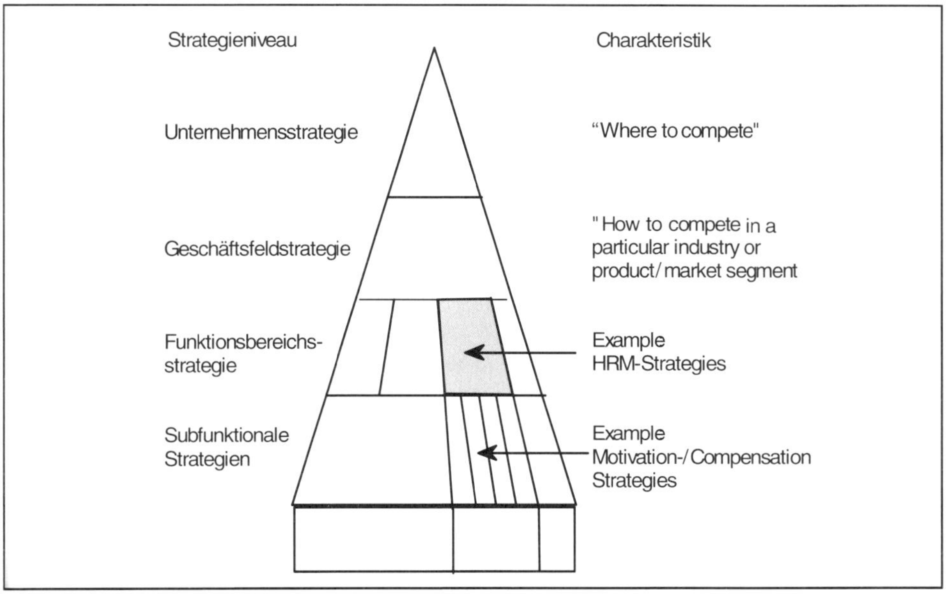

Abbildung 4-3: Implementierungsfunktion des Humanressourcen-Managements (Quelle: verändert übernommen aus Ackermann (1987), S. 68)

Die Strategien des Humanressourcen-Managements werden direkt vom personalrelevanten Output der Geschäftsfeldstrategien abgeleitet. Anschließend ergeben sich daraus Funktionsstrategien, wie etwa ein spezifisches Programm zur Entwicklung von Humanressourcen. Dementsprechend sollte im Idealfall ein vertikaler Fit des Humanressourcen-Managements zu den Unternehmensstrategien entstehen. Meist weisen jedoch derartige top-down Vorgehen einen hohen Formalisierungsgrad auf und berücksichtigen in erster Linie quantitative Aspekte einer humanressourcenbezogenen Planung, da diese vermeintlich einfacher zu berücksichtigen sind.[211]

Das Problem einer reinen Implementierungsfunktion des Humanressourcen-Managements lässt sich folgendermaßen spezifizieren. Zunächst geht die eben beschriebene Top-down-Konzeption von der Prämisse einer prinzipiellen Planbarkeit, Verfügbarkeit und Flexibilität der Humanressourcen aus.[212] Selbst bei frühzeitiger Kommunikation der Unternehmensstrategie sind diese Prämissen jedoch nicht erfüllt, so dass sich Unternehmensstrategien als nicht realisierbar herausstellen. Darüber hinaus führt das Top-down-Vorgehen zu einem reaktiven Nachlauf aller Maßnahmen des Humanressourcen-Managements. Erst nach Kommunikation der Unternehmensstrategien und bei entsprechendem Problemdruck wird das Personalmanagement aktiv. Potentialorientiertes Handeln der Humanressourcen-Manager bleibt die Ausnahme.

Da Unternehmensstrategien, wenn die spezifischen Rahmenfaktoren des Humanressourcen-Managements nicht einbezogen werden, häufig zum Scheitern verurteilt sind, kommt dem Humanressourcen-Management eine beschränkende Rolle zu. Ein Beispiel kann dies verdeutlichen: Ein Technologie-Konzern plant im Stammhaus möglichst schnell ein neues Produkt zu entwickeln. Hierfür sind hoch qualifizierte Spezialisten notwendig, die durch das Humanressourcen-Management „geliefert“ werden sollen. Das Problem hierbei: Auf dem inländischen Arbeitsmarkt sind derartige Spezialisten nicht vorhanden, im Unternehmen können sie nicht entwickelt werden. Zudem sprechen rechtliche Regelungen, beispielsweise fehlende Einwanderungsmöglichkeiten und Aufenthaltsgenehmigungen, dagegen, am internationalen Arbeitsmarkt Humanressourcen zu rekrutieren. In der Konsequenz kann das Produkt nur mit Zeitverzögerungen entwickelt werden, der Nutzen eines First-Mover-Vorteils ist nicht mehr möglich und die Unternehmensstrategie war nicht erfolgreich.

---

211 Vgl. Liebel/Oechsler (1994), S. 27.

212 Vgl. Krauss (2002), S. 96f. und die dort angeführte Literatur.

(b) *Beitragsfunktion:* Wird das Humanressourcen-Management auf die Implementierungsstrategie beschränkt, werden potentielle Folgeprobleme bei der konkreten Umsetzung der Strategie außer Acht gelassen. Deshalb ist es, wie später noch erläutert wird, trotz des prozessual hergestellten vertikalen Fits notwendig, *originäre* strategische Beiträge des Humanressourcen-Managements zur Unternehmensstrategie in den Vordergrund zu rücken. Dies geschieht, indem das Humanressourcen-Management in die strategischen Planungsprozesse frühzeitig integriert wird und im Sinne eines Gegenstromverfahrens die Strategien mit formuliert.

Drei Gründe lassen sich identifizieren, die eine derartige Integration des Humanressourcen-Managements heute wichtiger erscheinen lassen als bisher.[213] Zunächst kann von einer zunehmenden Spezialisierung in vielen Berufen ausgegangen werden. Dadurch wird der Anteil an vielseitig einsetzbaren Generalisten immer geringer. Zudem lassen sich allgemein steigende Qualifikationsansprüche feststellen, die gleichzeitig auch in längeren Lern- und Entwicklungsphasen resultieren. Erschwerend kommt noch hinzu, dass die Dynamik der Anforderungsveränderungen wächst. Alle drei Punkte sprechen für eine frühzeitige Integration des Humanressourcen-Managements in die Formulierung der Unternehmensstrategie. Hinsichtlich der Integration in die Strategieformulierung sind unterschiedliche Rollen des Humanressourcen-Managements denkbar. Diese Rollen bewegen sich zwischen einem Verifizieren und Generieren von Unternehmensstrategien. Wie die Rollenbezeichnungen bereits deutlich machen, geht es also zum einen um das Prüfen auf Umsetzbarkeit von Unternehmensstrategien und zum anderen um das Einbringen von Ideen für die Entwicklung von Unternehmensstrategien.[214]

- Die Prüfung von Unternehmensstrategien durch das Humanressourcen-Management kann anhand des Prozesses einer Strategieformulierung (strategische Analyse – Generierung von Alternativen – strategische Wahl) verdeutlicht werden. Zunächst müssen die humanressourcenrelevanten Informationen, die in eine strategische Analyse einfließen, geliefert respektive verifiziert werden. Zweitens kann überprüft werden, welche der generierten Handlungsalternativen aus Sicht des Humanressourcen-Managements möglich sind. Schließlich kann die Rolle des Verifikators aber auch erst nach Wahl der Handlungsalternative eingenommen werden, indem das Ergebnis der strategischen Planung vor der endgültigen Verabschiedung validiert wird.

---

213 Vgl. Krauss (2002), S. 99f.

214 Vgl. zum folgenden Krauss (2002), S. 101ff.

- Befindet sich das Humanressourcen-Management in der Rolle eines Generators, so werden Strategien formuliert, die nicht ohne die Beiträge des Humanressourcen-Managements – auch nicht in veränderter Form – formuliert worden wären. Das Humanressourcen-Management fungiert im Rahmen der Strategieformulierung nicht mehr als Verifikator sondern als Ideengeber.[215] Dadurch lassen sich beispielsweise Unternehmensstrategien formulieren, die ungenutzte Humanressourcen-Potentiale einer neuartigen Verwendung zuführen.[216]

Insgesamt resultiert die festgestellte Interdependenz zwischen Humanressourcen-Management und Unternehmensstrategie in einer Forderung nach einem wechselseitig abgestimmten, d.h. integrierten Prozess der Strategieformulierung.[217] Inwieweit in der Praxis tatsächlich integrierte Prozesse vorzufinden sind, ist abhängig von unterschiedlichen Einflussfaktoren.[218] Positiv wird die Integration etwa beeinflusst von der Dynamik der Umwelt, der Kultur und Einstellung gegenüber der Bedeutung des Humanressourcen-Managements im Unternehmen. Darüber hinaus spielen die hierarchische Einordnung des Humanressourcen-Managements sowie das Ausmaß der Linienerfahrung und des Geschäftswissens der Humanressourcen-Manager eine große Rolle.[219]

Eine besonders hohe Stufe der Integration des Humanressourcen-Managements in die Strategieformulierung ist also dann gegeben, wenn eine permanente interaktive Beziehung zwischen Humanressourcen-Management und strategischer Planung besteht. Dies ist immer dann der Fall, wenn Humanressourcen-Manager zusätzlich auf informeller Ebene strategische Entscheidungsprozesse des Top-Managements beeinflussen. Ausdruck hierfür ist etwa die Tatsache, dass leitende Humanressourcen-Manager auch in derartigen Angelegenheiten vom Top-Management befragt werden, die nicht in direkter Form die Humanressourcen betreffen.[220] Dadurch ist das Humanressourcen-Management jederzeit in aktuelle und geplante Unternehmensentwicklungen involviert.

---

215 Vgl. Brewster/Larsen (1993), S. 129.
216 Vgl. Krauss (2002), S. 131.
217 Vgl. Lengnick-Hall/Lengnick-Hall (1988), S. 466ff.
218 Vgl. Buller (1992), S. 115ff.
219 Vgl. Krauss (2002), S. 106.
220 Vgl. allgemein zu Stufen der Integration Golden/Ramanujam (1985).

(2) Informelle Einflüsse des Humanressourcen-Managements auf die Unternehmensentwicklung

Durch die Beschreibung der höchsten Form der Integration von Humanressourcen-Management und Unternehmensstrategie wird die Relevanz informeller Einflüsse auf die Strategieformulierung bereits hervorgehoben. Deshalb wird im weiteren Verlauf die lineare Planungslogik, nach der Entscheidungs- und Handlungsprozesse im Unternehmen jederzeit steuerbar sind, in zwei Schritten verlassen. Stattdessen stehen informelle Einflüsse des Humanressourcen-Managements im Blickpunkt. Ein erster Schritt ist die Anerkennung von Implementierungsbrüchen, die aus einer gewissen Orientierungslosigkeit des Humanressourcen-Managements bei der Umsetzung strategischer Vorgaben entstehen können (a). In einem weitergehenden Schritt steht das Phänomen im Fokus, dass Einflüsse des Humanressourcen-Managements auf nicht intendiert geplante Unternehmensstrategien existieren (b).

(a) Einfluss durch Implementierungsbrüche: Das Vorhandensein von Implementierungsbrüchen führt dazu, dass Unternehmensstrategien sich grundsätzlich nicht eins zu eins durch das Humanressourcen-Management umsetzen lassen. Hierfür lassen sich zwei Themenfelder identifizieren:[221]

- Erstens existiert bei der Herstellung strategieadäquater Leistungsniveaus der Humanressourcen-Ausstattung eine Reihe von Schwierigkeiten, die sich auf die Eigensinnigkeit der Humanressourcen zurückführen lassen. Dadurch wird intransparent, mit welchen Mitteln oder auf welchen Wegen sich die Leistungsniveaus erreichen lassen.

- Zweitens ist davon auszugehen, dass die Vorgabe von zu erreichenden Leistungsniveaus durch die Unternehmensstrategie weder eindeutig noch spezifiziert ist. Diese unklare Zielsetzung führt ebenfalls zu einer Orientierungslosigkeit bei der Implementierung strategischer Vorgaben.

Abbildung 4-4 veranschaulicht in der Will-Skill-Matrix wie die zwei Fälle von Implementierungsbrüchen verortet werden können.

---

[221] Vgl. zum folgenden Krauss (2002), S. 111ff.

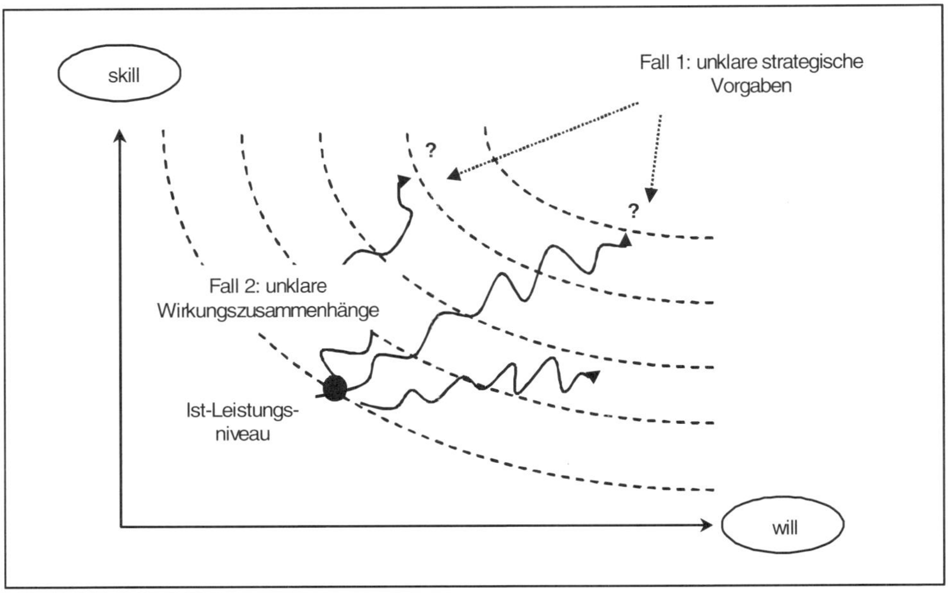

Abbildung 4-4: Fälle von Implementierungsbrüchen (Quelle: verändert nach Krauss (2002), S. 112)

Im ersten Fall der unklaren Wirkungszusammenhänge liegt die Begründung insbesondere im Eigensinn der beteiligten Humanressourcen. Dabei geht es nicht nur darum, dass Humanressourcen aufgrund ihrer Eigeninteressen und Eigenlogiken in ihrem Verhalten generell schwer bzw. nur höchst ungenau beeinflussbar sind. Vielmehr lassen sich auch multiplikative Effekte feststellen. Dies liegt wiederum an der Beteiligung von Humanressourcen-Managern und Führungskräften. Erstere fungieren einmal als eigensinnige Umsetzer von Humanressourcen-Strategien, letztere wirken häufig als ebenso eigensinnige Intermediäre zwischen Vorgaben des Humanressourcen-Managements und Humanressourcen.

Im zweiten Fall treten Implementierungsbrüche aufgrund unklarer strategischer Vorgaben auf.[222] Die Unklarheit von strategischen Vorgaben resultiert sehr häufig aus Übersetzungsproblemen. Die Unternehmensstrategien lassen sich nur sehr unscharf in konkrete Ziele des Humanressourcen-Managements überführen, da das Humanressourcen-Management einen sehr breiten Zielbereich anbieten wird.[223] Dies wird bereits dadurch klar,

---

222 Dies ist zu unterscheiden von Implementierungsbrüchen, die auf unrealistischen Vorgaben basieren.

223 Vgl. Krauss (2002), S. 117ff.

das zur Leistungssteigerung beispielsweise entweder die Will- und/oder die Skill-Komponente angesprochen werden kann. Zudem existieren, wie bereits erwähnt, Substitutions- und Komplementaritätsbeziehungen zwischen den Funktionen.[224] Die Ableitung konkreter Praktiken und Programme des Humanressourcen-Managements sieht sich deshalb erheblichen Schwierigkeiten gegenüber. Allerdings muss hierbei je nach vorgegebner Unternehmensstrategie differenziert werden. So stellt Krauss fest, dass die Wachstumsstrategie, im Sinn der Errichtung neuer Werke, leichter in Maßnahmen des Humanressourcen-Managements zu übersetzen ist als etwa die unklare Strategie der Expansion durch strategische Allianzen.

Die hohe Wahrscheinlichkeit von Implementierungsbrüchen führt somit nicht nur zum Scheitern von intendierten Strategien. Implementierungsbrüche haben vielmehr eine andersartige Strategieumsetzung als die intendierte zur Folge, wodurch das Humanressourcen-Management quasi auf einem Umweg und ex post die realisierten Strategien mitbestimmt. Dabei sind realisierte Strategien die erkennbaren Muster die ein Unternehmen tatsächlich verfolgt.[225] Die Mitbestimmung realisierter Strategien ist dann weitgehend unabhängig davon, ob und in welchem Maße das Humanressourcen-Management in die Strategieformulierung integriert wurde.

(c) Einfluss auf die Formierung von Strategien: Der indirekte Einfluss des Humanressourcen-Managements auf die Umsetzung von Unternehmensstrategien leitet weg von rein formalen Modellen der Strategieformulierung. Es ist deshalb im Folgenden nicht mehr von der Idee einer bewussten und intendierten Strategie auszugehen, sondern über die Formierung von Strategien sprechen und in Anlehnung an Mintzberg damit das Phänomen sich herausbildender oder *emergenter* Strategien betrachten.[226] Mintzberg et alii gehen davon aus, dass

> „Strategien aus einer Vielfalt kleiner Aktionen und Entscheidungen von allen möglichen Leuten entspringen [...]. Im Laufe der Zeit verdichten sich solche kleinen Veränderungen oft zu wichtigen Kursänderungen. (Mintzberg et al. (1999), S. 206)

In Anlehnung an diese Überlegung können Maßnahmen des Humanressourcen-Managements als Ursprung für emergente Unternehmensstrategien gelten.[227] In Konsequenz kann man von der Emergenz eigenständiger Humanressourcen-Strategien ausgehen, die die Unternehmensentwicklung

---

224 Beispielsweise kann Leistungsfähigkeit entwickelt *oder* akquiriert werden.

225 Vgl. Mintzberg (1995), S. 30.

226 Vgl. stellvertretend Mintzberg et al. (1999), S. 206.

227 Vgl. Steinmann et al. (1989), S. 400ff.

prägen. Das Humanressourcen-Management ist damit nicht mehr nur Folge, sondern auch Ursache strategischer Entscheidungen.[228] Krauss konstatiert deshalb, dass durch die Berücksichtigung des möglichen Einflusses des Humanressourcen-Managements auf die Formierung von Strategien es denkbar wird, dass „andere Einflüsse die Maßnahmen und Programme des Humanressourcen-Managements zu einer horizontal konsistenten Strategie verdichten, neben dem vertikalen Fit wirken oder diesen sogar ‚überholen'".[229]

Butler et alii haben aufgrund dieses originären Einflusses auf die Strategieformulierung dem Humanressourcen-Management zwei zusätzliche Rollen zugesprochen.[230] Zum einen sprechen sie von der Rolle des „Facilitator", da alle sich emergent herausbildenden Strategien in einem Kontext entstehen, der vom Humanressourcen-Management beeinflusst ist. Zu nennen ist hier insbesondere der kontextsteuernde Einfluss des Humanressourcen-Managements auf Normen und Kultur der Organisation.[231] Zum anderen kann das Humanressourcen-Management auch die Rolle eines „Initiators" einnehmen. Dies ist beispielsweise dann der Fall, wenn Humanressourcen-Potentiale in einem spezifischen zukunftsträchtigen Geschäftsbereich aufgebaut werden.[232] Auf Basis der aufgebauten Humanressourcen-Potentiale formieren sich dann Unternehmensstrategien. Die Essenz der Aussage wäre dann „Unternehmensstrategie folgt Humanressourcen-Management" (Krauss (2002), S. 133).

Insgesamt lässt sich festhalten, dass die komplexen Wirkungszusammenhänge zwischen strategischer Unternehmensentwicklung und Humanressourcen-Management hohe Anforderungen an die Humanressourcen-Manager stellen. Die Anforderungen spiegeln sich nicht nur in einem hohen Maß an Reflexionsfähigkeit und Professionalität einzelner Personen wider, sondern auch insgesamt in einer erhöhten Professionalität des Humanressourcen-Managements.

---

228 Vgl. Beer et al. (1984), S. 15f.

229 Krauss (2002), S.130.

230 Vgl. hierzu und zum folgenden Butler et al. (1991), S. 53 sowie zusammenfassend Krauss (2002), S. 131ff.

231 Vgl. Butler et al. (1991), S. 53.

232 Vgl. Krauss (2002), S. 132f.

Diskussions- und Verständnisfragen:

(1) Warum ist aus Sicht eines strategieorientierten Humanressourcen-Managements die horizontale Konsistenz zwischen den Aufgabenfeldern bedeutsam?
(2) Diskutieren Sie die Unterschiede zwischen einem inhaltlichen horizontalen und vertikalen Fits? Gibt es auch Zusammenhänge.
(3) Ist eine Implementierung von Unternehmensstrategien ohne Beiträge des Humanressourcen-Managements denkbar?
(4) Stellen Sie beispielhafte Überlegungen zum imformellen Einfluss des Humanressourcen-Managements auf die Unternehmensstrategie an.

Literaturempfehlungen

- Für eine umfassende und ausführliche Diskussion zum strategischen Humanressourcen-Management ist zu empfehlen:
  Krauss, N. F. (2002): Strategische Perspektiven des Humanressourcen-Managements. Wiesbaden.

- Das zweite Kapitel des folgenden Buches gibt eine gute Übersicht zur Strategieorientierung des Personalmanagements:
  Ridder, H.-G./Conrad, P./Schirmer, F./Bruns, H. J. (2001): Strategisches Personal-Management: Mitarbeiterführung, Integration und Wandel aus ressourcenorientierter Perspektive. Landsberg.

- Ein englischsprachiger Klassiker mit strategischer Perspektive: **Fombrun, C. J./Tichy, N. M./Devanna, M. A. (1984)**: Strategic Human Resource Management. New York.

4.2 Philosophie der Professionalisierung

Zur Umsetzung eines strategisch ausgerichteten Humanressourcen-Managements ist ein hohes Ausmaß an Professionalisierung des Humanressourcen-Managements notwendig. Voraussetzung für eine Professionalisierung ist das prinzipielle Auftauchen eines Humanressourcen-Managements in der Unternehmenspraxis. Darauf aufbauend lässt sich Professionalisierung in einem ersten Zugriff mit zunehmender Differenzierung und funktionaler Spezialisierung in Verbindung bringen[233] und ist gekennzeichnet durch die Entwicklung von professionellem Wissen, das auch als reflektiertes Expertenwissen bezeichnet werden kann (siehe Unterabschnitt 4.2.1). Solch professionelles Wissen mündet in einer konzeptionellen Gesamtsicht, die eine geplante Evolution der Leistungsfähigkeit der unternehmerischen Humanressourcen-Ausstattung ermöglicht (siehe Unterabschnitt 4.2.2). Notwendige Voraussetzung und Begleiterscheinung zumindest der so genannten elitären Professionalisierung[234] ist zum einen die organisationale Institutionalisierung des Humanressourcen-Managements (siehe Unterabschnitt 4.2.3) und zum anderen ein spezifisch zu verstehendes Erfolgscontrolling (siehe Unterabschnitt 4.2.4).

4.2.1 Entwicklung professionellen Wissens

Der Begriff der Professionalität ist unscharf und mehrschichtig. Er lässt sich im Rückgriff auf die soziologische Forschung anhand unterschiedlicher Merkmale umschreiben.[235] Demnach basiert Professionalität auf theoretisch fundierten Fähigkeiten, die unter anderem in einer darauf ausgerichteten und Zulassungsbeschränkungen unterliegenden Ausbildung erworben werden. In der Regel existieren Prüfungen zum Nachweis der Kenntnisse sowie berufsständische Organisationen, die berufsethische Normen vorgeben. All diese Merkmale stehen in engem Zusammenhang erstens mit der Vorstellung von Berufsbildern und zweitens mit dem Aufbau und der Vermittlung von spezifischem Expertenwissen.

Bezüglich der Entwicklung professionellen Wissens und der Entstehung von Berufsbildern lassen sich die zwei Grundrichtungen einer elitären bzw. egalitären Professionalisierung unterscheiden:

---

233 Vgl. Scholz (2000), S. 79.

234 Vgl. zum Begriff der elitären Professionalisierung die Ausführungen im folgenden Unterabschnitt 4.2.1.

235 Vgl. zum Folgenden ausführlich Ringlstetter/Kniehl (1995), S. 141ff.

- Im Sinne einer elitären Professionalisierung kommt es zur Herausbildung von Experten, die in dafür ausdifferenzierten Unternehmensbereichen/-abteilungen arbeiten. Hinsichtlich des Humanressourcen-Managements sind Personalmanager, Personalleiter, Personalsachbearbeiter etc. zu nennen. Diese Personen setzen spezifische Methoden und Instrumente ein, die sich zu komplexen Managementsystemen verdichten können und als besonders erfolgsversprechend gelten.[236]

- Darüber hinaus kann auch von einer egalitären Professionalisierung gesprochen werden, wenn es zu einem umfassenden und organisationsweiten Zuwachs an spezifischem Wissen kommt. Im Falle des Humanressourcen-Managements geht es dabei um eine Vermittlung von personalspezifischem Wissen an Führungskräfte und Personalverantwortliche, aber auch an die Mitarbeiter selbst.

Die egalitäre Professionalisierung ist somit der elitären gegenläufig. Während die elitäre Professionalisierung zu einer quasi-automatischen Deprofessionalisierung[237] von Nicht-Betroffenen führt, erzeugt die egalitäre Professionalisierung gegenteilige Wirkung. Um sich in seiner Existenz zu rechtfertigen, müssen das institutionalisierte Humanressourcen-Management bzw. die dort verorteten Mitarbeiter einen Wissensvorsprung vor Linienführungskräften aufweisen.[238]

In einem erweiterten Verständnis von Professionalisierung beruht die Entwicklung von Expertenwissen auf der permanenten Reflexion über Rollen. So sprechen Ringlstetter und Kniehl (1995) nur dann von Professionalisierung, falls die auf Basis neuer Kontexte stattfindenden Rollenreflexionen auch entscheidungswirksam werden und nachhaltig sind. Voraussetzung für die Rollenreflexion ist, dass sich auch bei den individuellen Aktoren ein Bewusstsein bildet, dass sie sich mit humanressourcenspezifischen Aufgaben beschäftigen. Die dabei auftauchenden Rollen stellen dann in spezi-

---

236 Beispielsweise hat die Deutsche Gesellschaft für Personalführung e.V. (DGFP) für Unternehmenspraxis einen normativen Professionalisierungsindex entwickelt, der auf folgender Definition beruht: „Professionell (...) ist ein Personalmanagement dann, wenn es seine Managementaufgaben (...) durch kompetente Akteure, effektive Prozesse und angemessene Instrumente und Systeme auf der Basis einer adäquaten Organisation überdurchschnittlich gut ausgestaltet, und durch überdurchschnittliche Wirkungen (...) einen positiven Einfluss auf nachhaltigen Unternehmenserfolg besitzt" DGFP (2005), S. 53. Allerdings wurde die Herleitung und Aussagekraft des Index heftig kritisiert, vgl. vor allem Oechsler (2005).

237 Vgl. Ringlstetter/Kniehl (1995).

238 Vgl. Krauss (2002), S. 188.

fischer Weise die Aufgaben eines Humanressourcen-Managements dar.[239] Dabei konzentriert sich die Weiterentwicklung des Expertenwissens in erster Linie auf die Bereiche der Methoden und Instrumente des Humanressourcen-Managements. Hierzu sind Erkenntnisse der Personalforschung und -praxis zu berücksichtigen, kritisch zu bewerten und unter Umständen modifiziert zu implementieren.[240]

4.2.2 Konzeptionelle Gesamtsicht

Zentrales Ergebnis der Rollenreflexion ist Expertenwissen, das sich in einer konzeptionellen Gesamtsicht des Themas Humanressourcen-Management manifestiert. Wichtige Elemente einer derartigen konzeptionellen Gesamtsicht sind ein Bezugsrahmen beziehungsweise ein übergreifendes Rahmenkonzept, die dem Management von Humanressourcen eine einheitliche Richtung geben. Hintergrund dieser Überlegung ist die Vorstellung einer so genannten „geplanten Evolution" (1), die sich als Kernelement der Philosophie der Professionalisierung auf das Humanressourcen-Management übertragen lässt (2).

(1) Die Vorstellung einer geplanten Evolution

Die Vorstellung einer geplanten Evolution basiert auf spezifischen Annahmen über die Steuer- und Beeinflussbarkeit der Entwicklung von Unternehmen und der dort beschäftigten Individuen. Diese Annahmen münden in der Perspektive eines gemäßigten Voluntarismus,[241] der den Kern eines professionalisierten Managements ausmacht.

Vorstellungen, die sich mit der Entwicklung, dem Gestalten und der Steuerung von Organisationen befassen[242], müssen enthalten, ob und auf welche Weise durch das Management Einfluss auf die organisatorische Entwicklung genommen werden kann.[243] Sie bestimmen so zu einem wesentlichen Teil die theoretische und praktische Ausgestaltung der Führung von Organisationen. Dabei lassen sich zwei konträre Ansätze identifizieren, die im Spannungsfeld von Unternehmen und Umwelt angesiedelt sind:[244]

---

239 Vgl. zum Unterschied zwischen Aufgabe und Rolle, Kirsch (1992), S. 155ff.

240 Vgl. Krauss (2002), S. 190.

241 Siehe hierzu Kirsch (1992), S. 536 ff. und die Ausführungen bei Kirsch/Maaßen (1990), S. 10 ff., sowie Ringlstetter (1995), S. 11 ff.

242 Vgl. zum Zusammenhang von Entwicklung, Gestaltung und Lenkung u. a. Ulrich (1984).

243 Vgl. Brandenberg (2001), S. 19ff.

244 Vgl. zum Folgenden Brandenberg (2001), S. 20f., in Rekurs auf die Ausführungen bei Klotz (1990), S. 476 ff. Siehe auch Ringlstetter (1988) und Ringlstetter (1995), S. 238 ff.

- Der Voluntarismus setzt die Prämisse, dass das Management seine Ideen jederzeit verwirklichen kann und somit zu tief greifenden Veränderungen und Reorganisationen beiträgt.[245] Die Unternehmensführung handelt in diesem Sinne aktiv, kann die Unternehmensziele selbst festlegen und ist von externen Umwelteinflüssen weitestgehend nicht betroffen.

- Im Gegensatz dazu geht der Determinismus davon aus, dass eine starke Abhängigkeit von einer kaum kontrollierbaren und grundsätzlich feindlichen Umwelt besteht, die auf das Unternehmen Einfluss ausübt. Das Management ist daher zu Maßnahmen der Angleichung an die Umwelteinflüsse genötigt und reagiert lediglich in einer Weise, die Verfolgung selbst gesetzter Ziele nicht zulässt.[246] Somit wird die „...Leitung einer Organisation [...] zum ´Spielball´ der externen Kräfte" (Ringlstetter (1995), S. 239).

Die beiden Ansätze bilden zwei extreme Positionen ab, die jeweils für den anderen Blickwinkel blind sind. Um dieses Problem der verkürzten Sichtweise zu umgehen, ist eine verbindende und damit quasi symbiotische Sichtweise einzunehmen, die als gemäßigter Voluntarismus bezeichnet werden kann.[247] Im Mittelpunkt steht dabei die erwähnte Idee der geplanten Evolution (siehe Abbildung 4-5).

---

245 Kirsch (1997a), S. 116, spricht wertend von einer "Illusion der Machbarkeit".

246 Als prominentes Beispiel einer derartigen Auffassung führt Brandenberg (2001) S.21, das St. Gallener Management-Modell an: Dieses fokussiert auf die Systemtheorie und sieht jede Organisation als Subsystem eines übergeordneten Systems, dessen Anforderungen durch das Subsystem zu erfüllen sind. Entsprechend sind die "... Ziele und damit der Zweck einer Unternehmung (...) extern vorgegeben" (Klotz (1990), S. 479).

247 Vgl. Kirsch (1992), S. 536ff.

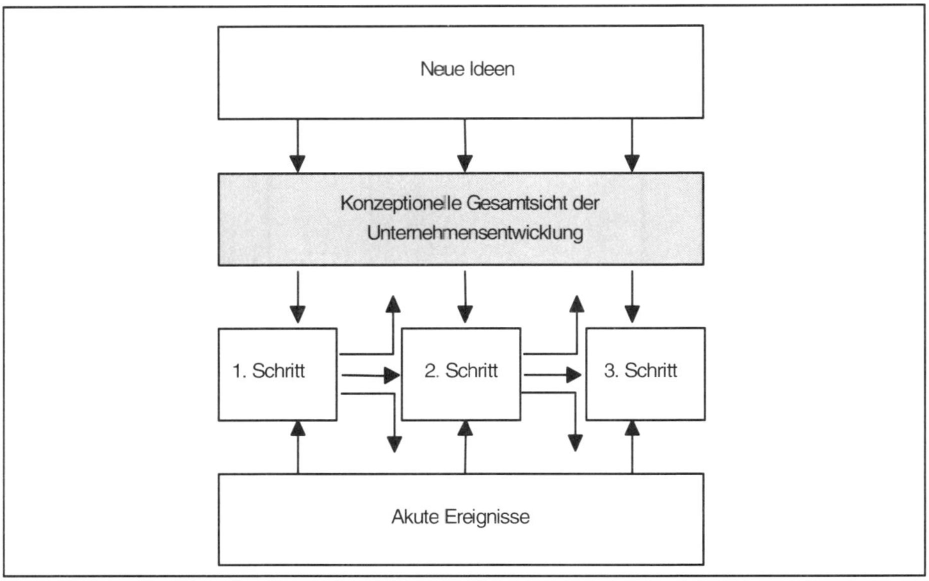

Abbildung 4-5: Die geplante Evolution
(Quelle: Kirsch (1991), S. 332)

(2) Geplante Evolution der Humanressourcen-Ausstattung

Überträgt man die Idee der geplanten Evolution auf die Entwicklung der Humanressourcen-Ausstattung, so vollzieht sich diese in einer zeitlichen Folge einzelner überschaubarer Schritte. Diese Schritte werden einerseits durch aktuelle externe Ereignisse, andererseits durch die konzeptionelle Gesamtsicht des Humanressourcen-Managements beeinflusst und hervorgerufen.

Die konzeptionelle Gesamtsicht selbst wird durch Werte und Ideen geprägt und enthält Aussagen zur groben Stoßrichtung des Humanressourcen-Managements und der Entwicklung der Humanressourcen-Ausstattung. Da bekannt ist, dass die gewünschte Entwicklung gerade aufgrund der Nicht-Trivialität der Humanressourcen nur mit begrenzter Wahrscheinlichkeit eintreten wird, kann die konzeptionelle Gesamtsicht auch als „utopischer Zukunftsentwurf" oder „unternehmerische Vision" charakterisiert werden.[248] Aus einer erfolgsorientierten Sichtweise ist jedoch wichtig, dass der Bezug zur Realität permanent hergestellt wird. Dies kann durch die Beobachtung und Bewertung von einzelnen Entwicklungsschritten geschehen. Dadurch

[248] Vgl. Kirsch (1991), S. 13.

werden individuelle und organisationale Lernprozesse initiiert, die zu kleineren und größeren Veränderungen und Anpassungen der konzeptionellen Gesamtsicht führen können. Insofern beschreibt der gemäßigte Voluntarismus im Humanressourcen-Management eine geplante Evolution, die nicht einer Illusion der absoluten Machbarkeit unterliegt,[249] sondern die Grundlage eines professionalisierten strategischen Humanressourcen-Managements bildet,[250] das durch institutionalisierte, organisatorische Strukturen und ein erfolgsorientiertes Controlling geprägt ist.

4.2.3 Organisatorische Institutionalisierung

Zentrales Element der elitären Professionalisierung des Humanressourcen-Managements ist die organisatorische Institutionalisierung, die sich letztlich aus der Vorstellung einer permanenten und nachhaltigen Rollenreflexion ergibt.[251] Ergebnis der organisatorischen Institutionalisierung des Humanressourcen-Managements sind eigenständige organisatorische Einheiten, deren Mitarbeiter auf das Thema Humanressourcen spezialisiert sind. In Unternehmen heißen diese im allgemeinen Personalabteilung, Personalfunktion, Personalwesen oder auch Personalbereich etc. Sie beschäftigen sich nach dem oben dargestellten Verständnis mit dem Personal-Management.[252] Im Wortspiel der Professionalisierung kann eine derartige Abteilung als Mehrheit von formalisierten Rollen betrachtet werden, deren Rollensegmente schwerpunktmäßig mit dem Thema Humanressourcen-Management in Verbindung stehen. Daneben gilt jedoch die Annahme, dass auch Führungskräfte aus der Linie Humanressourcen managen und in dieser Tätigkeit Angriffsfläche für Professionalisierungsprozesse bieten. Diese führen dann aber kaum zu einer organisatorischen Institutionalisierung.

Hinsichtlich der konkreten Ausgestaltung der organisatorischen Institutionalisierung sind unterschiedliche Dimensionen zu unterscheiden (siehe Abbildung 4-6). Erstens stellt sich die Frage nach der Außenorganisation, d.h. der organisatorischen Verankerung der Personalabteilung in der Gesamtorganisation (1). In einem zweiten Schritt, der von der ersten Frage allerdings nicht unabhängig ist, gilt es zu klären, welche Formen die Bin-

---

249 Vgl. allgemein Trux et al. (1991), S. 719.

250 Vgl. allgemein Kirsch/Maaßen (1990), S. 10., und Kirsch (1991), S. 11 ff.

251 Umgekehrt bei der egalitären Professionalisierung, die einer organisationalen Institutionalisierung entgegenwirkt.

252 Jenseits der Personalabteilung sind als institutionalisierte und kollektive Akteure häufig auch die Mitarbeitervertreter in Form eines Betriebsrats anzuführen. Vgl. Holtbrügge (2004), S. 40ff.

nenorganisation der Personalabteilung einnehmen kann (2).[253] Insgesamt ist zu konstatieren, dass die organisatorische Institutionalisierung des Humanressourcen-Managements von zahlreichen Kontextfaktoren abhängt. Von besonderer Relevanz ist diesbezüglich der Kontextfaktor „Unternehmensgröße". In den Ausführungen der personalwirtschaftlichen Literatur zum Thema „Organisatorische Institutionalisierung" wird dabei in der Regel von großen Unternehmen, häufig von Aktiengesellschaften ausgegangen.[254]

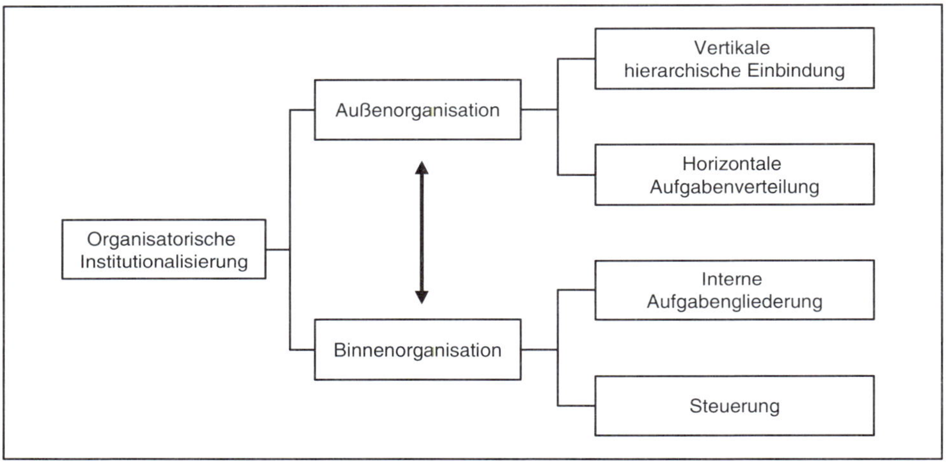

Abbildung 4-6: Dimensionen der organisatorischen Institutionalisierung

(1) Außenorganisation

Hinsichtlich der Außenorganisation des Humanressourcen-Managements sind zwei Fragen von Interesse: Erstens die Frage nach der hierarchischen Einbindung, d.h. der vertikalen Verankerung in der Organisation (a) und

253 Eine weitere interessante organisatorische Fragestellung ist die Suche nach zweckmäßigen räumlich-zeitlichen Strukturierungen von personalwirtschaftlichen Aufgaben, d.h. die Entscheidung bezüglich der Ablauf- bzw. Prozessorganisation des Humanressourcen-Managements. Dies hat aber nur indirekt mit der organisatorischen Institutionalisierung im Sinne der Professionalisierung zu tun, und wird hier deshalb nicht tiefer gehend diskutiert.

254 Obgleich dieser Fokus verständlich ist, sollte man bedenken, dass Humanressourcen-Management in kleinen und mittleren Unternehmen verständlicherweise in weniger ausdifferenzierter Form stattfindet. Umgekehrt heißt dies aber nicht, dass in kleineren und mittleren Unternehmen keine Professionalisierung des Humanressourcen-Managements möglich ist.

zweitens die Frage nach der horizontalen Verteilung von Aufgaben (b) mit Humanressourcen-Bezug in der Organisation.

(a) Hierarchische Einbindung in die Gesamtorganisation: Die vertikale Verankerung des Humanressourcen-Managements spiegelt nach gängiger Auffassung den Stellenwert der zentralen[255] Personalabteilung respektive die strategische Bedeutung wider, den sie in der fokalen Organisation einnimmt.[256] Eine besonders hohe Bedeutung nimmt in dieser Lesart das Humanressourcen-Management dann ein, wenn es in vertikal-hierarchischer Sicht möglichst in unmittelbarer Nähe zur Unternehmensleitung verortet ist. Während es nun in der Praxis eine kaum überschaubare Anzahl an potentiellen vertikalen Verankerungen gibt, lassen sich doch einige besonders typische Formen aufzählen (siehe Abbildung 4-7):[257]

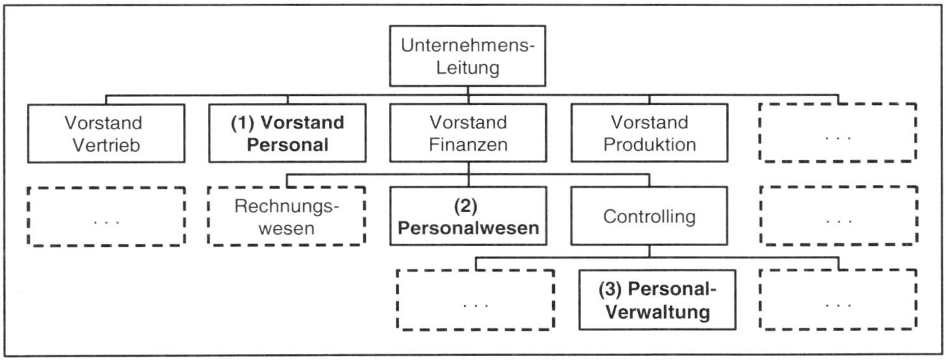

Abbildung 4-7: Hierarchische Einbindung der Personalfunktion (exemplarisch)

- Als höchste Stufe (1) der hierarchischen Aufhängung ist denkbar, dass der Personalleiter, Mitglied der Unternehmensleitung ist. In Unternehmen, die mehr als 2000 Mitarbeiter beschäftigen, ist diese Art der vertikalen Anbindung durch den so genannten Arbeitsdirektor als gleichberechtigtes Vorstandsmitglied im Mitbestimmungsgesetz vorgeschrieben. Gleichwohl ist zu konstatieren, dass die reale Einflussnahme von Arbeitsdirektoren auf die Unternehmensführung aus Sicht des Humanressourcen-Managements nicht immer der gesetzlichen Gleichstellung entspricht.

255 Der Ausdruck "zentral" deutet darauf hin, dass in einem Unternehmen häufig je nach horizontaler Verteilung von Aufgaben mehrere Personalabteilungen koexistieren.

256 Vgl. Domsch/Gerpott (1992), S. 1938.

257 Vgl. hierzu insbesonder auch Lattmann (1975b), Lattmann (1985) und Holtbrügge (2004), S. 47.

- In der nächsten Stufe (2) der vertikalen Anbindung berichtet der Personaleiter an ein Mitglied der Unternehmensführung oder an die gesamte Unternehmensführung.

- Eine weitere Stufe (3), die für einen relativ geringen Stellenwert der Personalabteilung spricht, besteht darin, dass die Personalleitung einer Stelle unterhalb der Unternehmensleitung untersteht. Dies dürfte in den meisten Fällen ein Indiz dafür sein, dass sich die Unternehmensführung nicht eingehend mit Fragen des Humanressourcen-Managements beschäftigt. Gleichzeitig verliert die Personalarbeit dadurch die Möglichkeit auf die Unternehmensstrategie in direkter Weise Einfluss zu nehmen.

In welcher Form die zentrale Personalabteilung hierarchisch angesiedelt ist, basiert auf historischen Entwicklungen und Entscheidungen, die wiederum auf unterschiedliche Gründe und Einflussfaktoren zurückzuführen sind.[258]

- Zentral sind zunächst das Selbstverständnis und die Einstellung der Unternehmensleitung gegenüber personalbezogenen Themen. Nur wenn die Unternehmensleitung dem Humanressourcen-Management eine bedeutende Rolle hinsichtlich der Generierung von Wettbewerbsvorteilen zugesteht, dann wird sie sich mit Personalfragen gründlich beschäftigen. Der Fall ist dies in der Regel in personalintensiven Unternehmen, d.h. in Unternehmen, deren Kostenstruktur durch einen hohen Personalkostenanteil geprägt ist.

- Umgekehrt ist die institutionalisierte hierarchische Anbindung häufig auch eine Frage der Unternehmensgröße. So lässt sich etwa das Beispiel eines kleineren inhabergeführten Unternehmens anführen, in dem die Personalabteilung in das Rechnungswesen integriert ist. Trotzdem wird in diesem Fall der Inhaber zentrale Personalentscheidungen und -fragen persönlich treffen und verantworten.

(b) Horizontale Aufgabenverteilung in der Gesamtorganisation: Gerade in größeren Unternehmen stellt sich die Frage, wie die Personalarbeit horizontal im Unternehmen zu verteilen ist. Die horizontale Aufgabenverteilung lässt sich mit Hilfe zweier Dimensionen, dem Zentralisierungsgrad und der Teilnehmerschaft, beschreiben.

---

258 Vgl. Wagner (1991), S. 221.

Zuerst ist hinsichtlich des *Zentralisierungsgrads* zu unterscheiden, ob die Aufgaben des Humanressourcen-Managements zentral oder dezentral erfüllt werden.[259]

- Im Fall der *Zentralität* existiert eine zentrale Personalabteilung mit umfassenden Entscheidungskompetenzen und Zuständigkeiten.
- Im Fall der *Dezentralität* finden sich zahlreiche, und damit automatisch kleinere Personalabteilungen, die für das Humanressourcen-Management in den unterschiedlichen Teileinheiten des Unternehmens zuständig sind.

Dazwischen sind zahlreiche Abstufungen denkbar, wozu auch die in der Praxis weit verbreitete Institutionalisierung von dezentralen Personalreferenten zählt. Als Extremform der Dezentralisierung der Personalarbeit wurde in der Vergangenheit immer wieder deren Virtualisierung diskutiert. Allerdings zeichnet sich trotz der zunehmenden Technologisierung der Personalarbeit höchstens eine partielle Virtualisierung von sehr spezifischen Aufgaben ab. Ob nun ein zentrales oder dezentrales Modell der Personalarbeit gewählt wird, hängt von spezifischen damit verbundenen Vorteilen bzw. Nachteilen ab. Zentrale Personalarbeit zeichnet sich beispielsweise durch Einheitlichkeit und Expertentum aus. Dezentralität hingegen hat den Vorteil der Problemnähe und damit der höheren Akzeptanz durch Mitarbeiter. Je nachdem, ob im Unternehmen große oder kleine Diversität zwischen den Teileinheiten besteht, dürfte die eine oder andere Version vorgezogen werden.

In Bezug auf die *Teilnehmerschaft* an den Aufgaben des Humanressourcen-Managements ist ferner zwischen einem so genannten universalistischen und partizipativen Humanressourcen-Management zu differenzieren.[260]

- Das Humanressourcen-Management lässt sich dann als *universalistisch* bezeichnen, wenn die Personalarbeit großteils durch die Personalabteilung bzw. die dort beschäftigten Personaler bewältigt wird.
- *Partizipativ* ist das Humanressourcen-Management hingegen, wenn die Führungskräfte eines Unternehmens große Teile der Personalarbeit übernehmen.

Die partizipative Form des Humanressourcen-Managements wird damit grundsätzlich eher die egalitäre Professionalisierung unterstützen, während

---

259 Vgl. Scholz (2000), S. 195.
260 Vgl. Scholz (2000), S. 195f.

universalistische Personalarbeit zur elitären Professionalisierung führt. Die Beurteilung, welche Form der Verteilung von Personalarbeit adäquater ist, sollte situativ, unternehmensspezifisch und individuell erfolgen. Je nach Art des Führungsstils eines Vorgesetzten etwa ist es möglich, Funktionen des Humanressourcen-Managements diesem zu überlassen oder nicht. Differenziert werden sollte auch hinsichtlich jeder einzelnen Funktion des Humanressourcen-Managements. So kann etwa die Motivation von Mitarbeitern eher durch Linienführungskräfte mitgestaltet werden, als beispielsweise die Unternehmenskommunikation im Rahmen der Akquisition von neuen Mitarbeitern.

(2) Binnenorganisation

Die Binnenorganisation des Humanressourcen-Managements ergibt sich aus der Entscheidung, wie personalbezogen Aufgaben unter den Mitarbeitern der „Personalarbeit" verteilt und gesteuert werden. Entsprechend sind zwei Aspekte von besonderer Relevanz: die interne Aufgabengliederung innerhalb der Personalabteilung (a) und die Steuerung dieser Aufgaben bzw. der Personalabteilung (b).

(a) Interne Aufgabengliederung: Mit welchen Aufgaben sich der einzelne Personalmitarbeiter beschäftigt, hängt von der internen Verteilung von Personalaufgaben ab. In der Literatur werden diesbezüglich verrichtungs- bzw. funktionalorientierte und objektorientierte Organisationsformen differenziert.[261]

- Die *funktionalorientierte* Gestaltung von Personalarbeit führt zu Aufgabenbereichen, die sich etwa mit der Humanressourcen-Entwicklung, der Humanressourcen-Akquisition aber auch mit verwalterischen Aufgaben, wie der Arbeits- und Vertragsgestaltung oder der Lohn- und Gehaltsabrechnung beschäftigen.

- Hingegen lassen sich bei der *objektorientierten* Gestaltung insbesondere zwei Objekte identifizieren, anhand derer die Aufgabengliederung erfolgen kann. So ist zum einen denkbar, die Personalarbeit nach Mitarbeitergruppen zu differenzieren. Ergebnis eines derartigen Vorgehens wäre beispielsweise eine Gliederung nach tariflich und übertariflich vergüteten Mitarbeitern, nach Führungskräften, Fachkräften und Auszubildenden oder nach technischen und kaufmännischen Mitarbeitern.[262] Zum anderen lässt sich die Personalarbeit nach Objekten wie Ländern, Regionen oder Standorten aufteilen.

---

261 Vgl. Domsch/Gerpott (1992), Scherm/Süß (2003), Holtbrügge (2004).

262 Vgl. Holtbrügge (2004), S. 46.

Ein Blick in die Unternehmenswirklichkeit zeigt, dass sich offensichtlich keine reinen Ausprägungsformen funktionaler oder objektorientierter Aufgabengliederungen herausbilden. Vielmehr finden sich Mischformen, die letztlich in eine Matrixform der Personalarbeit übergehen können. Ein Beispiel hierfür wäre ein allgemeiner Humanressourcen-Entwicklungsbereich eines internationalen Unternehmens bei gleichzeitiger Existenz einer Entwicklungsabteilung für Nachwuchsführungskräfte in Deutschland.

(b) Steuerung: Die interne Aufgabengliederung hat verständlicherweise bereits die Funktion, Aufgaben des Humanressourcen-Managements auf oberster Ebene zu koordinieren. Eine andere und weitergehende Frage stellt sich allerdings dahingehend, wie die Funktionen des Humanressourcen-Managements hinsichtlich ihrer Effektivität und Effizienz gesteuert werden. Die Beantwortung dieser Frage hängt nicht zuletzt davon ab, welche Entscheidungsautonomie die Personalabteilung bzw. einzelne Aufgabenbereiche des Humanressourcen-Managements besitzen.[263]

Beschrieben wird der Grad der Entscheidungsautonomie der Personalabteilungen häufig über so genannte Center-Konzepte.[264] Hintergrund dieser Konzepte ist die Idee einer marktlichen Steuerung der Aufgaben eines Humanressourcen-Managements.[265] Meist werden drei Typen von Center-Konzepten angeführt:[266]

- In einem *Cost-Center* ist der Personalbereich verantwortlich für die Kosten der Personalarbeit. Gleichzeitig wird dabei ein bestimmter Output an Personalarbeit vereinbart, der erbracht werden muss.
- Wird die Personalarbeit hingegen in einem *Revenue-Center* erbracht, erhält die Personalabteilung neben der Kostenverantwortung auch Verantwortung für Umsatz und Qualität. Das Angebot an Personalarbeit richtet sich dann nach der Nachfrage der internen Kunden und wird über vereinbarte Verrechnungspreise abgegolten. Sind diese Verrechnungspreise ähnlich wie externe Marktpreise, so lässt sich die Personalarbeit mit externen Anbietern von Personaldienstleistungen vergleichen.
- Wird die Personalarbeit als *Profit-Center* gesteuert, so erhält die Personalabteilung Gewinnverantwortung. Die personalbezogenen Leistungen werden sowohl intern als auch für unternehmensexterne Kun-

---

263 Vgl. Scholz (2000), S. 197.
264 Vgl. Wunderer/ von Arx 2002, S. 260.
265 Vgl. Scherm/Süß (2003), S. 243.
266 Vgl. Wunderer/ von Arx 2002, S. 260.

den angeboten. Gleichzeitig dürfen jedoch auch interne Kunden sich an externe Anbieter personalwirtschaftlicher Lösungen wenden. Die Personalabteilung muss sich in diesem FAll mit den besten Marktanbietern messen.

Offensichtlich ist es eine Annahme derartiger Profit-Center-Konzepte, dass auch die weitergehende Ausgliederung, d.h. das Outsourcing des Humanressourcen-Managements grundsätzlich möglich ist. Allerdings gibt es sowohl theoretische als auch praktische Einwände gegen diese Annahme. Gerade strategisch relevante und unternehmensspezifische Personalarbeit ist für ein Outsourcing nur bedingt geeignet. Darüber hinaus wird die Verzahnung einzelner Funktionen des Humanressourcen-Managements über Profit-Center hinweg eingeschränkt und mögliche Synergieeffekte gehen verloren.[267]

4.2.4 Erfolgsorientiertes Controlling

Die Organisation des Humanressourcen-Managements und hier insbesondere die Idee der Steuerung von personalbezogenen Aufgaben geben bereits erste Hinweise auf den Aspekt des Controllings des Humanressourcen-Managements.[268] Vor dem Hintergrund der Professionalisierung des Humanressourcen-Managements ergibt sich die Notwendigkeit, ein erfolgsorientiertes Controlling zudem aus der konzeptionellen Gesamtsicht auf das Humanressourcen-Management zu betrachten. Da diese zunächst einen noch recht abstrakten und globalen Charakter aufweist, ist es erforderlich, einige Ergänzungen vorzunehmen, um handlungsleitend zu wirken.[269] Das erfolgsorientierte Controlling des Humanressourcen-Managements kann eine derartige Ergänzung bedeuten.[270] Es lässt sich als Versuch bezeichnen, das Management des Leistungsniveaus der Humanressourcen erfolgsorientiert und unter Berücksichtigung der Unternehmensentwicklung im sozioökonomischen Feld zu einem gewissen Grad mitzusteuern. Vor diesem Hintergrund stellen sich zwei Fragen. Erstens ist zu klären, vor welchem Erfolgsverständnis des Humanressourcen-Managements ein Controlling stattfinden soll

[267] Vgl. allgemein und teilweise kritisch Meckl/Eigler (1998), Scherm/Süß (2003), S. 243ff., sowie Schweizer et al. (2005).

[268] Vgl. für einen noch immer aktuellen und allgemeinen Überblick Scherm (1992).

[269] In Anlehnung an Ringlstetter (1995), S. 12.

[270] Vgl. Kirsch/Maaßen (1990), die Managementsystemen allgemein eine derartige Funktion zuschreiben. Grundsätzlich können Managementsysteme als zusätzliche, die Basisorganisation überlagernde Organisationsschichten definiert werden und dienen sowohl der Unterstützung der Führung als auch der Initiierung von Reflexionen innerhalb der Unternehmung (vgl. Kirsch (1997b), S. 306 f., und Kirsch (1997a), S. 336, und ausführlich Ringlstetter (1995), S. 156 ff.).

(1). Zweitens gilt es, unterschiedliche Ebenen bzw. Bezugspunkte für das erfolgsorientierte Controlling zu identifizieren und festzulegen (2).

(1) Erfolgsverständnis

Es ist nicht ohne weiteres festzulegen, vor welchen Erfolgskriterien das Humanressourcen-Management zu steuern ist. Führt man das Verhältnis von Unternehmenserfolg und Erfolg des Humanressourcen-Managements mit in die Betrachtung ein, so lassen sich ein *integriertes* und ein *autonomes* Erfolgsverständnisse identifizieren.

Besteht ein klares Primat des Unternehmenserfolgs und ist dieses auch im Bewusstsein des Humanressourcen-Managements verankert, so ist von einem integrierten Erfolgsverständnis zu sprechen. Dieses lässt sich hinsichtlich der Integrationsrichtung in drei generische Fälle weiter unterteilen.[271]

- Zunächst besteht eine Möglichkeit darin, das Humanressourcen-Management als Instrument zur Steigerung des Unternehmenserfolgs zu sehen. Das Erfolgskriterium für ein Humanressourcen-Management lässt sich damit als ein Unterziel des unternehmerischen Oberziels beschreiben.[272] Die konkrete Ausprägung der Erfolgskriterien für ein Humanressourcen-Management hängt damit von der Art des Erfolgskriteriums des Unternehmens und von den im Unternehmen vorhandenen Hypothesen über spezifische Ziel-Mittel-Zusammenhänge ab. Zudem ist mit einer derartigen Sichtweise auch eine spezifische „Top-down-Planungslogik“ verbunden, in der zunächst die Ziele des Unternehmens und dann die notwendigen Humanressourcen-Potentiale festgelegt werden, die durch das Humanressourcen-Management bereitgestellt werden sollen.

- Ebenfalls einem integrierten Erfolgsverständnis entspricht es, wenn die Erfolgskriterien des Humanressourcen-Managements in Kriterien des Unternehmenserfolgs umgesetzt werden. Allerdings ist diese Richtung der Integration in Reinform in der Unternehmenspraxis selten vorzufinden. Ausdruck findet sie etwa in Unternehmen, die unter anderem den Aufbau von Humankapital als ein zentrales Unternehmensziel verfolgen und dies in einer so genannten „Bottom-up-Planungslogik“ umsetzen.

---

271 Die Argumentation hinsichtlich des Verhältnisses von Erfolgskriterien des Unternehmens und des Humanressourcen-Managements kann in Analogie zum Verhältnis von Unternehmensstrategie und Strategie des Humanressourcen-Managements gesehen werden.

272 Beispielsweise des Shareholder Value, vgl. Becker et al. (1997), Bühner (1997).

- Schließlich sind Zwischenformen zwischen den beiden bereits genannten, grundlegenden Fällen eines integrierten Erfolgsverständnisses denkbar. Diese sind durch einen interaktiven Prozess der Abstimmung von Erfolgskriterien des Unternehmens und des Humanressourcen-Managements geprägt. Hinsichtlich der dazugehörigen Planungslogik bietet sich eine Anwendung des so genannten „Gegenstrom"-Verfahrens an.[273] Bei diesem werden unterschiedliche Erfolgsverständnisse in einem iterativen Verfahren ineinander übergeführt.

Im Gegensatz zum integrierten Erfolgsverständnis ist von einer autonomen Erfolgsdefinition des Humanressourcen-Managements dann zu sprechen, wenn die Erfolgskriterien des Humanressourcen-Managements unabhängig vom unternehmerischen Erfolgsverständnis generiert werden. Dies kann gewissermaßen nicht intendierte Nebenfolge sein, wenn sich das Humanressourcen-Management bzw. Akteure des Humanressourcen-Managements verselbstständigen. Darüber hinaus kann ein autonomes Erfolgsverständnis aber bewusst in einem übergreifenden Organisationskonzept vorgesehen sein. Dieses kann beispielsweise dann der Fall sein, wenn innerhalb eines Unternehmens das Humanressourcen-Management bzw. Funktionen des Humanressourcen-Managements zu Profit-Centern gemacht werden (siehe Unterabschnitt 4.2.3). Der Erfolg eines Humanressourcen-Managements besteht in derartigen Profit-Centern dann nicht mehr darin, spezifische Beiträge zum Unternehmenserfolg zu leisten, sondern stattdessen möglichst viel eigenständigen Gewinn zu machen. Umgekehrt ist bei funktionierenden internen Märkten für personalwirtschaftliche Leistungen davon auszugehen, dass die Verknüpfung mit Kriterien des Unternehmenserfolgs trotzdem gelingen kann.

(2) Ebenen und Bezugspunkte des Humanressourcen-Management-Controllings

Im Sinne einer konzeptionellen Gesamtsicht zielt das Controlling des Humanressourcen-Managements darauf ab, die Entwicklung des Leistungsniveaus der Humanressourcen-Ausstattung erfolgsorientiert mitzusteuern. Hierbei sind zunächst zwei unterschiedliche Ansatzpunkte zu differenzieren:

- Ein erster Ansatzpunkt des Humanressourcen-Management-Controllings lässt sich als *faktororientiert* bezeichnen.[274] Faktororientiert ist dieser deshalb, weil er direkt an der Bewertung des Faktors Human-

---

273 Vgl. Ringlstetter (1995), S. 174f.

274 Vgl. Gmür/Thommen (2006), S. 351.

ressource ansetzt. Damit ist faktororientiertes Controlling letztendlich nichts anderes als die Analyse der Allokation von Humanressourcen (siehe Kapitel 5) und wird innerhalb dieses Abschnitts nicht näher behandelt.

- Ein zweiter Ansatzpunkt lässt sich hingegen als *funktionsorientiert* beschreiben. Funktionsorientiertes Controlling des Humanressourcen-Managements setzt auf drei unterschiedlichen Aggregationsebenen an Aktivitäten des Humanressourcen-Managements an und wird im Folgenden näher diskutiert.

Hinsichtlich des funktionsorientierten Controllings lassen sich neben den drei Aggregationsebenen auch drei Bezugspunkte der ökonomischen Bewertung identifizieren. Hieraus ergibt sich eine 3x3-Feldermatrix, in der sich alle Aktivitäten eines funktionsorientierten Controllings des Humanressourcen-Managements verorten lassen (a). Trotz der dadurch entstehenden Systematik eines funktionsorientierten Controllings ist gleichzeitig auf die Unzulänglichkeiten und Problemfelder des Controllings hinzuweisen (b).

(a) Aggregationsebenen und Bezugspunkte: Funktionsorientiertes Controlling kann sich zunächst auf unterschiedliche Aggregationsebenen des Humanressourcen-Managements beziehen. Im Folgenden werden drei Ebenen unterschieden: Die oberste Aggregationsebene der Aktivitäten eines Humanressourcen-Managements ist das Humanressourcen-Management selber. Auf einer mittleren Ebene befinden sich die Funktionen des Humanressourcen-Managements, z. B. die Akquisition und die Entwicklung von Humanressourcen. Auf der untersten Aggregationsebene lassen sich einzelne konkrete Maßnahmen, wie z. B. ein spezifisches Weiterbildungsseminar für Führungskräfte oder Sprachtraining, finden. Gleichzeitig sind drei generelle, ökonomische Bezugspunkte eines Humanressourcen-Management-Controllings zu unterscheiden: Die Kosten, die Effektivität und die Effizienz von Handlungen im Rahmen des Humanressourcen-Managements.[275] Im Ergebnis ergibt sich eine 3x3-Feldermatrix, in der sich alle Ansatzpunkte für ein Controlling eintragen lassen (siehe Abbildung 4-8).

---

275 Vgl. Wunderer/Sailer (1987), S. 601ff. und Drumm (2005), S. 746.

Bezugspunkte		Aggregationsebenen		
		Humanressourcen-Management	**Einzelne Funktionen**	**Instrumente und Maßnahmen**
	Kosten	z. B. Entwicklung des Gesamtbudgets Personalabteilung	z. B. verwendetes Gesamtbudget zur Akquisition von Humanressourcen	z. B. direkte Kosten eines Sprachtrainings
	Effektivität	z. B. Beitrag des Humanressourcen-Managements zum Unternehmenserfolg	z. B. Anzahl der neu eingestellten Humanressourcen	z. B. tatsächliche Verbesserung der aktiven Sprachkenntnisse
	Effizienz	z. B. Kosten der Personalabteilung in Relation zum Beitrag zum Unternehmenserfolg	z. B. Budget der Akquisition je neu eingestellter Humanressource	z. B. direkte Kosten eines Sprachtrainings in Relation zu erworbenen Sprachkenntnissen

Abbildung 4-8: Ebenen und Bezugspunkte des Controllings eines Humanressourcen-Managements

Je nachdem, ob das Controlling des Humanressourcen-Managements auf die Kosten, die Effektivität oder Effizienz als ökonomische Bezugspunkte abstellt, lassen sich unterschiedliche Ziele verfolgen:

- Das *inputorientierte Kostencontrolling* mündet letztendlich in einer Form der Budgetsteuerung des Humanressourcen-Managements.[276] Die zentrale Maxime lautet: Sparen![277] Interessant sind die Größen eines kostenorientierten Controllings immer dann, wenn sie in Relation zu anderen Größen gesetzt werden. Denkbar sind etwa Vergleiche mit Kosten der Vergangenheit, mit Kosten von Wettbewerbern oder etwaigen Tochterunternehmen, oder mit vereinbarten Sollkosten.

- Das *Effektivitätscontrolling* ist im Gegensatz zum Kostencontrolling outputorientiert. Hierbei geht es, etwa auf der Ebene einzelner Funktionen, darum, die Wirksamkeit der gesamten Aktivitäten zu überprüfen.[278] Im Bereich der Entwicklung von Humanressourcen hieße dies etwa zu überprüfen, ob sich die Fähigkeiten der Mitarbeiter aufgrund

276 Vgl. Gmür/Thommen (2006), S. 354.
277 Vgl. Neuberger/Wimmer (1998), S. 516.
278 Vgl. Berthel (2004), S. 1444.

der Funktion „Entwicklung von Humanressourcen" tatsächlich verbessert haben. Die wesentliche Frage lautet: Tun wir das Richtige?[279]

- Die Frage „Tun wir die Dinge richtig?" ist leitend für das *Effizienzcontrolling* des Humanressourcen-Managements. Dabei steht die Wirtschaftlichkeit aller Aktivitäten im Vordergrund, indem Input- und Outputgrößen zusammengeführt werden.[280] Die Ergebnisse eines Effizienzcontrollings können unter anderem auch dazu genutzt werden, Entscheidungen über den Fremdbezug bzw. die Eigenerstellung von Aktivitäten des Humanressourcen-Managements zu treffen.

Da zumindest das Effektivitäts- und Effizienzcontrolling es erfordert, vor dem Hintergrund konkreter Zielsetzungen zu agieren, ist ein spezifisches Erfolgsverständnis für das Humanressourcen-Managements notwendig. Immer dann, wenn es sich um ein mit dem Unternehmenserfolg integriertes Erfolgsverständnis handelt, wird das Controlling des Humanressourcen-Managements aus einer ökonomischen und damit weitgehend zweckrationalen Perspektive erfolgen. Hiermit wird gleichzeitig versucht, der Forderung nach mehr ökonomischer Legitimierung des Humanressourcen-Managements gerecht zu werden.

(p) Problemfelder: Die Systematik eines Controlling des Humanressourcen-Managements darf nicht über die zahlreichen Unzulänglichkeiten und Problemfelder hinwegtäuschen, die damit verbunden sind. Zu nennen sind insbesondere Datenerhebungs-, Methoden- und Akzeptanzprobleme.[281]

- Das *Datenerhebungsproblem* im Controlling des Humanressourcen-Managements besteht zunächst deshalb, weil viele relevante Daten im Unternehmen nicht existieren und somit ursächlich für das Controlling des Humanressourcen-Managements erhoben werden müssten. Gleichzeitig ist das Humanressourcen-Management aber auch deswegen ein „datenarmes" Feld, weil viele Daten qualitativer Natur sind und damit nur mit hohem Aufwand sowie häufig unzulänglich erhoben werden können. Zu denken ist beispielsweise an Daten zu Themen wie der Arbeitszufriedenheit, des konkreten Lerntransfers etc.

- Zur Herausforderung der Datenerhebung kommen zwei *Methodenprobleme* hinzu:[282] Erstens ist zu bedenken, dass Aktivitäten des Humanressourcen-Managements, unabhängig davon auf welcher Aggre-

---

279 Vgl. Neuberger/Wimmer (1998), S. 516.
280 Vgl. Gmür/Thommen (2006), S. 354.
281 Vgl. Berthel (2004), S. 1453.
282 Vgl. Gmür/Thommen (2006), S. 355.

gationsebene sie stattfinden, häufig erst mit Zeitverzug ihre Wirkung entfalten. Der Zeitpunkt, in dem überprüft wird, ob etwa ein neues Anreizsystem motivationale Wirkungen zeitigt, kann das Ergebnis des Controllings stark beeinflussen. Zweitens bestehen zahlreich ungeklärte Zusammenhänge zwischen Ursachen und Wirkungen. Wird beispielsweise im Rahmen eines Weiterbildungscontrollings erkannt, dass Mitarbeiter Lernfortschritte gemacht haben, so lässt sich dies nicht ohne weiteres auf konkrete Weiterbildungsmaßnahmen zurückführen. Wissenschaftlich korrekte experimentelle Untersuchungsdesigns, mit denen dies möglich wäre, sind in der Unternehmenspraxis aufgrund ihres Aufwands nicht durchführbar.

- Darüber hinaus trifft das Controlling des Humanressourcen-Managements häufig auf *Akzeptanzprobleme*, die sich in Widerständen gegen das Controlling manifestieren.[283] Die Einführung von Controllinginstrumenten, die sich letztlich auf die Erfassung personenbezogener Daten beziehen, erzeugt und verstärkt die häufig bereits angelegte Angst vor einem „gläsernen Menschen". Dies gilt insbesondere dann, wenn die diesbezüglichen Daten durch IT-Technologien erfasst und gespeichert werden.

Das Akzeptanzproblem führt letztlich auch zu der Fragestellung, wie das Controlling des Humanressourcen-Managements organisatorisch im Unternehmen verankert werden soll. Diesbezüglich ist insbesondere zu unterscheiden, ob das Controlling eine Teilfunktion der Personalabteilung ist oder ob in einer zentralen Controllingeinheit die Teilfunktion Personalcontrolling existiert.[284] Weitergehend wäre zu differenzieren, wie die disziplinarischen und fachlichen Weisungsbefugnisse geregelt sind.[285] Jenseits von Konflikten, die bei verteilten Weisungsbefugnissen auftauchen können, lassen sich jeweils spezifische Vor- und Nachteile identifizieren. So sind in einer zentralen Controllingeinheit die Kenntnisse allgemeiner Controllingverfahren ausgeprägter, während ein Controllingbereich in der Personalabteilung dafür näher am eigentlichen Controllinggegenstand „Humanressource" verortet ist. Die Akzeptanz bei Mitarbeitern dürfte höher sein, wenn das Controlling des Humanressourcen-Managements in der Personalabteilung aufgehängt ist. Die Akzeptanz bei und Glaubwürdigkeit gegenüber der Unternehmensführung dürfte sich hingegen dann erhöhen, wenn das Controlling des Humanressourcen-Managements im zentralen Controllingbereich verankert ist.

---

283 Vgl. Berthel (2004), S. 1453, sowie allgemein zur Reaktanz gegenüber Planungsmethoden im Humanressourcen-Management Drumm/Scholz (1983), S. 4.

284 Vgl. Scholz (2000), S. 149.

285 Vgl. Scherm/Süß (2003), S.223ff.

Diskussions- und Verständnisfragen:

(1) Inwieweit unterscheiden sich die egalitäre und elitäre Professionalisierung hinsichtlich der Konsequenzen für das Humanressourcen-Management?
(2) Was sind die grundsätzlichen Unterschiede zwischen der Aussenorganisation und der Binnenorganisation des Humanressourcen-Managements?
(3) Humanressourcen-Management kann eher universalistisch oder partizipativ ausgestaltet sein. Von welchen Faktoren ist dies abhängig und welchen Konsequenzen resultieren daraus?
(4) Diskutieren Sie unterschiedliche Aggregationsebenen und Bezugspunkte des Controllings des Humanressourcen-Managements.

Literaturempfehlungen:

- Eine umfassenden Einblick in die Idee des evolutionären Managements bietet: **Ringlstetter, M. (1988):** Auf dem Weg zu einem evolutionären Management. München
- Die wesentlichen Determinanten der Organisation der Personalabteilung finden sich bereits bei:
  Lattmann, C. (1975): Organisation der Personalabteilung. In: Gaugler, E. (Hg.). Handwörterbuch des Personalwesens. Stuttgart, 1427–1442.
- Eine der wenigen ausführlicheren Abhandlungen über die Organisation der Personalarbeit: **Metz, T. (1995):** Status, Funktion und Organisation der Personalabteilung. München.
- Immer noch lesenswert und aktuell der folgende Überblick zum Personal-Controlling: **Scherm, E. (1992):** Personal-Controlling: Eine kritische Bestandsaufnahme, in: Die Betriebswirtschaft (52) 3, 309–323.
- Eine sehr gute Vertiefung für das Thema Personalcontrolling: **Wunderer, R./Schlagenhaufer, P. (1994):** Personalcontrolling, Funktionen, Instrumente, Praxisbeispiele. Stuttgart.

TEIL 3 FUNKTIONEN DES HUMANRESSOURCEN-MANAGEMENTS

Wie bereits im ersten Teil dieses Buches beschrieben, lässt sich das Management von Humanressourcen lässt sich in mehrere Funktionen unterteilen (siehe Abschnitt 1.2). Diese Funktionen lassen sich sowohl aus dem Lebenszyklus eines Mitarbeiters ableiten als auch aus den Wirkungen, die sich hinsichtlich der beiden Leistungskomponenten "will" und "skill" erzielen lassen. Der Begriff der Funktion gibt dabei einen Hinweis darauf, dass durch die Ausübung einer Aktivität des Humanressourcen-Managements spezifische Wirkungen bzw. Ziele erreicht werden sollen.

Eine erste und die zentrale Funktion des Humanressourcen-Managements ist die Analyse der Humanressourcen-Allokation (siehe Kapitel 5). Der Begriff der Allokation verdeutlicht dabei, dass Humanressourcen als knappe Ressource grundsätzlich unterschiedlichen Verwendungsmöglichkeiten zugeordnet werden können. Würde man das Ziel der Allokation formal ausdrücken, dann sollte die Analyse aufzeigen, ob die bestehende Zuordnung der Humanressourcen zu bestimmten Verwendungsmöglichkeiten im Unternehmen pareto-effizient ist oder nicht.[286] Gleichzeitig bildet die Analyse der Allokation eine informatorische Grundlage für alle anderen Funktionen des Humanressourcen-Managements. Es ist davon auszugehen, dass

Die weiteren Funktionen des Humanressourcen-Managements lassen sich hinsichtlich ihrer Wirkung auf die Humanressourcen-Ausstattung differenzieren.

- So lassen sich erstens Funktionen identifizieren, die darauf abzielen, die bestehende Humanressourcen-Ausstattung besser zu nutzen und zu strukturieren (siehe Kapitel 6). Dies ist der Fall bei der Entwicklung und Motivation von Humanressourcen, aber auch beim Placement von bereits beschäftigten Mitarbeitern auf andere beziehungsweise neue Stellen.

- Zweitens lassen sich Funktionen benennen, die im Unternehmen zu einem Zugang oder Abgang von Humanressourcen führen. Dadurch wird die bestehende Allokation mit Humanressourcen nicht nur verändert, sondern sozusagen durch den Austausch von Elementen (hier Humanressourcen) restrukturiert (siehe Kapitel 7). Hierzu zählen die Akquisition und die Dispensation von Humanressourcen.

---

286 Pareto-Effizienz heißt in diesem Kontext, dass die Zuordnung einer Humanressource zu einer anderen Verwendungsmöglichkeit die Güte der Zuordnung einer anderen Humanressource verringern würde.

5 Analyse der Humanressourcen-Allokation

Eine zielgerichtete Gestaltung der Funktionen Akquisition, Entwicklung, Motivation, Placement sowie Dispensation von Humanressourcen kann nur auf Basis von entsprechenden informatorischen Grundlagen über den erforderlichen Handlungsbedarf des Humanressourcen-Managements erfolgen.[287] Hierzu dient die Analyse der Allokation, die somit eine zentrale Funktion des Humanressourcen-Managements bildet. Grundidee der Allokationsanalyse ist es, die Stimmigkeit insbesondere zwischen zwei Größen, dem Leistungsniveau der Humanressourcen-Ausstattung und den organisatorischen Anforderungen, die an die Humanressourcen gestellt werden, zu betrachten und zu beurteilen.

Auf Basis einer solchen Betrachtung lässt sich entweder ein „Fit" oder ein „Misfit" zwischen beiden Größen konstatieren. Die Bestimmung eines Fits ist nicht nur in die Gegenwart, sondern auch in die Zukunft gerichtet. Denn sowohl das Leistungsniveau der Humanressourcen-Ausstattung als auch die Leistungsniveauanforderungen der Organisation unterliegen einem dynamischen Veränderungsprozess.[288] Somit müssen auch die Analyse der Allokation und die Bewertung des Fits einen fortwährenden dynamischen Prozess darstellen, der Veränderungen im Zeitablauf aufgreift.

Die Analyse eines Fits oder Misfits ist dabei jedoch mehr als eine klassische Gap-Analyse, bei der es lediglich darum geht, ob die progonstizierte Welt mit bestimmten Zielmaximen – im Sinne einer gesollten Welt – übereinstimmt.[289] Vielmehr ließen sich Fits (oder Misfits) dadurch charakterisieren, ob es aufgrund der bestehenden und bewährten Theorien möglich (oder nicht möglich) ist, dass ein Zusammenspiel bestimmter humaner Leistungsniveaus im Unternehmen, organisatorischer Anforderungen und Umfeldbedingungen gleichzeitig beobachtet wird und dass dieses Zusammenspiel auch in Zukunft eine präferierte Entwicklung nimmt.

Im Falle eines Misfits ergibt sich Handlungsbedarf, der meist mehr oder wenig deutlich einzelnen Funktionen des Humanressourcen-Managements zugeordnet werden kann. Die Analyse der Allokation schafft folglich die informatorischen Grundlagen für die zu ergreifenden Maßnahmen in den einzelnen Funktionen des Humanressourcen-Managements, um einen Mis-

287 Vgl. allgemein Drumm (2005), S. 85ff.

288 Vgl. im Grundsatz ähnlich Scholz (2000), S.275ff.

289 Vgl. hierzu und zum Folgenden Kirsch (1991), S. 439ff.

fit zwischen der Ist-Allokation und der Soll-Allokation zu beseitigen (siehe Abbildung 5-1):

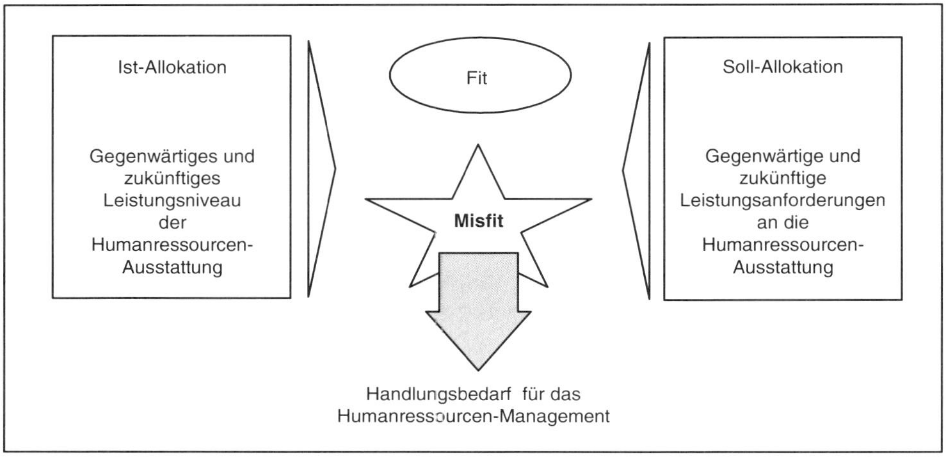

Abbildung 5-1: Abgleich von Ist- und Soll-Allokation zur Bestimmung des Handlungsbedarfs

Der Analyse der Allokation kommt insofern eine große Bedeutung zu, als sie der Schaffung der informatorischen Grundlagen für die Aktivitäten in den einzelnen Funktionen des Humanressourcen-Managements dient (1). Des Weiteren kann auf Basis der in der Allokationsanalyse gewonnenen Informationen der Allokation eine Kontrollfunktion zugesprochen werden, durch die einzelne personalwirtschaftliche Maßnahmen zielgerichteter und effizienter ausgeübt werden können (2).

(1) Informationsfunktion der Allokationsanalyse

Die Allokationsanalyse nimmt eine *Informationsfunktion* innerhalb des Humanressourcen-Managements ein und ist Entscheidungsgrundlage für Handlungen in allen Funktionen des Humanressourcen-Managements:

- Wird in der Allokationsanalyse ein Misfit zwischen Ist- und Soll-Allokation festgestellt, können neue Humanressourcen mit entsprechenden Fähigkeiten sowie Leistungsbereitschaft für das Unternehmen akquiriert werden, um den Misfit abzubauen. Ferner werden Informationen dazu geliefert, ob bereits akquirierte Humanressourcen den Leistungserwartungen gerecht werden.

- Darüber hinaus kann durch Humanressourcen-Entwicklung versucht werden, die bestehende Humanressourcen-Ausstattung zu verbessern und den in der Allokationsanalyse identifizierten Misfit durch Maßnahmen der Personalentwicklung zu schließen. Fähigkeiten, die die Humanressourcen zur Bewältigung ihrer Aufgabenanforderungen benötigen, können gezielt hinsichtlich der identifizierten Schwächen entwickelt werden.

- Auch für die Funktion der Motivation wird durch die Allokationsanalyse der Handlungsbedarf determiniert. Durch die in der Allokationsanalyse gewonnenen Informationen über die Motivstruktur der Humanressourcen können Anreize differenziert gesetzt werden. Darüber hinaus ist es möglich, Informationen über bereits erfolgte Maßnahmen zur Motivationserhöhung zu gewinnen und gegebenenfalls durch entsprechende Anpassungen die Motivation der Humanressourcen-Ausstattung zu sichern.

- Für die Funktion des Humanressourcen-Placements ist die Ermittlung der Leistungspotentiale von großer Bedeutung, um richtige Entscheidungen über Versetzungen und Beförderungen treffen zu können oder bereits erfolgte Placemententscheidungen legitimieren und bewerten zu können.

- Ferner können die Ergebnisse der Allokationsanalyse Auslöser für Dispensationsmaßnahmen sein. Dies ist erstens dann der Fall, wenn die vorhandenen Leistungspotentiale größer als die Leistungsanforderungen sind, so dass ungenutzte Leistungspotentiale existieren. Zweitens ist es ebenso denkbar, dass die identifizierten Leistungsanforderungen größer als die Potentiale eines Mitarbeiters sind. Die Informationen über die Leistungen und Potentiale individueller Humanressourcen können dann herangezogen werden, um auszuwählen, welche Humanressourcen das Unternehmen verlassen müssen.

(2) Kontrollfunktion der Allokationsanalyse

Aus der Informationsfunktion der Allokationsanalyse für die einzelnen Funktionen ging bereits hervor, dass eine Gestaltung der personalwirtschaftlichen Aktivitäten die informatorischen Grundlagen aus der Allokationsanalyse benötigt. Dabei kommt insbesondere der Genauigkeit der Analyse und der Prognose eine große Bedeutung zu, um die einzelnen Funktionen zielgerichtet gestalten zu können. Denn je genauer das Leistungsniveau der Humanressourcen analysiert und das zukünftige Leistungsniveau prognostiziert werden kann, desto zielgerichteter können Maßnahmen in den einzelnen Funktionen ergriffen werden. Grundsätzlich jedoch kann bei der Allokationsanalyse ein Analyse- oder ein Prognosefehler unterlaufen (siehe Abbildung 5-2).

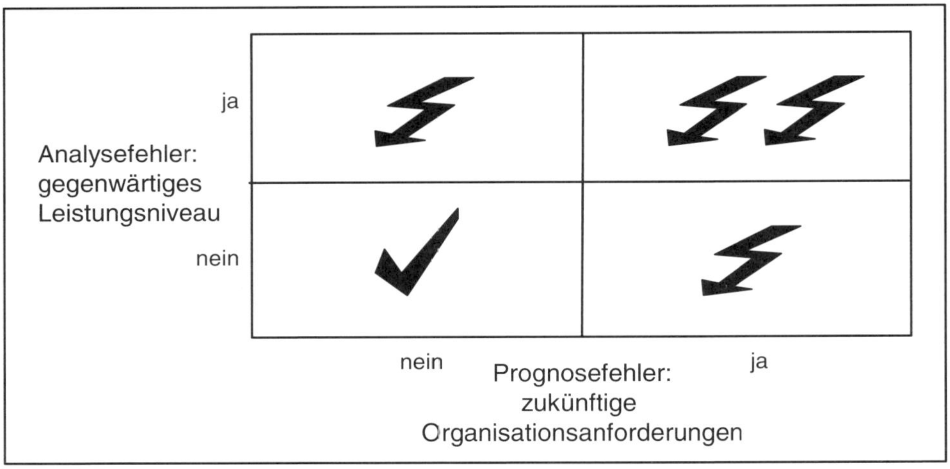

Abbildung 5-2: Gefahren bei Analyse- und Prognosefehlern

Ein *Analysefehler* umfasst in erster Linie eine falsche Bewertung des Leistungsniveaus der Humanressourcen-Ausstattung. Ein *Prognosefehler* dagegen impliziert eine falsche Einschätzung hinsichtlich der Entwicklungen und der möglichen Veränderungen der Organisationsanforderungen. Besonders gravierend wirkt sich ein Analysefehler in Verbindung mit einem Prognosefehler aus, da nicht nur von einer falschen Einschätzung des gegenwärtigen Leistungsniveaus und der zukünftigen Anforderungen ausgegangen wird, und somit eine kontrollierte Aktivität des Humanressourcen-Managements ex-ante ausgeschlossen ist. Dies resultiert dann in einer Orientierungslosigkeit der Maßnahmen, die im Rahmen der einzelnen Funktionen ergriffen werden. Eine derartige Orientierungslosigkeit zieht dabei eine ungerichtete Ressourcenverwendung nach sich, von der zweierlei Gefahren ausgehen können:

- Werden auf Basis falscher Einschätzungen beispielsweise zu geringe Personalentwicklungsmaßnahmen ergriffen, kann dies in einem *zu geringen Leistungsniveau* der Humanressourcen-Ausstattung resultieren. Dadurch kann die Realisierung der Unternehmensstrategie sowie die Unternehmensentwicklung blockiert oder gefährdet werden.

- Wird dagegen ein *zu hohes Leistungsniveau* realisiert, da die zukünftigen Anforderungen überschätzt wurden, werden bestimmte Humanressourcen nicht benötigt, so dass es neben dem ineffizienten Einsatz von Unternehmensressourcen zudem zu einer Degeneration von leistungsbereiten Humanressourcen kommen kann, die ihre Leistungsfähigkeit aufgrund zu niedriger Organisationsanforderungen nicht umsetzen können.

Insgesamt kommt es deshalb bei der Analyse der Allokation auf eine möglichst exakte Beschreibung der Ist-Situation und der Zielvorgaben an, um die genannten Gefahren zu vermeiden. Eine Verkomplizierung erfährt die obige Argumentation, da für einen korrekten Abgleich das gegenwärtige Leistungsniveau der Humanressourcen ebenfalls in die Zukunft projeziert werden müsste. Hierbei würden dann beispielsweise arbeitsimmanente Lernprozesse und ihre Konsequenzen mit bewertet werden. Die Wahrscheinlichkeit eines weiteren Prognosefehlers steigt dadurch an.

Im Folgenden stehen nun die Analyse der Ist-Allokation und der Soll-Allokation im Mittelpunkt der Betrachtung. Erstere umfasst eine Analyse der Unternehmenssituation und bezieht sich auf die Erfassung des gegenwärtigen Leistungsniveaus der Humanressourcen-Ausstattung. Hierzu werden unterschiedliche Verfahren und Parameter zur Beurteilung des individuellen sowie des kollektiven Leistungsniveaus der Humanressourcen vorgestellt (siehe Abschnitt 5.1). Die Ist-Allokation gilt es anschließend der Soll-Allokation gegenüberzustellen. Die Soll-Allokation beruht dabei auf der Bestimmung der quantitativen und der qualitativen Leistungsniveauanforderungen, die sich letztlich aus den organisatorischen Anforderungen ableiten (siehe Abschnitt 5.2).

5.1 Analyse des Leistungsniveaus: Ist-Allokation

Die Analyse des gegenwärtigen und zukünftigen Leistungsniveaus der Humanressourcen-Ausstattung des Unternehmens kann grundsätzlich auf zwei Ebenen erfolgen: Auf der Mikroebene wird das Leistungsniveau *einzelner* Humanressourcen beurteilt (siehe Unterabschnitt 5.1.1). Dies ist eine zentrale und in der Literatur viel beachtete Aufgabe des Humanressourcen-Managements. Dagegen geht es auf der Makro-Ebene um die Erfassung des *aggregierten* Leistungsniveaus der Humanressourcen eines Unternehmens (siehe Unterabschnitt 5.1.2). Nicht mehr die Beurteilung der einzelnen, sondern das kollektive Leistungsniveau aller Humanressourcen des Unternehmens steht hier im Mittelpunkt der Betrachtung. Diese kollektive Leistungsfähigkeit der Humanressourcen-Ausstattung ergibt sich letztendlich nicht nur aus der Addition individueller Fähigkeiten, sondern aus multiplikativen Effekten des Zusammenspiels der Fähigkeiten einzelner Mitarbeiter.[290]

---

290 Vgl. Kaiser (2001), S. 116. Diese gleichsam synergetischen Effekte beruhen entweder auf identischen oder komplementären Leistungskomponenten. Vgl. allgemein auch Ringlstetter (1995), S. 87f.

5.1.1 Analyse auf Mikroebene

Die Analyse des Leistungsniveaus von einzelnen Humanressourcen ist für unterschiedliche Funktionen des Humanressourcen-Managements von Bedeutung. So schafft sie nicht nur die informatorischen Grundlagen für eine leistungsgerechte Entlohnung, sondern dient auch der Vorbereitung von Placemententscheidungen, ebenso wie der Vorbereitung individueller Entwicklungsmaßnahmen, der Unterstützung der Humanressourcen-Motivation und des Controllings des Humanressourcen-Managements.

Grundsätzlich sind an jede Leistungsbeurteilung die theoretischen Anforderungen zu stellen, dass Leistungen einer individuellen Humanressource anrechenbar und messbar sein müssen, um das Gerechtigkeitspostulat der Objektivierbarkeit der Leistungen zu erfüllen.[291] Diese Objektivierbarkeit der Leistungen ist in realiter nicht immer gegeben, was ein grundsätzliches Problem der Leistungsbeurteilung darstellt. Durch ein systematisches Vorgehen kann versucht werden, dieses Problem möglichst gering zu halten und eine hohe Qualität und Verlässlichkeit des Beurteilungsergebnisses sicherzustellen. Diesbezüglich lässt sich die Analyse des Ist-Leistungsniveaus auf Mikroebene in drei Schritten durchführen (siehe Abbildung 5-3).

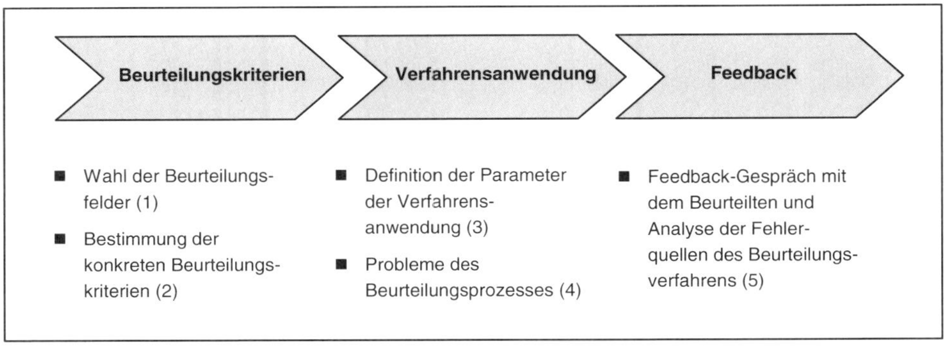

Abbildung 5-3: Übersicht über die Vorgehensweise bei der Analyse des Ist-Leistungsniveaus

In einem ersten Schritt werden zunächst die konkreten Felder festgelegt, innerhalb derer das Leistungsniveau der Humanressourcen beurteilt wird (1), um darauf aufbauend geeignete Beurteilungskriterien bestimmen zu können (2). Anschließend lassen sich mehrere Parameter unterscheiden,

---

291 Vgl. Drumm (2005), S.110.

die das Beurteilungsverfahren kennzeichnen (3). Damit ist beispielsweise angesprochen, welche Personen die Leistungsfähigkeit der Humanressourcen beurteilen oder in welchen Zeitabständen eine Beurteilung erfolgt. In jedem Beurteilungsverfahren können Probleme auftreten, deren Identifikation und Behebung für eine korrekte Beurteilung wesentlich ist (4). Schließlich wird in der Regel gefordert, dass den Humanressourcen am Ende des Beurteilungsverfahrens entsprechendes Feedback über ihre Leistungsbeurteilung gegeben wird. Ein derartiger Feedbackprozess stellt den Abschluss eines Beurteilungsverfahrens dar und dient darüber hinaus allgemein als Lerninput und Legitimationsquelle für das Humanressourcen-Management (5).

(1) Wahl der Beurteilungsfelder

Die Beurteilungsfelder bilden die Grundlage zur Auswahl von konkreten Beurteilungskriterien. Es existieren drei alternative Beurteilungsfelder, aus denen sich eine Kriteriensammlung zur Beurteilung des Leistungsniveaus einzelner Humanressourcen ableiten lässt. Beurteilungsfelder mit Ergebnisbezug (a), mit Verhaltensbezug (b) und Eigenschaftsbezug (c).[292] Wie später deutlich werden wird, erscheint eine Verknüpfung von Kriterien aus allen drei Beurteilungsfeldern sinnvoll.

(a) Beurteilungsfeld mit Ergebnisbezug: Zur Beurteilung des individuellen Leistungsniveaus werden die von einer Humanressource in der Vorperiode erbrachten Leistungen anhand von so genannten *Leistungskriterien* bewertet, um hieraus auf die Leistungsfähigkeit der individuellen Humanressource zu schließen. Leistungskriterien lassen sich weiter in Input- und Outputkriterien klassifizieren:

- *Inputkriterien* sind beispielsweise der individuelle Material- und Zeitverbrauch, den eine Humanressource zum Erstellen einer bestimmten Produktionseinheit benötigt. Ressourcenanforderungskriterien können dabei als spezielle Form von Inputkriterien interpretiert werden. Hierunter lassen sich alle notwendigen Maßnahmen der Personalentwicklung subsumieren, die der Qualifizierung der Humanressource zur Ausübung ihrer konkreten Aufgabe im Unternehmen dienen.

- Als Beispiel für *Outputkriterien* lassen sich Produktions- oder Verkaufszahlen einer bestimmten Produktionseinheit oder aber auch realisierte Kosteneinsparungen anführen. So lässt ein geringes Ausmaß an Inputkriterien (beispielsweise Zeitverbrauch bei der Produktion) bei einer gleichzeitig hohen Ausprägung von Outputkriterien (beispielsweise

---

292 Vgl. Lueger (1992), S. 31ff.

Produktionszahlen) in der Regel auf eine hohe Leistungsfähigkeit der individuellen Humanressource schließen.

Die Vorteile einer Beurteilung nach Leistungskriterien mit starkem Ergebnisbezug liegen darin, dass sich die von einem einzelnen Mitarbeiter erbrachte Leistung direkt bewerten lässt. Ferner können die einzelnen Ziele des Unternehmens in der Leistungsbeurteilung berücksichtigt werden. Besteht beispielsweise das Unternehmensziel der Produktivitätssteigerung, so kann über einen Abgleich der Leistungskriterien aus der gegenwärtigen Periode mit denen aus der vorhergehenden überprüft werden, ob eine Produktivitätssteigerung tatsächlich erreicht werden konnte.

Allerdings ist eine Beurteilung nach Ergebnisbezug nicht nur mit Vorteilen, sondern auch mit einigen verfahrensspezifischen Nachteilen verbunden.

- Diese können insbesondere bei der Messung schlecht operationalisierbarer Ziele, wie etwa Kundenfreundlichkeit, auftreten.
- Situative Variablen, beispielsweise Konkurrenzaktivitäten, die das Zustandekommen eines bestimmten Leistungsergebnisses nachhaltig beeinflussen können, werden in der Beurteilung vernachlässigt.[293]
- Zudem ist eine individuelle Erfolgszurechnung auf eine einzelne Humanressource oftmals problematisch, wenn bei der Leistungserstellung mehrere Mitarbeiter beteiligt waren, deren individueller Beitrag zur Gesamtleistung nur schwer zu identifizieren ist.
- Des Weiteren lässt die Beurteilung nach Ergebnisbezug keine verlässliche Prognose über zukünftige Ergebnisbeiträge der Humanressource zu, da Leistungskriterien aus der Vorperiode nicht zwangsläufig Schlüsse auf Leistungen in Folgeperioden – etwa bei sich verändernden Aufgabenanforderungen – zulassen. Folglich ist die Zukunftsorientierung dieser Beurteilungsmethode als relativ gering einzustufen.[294]

(b) Beurteilungsfeld mit Verhaltensbezug: Im Gegensatz zum ergebnisbezogenen Beurteilungsfeld steht nicht mehr die Leistung der Humanressource, sondern ihr Verhalten gegenüber anderen Organisationsmitgliedern, beispielsweise Kollegen oder Vorgesetzten, oder auch gegenüber organisationsexternen Personen, wie Kunden oder Zulieferern, im Mittelpunkt der Betrachtung. Zu diesem Zweck werden so genannte *Verträglichkeitskriterien* wie die Teamfähigkeit, allgemeine Umgangsformen, Pünktlichkeit, Sicherheit im Auftreten oder auch die Einstellung der individuellen Human-

---

293 Vgl. Lueger (1992).

294 Zu ausführlicheren Erläuterungen zu Leistungskriterien, vgl. Lueger (1992), S. 34ff.

ressource zur Arbeit als Beurteilungskriterien herangezogen. Dahinter steht die Annahme, dass das Erreichen bestimmter Leistungsergebnisse in nicht unwesentlichem Ausmaß von einem normenkonformen Verhalten der Humanressource abhängt. Normenkonformes Verhalten leitet sich dabei aus der jeweiligen Arbeitssituation und deren speziellen Anforderungen an die Humanressource ab. Ist beispielsweise die Aufgabenbewältigung nur in Zusammenarbeit mehrerer Teammitglieder möglich, kommt kooperativ-sozialen Verhaltensweisen als Voraussetzung für eine hohe Leistungsfähigkeit im Team besondere Bedeutung zu.[295] Eine verhaltensbezogene Leistungbeurteilung ist mit spezifischen Vor- und Nachteilen verbunden:

- Die Vorteile einer Leistungsbeurteilung nach Verhaltensbezug liegen insbesondere in der Berücksichtigung der Sozialität einer Organisation. Dies hebt die Bedeutung von aufeinander abgestimmten Arbeitsleistungen und den dafür notwendigen Verhaltensweisen der einzelnen Humanressourcen für eine effiziente Zusammenarbeit innerhalb des sozialen Organisationsgefüges hervor.

- Ein wesentlicher Nachteil des Beurteilungsfeldes wird dagegen durch Probleme beim Beobachten des tatsächlichen Verhaltens einer Humanressource hervorgerufen. Dies trifft insbesondere dann zu, wenn das Verhalten einer Humanressource von einer hohen Diskontinuität geprägt ist und sie sich gerade im Beobachtungszeitraum besonders „gut“ oder „schlecht“ verhält. So kann sich ein verzerrtes Bild von ihrem tatsächlichen Verhalten ergeben. Ein derartiges verzerrtes Bild wiederum kann zu einer fehlerhaften Einschätzung des Leistungsniveaus der Humanressource führen.

- Ein weiterer Nachteil des Beurteilungsfeldes ist in dem mangelnden konkreten Bezug des Verhaltens zu den tatsächlichen Unternehmenszielen zu sehen. So ist es beispielsweise fraglich, ob höfliche Umgangsformen innerhalb des Kollegenkreises als Verträglichkeitskriterium tatsächlich zum Unternehmensziel „Marktanteilssteigerung“ beitragen können.

- Ebenso ist – wie auch bei einer Beurteilung anhand von Leistungskriterien – eine verlässliche Prognose über das zukünftige Leistungsverhalten der Humanressource nur bedingt möglich, da Verhaltensweisen sich im Zeitablauf relativ schnell verändern können. Folglich ist die Zukunftsorientierung dieses Beurteilungsfelds als durchschnittlich einzustufen.

---

295 Vgl. Jochum (1987), S. 58.

(c) Beurteilungsfeld mit Eigenschaftsbezug: Hier richtet sich die Beurteilung des Leistungsniveaus nach den leistungsrelevante Eigenschaften und Elemente der individuellen Persönlichkeit. Dahinter steht die Annahme, dass spezifische Eigenschaften einer Person mit hoher Wahrscheinlichkeite in bestimmten Leistungsverhalten resultieren werden. Konkret werden Persönlichkeitskriterien wie die intellektuelle und fachliche, die leistungsorientierte sowie die soziale Kompetenz zur Beurteilung der Leistungsfähigkeit herangezogen.[296]

- Die *intellektuellen und fachlichen Kompetenzen* lassen sich anhand der Kategorien Wissen, Intelligenz, Problemlösungskompetenz, Entscheidungsfreude und Lernfähigkeit näher konkretisieren.
- *Soziale Kompetenz* kommt insbesondere in den Kategorien Kommunikationsfähigkeit, Teamfähigkeit, Verhandlungsstärke und Konfliktlösungsfähigkeit zum Ausdruck.
- Die *leistungsorientierte Kompetenz* dagegen kann in den Kategorien Führungs- und Leistungsmotivation, Werthaltungen sowie Handlungs- und Lageorientierung näher spezifiziert werden.

Ein großer Vorteil einer eigenschaftsbezogenen Beurteilung liegt in der Möglichkeit, Vergleiche zwischen Personen auf unterschiedlichen Arbeitsplätzen anstellen zu können. Auch lassen sich Prognosen über zukünftige Leistungen der Humanressource auch bei veränderten Anforderungen ableiten, was in den anderen beiden Beurteilungsfeldern nur bedingt möglich ist.[297] Eine Prognose über zukünftige Leistungen lässt sich insofern treffen, da die Persönlichkeitskriterien einer Humanressource einer gewissen Konstanz unterliegen. Beispielsweise ist nicht von großen Intelligenzschwankungen einer Humanressource im Zeitablauf auszugehen, auch wenn sich die einzelnen Aufgabenanforderungen an die Humanressource verändern. Zudem orientiert sich die eigenschaftsbezogene Beurteilung an noch ungenutzten Leistungspotentialen der Humanressourcen und lässt Schlüsse auf das noch entwicklungsfähige Leistungsniveau der Humanressource zu. Auch dies trägt zur Zukunftsorientierung dieses Verfahrens bei.[298]

---

296 Bei diesen Persönlichkeitskriterien handelt es sich nach Rosenstiel (1987) um "theoretische Konstrukte", die von einem Beurteiler in einem Deutungsakt erst erschlossen werden müssen, da sie sich einer direkten Beobachtbarkeit entziehen. Vgl. Rosenstiel (1987) S.138, Lattmann (1975a), S. 57, sowie Lueger (1992), S. 31.

297 Vgl. Schuler (1989), S. 406.

298 Grundsätzlich lässt sich zwischen eingesetzten und latenten Leistungspotentialen differenzieren, die in der Summe das individuelle Leistungspotential einer Humanressource ausmachen. Das eingesetzte Leistungspotential bezieht sich dabei auf

Allerdings weist das eigenschaftsbezogene Beurteilungsverfahren neben den genannten Vorteilen auch spezifische Nachteile auf.

- So führt die hohe Urteilssubjektivität, die mit der Beobachtung von Eigenschaften einhergeht, oftmals zu Problemen. Während Leistungskriterien an festen Größen gemessen und auch Verträglichkeitskriterien anhand von skalierten Messverfahren weitgehend objektiviert werden können, ist dies bei Persönlichkeitskriterien nur bedingt möglich.[299] So kann es aufgrund einer nicht vermeidbaren Urteilssubjektivität dazu kommen, dass unterschiedliche Beurteiler zu unterschiedlichen Einschätzungen hinsichtlich bestimmter Persönlichkeitskriterien, beispielsweise der Sozialkompetenz, kommen.

- Ferner können auch Probleme bei der Verknüpfung zwischen den Eigenschaften und den tatsächlich erbrachten Leistungen einer Humanressource auftreten. Denn es kann lediglich indirekt von der Persönlichkeit auf die Leistungsfähigkeit einer Humanressource geschlossen werden. So kann beispielsweise eine bestimmte Humanressource zwar ein hohes Maß an Wissen, Intelligenz und Problemlösungskompetenz aufweisen. Wenn ihr jedoch die Motivation zur Bewältigung einer bestimmten Aufgabe fehlt, dann macht sie unter Umständen von ihren Persönlichkeitseigenschaften nicht Gebrauch, so dass die hohe Ausprägung der genannten Persönlichkeitskriterien nicht in einer entsprechend hohen Leistung resultiert.[300]

(2) Bestimmung von konkreten Beurteilungskriterien

Als Beurteilungskriterien lassen sich Maßstäbe bezeichnen, anhand derer die Leistungen der Humanressourcen bewertet werden.[301] Hinsichtlich der Bestimmung der einzelnen Beurteilungskriterien ist zunächst zu beachten, dass ein enger Zusammenhang zwischen Zukunftsorientierung und der Komplexität der Beurteilung besteht (a). Von diesem Zusammenhang ausgehend lässt sich die Entscheidung treffen, aus welchem Beurteilungsfeld

---

Fähigkeiten, die der Mitarbeiter auf seiner gegenwärtigen Stelle bereits verwendet. Das latente Leistungspotential dagegen umfasst das noch nicht gegenwärtig eingesetzte Potential der Humanressource. Vgl. hierzu auch Scholz (2000), S. 331f.

299 Ein Beispiel für ein derartiges objektiviertes Messverfahren stellen so genannte verhaltensorientierte Beurteilungsskalen dar. In diesen werden empirisch-systematisch gewonnene, stellentypbezogene Verhaltensbeschreibungen zur Konkretisierung des zu beurteilenden Leistungsverhaltens herangezogen und in Einstufungsverfahren angewendet. Vgl. Lueger (1992), S. 43.

300 Zu ausführlichen Erläuterungen zu den drei Beurteilungsfeldern vgl. Lueger (1992), S. 31ff.

301 Vgl. stellvertretend Lattmann (1975a), S.55 und Lueger (1992), S. 31.

die Kriterien entstammen sollen. Daran anschließend lassen sich in einem nächsten Schritt die Kriterien spezifizieren, die in einem nutzbaren Katalog von Beurteilungskriterien tatsächlich aufgenommen werden (b).

(a) Zusammenhang zwischen Zukunftsorientierung und Komplexität der Beurteilung: Das Heranziehen der drei besprochenen Beurteilungsfelder zur Analyse des Leistungsniveaus ist jeweils mit spezifischen Vor- und Nachteilen verbunden, die es gegeneinander abzuwägen gilt. Um die Vorteile eines jeweiligen Beurteilungsfelds zu nutzen und Nachteile ausgleichen zu können, erscheint es daher sinnvoll, Kriterien aus den drei Beurteilungsfeldern miteinander zu verknüpfen. Die Auswahl der einzelnen Beurteilungskriterien ist dabei in Abhängigkeit der jeweiligen Erfordernisse des Unternehmens an die Leistungsfähigkeit seiner Mitarbeiter individuell zu treffen. So mag für ein Dienstleistungsunternehmen mit intensivem Kundenkontakt ein Kriterienkatalog vornehmlich mit starkem Verhaltens- und Eigenschaftsbezug zusammengestellt werden, während für ein produzierendes Industrieunternehmen eher Kriterien mit der Betonung auf einen Ergebnisbezug zur Leistungsbeurteilung der Mitarbeiter sinnvoller erscheinen mag.

Darüber hinaus ist insbesondere zu bedenken, dass mit steigender Zukunftsorientierung der Kriterien auch die Komplexität des Beurteilungsverfahrens wächst. Mit anderen Worten, ein steigendes Maß an Zukunftsorientierung eines Beurteilungsverfahrens korreliert positiv mit dessen Komplexität (siehe Abbildung 5-4).

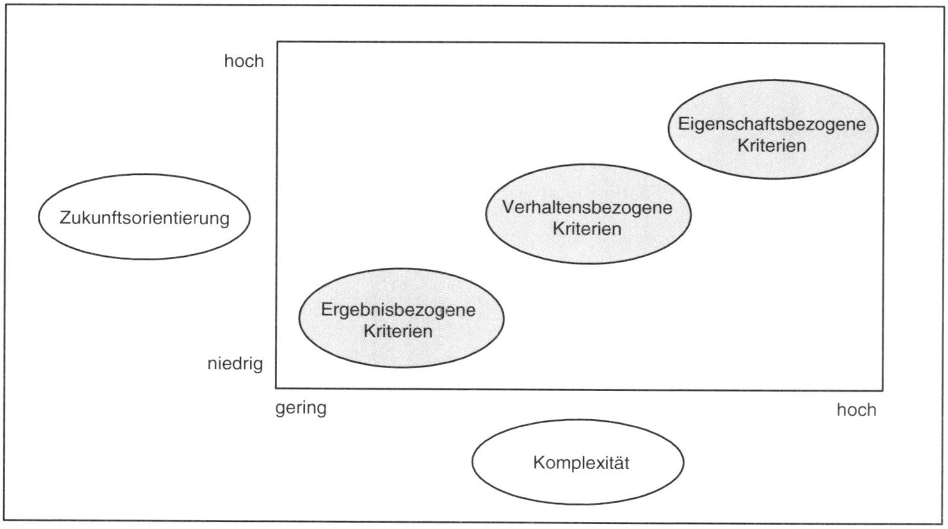

Abbildung 5-4: Zukunftsorientierung und Komplexität/Abstraktionsniveau der Beurteilungsfelder

- *Ergebnisbezogene Kriterien* beziehen sich auf Leistungen der Vorperiode und besitzen somit nur eine geringe Zukunftsorientierung. Allerdings ist auch die Komplexität der Beurteilung anhand ergebnisbezogener Kriterien verhältnismäßig gering. Werden als Leistungskriterium beispielsweise die Verkaufszahlen eines Außendienstmitarbeiters herangezogen, so sind die Datenerhebung und die individuelle Erfolgszurechnung recht unproblematisch und mit verhältnismäßig geringem Aufwand verbunden.

- *Verhaltensbezogene Kriterien* dagegen lassen eine stärkere Zukunftsorientierung bei der Leistungsbeurteilung zu, da sie in der Regel zeitlich relativ stabil sind. Jedoch ist mit einer Zunahme der Komplexität im Beurteilungsverfahren zu rechnen.[302] So müssen beispielsweise zur Beurteilung des Verträglichkeitskriteriums „Teamfähigkeit" aufwendige Beobachtungsverfahren wie Gruppendiskussionen oder die Befragung mehrerer Kollegen durchgeführt werden, um zu einer realitätsnahen Einschätzung der Teamfähigkeit einer einzelnen Humanressource kommen zu können.

- *Eigenschaftsbezogene Kriterien* lassen am ehesten Schlüsse auf das zukünftige Leistungsniveau einer Humanressource zu, wobei auch die Komplexität der Beurteilung höher als bei der ergebnis- und verhaltensbezogenen Beurteilung ist. Die hohe Komplexität eines eigenschaftsbezogenen Beurteilungsverfahrens ist zum großen Teil auf die notwendigen Bemühungen zurückzuführen, die hohe Urteilssubjektivität möglichst gering zu halten. So müssen beispielsweise zur Messung und Bewertung des Persönlichkeitskriteriums Intelligenz aufwendige, weitgehend standardisierte Tests konzipiert werden.

Es lässt sich also festhalten, dass eine steigende Zukunftsorientierung der Beurteilungskriterien mit einer steigenden Komplexität des Verfahrens einhergeht. Gleichzeitig korreliert die Komplexität mit dem Abstraktionsniveau des jeweiligen Beurteilungsfeldes. So ist bei ergebnisbezogenen Kriterien das Abstraktionsniveau relativ gering, da die Leistungskriterien meist an festen Größen gemessen werden können. Dagegen ist das Abstraktionsniveau bei eigenschaftsbezogenen Kriterien vergleichsweise hoch, da von der Messung der Persönlichkeitskriterien zum Teil sehr stark abstrahiert werden muss, um auf die Leistungsfähigkeit der Humanressourcen schließen zu können. Dabei ist ein gewisses Maß an Komplexität des Beurteilungsverfahrens in Kauf zu nehmen, da die Ausrichtung auf die zukünftige

302 Vgl. Lueger (1992), S. 33.

Leistungsfähigkeit bei der Beurteilung individueller Humanressourcen unerlässlich ist.

(b) Aufstellung eines Kriterienkatalogs: Nachdem die Beurteilungsfelder festgelegt worden sind, aus denen die Beurteilungskriterien abgeleitet werden sollen, lässt sich ein verwendbarer Kriterienkatalog aufstellen. Wichtig dabei ist, dass die Auswahl der Beurteilungskriterien für den Kriterienkatalog eng auf die jeweiligen Beurteilungsziele sowie den Beurteilten- und Beurteilerkreis abgestimmt wird. Hierbei stellen sich drei zentrale formale Anforderungen an die Beurteilungskriterien:

- Beurteilungskriterien sollten erstens erheblich, d.h. für die Leistung wesentlich, sowie insgesamt vollständig, d.h. den gesamten Leistungsbereich abdeckend sein.
- Zweitens sollten sie voneinander unabhängig und damit für den Beurteiler und Beurteilten unterscheidbar sein.
- Drittens sollten sie allgemeingültig anwendbar, d.h. auf alle zu beurteilenden Humanressourcen gleichermaßen anwendbar, in der Leistung erkennbar und im Ausprägungsmaß bestimmbar, sowie für Beurteilenden und Beurteilten verstehbar und eindeutig sein.[303]

Diese grundsätzlichen, formalen Anforderungen an Beurteilungskriterien sind zu berücksichtigen, um einerseits die Qualität und andererseits auch die Akzeptanz des Beurteilungsverfahrens durch die beurteilten Humanressourcen zu gewährleisten. Der Prozess der Bestimmung eines Katalogs mit derartigen Kriterien ist dabei mehrstufig (siehe Abbildung 5-5):

303 Vgl. Maier (1988), S.100, sowie Lattmann (1975a), S. 56f.

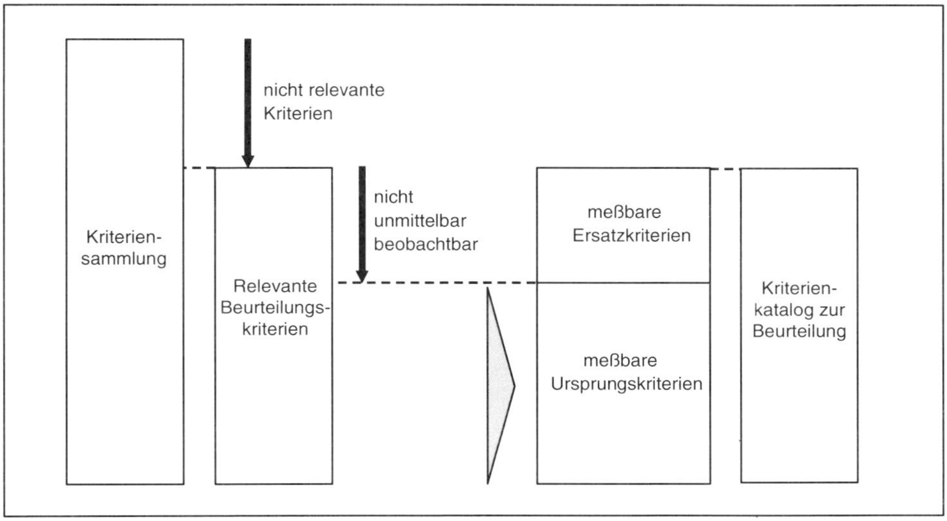

Abbildung 5-5: Übersicht über die Vorgehensweise bei der Auswahl der Beurteilungskriterien

Zunächst sind aus der gesamten Anzahl möglicher Beurteilungskriterien die für die Beurteilung relevanten Kriterien aus den einzelnen Beurteilungsfeldern zu selektieren und nicht relevante Kriterien herauszufiltern.[304] Um eine Selektion der relevanten Kriterien vornehmen zu können, kann dabei auf die so genannte Methode der kritischen Ereignisse zurückgegriffen werden.[305] Hierfür stellt eine größere Anzahl von Beurteilern möglichst genau etwa jene Verhaltensweisen der Humanressourcen dar, die zu Erfolg bzw. Misserfolg bei der Erfüllung der Aufgabenanforderungen geführt haben.[306] Aus diesen Aussagen lassen sich die erfolgsrelevanten Beurteilungskriterien identifizieren. Die auf diese Weise selektierten relevanten Beurteilungskriterien unterscheiden sich des Weiteren in unmittelbar beobachtbare und nicht unmittelbar beobachtbare Kriterien, mit denen unterschiedlich verfahren werden muss. Denn für letztere müssen adäquate Ersatzkriterien gefunden werden. Mit den messbaren Ursprungskriterien bilden diese dann den Kriterienkatalog zur Beurteilung der Leistung.

304 Hierbei gilt es grundsätzlich Fragen zur Plausibilität, sachlichen Notwendigkeit, ökonomischer Zweckmäßigkeit, Validität, Reliabilität und rechtliche Restriktionen zu beachten. Durch diese Faktoren wird die Auswahl der Beurteilungskriterien restringiert.

305 Vgl. hierzu stellvertretend Schuler (1972), S.123ff.

306 Vgl. Liebel/Oechsler (1992).

(3) Gestaltung des Beurteilungsverfahrens

Neben der Ableitung und Auswahl von Beurteilungskriterien sind auch die Parameter des Beurteilungsverfahrens von Relevanz. Dabei lassen sich die drei wesentlichen Parameter der Verfahrensanwendung, Rhythmus (a), Beurteiler (b) und Formalisierungsgrad (c) des Beurteilungsprozesses unterscheiden.

(a) Rhythmus des Beurteilungsverfahrens: Der Rhythmus eines Beurteilungsverfahrens bestimmt, in welchen Zeitabständen Leistungsbeurteilungen durchgeführt werden. Dabei kann eine Beurteilung entweder anlassorientiert, periodisch oder zufällig erfolgen. Grundsätzlich besteht die Forderung, dass eine Beurteilung der Humanressourcen umso häufiger erfolgen sollte, je schneller sich die Aufgabenstrukturen und die daraus resultierenden Aufgabenanforderungen verändern.

- Ein Beispiel für einen *anlassorientierten* Rhythmus stellt die Beurteilung des Leistungsniveaus einer Humanressource vor jeder bevorstehenden Beförderung oder Gehaltserhöhung dar.

- Bei einem *periodischen* Rhythmus dagegen findet die Beurteilung einer Humanressource in fest vorgegebenen Zeitspannen, beispielsweise einmal jährlich, statt. Dies geschieht ungeachtet dessen, ob es nach Ablauf der festen Zeitspanne einen konkreten Anlass zur Leistungsbeurteilung gibt.

- Bei einem *zufälligen* Beurteilungsrhythmus sind weder konkrete Anlässe oder Zeitspannen festgelegt. Diese werden vielmehr von Fall zu Fall individuell oder durch Zufall bestimmt.

Hinsichtlich eines anlassorientierten oder eines periodischen Beurteilungsrhythmus stehen sich in der Literatur zwei unterschiedliche Meinungen gegenüber: Es gibt Autoren, die eine periodische Beurteilung der Humanressourcen befürworten, da sie davon ausgehen, dass eine anlassorientierte Beurteilung die Gefahr mangelnder Objektivität in sich birgt. So kann allein der Anlass einer bevorstehenden Beförderung bestimmte Betrachtungsweisen und Beurteilungstendenzen auslösen. Andere Autoren dagegen betonen, dass die Beurteilung der Humanressourcen nicht in regelmäßigen Abständen nach einem Automatismus durchgeführt werden sollte, sondern erst, wenn sich hierfür ein besonderer Anlass ergibt.[307]

(b) Auswahl des Beurteilers: Die richtige Auswahl des Beurteilers stellt einen weiteren wichtigen Parameter des Beurteilungsprozesses dar und ist

[307] Vgl. hierzu Curth/Lang (1990), S. 37.

für die Güte eines Beurteilungsverfahrens und seiner Ergebnisse von ausschlaggebender Bedeutung. Wichtig ist, dass der Beurteiler die zu beurteilende Humanressource, den Sachverhalt sowie die Arbeitsaufgabe und die -ergebnisse aus eigenen Anschauungen kennt und die notwendige Objektivität für eine sachgerechte Beurteilung besitzt.[308] Dabei kann sowohl ein *Vorgesetzter*, ein *Gleichgestellter* oder ein *Mitarbeiter* die Rolle des Beurteilers übernehmen.[309] Die Leistungsbeurteilung durch Vorgesetzte, Gleichgestellte und Mitarbeiter unterscheidet sich dabei in ihrer spezifischen Funktion und ist jeweils mit bestimmten Problemfeldern verbunden.

Vorgesetzte beurteilen ihre Mitarbeiter mit dem Ziel der Verhaltenssteuerung, zur Lohn- und Gehaltsfindung und der Artikulation von Anforderungen und Leistungszielen. Zudem kann die Leistungsbeurteilung als Entscheidungshilfe bei Beförderungsentscheidungen dienen oder getroffene Entscheidungen, beispielsweise eine vorgenommene Gehaltserhöhung, legitimieren. Allerdings wird die Beurteilung durch den Vorgesetzten oftmals durch Akzeptanzdefizite restringiert.

Aufgrund des unmittelbaren Arbeitszusammenhangs erscheint es gerechtfertigt anzunehmen, dass auch *Gleichgestellte* durch gegenseitige Beobachtungsmöglichkeiten für eine Einschätzung der Leistungsfähigkeit in Frage kommen. Dies erscheint insbesondere dann sinnvoll, wenn die Humanressourcen über Informationen hinsichtlich des Leistungsverhaltens der Kollegen verfügen, die dem Vorgesetzten unter Umständen nicht zur Verfügung stehen.[310] Eine derartige Gleichgestelltenbeurteilung wird oftmals auch „Kollegenbeurteilung“ oder „Peer-Rating“ genannt. Dabei erfüllt eine Gleichgestelltenbeurteilung eine andere Funktion als die bereits erläuterte Beurteilung durch den Vorgesetzten. Zum einen soll durch eine Beurteilung durch Gleichgestellte die Kommunikation und die Kooperation untereinander verbessert werden. Zum anderen wird so die Möglichkeit geschaffen, Feedback über eigene Verhaltensweisen im Team- bzw. im Kollegenkreis auszutauschen.[311] Da oftmals Konkurrenzdenken unter Gleichgestellten vorherrscht, besteht die Gefahr der Vergabe zu knapper „Belohnungen“, die eine realitätsgetreue Beurteilung verhindert. Ein weiteres Problemfeld der Beurteilung durch Gleichgestellte ist in der möglicherweise übermäßigen Intensivierung sozialer Kontrolle zu sehen, die von Humanressourcen als zu hoch empfunden werden kann, so dass Akzeptanzprob-

308 Vgl. Curth/Lang (1990), S. 23.

309 Vgl. Duncan (1981), S. 363f., Staehle (1999), S. 809.

310 Vgl. Seelbach/Pullig (1992), S. 212ff.

311 Vgl. ausführlicher zur Gleichgestelltenbeurteilung Jochum (1987).

leme und Widerstände gegen ein derartiges Beurteilungsverfahren auftreten können.

Zumindest für Führungskräfte kann eine Leistungsbeurteilung auch durch die *Mitarbeiter* erfolgen. Eine Beurteilung durch die Mitarbeiter zielt dabei auf ein bottom-up Feedback hinsichtlich des Führungsverhaltens des Vorgesetzten ab und wird daher auch als Führungsfeedback, Vorgesetzten- oder auch als Aufwärtsbeurteilung bezeichnet. Die Ziele einer derartigen Beurteilung liegen in der Verbesserung des Führungsverhaltens und der Zusammenarbeit zwischen Mitarbeitern und Vorgesetzten, wobei hierdurch im Wesentlichen drei Funktionen erfüllt werden sollen:

- Im Sinne einer *Diagnosefunktion* sollen die Stärken und Schwächen des Führungsverhaltens sowie die Erwartungen an das Führungsverhalten sowie das Führungsverständnis aus Sicht der Mitarbeiter ermittelt werden.

- Des Weiteren wird eine *Interventionsfunktion* verfolgt, wodurch über einen offenen Dialog zwischen Mitarbeitern und Führungskraft Verbesserungsprozesse zum Führungsverhalten eingeleitet werden sollen. Da hierdurch auch eine Bereitschaft zur Verhaltensveränderung beim Vorgesetzten hervorgerufen werden soll, wird damit gleichzeitig eine Verhaltensentwicklungsfunktion erfüllt.

- Letztendlich soll über eine *Kontrollfunktion* festgestellt werden, ob sich im Vergleich zur Beurteilung in der Vorperiode Veränderungen im Vorgesetztenverhalten ergeben haben.

Grundsätzlich dient eine Führungskraftbeurteilung der Partizipation aller Mitarbeiter bei der Gestaltung von Führungsbeziehungen. Die Beurteilung eines Vorgesetzten durch seine Mitarbeiter bedarf allerdings dessen Akzeptanz und setzt die Integration dieser Beurteilungsform in ein partizipatives Führungskonzept voraus. Aufgrund des hohen sozialen Konfliktpotentials ist der Umgang mit der Anonymität der beurteilenden Mitarbeiter zu klären. Gegebenenfalls sind Coaches zur Betreuung des Beurteilungsablaufes einzusetzen.

Die Beurteilung der Humanressourcen muss nicht immer durch Mitglieder aus derselben Organisationseinheit erfolgen. Vielmehr können hierfür auch Beurteiler aus anderen Teileinheiten herangezogen werden. Beispielsweise können unternehmensinterne und -externe Kunden oder Teammitglieder aus anderen Organisationseinheiten, die in engen Arbeitsbeziehungen zu den beurteilten Humanressourcen stehen, am Beurteilungsprozess beteiligt werden.[312] Beurteiler aus anderen Teileinheiten nehmen die beurteilte Humanressource aus einer anderen Perspektive wahr und verfügen oftmals über wichtige Informationen, die in die Leistungsbeurteilung einer Humanressource einfließen können. Als Beispiel sind Klienten anzuführen, die das Verträglichkeitskriterium „Freundlichkeit" eines Mitarbeiters beurteilen.

(c) Formalisierungsgrad: Neben dem Rhythmus des Verfahrens und der Person des Beurteilers stellt der Formalisierungsgrad einen weiteren bedeutenden Parameter für das Beurteilungsverfahren dar. Man unterscheidet hierbei zwischen freien, vergleichenden und skalierten Beurteilungsverfahren.

Beim *freien Beurteilungsverfahren* findet eine weitgehend unstandardisierte Beurteilung statt, d.h. die Auswahl der einzelnen Beurteilungskriterien und die Festlegung ihrer Ausprägungen ist dem Beurteiler überlassen. Der Nutzen eines derartigen freien Verfahrens liegt in der nahezu uneingeschränkten Differenzierungsfähigkeit der Beurteilung.[313] So können in Abhängigkeit der jeweiligen Beurteilungssituation und der zu beurteilenden Humanressource die entsprechenden Kriterien ausgewählt werden. Dadurch kann es gelingen, Informationsverluste zu vermeiden und auch „unscharfe" Eindrücke zu erfassen, die von einem standardisierten Verfahren möglicherweise nicht abgedeckt werden können. Zudem kann ein freies Beurteilungsverfahren als Grundlage für die Erstellung von individuellen Arbeitszeugnissen dienen. Die Probleme des freien Beurteilungsverfahrens resultieren aus der weitgehend unstandardisierten Form der Beurteilung, die eine hohe Subjektivität der Beurteilung nach sich zieht und interpersonelle Vergleiche nur bedingt zulässt. Zudem muss eine hohe Beurteilungskompetenz der Beurteiler hinsichtlich Sprache und Ausdruck gewährleistet sein, um die Qualität des freien Beurteilungsverfahrens sicherzustellen.[314] Dies wiederum setzt eine intensive Schulung der Beurteiler voraus.

Neben dem freien existiert auch ein *vergleichendes Beurteilungsverfahren*. Es handelt sich hierbei um ein standardisiertes Rangordnungsverfahren, bei dem der Beurteiler gezwungen ist, Mitarbeiter in Hinblick auf festgelegte Beurteilungskriterien in eine Rangfolge zu bringen. Der Nutzen dieses vergleichenden Verfahrens ist in der Beurteilung der relativen Stellung eines Beurteilten zu anderen Humanressourcen des Unternehmens zu sehen. Der Beurteiler ist gezwungen, eindeutige Entscheidungen hinsichtlich der Einordnung der Leistung einer bestimmten Humanressource im Vergleich zu anderen zu treffen. Die Nachteile eines vergleichenden Beurteilungsver-

312 Vgl. Latham/Wexley (1981).
313 Vgl. Curth/Lang (1990), S. 26.
314 Vgl. Schuler (1989), S. 411.

fahrens liegen in dessen restriktiven Anwendungsbereich. Denn ein derartiges Verfahren ist nur dann sinnvoll, wenn die beurteilten Humanressourcen auf nahezu vergleichbaren Arbeitsplätzen arbeiten, da sonst eine vergleichende Einordnung der Leistung der beurteilten Humanressourcen nicht möglich ist. Zudem birgt dieses Verfahren ein hohes Konfliktrisiko innerhalb eines Teams in sich, da die Leistung der einzelnen Teammitglieder miteinander verglichen und klare Abstufungen in der Leistungsbewertung vorgenommen werden. Bei Humanressourcen innerhalb eines Teams, die trotz identischen Leistungsniveaus in eine Rangfolge mit entsprechenden Abstufungen gebracht werden, können Demotivationseffekte und Akzeptanzprobleme auftreten.

Beim so genannten *skalierten Beurteilungsverfahren* handelt es sich um ein standardisiertes Verfahren, in dem die Leistung einer individuellen Humanressource anhand von definierten Kategorien in unterschiedlichen Ausprägungen eingestuft und somit skaliert wird. Ein derartiges Verfahren bietet die Möglichkeit der beurteilerübergreifenden Bewertung. Generalisierte Merkmale können somit erfasst und vom Beurteiler entsprechend eingestuft werden. Allerdings ist ein derartiges skaliertes Beurteilungsverfahren sehr anfällig für individuelle Urteilstendenzen der Beurteiler, da diese eine Skalierung der Kriterien in bestimmte Ausprägungen vornehmen müssen. Zudem sind einzelne Beurteilungskriterien oftmals nicht trennscharf. Beispielsweise hängen Kommunikations- und Teamfähigkeit eng miteinander zusammen und können nicht isoliert voneinander betrachtet und beurteilt werden.

(4) Probleme im Beurteilungsprozess

Es existiert eine Vielzahl möglicher Problemfelder, die im Beurteilungsprozess auftreten können und ein objektives Beurteilungsergebnis verfälschen können. Im Folgenden werden sieben zentrale Problemfelder im Beurteilungsprozess exemplarisch herausgegriffen und näher erläutert:[315]

- Zum einen können *politische Interessen* des Beurteilers zu einer bewussten Verfälschung des Beurteilungsergebnisses führen, wenn der Beurteiler ein politisches Interesse am Weggang oder am Verbleib einer bestimmten Humanressource hat. So kann beispielsweise eine Humanressource bewusst „weggelobt" werden, indem der Beurteiler eine Überbewertung der Leistung vornimmt, die aber nicht dem tatsächlichen Beurteilungsergebnis entspricht.[316]

---

315 Vgl. Liebel/Oechsler (1992).

316 Vgl. hierzu Curth/Lang (1990), S. 40 sowie Liebel/Oechsler (1992).

- *Verhaltensunterschiede* der beurteilten Humanressourcen in bestimmten Beurteilungssituationen stellen ein weiteres Problemfeld der Beurteilung dar. So können zwei Beurteiler zu einem unterschiedlichen Ergebnis über die gleiche Humanressource kommen, wenn sich diese unterschiedlich in der jeweiligen Beurteilungssituation verhält.

- Die *Urteilsübernahme* eines Beurteilers von einem beurteilenden Kollegen kann ebenso zu einer Verfälschung der Beurteilungsergebnisse führen. In diesem Fall bildet sich der Beurteiler kein eigenes Urteil, sondern passt sich entweder bewusst oder unbewusst dem Beurteilungsergebnis eines anderen Beurteilers an. Wünsche, Befürchtungen, Vorurteile und Vorwissen über die Humanressource fließen dann in die Beurteilung ein. Die bewusste Urteilsanpassung geschieht beispielsweise, weil Differenzen zwischen den Beurteilern und möglicherweise daraus resultierende Konflikte vermieden werden sollen.[317]

- *Kontextunterschiede* zwischen Beurteiler und beurteilter Humanressource sowie auch zwischen unterschiedlichen Beurteilern aufgrund eines unterschiedlichen Wort- und Symbolverständnisses und unterschiedlicher Eigenlogiken können ebenfalls zu Fehlern oder zu einer mangelnden Vergleichbarkeit der Beurteilungsergebnisse führen. Beispielsweise kann das Beurteilungsergebnis „aggressiv" für eine Führungskraft einerseits als dynamisch motiviert und somit als positiv aufgefasst werden. Andererseits kann es jedoch auch als unkollegial und als mangelnde Sozialkompetenz der Führungskraft interpretiert werden.

- Ein weiteres Problemfeld stellen *Erwartungsunterschiede* der Beurteiler dar. Trifft dies zu, so können die Ergebnisse der jeweiligen Beurteiler systematisch vom statistischen Erwartungswert abweichen. So kann ein Beurteiler mit einer relativ geringen Erwartungshaltung stets zu milde und ein Beurteiler mit einer relativ hohen Erwartungshaltung stets zu hart urteilen,[318] so dass eine beurteilerübergreifende Vergleichbarkeit der Ergebnisse nicht möglich bzw. verfälscht wird.[319]

---

317 Vgl. Liebel/Oechsler (1992), S.102.

318 Bei diesem Beurteilungsfehler nimmt sich der Beurteiler meist selbst hinsichtlich seiner Leistungen, Eigenschaften und Verhaltensweisen zum Maßstab. Dabei fällt die Beurteilung tendenziell umso positiver aus, je ähnlicher die Profile von Beurteiler und beurteilter Humanressource sind, vgl. Curth/Lang (1990), S. 33.

319 Vgl. Liebel/Oechsler (1992), S. 107ff.

- Eine *Dichotomisierung* der beurteilten Humanressource kann zu Ergebnisverfälschungen führen. Bei einer Dichotomisierung zeigt die Verteilung der Urteile über unterschiedliche Personen nicht die Streuung, die für die Grundgesamtheit zu erwarten wäre. Der Beurteiler teilt die zu beurteilenden Humanressourcen in Kategorien, wie beispielsweise „Das sind meine Guten, das sind meine Schlechten!", ein und differenziert zu wenig zwischen den polaren Kategorien, so dass eine exakte Beurteilung der Humanressourcen nicht stattfindet.

- Ein letztes Problemfeld stellen *Korrelationen* von unterschiedlichen Beurteilungskriterien dar. Unter dem Begriff "Halo-Effekt" wird diskutiert, dass einzelne Beurteilungskriterien nicht als isolierte Einzelkriterien in ausreichendem Maße differenziert werden, sondern von bestimmten Beurteilungskriterien „überstrahlt" werden. Dieser Einfluss tritt insbesondere dann stark hervor, wenn der Beurteiler ein bestimmtes Kriterium als besonders wichtig empfindet.[320] Dies gilt insbesondere für Beurteilungskriterien mit stark wertendem Charakter (beispielsweise Intelligenz). Der Beurteiler trennt in diesem Fall die Beurteilungsergebnisse der einzelnen Kriterien nicht voneinander, so dass diese im Beurteilungsergebnis in unzutreffender Weise miteinander korrelieren können. In der Wahrnehmung des Beurteilers ist beispielsweise die intelligente Mitarbeiterin auch fleißig und die pünktliche besonders einsatzfreudig,[321] auch wenn diese Korrelationen der Kriterien in der Realität nicht zutreffen müssen.[322]

Um die genannten Problemfelder im Beurteilungsprozess, die unter Umständen zu erheblichen Verfälschungen des tatsächlichen Beurteilungsergebnisses führen, möglichst gering zu halten, ist eine entsprechende Ausbildung der Beurteiler notwendig. Zudem kann durch den Vergleich von Beurteilungsergebnissen mehrerer Beurteiler und die daraus resultierende *Intersubjektivität* des Beurteilungsverfahrens das vorliegende Beurteilungsergebnis überprüft werden. Eine weitere Möglichkeit der Fehlerreduzierung liegt in dem Vergleich des Beurteilungsergebnisses mit der Wahrnehmung des Ergebnisses aus Sicht der betroffenen Humanressource.[323] Ein derartiger Abgleich kann beispielsweise im Rahmen eines Feedbackgespräches stattfinden, wie es im folgenden Abschnitt näher erläutert werden soll.

---

320 Vgl. Curth/Lang (1990), S. 30.

321 Ebenso können auch negative Merkmale zu einem Halo-Effekt verleiten, beispielsweise kann der "faule" Mitarbeiter auch als "dumm" wahrgenommen werden.

322 Zu den einzelnen Problemfeldern im Beurteilungsprozess vgl. Rosenstiel (1987), S. 162 ff, sowie Curth/Lang (1990), S. 30ff.

323 Vgl. Curth/Lang (1990), S. 37.

(5) Feedback als Abschluss der Beurteilung

Feedback-Gespräche dienen dem Humanressourcen-Management und den beteiligten Führungskräften zur Legitimierung von Aktivitäten des Humanressourcen-Managements und zum organisationalen Lernen. Durch die Veranstaltung von Feedbackrunden erhält die Führungskraft einen Eindruck darüber, wie die eigene Führung aber auch Aktivitäten des Humanressourcen-Managements in der Vergangenheit gewirkt haben und welche Maßnahmen in Zukunft sinnvoll sein können.

Die Feedback-Gespräche mit beurteilten Humanressourcen, die sich an die Beurteilungsphase anschließen, können der Kontrolle und Optimierung des Beurteilungsverfahrens dienen, so dass sich mögliche Fehlerquellen im Beurteilungsprozess zu identifizieren und beheben lassen. Hierbei werden sechs idealtypische Phasen unterschieden:[324]

- Die Einleitung des Feedbackgesprächs dient der Kenntlichmachung des Gesprächs als Feedback und dem Herausstellen der Ziele des Gesprächs. Idealerweise wird der Humanressource der Gesprächsleitfaden vorgestellt, nach dem im weiteren Gesprächsverlauf vorgegangen werden soll.

- Im nächsten Schritt wird die beurteilte Humanressource aufgefordert, den Beurteilungsprozess aus ihrer Wahrnehmung zu schildern. Dann stellt der Beurteiler seine eigene Wahrnehmung des Beurteilungsprozesses dar und gleicht sie mit der Wahrnehmung der beurteilten Humanressource ab.

- Anschließend wird der Humanressource die Möglichkeit geboten, ihren Standpunkt zu dem Beurteilungsergebnis zu kommunizieren. Insbesondere besteht die Möglichkeit, Verständnisfragen und Missverständnisse im Beurteilungsprozess zu klären.

- Im Anschluss daran kommt es zur diskursiven Abstimmung beider Parteien, d.h. Beurteiler und beurteilte Humanressource besprechen die aufgetretenen Diskrepanzen. So kann es auch gelingen, bei häufig auftretenden Diskrepanzen das Beurteilungsverfahren zu überprüfen und mögliche Fehler im Beurteilungsprozess zu identifizieren. Dabei ist es wichtig, dass beiden Seiten das Recht auf den jeweiligen Standpunkt eingeräumt wird und dass konstruktiv mit den Diskrepanzen umgegangen wird.

---

[324] Vgl. Gutschelhofer (2004), S. 1227ff.

- Beim Abschluss des Feedbackgesprächs werden die jeweiligen Diskrepanzen schriftlich festgehalten. Die Lern-, Verwendungs- und Karriereziele werden gemeinsam festgelegt und schriftlich fixiert.
- Ebenso erfolgt ein „Feedback über das Feedbackgespräch", indem eine abschließende Rückmeldung über den Gesprächsverlauf ausgetauscht wird.

Das Feedbackgespräch eignet sich dazu, Aufgaben und Anforderungen im Unternehmen zu kommunizieren und hervorzuheben.[325] Ferner dient es neben einer Kommunikation von Stärken nicht zuletzt dazu, dem Mitarbeiter konkrete Schwachstellen aufzuzeigen und Verbesserungspotentiale zu identifizieren. Auf dieser Basis lassen sich dann individuelle Entwicklungspläne für die Humanressourcen aufstellen. Zudem kann der beurteilten Humanressource Rückmeldung bezüglich ihres Selbstbildes, welches der eigenen subjektiven Bewertung unterliegt und daher von der Realität abweichen kann gegeben. Die Rückmeldung dient der Überprüfung und der Verstärkung des eigenen Selbstbildes. Erfährt eine Humanressource in unterschiedlichen Feedbackgesprächen zum wiederholten Mal, dass sie beispielsweise Defizite in ihrer Teamfähigkeit aufweist, dann wird sie vermutlich einsehen, dass ihr eigenes Selbstbild, ein teamfähiges Organisationsmitglied zu sein, nicht mit der Realität übereinstimmt. So kann sie ihr eigenes Selbstbild überprüfen und ihr Verhalten entsprechend verbessern. Das erteilte Feedback kann so einen wichtigen Auslöser für Lernprozesse und Verhaltensveränderungen darstellen.

5.1.2 Analyse auf Makroebene

Bei der Analyse der Humanressourcen-Allokation auf Makroebene steht nicht mehr die Leistungsbeurteilung individueller Humanressourcen, sondern die Beurteilung des aggregierten Leistungsniveaus der Humanressourcen-Ausstattung im Mittelpunkt der Betrachtung. Dabei setzt sich das aggregierte Leistungsniveau nicht aus der Summe der individuellen Leistungsniveaus der Humanressourcen des Unternehmens zusammen. Vielmehr existieren synergetische Effekte zwischen den individuellen Leistungsniveaus der einzelnen Humanressourcen, so dass eher von einer komplexen multiplikativen Zusammensetzung ausgegangen werden kann.

Bei der Analyse des aggregierten Leistungsniveaus ist insbesondere von Bedeutung, das Leistungsniveau in qualitativer Hinsicht zu erfassen. Zunächst ist es aber wichtig, eine quantitative Personalbestandsanalyse

325 Vgl. Neuberger (1973), S. 37.

durchzuführen, da das Leistungsniveau unmittelbar mit der Anzahl der verfügbaren Humanressourcen zusammenhängt.[326] In der quantitativen Personalbestandsanalyse wird nicht nur der gegenwärtige, sondern auch der zu erwartende zukünftige Personalbestand bestimmt. Eine derartige quantitative Personalbestandsanalyse kann mit Hilfe so genannter Skontrationsrechnungen durchgeführt werden (siehe Abbildung 5-6).

	Gegenwärtiger Bestand
- +	Abgänge durch Pensionierungen und Todesfälle, Entlassungen und Kündigungen seitens der Arbeitnehmer, Beförderungen und Versetzungen Zugänge durch bereits feststehende Neueintritte, Übertritte aus Lehr- in Arbeitsverhältnisse, Beförderungen und Versetzungen
=	Projektierter Bestand für den Zeitpunkt t
–	Erforderliche (zu planende) personelle Veränderungen bis zum Zeitpunkt t
=	(Soll-) Planbestand für den Zeitpunkt t
-	Vermutlich nicht realisierbare personelle Veränderungen
=	Prognostizierter Bestand für den Zeitpunkt t

Abbildung 5-6: Beispiel für eine Skontrationsrechnung

(Quelle: in Anlehnung an Scholz (2000), S. 331)

Als Bezugsbasis kann, je nach Differenzierungsgrad der Bestandsanalyse, die gesamte Humanressourcen-Ausstattung des Unternehmens, die Belegschaft eines bestimmten Unternehmensteils (beispielsweise des Funktionsbereichs Marketing) oder eine weitgehend homogene Gruppe von Mitarbeitern (z. B. Facharbeiter, Führungskräfte, Trainees) herangezogen werden.[327] Die Skontrationsrechnung zielt somit insgesamt darauf ab, den gegenwärtigen Personalbestand einer bestimmten Mitarbeitergruppe des Unternehmens zu identifizieren sowie den Bestand in der Zukunft zu prognostizieren.[328]

Die quantitative Analyse und Prognose der gesamten Humanressourcen-Ausstattung wird sinnvoller Weise durch qualitative Verfahren ergänzt. Denn nur so kann sie eine Grundlage für Entscheidungen des Humanressourcen-Managements bieten. Diesbezüglich lassen sich unterschiedliche Verfahren aufzählen, mit denen sich entweder in direkter (1), in indirekter

326 Eine derartige quantitative Personalbestandsanalyse kann auch als zahlenmäßige Personal-Inventur bezeichnet werden. Vgl. Wimmer/Neuberger (1998), S. 100.

327 Vgl. Scholz (2000), S.330f. sowie Wimmer/Neuberger (1998), S. 101.

328 Zur alternativen Bestimmung des zukünftigen Personalbestands vgl. stellvertretend Gaugler/Weber (1992), Huber (1998), Drumm (2005), S. 280ff.

(2) oder in heterogener (3) Form versucht wird, die Komponenten des Leistungsniveaus der Humanressourcen-Ausstattung zu erfassen.

(1) Direkte Erfassung von Leistungskomponenten

Von einer direkten Erfassung der Leistung oder der Leistungskomponenten der Humanressourcen-Ausstattung wird dann gesprochen, wenn Leistungskomponenten nach der Erfassung als Aussagegegenstände des Verfahrens bestehen bleiben. Mit Mitarbeiterportfolios (b) und so genannten Skill-Bilanzen (a) finden sich zwei Verfahren, in welchen es zu einer direkten Erfassung von Leistungskomponenten kommt.

(a) Skill-Bilanzen: Die Grundidee von Skill-Bilanzen liegt in der Ermittlung eines Punktwertes, der die aggregierten Fähigkeiten des Unternehmens zum Ausdruck bringt und Aufschluss über das Leistungsniveau der Humanressourcen-Ausstattung geben kann.[329] Für diesen Zweck wird zunächst ein Anforderungskatalog für alle Hierarchieebenen des Unternehmens erstellt. Die einzelnen Anforderungskriterien, beispielsweise Team- und Kommunikationsfähigkeit, Fremdsprachenkenntnisse etc., werden dabei je nach ihrer Bedeutung für das Unternehmen mit einem bestimmten Wert gewichtet.[330] Durch die Betrachtung der Ist-Skill-Bilanz gelingt es, das aggregierte Leistungsniveau der Humanressourcen-Ausstattung über die direkte Erfassung ausgewählter Leistungskriterien festzustellen. Wendet man das Konzept der Skill-Bilanzen über einen längeren Zeitraum an, kann durch den Vergleich von Änderungsbilanzen und den jeweiligen Ausgaben des Humanressourcen-Managements die Effizienz personalwirtschaftlicher Maßnahmen bewertet und überprüft werden. Kritisch ist einzuwenden, dass Skill-Bilanzen nur auf eine Komponente menschlicher Leistung (skill) ausgerichtet sind und damit motivationale Aspekte (will) vernachlässigen. Nur ansatzweise kann versucht werden, Skill-Bilanzen zu Skill-Will-Bilanzen auszubauen, indem individuelle Daten zur Motivation, Arbeitszufriedenheit oder zum Commitment mit einbezogen werden (siehe dazu insgesamt Abschnitt 6.1).

(b) Mitarbeiterportfolios: Eine weitere Methode zur direkten Bewertung des kollektiven Leistungsniveaus der Humanressourcen-Ausstattung im Unternehmen stellen Mitarbeiterportfolios dar. Für diesen Zweck werden die Be-

---

[329] Bekannt geworden wurden Skill-Bilanzen insbesondere durch den Knowledge Navigator den Leif Edvinnson in Zusammenarbeit mit Skandia entwickelt hat. Vgl. Edvinsson/Malone (1997).

[330] Zusätzlich lässt sich eine Soll-Skill-Bilanz für alle Hierarchieebenen des Unternehmens unter Rückgriff auf alle Kriterien des Anforderungskatalogs erstellt. Wird dieser die Ist-Skill Bilanz gegenüber gestellt, so kann je nach der identifizierten Leistungslücke etwa der Akquisitions-, Entwicklungs-, und Dispensationsbedarf bestimmt werden.

legschaft bzw. Teile der Belegschaft in einer Fähigkeitsmatrix positioniert. Diese Fähigkeitsmatrix kann individuell auf ein bestimmtes Unternehmen zugeschnitten werden und umfasst in der Regel zwei Fähigkeitskriterien, die für die Leistungsbeurteilung in dem bestimmten Unternehmen von wesentlicher Bedeutung sind. Im Ergebnis lassen sich dann bestimmte Fähigkeits-Cluster von Humanressourcen identifizieren, die Aufschluss darüber geben, welche Fähigkeiten im Unternehmen vorhanden sind und in welchem Fähigkeits-Cluster noch Defizite bestehen. Ein bekanntes Mitarbeiterportfolio zur Bewertung des aggregierten Leistungsniveaus der Humanressourcen-Ausstattung wurde von Odiorne (1984) entwickelt.[331] In diesem werden in einer 2x2-Portfolio-Matrix die aktuelle Leistung sowie das zukünftige Leistungsvermögen als Dimensionen aufgetragen. Anhand dieser beiden Dimensionen lassen sich die Humanressourcen des Unternehmens in bestimmte Fähigkeits-Cluster einordnen.[332] So lassen sich in Abhängigkeit der jeweiligen Ausprägung der beiden Dimensionen die Humanressourcen in Spitzen-, Fach-, Nachwuchs- oder Unkräfte klassifizieren (siehe exemplarisch Abbildung 5-7).

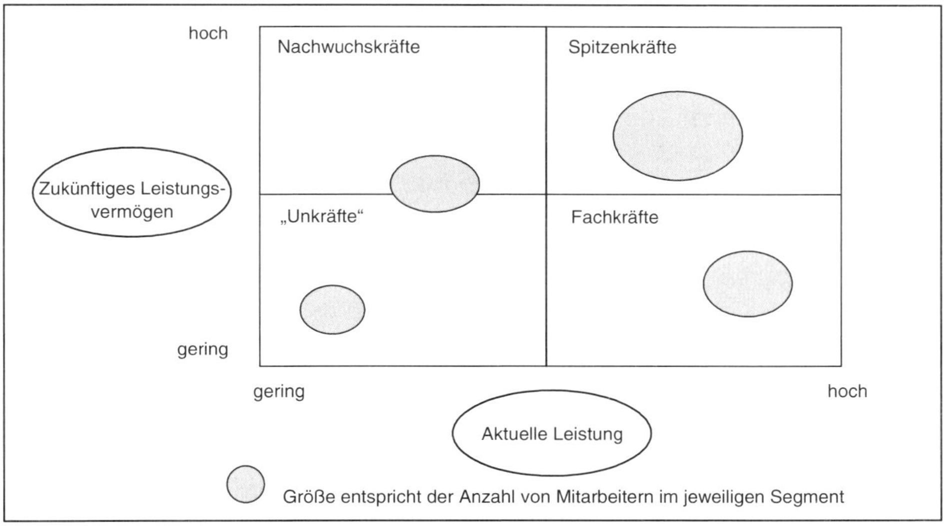

Abbildung 5-7: Bewertung des Leistungsniveaus anhand eines Mitarbeiterportfolios (Quelle: verändert übernommen aus Odiorne (1984), S. 66)

331 Vgl. Scholz (2000), S.206f.

332 Zu den einzelnen Fähigkeits-Cluster vgl. Berthel/Becker (2003), S.70.

Aus der Cluster-Bildung innerhalb des Portfolios lassen sich wiederum Schlüsse über das aggregierte aktuelle, sowie über das aggregierte zukünftige Leistungsniveau der Humanressourcen-Ausstattung ziehen. Die Bewertung des aggregierten Leistungsniveaus anhand eines derartigen Mitarbeiterportfolios kann jedoch nur in sehr grober Form durchgeführt werden. Die Problematik an der Verwendung von Mitarbeiterportfolios ist somit vor allem darin zu sehen, dass sich aufgrund des hohen Aggregationsniveaus keine direkten Maßnahmen für das Humanressourcen-Management ableiten lassen.

(2) Indirekte Erfassung von Leistungskomponenten

Von einer indirekten Erfassung der Leistungskomponenten der Humanressourcen-Ausstattung ist dann zu sprechen, wenn die Leistungen der Humanressourcen bzw. die zugrunde liegenden Leistungskomponenten nicht Aussagegegenstände der Erfassung sind, sondern die Erfassung über Ersatzgrößen erfolgt. Derartige Methoden der Erfassung stehen im engen Zusammenhang mit dem viel diskutierten Begriff des Humankapitals[333] und werden mit den Anglizismen „Human Resources Accounting" (a) und „Workonomics" (b) belegt.

(a) Human Resources Accounting: Die Grundidee des Human Resource Accountings liegt in der Auflistung und Bewertung der menschlichen Ressourcen eines Unternehmens, d.h. in der Rechnungslegung analog zu den übrigen Ressourcen des Unternehmens. Das Konzept des Human Resource Accountings ist folglich im Sinne einer Investitionsrechnung für das betriebliche Humankapital aufzufassen, d.h., dass die Humanressourcen als langfristig nutzbares „Anlagegut" verstanden werden. Mit dem Konzept des Human Resource Accountings wird der Versuch unternommen, den Wert der getätigten Investitionen in das Humanvermögen zu einem bestimmten Zeitpunkt zu bestimmen.[334] Das Human Cost Accounting sowie das Human Value Accounting stellen zwei Bewertungsverfahren dar, die dem Human Resource Accounting zugeordnet werden können.

- Das *Human Cost Accounting* stellt einen inputorientierten Ansatz des Human Resource Accountings dar, d.h. es werden alle personalbezogenen Aufwendungen eines Unternehmens als Inputgrößen erfasst, die auf das Leistungsniveau der Humanressourcen-Ausstattung schließen lassen. Es handelt sich hier beispielsweise um Kosten der Personalakquisition oder der Personalentwicklung, die für eine Humanressource des Unternehmens aufgewendet wurden. Das gegenwärtige

333 Vgl. für eine Übersicht Scholz et al. (2006) sowie Bechtel (2006).

334 Vgl. Huber (1998), S. 1033ff.

Leistungspotential der Humanressourcen wird dabei über die Kosten- bzw. über die Aufwandsseite erfasst.[335]

- Das *Human Value Accounting* dagegen stellt einen outputorientierten Bewertungsansatz dar. Es werden nicht die angefallenen Aufwendungen, sondern die Leistungsbeiträge der Humanressourcen zu den betriebsrelevanten Zielen erfasst. Die Bewertung des Leistungsniveaus setzt dabei entweder direkt an den Leistungsbeiträgen der Humanressourcen an oder es werden Saldogrößen zwischen Aufwand und Ertrag als Ersatzmaß herangezogen.[336]

Sowohl dem Human Value als auch dem Human Cost Accounting ist gemein, dass es lediglich zu einer indirekten Potentialerfassung kommt, da aus der Bewertung der Aufwendungen bzw. der Erträge der Humanressourcen-Ausstattung auf das vorherrschende Leistungsniveau geschlossen wird. Als Konsequenz bleibt es unklar, welche kausalen Zusammenhänge zwischen Leistungsbeiträgen und Aufwendungen bestehen. Die Ableitung von Maßnahmen des Humanressourcen-Managements oder die Messung der Effizienz des Humanressourcen-Managements ist dadurch kaum möglich.

(b) Workonomics: Das Konzept der Workonomics wurde von der Boston Consulting Group entwickelt.[337] Es orientiert sich am Übergewinnverfahren klassischer Wertmanagementkonzepte, wie z. B. dem EVA (Economic Value Added) oder dem CVA (Cash Value Added).[338] Das Workonomics Konzept ermöglicht durch eine Umformung des kapitalorientierten Übergewinnverfahrens eine Extraktion von drei personalorientierten Kennzahlen, die eine vergleichbare Transparenz beim Faktor Humanressourcen schaffen sollen, wie sie in Bezug auf Kapitalfaktoren vorliegen.[339] Der Grundgedanke hierbei ist, dass eine Ergebnisgröße nicht nur dadurch bestimmt wird, wie viel Kapital eingesetzt wird und wie produktiv dies im Vergleich zu seinen Kosten geschehen ist, sondern wie viele Mitarbeiter in einem Unternehmen beschäftigt sind und wie produktiv diese im Vergleich zu ihren Kosten arbeiten.[340]

Im Ergebnis formt das Workonomics Konzept den CVA zu folgender Formel um: CVA = (VAP – ACP) x P. VAP steht hierbei für Value added per

335 Vgl. hierzu Odiorne (1984), S. 50.
336 Vgl. Wunderer/Schlagenhaufer (1994), S.51.
337 Vgl. Strack et al. (2000), Strack/Villis (2001), Strack/Villis (2002).
338 Vgl. Strack/Villis (2001).
339 Vgl. Strack/Villis (2002).
340 Vgl. Barber/Strack (2005), S. 88.

Person, ACP für Average Cost per Person und P für die Anzahl der Mitarbeiter.[341] Die aggregierte Leistung der Humanressourcen-Ausstattung wird damit zum einen in einer Zahl ausdrückbar. Zum anderen bietet die Formel drei konkrete Ansatzpunkte zur Wertsteigerung:

- Zunächst kommt es zu Wertsteigerungen durch Preiserhöhungen, Materialkostensenkungen, Prozessverbesserungen etc.
- Zudem lässt sich eine Wertsteigerung erreichen, wenn die Belegschaft profitabel wächst, d.h. wenn neu hinzukommende Mitarbeiter einen höheren VAP als ACP aufweisen.
- Schließlich ergibt sich eine Wertsteigerung aus einer Senkung von Personalkosten.

Das Konzept der Workonomics ist kritisch zu bewerten. Zunächst ist unstrittig, dass Workonomics Werte nur für Unternehmensbereiche bestimmt werden können, für die zumindest „rudimentäre Jahresabschlüsse aufstellbar sind" (Lorson (1999), S. 1336). Damit ist das Konzept der Workonomics lediglich mit Einschränkungen verwendbar. Letztlich weist die Kennzahl keinen tiefer gehenden Steuerungscharakter für das Humanressourcen-Management auf.[342] Veränderungen etwa gegenüber Vorjahreswerten oder Abweichungen zu annahmegemäß vergleichbaren organisatorischen Einheiten geben zunächst nur einen Hinweis auf potentiellen Handlungsbedarf. Welche der drei Ansätze der Wertsteigerung zu ergreifen sind, bleibt jedoch zunächst genauso offen wie die weitergehende Frage, welche Funktionen des Humanressourcen-Managements gegebenenfalls davon betroffen wären. In der Folge ist in der Unternehmenspraxis das Workonomics Konzept durch weitergehende Analysen zu ergänzen, um eine wertvolle Analyse der Leistung der Humanressourcen-Ausstattung darzustellen.[343]

(2) Heterogene Erfassung von Leistungskomponenten

Verfahren der heterogenen Erfassung von Leistungskomponenten kombinieren letztendlich direkte und indirekte Formen der Bewertung von Leistungen der Humanressourcen-Ausstattung. Eine prominente Stellung unter den heterogenen Verfahren der Leistungsanalyse nimmt die so genannte

---

341 Konkret ergibt sich der VAP aus (Umsatz – Materialkosten – Abschreibungen – Kapitalkosten x investiertes Kapital) / Anzahl Mitarbeiter.

342 Vgl. Scholz et al. (2006), S. 183.

343 Dieses Einschränkungen der Allokationsanalyse weisen nicht zuletzt auch wieder auf die Idee der geplanten Evolution hin (siehe I4.2.2).

Saarbrücker Formel ein.[344] Diese will die Frage beantworten, wie sich die Humanressourcen-Ausstattung bzw. der Wert des Humankapitals beurteilen lässt. Sie integriert dabei indirekte und direkte Bewertungsansätze für die Leistung der Humanressourcen-Ausstattung:

- Ein erster Ansatz wird als Marktansatz bezeichnet und beurteilt den Wert der Mitarbeiter über Marktpreise, indem jeder Beschäftigte mit seinem durchschnittlichen Marktgehalt in die Bewertung einbezogen wird.
- Der so genannte Accountingansatz bildet einen zweiten Bewertungsansatz. In diesen fließt eine Bewertung des Wissens der Mitarbeiter ein, indem die beschäftigungstypische Halbwertszeit des Wissens und die Betriebszugehörigkeit als Komponente des Wissensverlustes sowie Maßnahmen der Humanressourcen-Entwicklung als Komponente zur Kompensation des Wissensverlustes mit einkalkuliert werden.
- Drittens enthält die Saarbrücker Formel einen Indikatorenansatz, der die Motivation der Mitarbeiter abbilden soll. Er enthält Größen, die das Commitment und die Bindung der Mitarbeiter sowie die Arbeits- und Führungssituation wiedergeben.

Die Saarbrücker Formel stellt einen innovativen Ansatz dar, der es Unternehmen und Personalabteilungen erlaubt, unter Rückgriff auf vorhandene und gegebenenfalls erhebbare Daten den Wert der Humanressourcen-Ausstattung und mithin ihr Leistungsniveau zu berechnen. Gleichzeitig dient die Formel der Legitimation und Aufwertung der Personalarbeit. Allerdings hat das Konzept der Saarbrücker Formel auch einige Schwächen, zu denen die hohe Subjektivität der Bestimmung der Größen des Accounting- und Indikatorenansatzes gehören. Hierdurch verlieren die Ergebnisse der Saarbrücker Formel zumindest ihre unternehmensübergreifende Vergleichbarkeit. Geeignet bleiben die Ergebnisse aber als Referenzgrößen für den unternehmensinternen Gebrauch, dem aus Perspektive des Humanressourcen-Managements zentrale Bedeutung zukommt. Als Voraussetzung hierfür ist jedoch anzuführen, dass die Bestimmung der Größen durch ein gleich bleibendes und systematisch nachvollziehbares Verfahren erfolgt.

---

[344] Vgl. Scholz (2005).

5.2 Analyse der Organisationsanforderungen: Soll-Allokation

Die Analyse der Organisationsanforderungen kann als das Gegenstück zur Analyse des Leistungsniveaus der Humanressourcen-Ausstattung angesehen werden. Durch die Gegenüberstellung der Organisationsanforderungen mit der Ist-Allokation kann festgestellt werden, ob hinsichtlich des bestehenden Leistungsniveaus der Humanressourcen noch Defizite bestehen und ob entsprechende Maßnahmen in den einzelnen Funktionen des Humanressourcen-Managements zu ergreifen sind. Hinsichtlich der Verfahren zur Analyse der gegenwärtigen Organisationsanforderungen lassen sich qualitative und quantitative Organisationsanforderungen unterscheiden (siehe Unterabschnitt 5.2.1). Diese verändern sich jedoch im Zeitablauf, so dass auch eine Betrachtung der zukünftigen Organisationsanforderungen unerlässlich ist, um antizipativ auf diese Veränderungen eingehen zu können. Hierfür sind Prognoseverfahren heranzuziehen, anhand derer sich Aussagen über die Organisationsanforderungen in der Zukunft ableiten lassen (siehe Unterabschnitt 5.2.2).

5.2.1 Gegenwärtige Organisationsanforderungen

Die Bestimmung der gegenwärtigen Organisationsanforderungen bezieht sich einerseits auf die Analyse qualitativer Anforderungsmerkmale (1). Ergänzt wird sie um quantitative Überlegungen, da nicht nur Art und Inhalt der Anforderungskriterien, sondern auch die Zahl der zur Bewältigung der Aufgabenanforderungen benötigten Humanressourcen von erheblicher Bedeutung ist (2).

(1) Ermittlung der qualitativen Organisationsanforderungen

In der Literatur und Praxis existiert eine Vielzahl von Verfahren, die zur Bestimmung der qualitativen Organisationsanforderungen herangezogen werden können. Der Fokus der unterschiedlichen Verfahren kann dabei eng gefasst sein und sich auf die Analyse von individuellen, stellenbezogenen Aufgabenanforderungen konzentrieren. Daneben finden sich auch Verfahren mit einem breiteren Fokus, der sich auf die Analyse von teileinheits- oder sogar organisationsbezogenen Aufgabenanforderungen bezieht. Im Folgenden wird auf jeweils zwei ausgewählte Verfahren mit engem (a) und breiterem (b) Fokus eingegangen.

(a) Verfahren mit engem Fokus: Zentrale Verfahren zur Ermittlung qualitativer Organisationsanforderungen mit engem, stellenbezogenen Fokus sind

das so genannte REFA-Schema[345] und der Position Analysis Questionnaire.

- Mit Hilfe des *REFA-Schemas* lassen sich geistige und körperliche Anforderungen und Belastungen einer Stelle unter Berücksichtigung der Rahmenfaktoren der Leistungserstellung qualitativ erfassen und in Relation zu anderen Stellen bewerten. Für diesen Zweck werden Obermerkmale von Anforderungskriterien (beispielsweise geistige oder körperliche Anforderungen) mit einem Katalog dazugehörender Untermerkmale (beispielsweise Kenntnisse, geistige Belastungen) gebildet, die sich noch weiter in konkretere Anforderungsmerkmale (beispielsweise Ausbildung und Erfahrung) untergliedern lassen. Zur Anforderungsanalyse einer bestimmten Stelle werden die relevanten Untermerkmale selektiert und eine relative Gewichtung der Einzelmerkmale zueinander vorgenommen. Ebenso erfolgt eine qualitative Beschreibung der konkreten Anforderungskriterien, denen der Stelleninhaber zur Bewältigung der stellenbezogenen Tätigkeiten entsprechen muss.[346]

- Der *Position Analysis Questionnaire* stellt einen weiteren Ansatz zur Bestimmung der qualitativen und stellenbezogenen Organisationsanforderungen dar.[347] Hierzu werden, um die genauen Anforderungskriterien einer bestimmten Stelle zu bestimmen, in regelmäßigen Abständen die Stelleninhaber zu den genauen Inhalten und Anforderungen ihrer Position und ihres Aufgabenbereichs befragt. Der für diesen Zweck gestaltete Fragebogen umfasst Fragen nach den konkreten qualitativen Tätigkeitsbeschreibungen, nach den Pflichten des Stelleninhabers, wobei auch Zeitangaben für die einzelnen Aufgaben zu machen sind. Ferner wird nach Verantwortlichkeiten, den konkreten physischen und psychischen Anforderungen sowie nach Arbeitsbedingungen und Leistungsstandards gefragt. Dabei umfasst diese Analysemethode nicht nur die qualitative Erfassung der Anforderungsmerkmale, sondern die Stelleninhaber nehmen auch eine relative Bewertung der einzelnen Anforderungskriterien in Abhängigkeit der Relevanz für ihren bestimmten Aufgabenbereich vor. Durch Fragen nach den konkreten Arbeitsbedingungen und Leistungsstandards werden auch die Rahmenfaktoren der Leistungserstellung berücksichtigt.

---

345 REFA steht als Akronym für den 1924 ins Leben gerufenen "Reichsausschuss für Arbeitszeitermittlung" Der Markenname REFA wurde über die Jahre beibehalten und bezeichnet heute den "Verband für Arbeitsgestaltung, Betriebsorganisation und Unternehmensentwicklung e.V."

346 Vgl. Scholz (2000), S. 309 f. sowie Scholz (2000), S.129ff.

347 Vgl. McCormick et al. (1972).

(b) Verfahren mit breitem Fokus: Für die qualitative Analyse von stellenübergreifenden Anforderungen sind Verfahren mit breiterem Fokus notwendig. Hierzu kann erstens auf generische unternehmensinterne Kriterienlisten zur Ermittlung von abstrakten und aggregierbaren Anforderungsprofilen zurückgegriffen werden. Für diesen Zweck können Hauptgruppen für bestimmte Kriterien gebildet werden (beispielsweise erforderliches Ausbildungsniveau, Fachrichtung, Erfahrung etc.), die von den Humanressourcen des Unternehmens erfüllt werden müssen. Für diese Hauptgruppen können dann weitere Untergruppen an Anforderungskriterien gebildet werden, die ihrerseits noch weiter untergliedert werden können. Aus dieser generischen Kriterienliste lassen sich dann schließlich für die einzelnen Teileinheiten und konkreten Aufgabenbereiche des Unternehmens die relevanten Anforderungskriterien selektieren.

Neben diesen generischen unternehmensinternen Kriterienlisten kann zweitens auf *unternehmensexterne, allgemeingültige Berufsqualifikationen* zurückgegriffen werden. Diese enthalten umfangreiche Informationen über die Anforderungen eines bestimmten Berufes, die unabhängig von einem konkreten Unternehmen an eine Humanressource gestellt werden, die einem bestimmten Beruf nachgehen. Als Beispiel können der ISCO (International Standard Classification of Occupations) und die KdB (Klassifizierung der Berufe) angeführt werden. Der ISCO beinhaltet ein hierarchisches Schlüsselsystem. In diesem werden Berufshauptgruppen (beispielsweise Wissenschaftler), Berufsgruppen (beispielsweise Ingenieurwissenschaftler), Berufsuntergruppen (beispielsweise Informatiker) sowie Berufsgattungen (beispielsweise Systemplaner) definiert. Den jeweiligen Berufshauptgruppen werden national definierte „Skill Levels" als Ausdruck des Komplexitätsgrades zugeordnet, die der internationalen Vergleichbarkeit der einzelnen Tätigkeitsfelder dienen.[348] Die Klassifizierung der Berufe ermöglicht eine Zuordnung von mehr als 23.000 Berufsbezeichnungen zu den entsprechenden Berufsgruppen und -ordnungen. Für jeden angeführten Beruf existiert dann ein spezifischer Anforderungskatalog.[349]

(2) Ermittlung der quantitativen Organisationsanforderungen

Bei der quantitativen Analyse der Organisationsanforderungen wird ermittelt, wie viel Zeit eine vorher definierte Tätigkeit erfordert. Durch Aggregation aller zu verrichtenden Tätigkeiten im Unternehmen kann infolgedessen die Zahl der zur Bewältigung der Gesamtaufgabe benötigten Mitarbeiter abgeleitet werden. Ansatzpunkt der quantitativen Analyse ist demnach der

---

348 Vgl. Scholz (2000), S. 286.

349 Vgl. Scholz (2000), S. 286f.

Zeitbedarf, der mit der Ausübung einer bestimmten Tätigkeit verbunden ist. Die einzelnen Zeitbedarfswerte müssen dann addiert und zum gesamten Zeitbedarf aggregiert werden, aus dem sich der notwendige quantitative Bedarf an Humanressourcen ableitet. Wie auch schon bei der qualitativen Anforderungsanalyse ist zwischen Verfahren mit engem, stellenbezogenem (a) oder breitem, stellenübergreifendem Fokus (b) zu unterscheiden.

(a) Verfahren mit engem, stellenbezogenem Fokus: Bei Verfahren mit engem, stellenbezogenem Fokus unterscheidet man zwischen Verfahren der direkten Zeitmessung, Stichprobenverfahren sowie Elementarzeitverfahren. Allen drei Verfahren ist dabei gemein, dass der Soll-Zeitbedarf für eine vorgegebene, stellenbezogene Tätigkeit ermittelt werden soll.[350]

Die *direkte Zeitmessung* bezieht sich dabei auf das Konzept der Normalleistung. Hierunter ist die Leistung einer Humanressource zu verstehen, die zur Ausübung einer bestimmten Tätigkeit entsprechend qualifiziert und geübt ist. Diese Leistung kann über einen längeren Zeitraum hinweg erbracht werden. Der Prozess der direkten Zeitmessung läuft nach folgenden Schritten ab: Zunächst wird der genaue Zeitbedarf der einzelnen Humanressourcen für einen spezifischen Vorgang gemessen. Anschließend werden Leistungsgrade geschätzt, die ausdrücken, wie stark sich die jeweilige Humanressource bei der Erfüllung der Aufgabe anstrengen musste. Aus den im ersten Schritt gemessenen Ist-Zeitwerten und den geschätzten Leistungsgraden lässt sich dann für die individuelle Humanressource eine Ist-Normalzeit ermitteln. Für die Ist-Normalzeitwerte wird dann das arithmetische Mittel oder der Median gebildet, die zur statistischen Normalzeit führen. Um den Einfluss einer Dauerbelastung zu berücksichtigen, wird ein Erholungsfaktor festgelegt. Statistische Normalzeit und Erholungsfaktor werden miteinander verknüpft, um den tatsächlichen Zeitbedarf einer Tätigkeit zu ermitteln. Der Zeitbedarf schließlich spiegelt die quantitativen Organisationsanforderungen wider, aus denen sich die Anzahl der erforderlichen Humanressourcen für eine bestimmte Stelle im Unternehmen ableiten lassen.[351]

Beim *Stichprobenverfahren* wird nicht die gesamte Arbeitszeit betrachtet, sondern es werden stichprobenartige Zeitmessungen der einzelnen Vorgänge durchgeführt bzw. prozentuale Häufigkeiten ausgeführter Tätigkeiten bestimmt. Bei der Anwendung von Stichprobenverfahren gilt es folgende restriktive Merkmale des Verfahrens zu beachten: Zum einen wird bei Stichprobenverfahren kein Leistungsgrad erfasst, was die Anwendung des

---

[350] Vgl. für eine Übersicht unter dem Schlagwort der Arbeitsforschung Drumm (2005), S. 140ff. oder Ridder (1999) ,S. 143ff.

[351] Vgl. Scholz (2000), S. 316f.

Ergebnisses einschränkt. Zum anderen wird die Abbildungsqualität und somit die Validität des Stichprobenverfahrens durch den Umfang der Stichprobe bestimmt.[352]

Elementarzeitverfahren basieren auf Katalogen mit normierten Tätigkeiten. Zunächst wird die zu untersuchende Tätigkeit in Einzelbewegungen zerlegt. Der genaue Zeitbedarf pro Einzelbewegung wird einer industriespezifischen Tabelle entnommen, in der konstante Zeitwerte bei Normalleistung festgehalten sind. Situative Arbeitsbedingungen, die die Einzelbewegungszeiten beeinflussen, werden durch Messungen oder Schätzungen bestimmt und den jeweiligen Einzelbewegungen zugeordnet. Durch Aufsummierung dieser situativ modifizierten Einzelbewegungszeiten einschließlich Verteil- und Erholungszeiten kann die Gesamtvorgabezeit bestimmt werden, aus der sich der quantitative Personalbedarf zur Ausübung einer bestimmten Tätigkeit ableiten lässt.[353]

(b) Verfahren mit breitem, stellenübergreifendem Fokus: Zur stellenübergreifenden Anforderungsanalyse können neben quantitativen Prognoseverfahren (z. B. Zeitreihenanalysen)[354] Verfahren wie Plausibilitätsüberlegungen, Kennziffernmethoden oder die Rosenkranz-Formel herangezogen werden, die von der stellenbezogenen Perspektive abstrahieren und einen breiteren Fokus einnehmen.

Bei *Plausibilitätsüberlegungen* wird zunächst vom Ist-Zustand des quantitativen Leistungsniveaus der gesamten Humanressourcen-Ausstattung ausgegangen. Dann werden die zu erwartenden quantitativen Veränderungen (Umsatzwachstum, Fluktuationsrate, Rationalisierungen etc.) identifiziert und der Ist-Größe des Leistungsniveaus hinzuaddiert oder von ihr subtrahiert. Abbildung 5-8 stellt schematisch ein Beispiel für Plausibilitätsüberlegungen dar, wobei es sinnvoll erscheint, zwischen operativen Mitarbeitern und Führungskräften zu unterscheiden, da diese Mitarbeitergruppen oftmals unterschiedlichen (quantitativen) Anforderungsveränderungen unterliegen. Aus der Differenz zwischen Ist-und Sollbestand des Leistungsniveaus ergibt sich der Handlungsbedarf, um eine personelle Über- oder Unterdeckung zu vermeiden.

---

352 Vgl. Scholz (2000), S. 318.

353 Vgl. Scholz (2000), S. 319f.

354 Zu ausführlicheren Darstellung von Prognosetechniken, vgl. Scholz (2000), S. 271f.

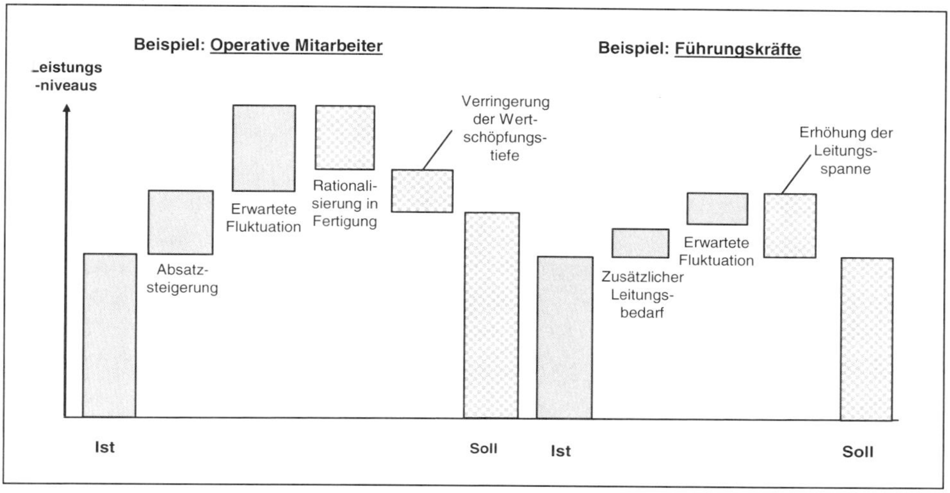

Abbildung 5-8: Plausibilitätsüberlegungen zu quantiativen Personalbedarfen

Bei der *Kennzahlenmethode* dagegen wird der quantitative Personalbedarf durch die Division der Arbeitsmenge durch die Leistungsfähigkeit pro Mitarbeiter ermittelt. Dieses abstrakte Prinzip lässt sich dann auf sehr konkrete Arbeitsmengen in bestimmten Funktionsbereichen anwenden.[355]

Die *Rosenkranzformel* stellt eine speziell für Bürotätigkeiten einsetzbare Bestimmungsform für den quantitativen Personalbedarf dar.[356] Gerade im Büro- und im Verwaltungsbereich ist die Herstellung eines direkten Bezugs zu einer konkreten Outputgröße (beispielsweise Umsatzkennzahl) in der Regel nicht möglich. Stattdessen wird das Tätigkeitsfeld von unterschiedlichen einzelnen Geschäftsvorfällen geprägt. Aus diesem Grund reicht der Rückgriff auf eine einheitliche Kennzahl nicht aus. Vielmehr ist der Einsatz mehrerer, additiv verknüpfter Kennzahlen erforderlich.[357]

355 Einfache Kennzahlenmethoden werden in der Praxis vor allem im Vertrieb und in Verbindung mit Umsatzzahlen verwendet. Vgl. Nieschlag et al. (1988), S. 290ff. Zur ausführlichen Darstellung von Personal-Kennzahlen vgl. auch Neuberger/Wimmer (1998), S. 555ff.

356 Vgl. detailliert und kritisch Neuberger/Wimmer (1998), S. 74ff.

357 Zu ausführlicheren Erläuterungen zur Rosenkranz-Formel, vgl. Nieschlag et al. (1988), S. 293ff.

5.2.2 Zukünftige Organisationsanforderungen

Neben der Analyse der gegenwärtigen müssen auch die zukünftigen Organisationsanforderungen betrachtet werden, um Informationen darüber zu gewinnen, wie antizipativ durch entsprechende Maßnahmen auf das Leistungsniveau der Humanressourcen-Ausstattung eingewirkt werden kann, um für zukünftige Organisationsanforderungen vorbereitet zu sein. Zur Analyse der zukünftigen Organisationsanforderungen existieren unterschiedliche Projektionsverfahren, die der Beschreibung einer unsicheren Zukunftsentwicklung dienen (1). Allerdings ist zu konzedieren, dass alle in die Zukunft gerichteten Verfahren zur Analyse von Organisationsanforderungen kritisch zu betrachten sind (2).[358]

(1) Projektionsverfahren

Unter Projektionen sind komplexe und wissenschaftlich fundierte Voraussagen über mögliche Entwicklungen zu verstehen, denen ein System im Zeitablauf unterworfen ist. Projektionsverfahren dienen folglich dem Entwurf von Modellen über den zukünftigen Zustand eines bestimmten Systems und können aus diesem Grund auch dazu herangezogen werden, Aussagen über zukünftige Organisationsanforderungen zu treffen. Mit der Delphi-Methode, der Szenario- und der Relevanzbaumtechnik werden im Folgenden drei Beispiele von Projektionsverfahren vorgestellt, die sich für die Analyse der zukünftigen Soll-Allokation heranziehen lassen.

(a) Delphi-Technik: Ein vor allem in der Praxis weit verbreitetes Verfahren stellt die so genannte Delphi-Technik, als eine besondere Form der Expertenbefragung, dar.[359] Die zugrunde liegende Annahme bei der Delphi-Technik ist, dass Experten in ihrem speziellen Fachgebiet besonders realitätsnahe Einschätzungen über Entwicklungen in der Zukunft treffen können. Charakteristisch für die Delphi-Technik ist, dass mehrere Experten unabhängig ein Urteil zu einem bestimmten Prognosezustand abgeben. Das Ziel besteht letztlich in der Bildung eines Gruppenurteils der befragten Experten zu dem interessierenden Prognosezustand. Die Befragung erfolgt in schriftlicher und anonymer Form. Dabei wird in der Regel nach folgendem mehrstufigem Muster vorgegangen:[360]

- Zunächst erhalten die Experten Informationen über das Prognosegebiet (beispielsweise Änderung der Organisationsanforderungen für den

---

358 Gemäß dem Zitat Albert Einsteins: "Planung ersetzt den Zufall durch Irrtum".

359 Vgl. RKW (1990), S. 96.

360 Vgl. Nieschlag et al. (1988), S. 807f.

Funktionsbereich F&E) und werden nach möglichen Ereignissen in der Zukunft befragt, die das Prognosegebiet verändern können.

- In einem zweiten Schritt wird den Experten eine vollständige Liste möglicher Entwicklungen zugesandt, die im ersten Schritt von allen beteiligten Experten genannt wurden. Die Aufgabe der Experten besteht nun darin, abzuschätzen, in welchem Zeitrahmen die Veränderungen im Prognosegebiet eintreten und wirksam werden können.
- Die Ergebnisse des zweiten Schritts werden im anschließenden dritten Schritt allen Experten zugesandt, denen dadurch die Möglichkeit geboten wird, unter dem Eindruck der neuen Ergebnisse ihre Einschätzung gegebenenfalls zu korrigieren und ihre Abweichung zu begründen.
- Der vierte Schritt verläuft grundsätzlich wie der vorhergehende, d.h. die Experten erhalten die neuen Ergebnisse und können nochmals von ihrer ursprünglichen Einschätzung abweichen und dies schriftlich begründen.
- Schließlich wird unter Beachtung der vorliegenden Ergebnisse eine abschließende Einschätzung als einheitliches Gruppenergebnis vorgenommen. Dies stellt dann die endgültige Prognose der Experten dar, aus der möglichst verlässliche Einschätzungen über die Veränderung des Prognosegebiets hervorgehen sollen.

(b) Szenario-Technik: Die Szenario-Technik stellt ein weiteres Verfahren zur Bestimmung zukünftiger Organisationsanforderungen dar.[361] Grundsätzlich zielt die Szenario-Technik darauf ab, auf Basis der gegenwärtigen Unternehmenssituation den zukünftigen Zustand von Einfluss nehmenden externen Faktoren zu antizipieren und daraus resultierende Auswirkungen auf das Untersuchungsfeld abzuleiten. Bezogen auf die Bestimmung zukünftiger Organisationsanforderungen wird versucht, Szenarien zukünftiger Tätigkeitsfelder des Unternehmens zu entwerfen. Auf Basis dieser Szenarien können jene Aufgaben ermittelt werden, die es beim Eintreten eines bestimmten Szenarios zu bewältigen gilt. Dabei kann die Identifikation der einzelnen Aufgaben entweder scharf oder unscharf erfolgen. Aus den Aufgaben des Szenarios werden schließlich die Anforderungen abgeleitet. Diese werden zu neuen Stellen gebündelt, die es beim Eintreten eines bestimmten Szenarios zu schaffen gilt.[362]

---

361 Vgl. Drumm (2005), S. 245ff.

362 Vgl. Beyer et al. (1995), S. 805f.

(c) Relevanzbaumtechnik: Auch mit der so genannten Relevanzbaumtechnik können Aussagen über zukünftige Organisationsanforderungen abgeleitet werden.[363] Bei dieser Technik werden aus übergeordneten Begriffen über Ziel-Mittel-Zusammenhänge untergeordnete Komponenten konkretisiert und spezifiziert. Im Kontext der Bestimmung zukünftiger Organisationsanforderungen können einzelne Qualifikationen (beispielsweise Fremdsprachenkenntnisse, interkulturelle Kompetenz) als Mittel zum Erreichen eines bestimmten Ziels (beispielsweise internationale Marktpräsenz) identifiziert werden, wobei dabei noch ein übergeordnetes Ziel (beispielsweise Gewinnsteigerung) bestehen kann. Im Anschluss wird die Relevanz der einzelnen Qualifikationen für die Erfüllung des übergeordneten Ziels (internationale Marktpräsenz) ermittelt, indem gleichzeitig die Eignung dieses Ziels zur Erfüllung eines übergeordneten Ziels (Gewinnsteigerung) bewertet wird. Die Darstellung der einzelnen Komponenten und der Ziel-Mittel-Beziehungen erfolgt dabei anhand eines Baumdiagramms.

(2) Kritische Bewertung der Verfahren

Eine Prognose zukünftiger Organisationsanforderungen ist, wie jeder Blick in die Zukunft, immer nur mit Einschränkungen möglich. Die Dynamik der Unternehmensumwelt führt zudem dazu, dass alle Prognosen permanent angepasst werden müssen. Die oben beschriebenen Verfahren dienen in erster Linie nun dazu, die Analyse der zukünftigen Organisationsanforderungen methodisch zu unterstützen. Eine kritische Bewertung der Verfahren kann anhand der drei Kriterien Richtigkeit (a), Aufwand (b) und Nutzbarkeit (c) erfolgen:

(a) Richtigkeit: Zunächst stellt sich die Frage, ob das Ergebnis der Verfahren die organisatorischen Anforderungen der Zukunft mit einer hohen Prognosegüte, d.h. richtig, vorhersagen. Gleichzeitig ist diese Frage im Zusammenhang mit dem Detaillierungsgrad der Prognose zu sehen. Je detaillierter eine Prognose erfolgt, desto größer ist die Gefahr, dass sich die Ergebnisse (im Detail) als falsch herausstellen. Entsprechend sind die Delphi- und die Szenarioanalyse weniger fehleranfällig, da sie meist nur grobe Einschätzungen vornehmen. Eine detaillierte Relevanzbaum-Lösung kann auf unterster Ebene jedoch leicht als falsch identifiziert werden. Gleichwohl gibt es jedoch auch kritische Einwände gegenüber den beiden anderen Verfahren. So lässt sich etwa im Rahmen der Delphi-Analyse häufig hoher Konformitätsdruck zwischen den Experten feststellen, der letztlich zu einer Verfälschung der Ergebnisse führt.[364]

---

363 Vgl. Drumm (2005), S. 249.
364 Vgl. Brockhoff (1977), S. 81ff.

(b) Aufwand: Ein weiteres Kriterium zur Bewertung der Projektionsverfahren ist der mit der Durchführung der Verfahren verbundene Aufwand. Insgesamt ist der Aufwand der Verfahren so hoch einzuschätzen, dass nicht alle organisatorischen Aufgaben und Anforderungen einer permanenten langfristigen Prognose unterzogen werden können. Es ist deshalb wichtig, vor der Anwendung der Verfahren eine Vorauswahl zu treffen, welche potentiellen Anforderungsveränderungen in welchen Unternehmensbereichen in einem aufwendigen Verfahren prognostiziert werden sollen. Als diesbezügliches Auswahlkriterium kann die strategische Relevanz und die Unternehmensspezifität der Aufgaben herangezogen werden.

(c) Nutzbarkeit: Als letztes Kriterium für die Bewertung der Projektionsverfahren kann die Nutzbarkeit der Ergebnisse ins Feld geführt werden. Hierbei gilt die Feststellung, dass Verfahren einen möglichst hohen Detaillierungsgrad haben sollten. Dies spricht, unter Abwägung der Prognosegüte, in erster Linie für die Relevanzbaum-Technik. Gleichzeitig sind die Prognoseergebnisse derart zu strukturieren, dass sie systematisch mit der Analyse der Allokation-Ist, also dem momentanen Leistungsniveau der Humanressourcen-Ausstattung, abgeglichen werden können. Voraussetzung hierfür ist eine identische Strukturierung der Beurteilungsverfahren für die Humanressourcen-Leistungen und die organisatorischen Anforderungen.

Jenseits dieser kritischen Einwände ist Folgendes zu bedenken: Während Delphi- und Szenario-Technik dazu dienen, neue Informationen über zukünftige Entwicklungen in den Entscheidungsprozess einzubringen, trägt die Relevanzbaum-Technik zur Unsicherheitsreduktion, insbesondere in Bezug auf zukünftige Anforderungen, durch Verknüpfung bzw. Deduktion bereits vorhandener Informationen bei.[365]

365 Vgl. Hofbauer (1991), S. 264.

Diskussions- und Verständnisfragen:

(1) Weshalb ist es gerechtfertigt, die Analyse der Allokation die zentrale Funktion des Humanressourcen-Managements zu bezeichnen? Diskutieren Sie die Folgen einer fehlerhaften Analyse.

(2) Auf welche Weise lässt sich das Leistungsniveau einzelner Mitarbeiter beurteilen? Welche charakteristischen Probleme treten dabei häufig auf?

(3) Überlegen Sie sich eine adäquate Ausgestaltung eines Beurteilungssystems, d.h. die Festlegung von Beurteilungskriterien und Parametern, für den Hochschulbereich?

(4) Diskutieren Sie die Aussagekraft und Anwendbarkeit von Verfahren, die das aggregierte Leistungsniveau einer Humanressourcen-Ausstattung messen wollen.

Literaturempfehlungen:

- Als ein übersichtliches Werk zur Personalbeurteilung eignet sich: **Liebel, H. J./Oechsler, W. A. (1992):** Personalbeurteilung, Neue Wege der Leistungs- und Verhaltensbewertung. Bamberg.

- Interessante Ausführungen zu Fehlerquellen bei der Beurteilung von Mitarbeitern finden sich bei: **Lueger, G. (1992):** Die Bedeutung der Wahrnehmung bei der Personalbeurteilung. München.

- Ein Standardwerk zur Personalbeurteilung ist der Sammelband von: **Sarges, W., Hg. (2000):** Management-Diagnostik. Göttingen.

- Die Beurteilung von Humanressourcen auf kollektiver Ebene ist unter anderem Thema bei: **Scholz, C./Stein, V./Bechtel, R. (2006):** Human Capital Management: Wege aus der Unverbindlichkeit. München.

6 Nutzung und Strukturierung der Humanressourcen-Ausstattung

Funktionen des Humanressourcen-Managements, die auf eine verbesserte Nutzung der Humanressourcen-Ausstattung abzielen, setzen direkt an einer positiven Veränderung der Will- bzw. Skill-Komponente der Humanressourcen-Ausstattung an. Es geht also um die Verbesserung der Leistungsfähigkeiten bzw. -bereitschaften der im Unternehmen beschäftigten Mitarbeiter. Zumindest in einem ersten Zugriff lassen derartige Funktionen sich bezüglich ihrer Auswirkungen auf die Leistungskomponenten „will" und „skill" näher differenzieren:

- Maßnahmen des Humanressourcen-Managements, die in erster Linie auf eine Verbesserung der „Will"-Komponente der Mitarbeiterleistung hinwirken, lassen sich der Funktion „Motivation" zuordnen (siehe Abschnitt 6.1).

- Zielen die Maßnahmen hingegen primär auf die Erhöhung der „skills" der Mitarbeiter, so handelt es sich um die Funktion der „Entwicklung" von Humanressourcen (siehe Abschnitt 6.2).

In zweifacher Hinsicht etwas unschärfer ist die Funktion des „Placements" von Humanressourcen, zu der vor allem Maßnahmen gehören, die zu einer inhaltlichen Veränderung der Tätigkeit oder der Stelle von Humanressourcen führen (siehe Abschnitt 6.3).

- Zum einen kann die Funktion des Placements von Humanressourcen auf die Verbesserung sowohl der „Will"- als auch der „Skill-Komponente" menschlicher Leistung wirken. Dies liegt daran, dass neue Aufgaben beim Mitarbeiter Lernprozesse auslösen können und gleichzeitig motivationale Wirkungen zeitigen.

- Zum anderen ist mit dem Placement von Humanressourcen auch eine Veränderung des organisatorischen Stellengefüges verbunden. Insofern ist nicht nur von einer Nutzung der bestehenden Humanressourcen-Ausstattung zu sprechen, sondern auch von einer Strukturierung derselben.

Darüber hinaus ist mit dem Placement auch ein strukturierender Effekt verbunden. Damit ist angesprochen, dass die Funktionen des Placements über eine Strukturierung der der Humanressourcen-Ausstattung versucht, das Leistungsniveau des Unternehmens den organisatorischen Anforderungen anzupassen. Grundidee bzw. zentrale Annahme dabei ist es, dass den organisatorischen Anforderungen, sprich Aufgaben und Stellen, in optimaler Form entsprechende Humanressourcen zugewiesen werden können. Placementaktivitäten führen zu einer neuartig strukturierten Humanressourcen-Ausstattung und sind – ausgehend von einer optimierten Humanressourcen-Ausstattung – auf den ersten Blick immer nur dann notwendig, wenn sich neue organisatorische Anforderungen ergeben haben oder wenn sich die Leistungsniveaus der Humanressourcen verändert haben. Letzteres kann der Fall sein, wenn Mitarbeiter im Laufe der Zeit alle für ihre Stelle notwendigen Qualifikationen erlernt haben und es aufgrund erster Demotivationseffekte zu einem Leistungsabfall kommt.

6.1 Motivation von Humanressourcen

Die Motivation der Humanressourcen ist eine zentrale Voraussetzung für zielorientiertes Leistungsverhalten im Unternehmen.[366] Die Mitarbeiter eines Unternehmens treffen prinzipiell zwei motivational gesteuerte Entscheidungen, die sich in einem ersten Zugriff konzeptionell unterscheiden lassen: Einmal die Entscheidung am unternehmerischen Handeln teilzunehmen (Teilnahmeentscheidung) und zum anderen die Entscheidung hierbei bestimmte Leistungen zu erbringen (Leistungsentscheidung). Die Unterscheidung einer Teilnahme- und Leistungsentscheidung lässt sich noch weiter spezifizieren. So ist mit der Teilnahmeentscheidung bereits eine grundlegende Leistungsbereitschaft verbunden, denn Teilnahme ohne Basisleistung ist in Unternehmen qua definitione grundsätzlich ausgeschlossen. Die Leistungsentscheidung im engeren Sinn hingegen beinhaltet sehr genau, in welchem Ausmaß welche Leistungen erbracht werden. Ausgehend von dieser weitergehenden Spezifizierung lassen sich zwei Konsequenzen für die Motivation der Humanressourcen ableiten.

- Zunächst sind Humanressourcen dazu zu motivieren, ihre Teilnahmeentscheidung aufrecht zu erhalten und eine grundlegende Leistungsbereitschaft anzubieten. Es geht also darum, gezielt Commitment gegenüber dem Unternehmen und den Aufgaben herzustellen. Dies erfordert, dass Humanressourcen die organisationalen Ziele akzeptieren, sich im Sinne der ihnen zugedachten Rolle einsetzen und in der Organisation verbleiben.

- Neben der Bindung von Mitarbeitern und der Sicherstellung von grundlegenden Leistungsbereitschaften, ist es unternehmerisches Ziel, die

366 Vgl. Staehle (1999), S. 218.

Leistungsbereitschaft von Mitarbeitern auszubauen und das Leistungsverhalten von Mitarbeitern gezielt zu steuern. Hierzu dienen insbesondere Anreizsysteme. Die Funktion von Anreizsystemen lässt sich somit nicht auf den Aspekt der Intensität der Leistungserbringung und Bindung reduzieren. Essentiell ist vielmehr auch die Leistungssteuerung zu sehen.

Umgekehrt ist die eben erfolgte konzeptionelle Unterscheidung etwas zu relativieren. Eine erste Relativierung ist die bereits erwähnte Tatsache, dass auch die Teilnahmeentscheidung gewisse Leistungsaspekte impliziert. Relativiert wird die Unterscheidung zudem auf der Ebene von konkreten Instrumenten. Diese verbessern unter Umständen die Bindung zum Unternehmen, erhöhen die Leistungsbereitschaft und steuern das Verhalten des Mitarbeiters. Trotzdem wird im Folgenden wird nun das Management von Commitment[367] (siehe Unterabschnitt 6.1.1) und die Einrichtung von Anreizsystemen (siehe Unterabschnitt 6.1.2) gesondert behandelt. Die Wechselwirkungen und Redundanzen dieser Managementfelder werden damit jedoch bewußt nicht verneint.

6.1.1 Management von Commitment

Unter Commitment im betriebswirtschaftlichen Kontext wird ganz allgemein die (Selbst-)Bindung bzw. Festlegung einer Person an bzw. auf ein bestimmtes Unternehmen verstanden. Commitment ist damit ein komplexer, psychologischer Zustand, der die Beziehung einer Person zum Unternehmen näher beschreibt.[368] Freilich beinhaltet dieses weite Begriffsverständnis unterschiedliche Formen eines Commitments. Diesbezüglich lassen sich drei zentrale, inhaltliche Aspekte als konstitutive Bestandteile identifizieren:[369]

- Zunächst kann Commitment die positive Einstellung eines Mitglieds zu seinem Unternehmen bedeuten. Das heißt, dass eine Einbindung in und Festlegung auf ein Unternehmen aufgrund einer emotionalen, positiven Zuwendung zu einer Organisation besteht, wie sie etwa die Identifikation mit Zielen und Werten darstellt. Commitment basiert dann

367 Vgl. Mowday et al. (1982), S. 26ff.

368 Vgl. hierzu beispielhaft die zentralen Auffassungen zum Begriff „Commitment“ von Allen/Meyer (1991), S. 67, Becker (1960), S. 33, Buchanan II (1974), S. 533, Mowday et al. (1982), S. 226, Meyer/Allen (1997), S. 10, O´Reilly III/Chatman (1986), S. 493, Sheldon (1971), S. 143, Wiener (1982), S. 418.

369 Vgl. Gauger (2000), S. 79 sowie Klimecki/Gmür (2001).

auf affektiver Grundlage und wird im Folgenden als affektives Commitment bezeichnet.

- Weiter entsteht Commitment aber auch durch eine Einbindung eines Mitglieds, die aus der Wahrnehmung einer Verpflichtung gegenüber dem Unternehmen resultiert. Eine auf diese Weise begründete Beziehung ist beispielsweise aufgrund von (Vor-)Leistungen des Unternehmens etwa in Form von Ausbildungsmaßnahmen denkbar. Commitment resultiert vor diesem Hintergrund also aus der Wahrnehmung einer normativen Verpflichtung gegenüber dem in Vorleistung gegangenen Unternehmen. Commitment, das auf dieser Grundlage entsteht, wird daher normatives Commitment genannt.

- Schließlich kann Commitment im Rahmen einer Beziehung zwischen einem Mitglied und seinem Unternehmen aufgrund individuell kalkulierter Kosten- und Nutzenüberlegungen entstehen. Basis der Überlegung können wahrgenommene Kosten sein, die mit Austritt aus dem Unternehmen verbunden sind. Derartiges Commitment soll folglich als kalkuliertes Commitment bezeichnet werden.

Aufgrund der Relevanz des Commitments für die Bindung einer Person an ein bestimmtes Unternehmen, ist ein Management von Commitment unabdingbar. Mit dem Commitment-Management können im Unternehmen unterschiedliche Ziele verfolgt werden (1). Hiefür stehen dem Unternehmen diverse Möglichkeiten des Managements von Commitment zur Auswahl, die an den unterschiedlichen Formen von Commitment ansetzen (2).

(1) Ziele des Managements von Commitment

Es wird davon ausgegangen, dass Commitment mit einer Reihe von positiven Auswirkungen verbunden ist, die im Sinne des Unternehmens sind.[370] Insbesondere zwei Aspekte sind augenfällig. Zum einen wird die Nutzung individueller Potentiale intensiviert, z. B. in Form gesteigerten Engagements (a). Zum anderen lassen sich Bindungseffekte, wie z. B. Verminderungen von Fluktuation und Absentismus, erzielen (b). Eine etwas differenziertere und auch kritischere Perspektive ergibt sich, wenn beide Aspekte kombiniert werden. Hierbei sind die Ziele des Managemnts zunächst auszublenden, so dass sich hinsichtlich ihres Commitments unterschiedliche Typen von Mitarbeitern aufzeigen lassen (c).

---

[370] Vgl. hierzu Allen/Meyer (1991), S. 67, Becker (1960), S. 32, Mowday et al. (1979), S. 239, Steers (1977), S. 52, Wiener (1982), S. 421. Übermäßiges Commitment kann sich in Form von Fanatismus und Workoholicsm äußern, vgl. Hulin (1991), S. 488, Romzek (1989), S. 649, sowie Gouldner (1960), S. 469.

(a) *Engagement:* Durch Commitment bedingte Steigerungen des Engagements von Mitarbeitern wurden bisher in einer Reihe empirischer Untersuchungen bestätigt.[371] Demnach resultiert Commitment in einer verbesserten Erfüllung rollenspezifischer Anforderungen, einer Erhöhung der Kooperationsbereitschaft und darüber hinausgehend in so genanntem „Extra-Rollenverhalten".

- Das zuverlässige Erfüllen der Rollenerwartung ist einerseits auf das hohe Involvement zurückzuführen, das mit der affektiven Commitmentkomponente einhergeht. Denn hohes Involvement bedingt eine erhöhte Aufmerksamkeit und Einsatzbereitschaft.[372] Andererseits führt auch die normative Komponente einer wahrgenommenen Verpflichtung gegenüber dem Unternehmen zu einer gesteigerten Leistungsbereitschaft und Zuverlässigkeit.[373] Darüber hinaus fördert das kalkulierte Commitment Engagement für den Erhalt der Beschäftigung in der Organisation. Dies bedingt ein starkes Streben nach Konformität mit den konkreten Rollenanforderungen.[374]

- Die Erhöhung der Kooperationsbereitschaft ist ein maßgeblicher Faktor für reibungslose Abläufe im Unternehmen. Commitment erzeugt diesbezüglich eine kooperative Interaktion und einen erhöhten Zusammenhalt innerhalb von Arbeitsgruppen, sowie eine positive Wirkung auf die Kooperationsbereitschaft mit Vorgesetzten.[375] Insbesondere affektives Commitment übt einen starken Einfluss auf die Kooperationsbereitschaft aus. Die Identifikation mit den Zielen, Werten und Normen eines Unternehmens fördert zum einen die Akzeptanz von Vorgaben seitens des Unternehmens. Ähnlich wirkt auch die normative Komponente des Commitments. Dagegen fördert kalkuliertes Commitment, das tendenziell auf die Aufrechterhaltung der Beziehung gerichtet ist, nicht zwangsläufig die Kooperation und das Engagement in diesem Sinne.[376] Kooperation ist allenfalls gegenüber Vorgesetzten zu erwarten, um individuelle Nachteile zu vermeiden.

---

371 Vgl. z. B. Mowday et al. (1979), S. 239, Mowday et al. (1982), S. 138, Steers (1977), S. 52.

372 Vgl. Angle/Lawson (1994), S. 1545, Farrell/Rusbult (1981), S. 79.

373 Vgl. Ashforth/Saks (1996), Wiener (1982), S. 421.

374 Vgl. Moser (1996), S. 43, Meyer/Allen (1997), S. 36.

375 Vgl. Kim/Mauborgne (1998), S. 323, Meyer et al. (1993).

376 Vgl. Meyer et al. (1989), S. 154.

- Hohes Commitment bewirkt auch Verhalten, das über die konkreten Rollenanforderungen hinausgeht.[377] Derartiges „Extra-Rollenverhalten" bedeutet die eigeninitiierte Erweiterung des individuellen Rollen- und Aufgabenverständnisses.[378] Dadurch werden Rollenerwartungen erstens überfüllt und zweitens eine Steigerung innovativen Verhaltens erreicht.[379] Die Überfüllung der Rollenerwartung führt zur freiwilligen Übernahme zusätzlicher Aufgaben. Das hohe Maß an Eigeninitiative äußert sich dann in besonderer Aufmerksamkeit und Hilfsbereitschaft gegenüber Aktoren des organisatorischen Kontextes.[380] Derartige Auswirkungen konnten insbesondere in Zusammenhang mit der affektiven Commitmentkomponente nachgewiesen werden.[381] Innovatives Verhalten jenseits von Rollenerwartungen resultiert in konstruktivem Widerspruch und in (überdurchschnittlichem) Einreichen von Vorschlägen bei Problemen.[382] Da innovatives Verhalten insbesondere von einem hohen Maß an Auseinandersetzung und Identifikation von dem organisatorischen Kontext abhängt, korreliert es hauptsächlich mit affektivem Commitment.[383] Der Zusammenhang zu normativ basiertem und kalkuliertem Commitment ist hier deutlich schwächer.[384]

(b) Bindung: Commitment wirkt auch in Richtung einer Erhöhung der Bindung. Diese findet zum einen in einer erhöhten Bindungsdauer Ausdruck, zum anderen kann eine erhöhte Bindung auch in Form geringer Absentismusraten und daraus resultierender erhöhter Anwesenheit im Unternehmen beobachtet werden. Eine erhöhte Bindungsdauer kann erstens dadurch entstehen, dass Commitment zum Bestreben von Mitarbeitern führt, die Beziehung zum Unternehmen aufrecht zu erhalten. Zweitens besteht ein Zusammenhang mit der Bereitschaft zur Beförderung, da diese in der Regel auch mit einer Verlängerung der Beschäftigungsdauer einhergeht.

---

377 Vgl. Caldwell et al. (1990), S. 245, Mayer/Schoorman (1992), S. 679, Morrison (1994), S. 1556 ff., Organ/Ryan (1995), S. 792.

378 Vgl. Morrison (1994), S. 1556ff.

379 Vgl. Caldwell et al. (1990), S. 245, Mayer/Schoorman (1992), S. 679, Morrison (1994), S. 1556ff., Mowday et al. (1982), S. 15, Organ/Ryan (1995), S. 792.

380 Vgl. Caldwell et al. (1990), S. 245, Meyer/Allen (1997), S. 33, O´Reilly III/Chatman (1986), S. 468.

381 Vgl. beispielsweise Morrison (1994), S. 1554.

382 Vgl. beispielsweise Meyer/Allen (1997), S. 33.

383 Vgl. Angle/Lawson (1994), S. 1551, Morrison (1994), S. 1554ff., Mowday et al. (1982), S. 15.

384 Vgl. Meyer et al. (1993), Morrison (1994), Allen/Meyer (1991), S. 78.

- Der Wunsch die Mitgliedschaft in einem Unternehmen aufrecht zu erhalten, ist ein wesentliches Ergebnis von Commitment. Zunächst steht die Aufrechterhaltung der Mitgliedschaft in engem Zusammenhang zum affektiven Commitment.[385] Denn eine positive, psychische Einbindung in den organisatorischen Kontext und die Identifikation mit diesem erhöhen zwangsläufig den Wunsch, Teil eines Kontexts zu bleiben. Zudem kann auch eine Verpflichtung gegenüber einem Unternehmen, also normatives Commitment, zu der Absicht führen, in der Organisation zu verweilen, um dieser Verpflichtung gerecht werden zu können.[386] Dieses Bestreben kann soweit reichen, die Mitgliedschaft – zumindest kurzfristig – auch dann aufrechtzuerhalten, wenn die Anreizrelation nicht mehr als zufrieden stellend wahrgenommen wird.[387] Daneben resultiert auch die Kalkulation der relativen Vorteile einer Mitgliedschaft, die ja zu kalkuliertem Commitment führt, in dem Wunsch, die Beziehung zur Organisation aufrecht zu erhalten.[388]

- Auch die Bereitschaft zur Annahme einer Beförderung kann als Ausdruck eines Commitments bewertet werden. Berücksichtigt man, dass mit einer Beförderung auch eine Fortführung des Beschäftigungsverhältnisses verbunden ist, so wird auch die Bereitschaft zur weiteren Leistungserbringung im Unternehmen deutlich.[389] Da diese insbesondere mit dem individuellen Involvement und der Identifikation mit dem Unternehmen in Zusammenhang steht, lässt sich dieses einer affektiven Commitmentkomponente zuschreiben.[390] Ein Zusammenhang zu kalkuliertem Commitment ist dagegen lediglich mittelbar über die Entstehung individueller Vorteile zu begründen. Auch der Einfluss normativen Commitments kann als eher unwahrscheinlich gelten.

Ein weiterer, oft nachgewiesener Einfluss von Commitment betrifft, wie bereits erwähnt, die Anwesenheit im Unternehmen. Im Vordergrund steht dabei die Reduktion freiwilliger Fehlzeiten. Zunächst widerspricht eine starke Involvierung in das Unternehmen augenscheinlich freiwilligem Absentismus. Die mit der Identifikation verbundene, affektive Zuwendung zu einem

---

385 Vgl. Mayer/Schoorman (1992), S. 679, O´Reilly III/Chatman (1986), S. 469, Somers (1995), S. 54, Steers (1977), S. 52.

386 Vgl. Somers (1995), S. 54.

387 Vgl. Scholl (1981), S. 594.

388 Vgl. Mathieu/Zajac (1990), S. 184, Mayer/Schoorman (1992),S. 679, Meyer et al. (1989), S. 154, Somers (1995), S. 54.

389 Vgl. Meyer et al. (1989), S. 154.

390 Vgl. Meyer et al. (1989), S. 154

Unternehmen steht deshalb freiwilligen Fehlzeiten entgegen.[391] Neben der affektiven Commitmentkomponente spricht aber auch normatives Commitment gegen freiwillige Fehlzeiten,[392] da ein freiwilliges Fernbleiben kaum geeignet scheint, normativ verpflichtet, d.h. im Sinne des Unternehmens, zu handeln. Zudem widerspricht häufiges Fehlen insoweit einem kalkulierten Commitment, als der Mitarbeiter mit negativen Konsequenzen seines Fehlens rechnen müsste, was wiederum seinem Streben nach Rollenkonformität zuwider liefe.

(c) Mitarbeitertypen: Eine Möglichkeit die obigen Zielsetzungen aufzugreifen, ist die Unterteilung des Commitments in ein Commitment gegenüber der Arbeitsaufgabe (Engagement) und ein Commitment gegenüber dem Unternehmen (Loyalität/Bindung). Entlang dieser beiden Dimensionen lässt sich eine Matrix mit vier Feldern aufspannen, in denen wiederum unterschiedliche Mitarbeitertypen verortet sind (siehe Abbildung 6-1).

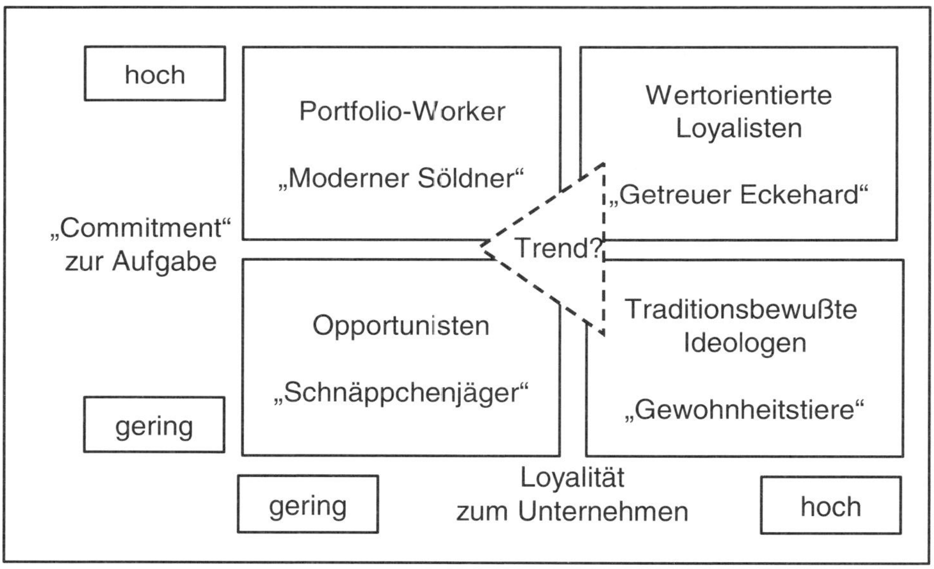

Abbildung 6-1: Mitarbeitertypen in Abhängigkeit von Commitmentausprägungen (Quelle: in entfernter Anlehnung an Sattelberger (2002), S. 94f.)

[391] Vgl. Caldwell et al. (1990), S. 245, Mowday et al. (1979), S. 239, Somers (1995), S. 54.

[392] Vgl. Wiener (1982), S. 421.

- *Opportunisten* oder „Schnäppchenjäger" verweilen häufig im Unternehmen nur mangels entsprechender Alternativen und aufgrund der persönlichen Notwendigkeit einer Beschäftigung nachzugehen. In einem positiven Sinn könnten solche Mitarbeiter als moderne Tagelöhner bezeichnet werden, die fallweise auf Basis befristeter Verträge für spezifische Arbeitsaufgaben engagiert werden.

- *Traditionsbewußte Ideologen* agieren als „Gewohnheitstiere" und besitzen eine hohe persönliche Bindung zum Unternehmen. Einen beruflichen Wechsel, mit dem ein neuer Arbeitgeber verbunden wäre, können sie sich meist nicht vorstellen. Sie tragen typischerweise die Ziele des Unternehmens mit, sind aber gegenüber Veränderungen und Innovationen grundsätzlich ablehnend eingestellt. Die eigene Aufgabe erfüllen sie ohne besonderes Engagement.

- *Werteorientierte Loyalisten* lassen sich mit der Märchenfigur des „Getreuen Eckehard" umschreiben. Sie halten nicht nur bedingungslos und in allen Zeiten zum Unternehmen, sondern erachten auch ihre Aufgabe im Unternehmen als besonders wichtig. Letzteres hat zur Folge, dass sie sich für ihren Aufgabenbereich in herausragender Weise engagieren.

- *Portfolio-Worker* sind als „Moderne Söldner" im Einsatz und gewinnen in den letzten Jahren zunehmend an Bedeutung. Sie weisen ein prinzipiell hohes Commitment zu ihrer Arbeitsaufgabe aus, ihre Bindung und Loyalität zum Unternehmen ist aber eher gering. Die gegenwärtige Beschäftiung wird nicht als Beruf, geschweigen denn als Berufung, sondern lediglich als Job angesehen. Die Beziehung zum Unternehmen ist damit grundsätzlich nur auf Zeit definiert. Portfolio-Worker werden das Unternehmen verlassen, falls sich für sie ein besseres Angebot ergibt. Umgekehrt akzeptieren sie eine durch das Unternehmen initiierte Trennung, falls die Aufgabenziele nicht erreicht werden.

(2) Möglichkeiten des Managements von Commitment

Prinzipiell bieten sich für das Unternehmen zwei generische Ansatzpunkte für das Management von Commitment. Erstens können unterschiedliche Instrumente zum Aufbau von Commitment dienen (a). Zweitens lassen sich Instrumente einsetzen, die ein bereits bestehendes Commitment erhalten (b).

(a) Aufbau von Commitment: Bedenkt man die eben aufgeführten positiven Auswirkungen eines hohen Commitments der Mitarbeiter, so liegt der Versuch nahe, ein derartiges Commitment durch Instrumente des Humanressourcen-Managements aktiv aufzubauen. Ein so verstandenes Management von Commitment ist zwar aufgrund der Komplexität der menschlichen

Natur begrenzt, aber dennoch in gewissem Umfang möglich.[393] Dabei zeigt sich, dass Stellhebel und Möglichkeiten des Aufbaus von Commitment insbesondere in den Bereichen der Führung und Vergütung zu suchen sind. Innerhalb dieser Bereiche sollen beispielhaft Instrumente skizziert werden, die jeweils ganz spezifisch auf einzelne Commitmentkomponenten wirken (siehe Abbildung 6-2).[394]

- Beispielsweise lässt sich argumentieren, dass Führungsinstrumente wie Coaching und Weiterbildung auf die kalkulierte Komponente des Commitments wirken, indem das Unternehmen Vorleistungen in Form von Investitionen in die Förderung von Mitarbeitern tätigt. Dabei wird die Beziehung zwischen Unternehmen und Mitarbeiter zu einer spezifischen Beziehung. Die Beendigung der Beziehung würde auch auf Seiten des Mitarbeiters zu Wechselkosten führen. Ähnlich wirken auf Seiten der Vergütung viele Aktienoptionspläne, da diese häufig so ausgestaltet sind, dass ein Verlassen des Unternehmens zu finanziellen Einbußen führt.

- Durch die Durchführung von Feedbackgesprächen kann es gelingen, beim Mitarbeiter normatives Commitment zur Erfüllung kooperativ abgestimmter Rollenanforderungen aufzubauen. Zielführend sind insbesondere die Klarheit über Rollenanforderungen und Ressourcensituation sowie die politische Absicherung im Unternehmen.[395] Eine Vergütungspolitik, die im Vergleich zum Markt, auf eine besonders hohe Vergütung setzt (High-Wage), kann ebenfalls zu einer normativen Verpflichtung des Mitarbeiters führen, wenn dieser die Vergütungsprämie als Vertrauensvorschuss interpretiert.

- Im Rahmen der Führungsinstrumente spielt schließlich die Gestaltung und Etablierung von Unternehmensgrundsätzen sowie die Unternehmenskultur eine große Rolle. Auf Basis entsprechender Unternehmensgrundsätze bzw. einer adäquaten Unternehmenskultur lassen sich die Identifikation und das Involvement der Mitarbeiter mit dem Unternehmen fördern, so dass der Aufbau von affektivem Commitment erleichtert wird. Ebenso können leistungs- oder belastungsorientierte Bonusvergütungen einen Einfluss auf die affektive Komponente des Commitments haben. Dies gilt zumindest immer dann, wenn der Mitarbeiter die Bonusvergütung als einen Aspekt der Vergütungsgerechtigkeit empfindet.

---

393 Vgl. für eine Begründung Gauger (2000), S. 142ff.

394 Vgl. zum Folgenden insbesondere Gauger (2000), S. 145ff.

395 Vgl. Gauger (2000), S. 218ff.

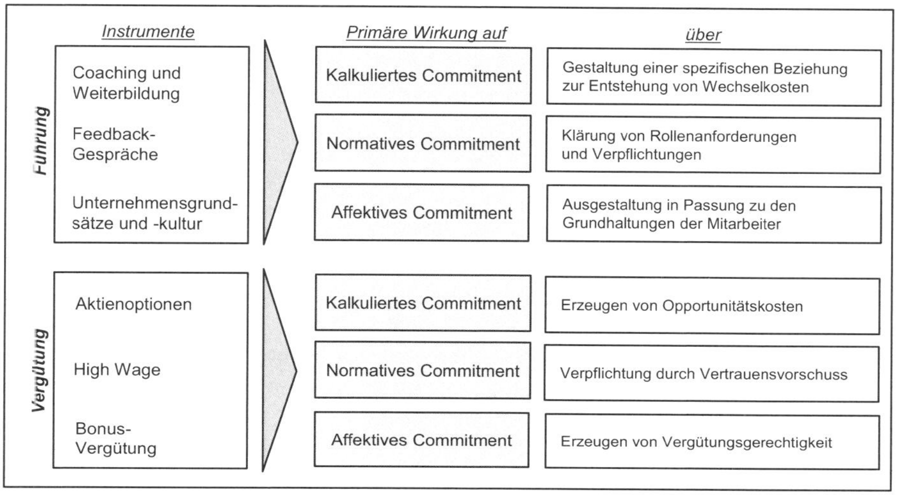

Abbildung 6-2: Exemplarische Wirkungen durch Führung und Vergütung (Quelle: entfernt in Anlehnung an Gauger (2000))

(b) Erhalt von Commitment: Der Erhalt von Commitment hängt mit dem Konstrukt des psychologischen Vertrags[396] zusammen. Der psychologische Vertrag beschreibt ein Vertragsverhältnis, das alle Wahrnehmungen bezüglich der Anreize und Belastungen umfasst und die Grundlage für die Entscheidung hinsichtlich Intensität, Richtung und Ausdauer individuellen Verhaltens in Organisationen verkörpert. Er ist durch folgende Merkmale charakterisiert:[397]

- Der psychologische Vertrag wird zwischen Individuen und Organisationen formlos und ohne schriftliche Fixierung zusätzlich zum eigentlichen Arbeitsvertrag geschlossen.
- Er beinhaltet die Erwartungshaltungen, mit denen sich Individuen und Organisationen bezüglich der gewährten Anreize und der geforderten Belastungen (Arbeitsleistung und Bezahlung, Spektrum von Rechten, Privilegien und Pflichten usw.) gegenüberstehen.[398]

---

396 Vgl. Rousseau (1989), S. 125.
397 In Anlehnung an Rousseau (1989), S. 124ff.
398 Vgl. Morrison (1994), S. 354.

- Beide Erwartungshaltungen werden von den Mitarbeitern generiert bzw. antizipiert und gespeichert und basieren neben monetarisierbaren auch auf sozio-emotionalen und wertgestützten Überlegungen.
- Führungskräfte bzw. Personalverantwortliche sind dabei sozusagen persönliche Vertreter des Unternehmens gegenüber ihren Mitarbeitern.

Entscheidend für den Erhalt von Commitment ist nun, dass der psychologische Vertrag eine positive Basis für langfristiges, uneingeschränktes Erfüllen individueller Aufgaben im Sinne eines Commitments der Mitarbeiter zu rollenkonformen Verhalten in Organisationen darstellt. Dies ist immer dann der Fall, wenn eine möglichst große Übereinstimmung zwischen dem organisatorischen Rollenverständnis und den Inhalten der psychologischen Arbeitsverträge besteht. Diese Übereinstimmung wird auch als impliziter Vertrag bezeichnet (siehe Abbildung 6-3).[399]

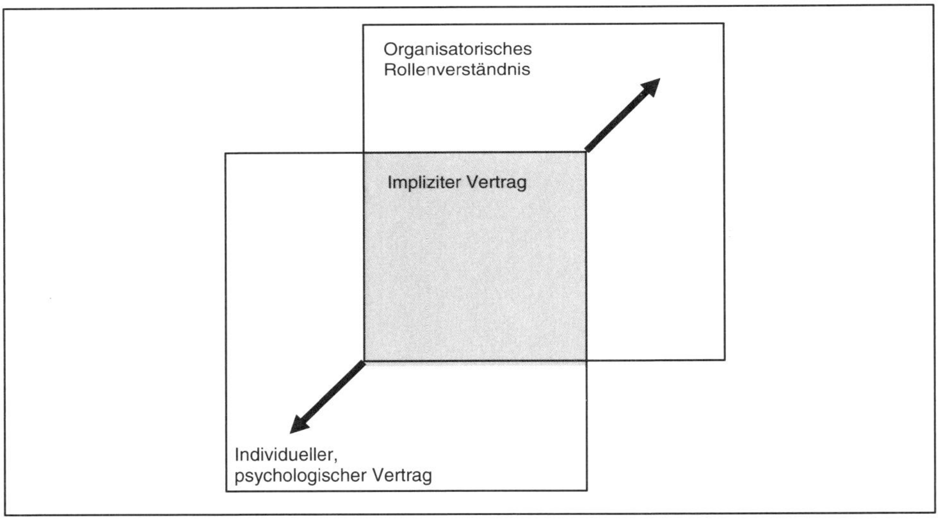

Abbildung 6-3: Die Idee des impliziten Vertrags
(Quelle: in Anlehnung an Kniehl (1998), S. 41)

399 Vgl. McClean Parks/Schmedemann (1994), S. 407, sowie Rousseau (1989), S.129ff., und Weick (1981), S. 100f. Rousseau (1995).

Der implizite Vertrag entspricht der Schnittmenge aus dem organisatorischem Rollenverständnis und den individuellen Erwartungshaltungen. Da der psychologische Vertrag letztlich die Erwartungen des Einzelnen hinsichtlich seiner Möglichkeiten zur Selbstverwirklichung in einer Organisation beinhaltet, steigt die Wahrscheinlichkeit organisationsziel- bzw. rollenkonformen Verhaltens mit zunehmender Übereinstimmung des organisatorischen Rollenverständnisses mit den Inhalten des psychologischen Vertrages. Die Bereitschaft des Einzelnen, der Organisation das eigene Potential für die Organisationsziele zur Verfügung zu stellen, nimmt also mit zunehmender inhaltlicher Konvergenz zwischen diesen beiden, d.h. mit „wachsendem" impliziten Vertrag, zu.[400]

Aufgrund der Tatsache, dass psychologische Verträge die Grundlage für den Erhalt von Commitment in Organisationen sind, kommt der Vermeidung des Bruchs dieser Verträge enorme Bedeutung zu. Brüche psychologischer Arbeitsverträge lassen sich beispielsweise häufig im Rahmen umfassender Restrukturierungsmaßnahmen in Unternehmen feststellen.[401] Derartige Brüche durch Unternehmen und ihre Entscheidungsträger sind als Ursachen für Abbau von Commitment identifiziert worden.[402] Brüche resultieren dabei aus der subjektiven Wahrnehmung einer Verletzung bzw. Nichteinhaltung des ursprünglichen impliziten Vertrags zwischen der Organisation und dem Individuum.[403] Die Ursachen für Vertragsverletzungen lassen sich danach differenzieren, ob sie durch den „Vertragsbrecher" beeinflussbar sind bzw. ob der Bruch prinzipiell verhindert werden kann (Beeinflussbarkeit) und danach, inwieweit dieser mit der Vertragsverletzung eine spezifische Zielsetzung verfolgt wird.[404] Trägt man diese beiden Dimensionen in einer Matrix ab, so lassen sich vier Ursachen identifizieren (siehe Abbildung 6-4).[405]

400 Vgl. Kniehl (1998), S. 41f.
401 Vgl. Macneil (1985) und Guzzo et al. (1994), S. 618.
402 Vgl. u. a. Meyer (1978), S. 260.
403 Vgl. Kniehl (1998), S. 75 und Rousseau (1995), S. 112f.
404 Zu den Ursachen des Vertragsbruchs vgl. auch Bies/Moag (1986).
405 Vgl. zum Folgenden Kniehl (1998), S. 75ff.

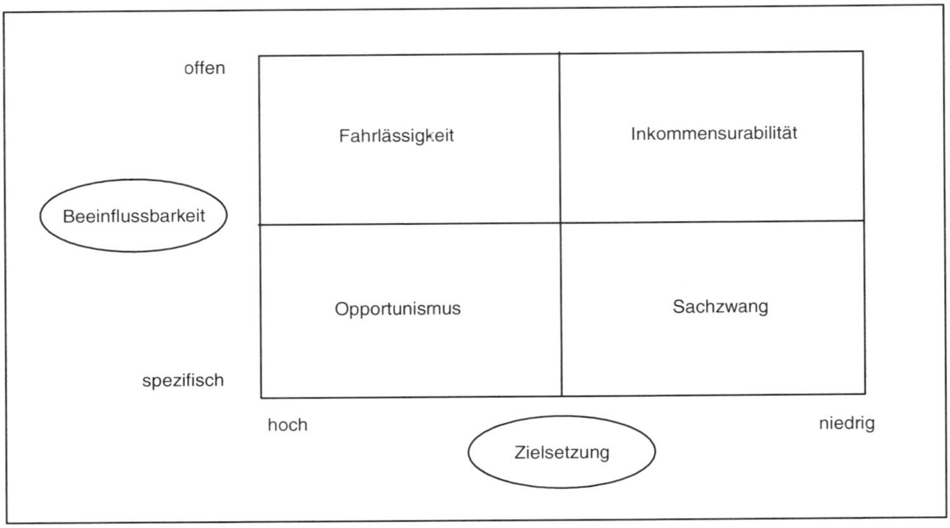

Abbildung 6-4: Ursachen für die Verletzung psychologischer Verträge (Quelle: in Anlehnung an Kniehl (1998), S. 76)

- Fahrlässigkeit: Ein fahrlässiger Umgang mit Vertragsinhalten liegt beispielsweise vor, wenn Mitarbeiter A in Entscheidungsprozesse einbezogen werden möchte und dies prinzipiell auch angebracht wäre, sich sein Vorgesetzter dessen aber gar nicht bewusst ist. Sofern der „Geschädigte" den Zusammenhang so wahrnimmt, ist wohl nur selten mit unmittelbaren Reaktionen zu rechnen.

- Inkommensurabilität: Ähnliches gilt für die Inkommensurabilität. Sie manifestiert sich in den unterschiedlichen Logiken der Kontexte, in denen Humanressourcen denken und Vertragsinhalte interpretieren.[406] Sofern die Kontexte nicht zueinander passen, unterliegen Vertragsinhalte zwangsläufig divergierenden Auslegungen und gelegentliche Vertragsbrüche sind kaum vermeidbar.

[406] Inkommensurabilität heißt, dass individuelle Kontexte, vor deren Hintergrund Probleme definiert und Situationen analysiert werden, nicht zueinander "passen". Die "Qual des Übersetzens" zwischen den Kontexten ist dann ein Indiz für die Inkommensurabilität. Vgl. Ringlstetter (1997), S. 11f., Ringlstetter (1995), S. 66ff., sowie Kirsch (1992), S. 9ff.

- Opportunismus: Dieser ist durch die Verfolgung eigener Interessen unter Zuhilfenahme von List und Täuschung charakterisiert.[407] Der Vorgesetzte ist sich in obigem Beispiel zwar des Wunsches von Mitarbeiter A bewusst, an Entscheidungsprozessen teilzuhaben; es passt jedoch nicht zu seinen eigenen Zielen. In diesem Fall ist sehr bald mit ausgeprägten individuellen Reaktionen zu rechnen.

- Sachzwang: Hier sind dem Vertragspartner die Hände gebunden. Er hat keine Möglichkeit, eine Verletzung des Vertrages zu verhindern, da ihn organisatorische Sachzwänge beispielsweise dazu zwingen, Gehaltserhöhungen oder Beförderungen auszusetzen.

Allgemeine Aussagen über die Art der jeweiligen Reaktion auf die unterschiedlichen Typen von Vertragsverletzungen oder -brüchen lassen sich kaum treffen. Dies hat zwei Gründe: Erstens spielen Häufigkeit und Stärke der Verletzungen sowie die Erfüllung des Vertrages jenseits von Teilverletzungen eine maßgebliche Rolle.[408] Zweitens hängt die Reaktion von der jeweiligen Persönlichkeit des Betroffenen ab. Diese manifestiert sich in der individuellen Präferenzordnung hinsichtlich des organisatorischen Engagements und alternativen Beschäftigungsformen. Sie determiniert letztlich die individuelle Leidensbereitschaft und wird auch von den einzelnen zur Verfügung stehenden Alternativen beeinflusst.[409]

Entsprechend gestaltet es sich zumindest vor dem Hintergrund eines erfolgsorientierten Humanressourcen-Managements auch schwierig, allgemein gültige Vorschläge für Maßnahmen zu generieren, die einem Bruch psychologischer Verträge entgegenwirken können. Zunächst ist im Sinne einer informatorischen Grundlage zu erfassen, ob der Bruch psychologischer Verträge im Unternehmen ein relevantes Thema ist. Hierzu lässt sich auf aggregierter Ebene das Vorhandensein von 'gebrochenen' Verträgen feststellen, indem die Mitarbeiterzufriedenheit bzw. direkt das Commitment systematisch abgefragt werden oder Kennzahlen etwa zur Fluktuation oder zum Absentismus erhoben werden. Danach sind offene Mitarbeitergespräche von Bedeutung, die sowohl informeller Natur als auch offiziell institutionalisiert sein können. Diese Gespräche lassen sich in einigen Fällen dazu nutzen, Rollenerwartungen neu zu klären und etwaige Vertragsbrüche zu heilen.

---

407 Vgl. Williamson (1990), S. 54.

408 Vgl. Robinson et al. (1994).

409 Vgl. hierzu Kniehl (1998), S. 77 ff.

6.1.2 Gestaltung von Anreizsystemen

Anreizsysteme besitzen steuernde und handlungsleitende Funktionen. Dieses Verständnis von Anreizsystemen impliziert, dass der Mitarbeiter durch einen gebotenen Anreiz zu einer Handlung motiviert wird. Die Handlung besitzt einen instrumentellen Charakter zur Erlangung des Anreizes. In der Motivationsforschung wird eine derartige – aus Sicht des Mitarbeiters – von außen induzierte Motivation auch als extrinsische Motivation bezeichnet.[410]

Die Gestaltung eines Anreizsystems kann als Prozess der Entwicklung und des Einsatzes von Anreizsystemen dargestellt werden. Im Folgenden wird eine derartige prozessuale Perspektive eingenommen, die gleichzeitig die zugrunde liegende Prämisse der Steuerung der Mitarbeiter ausdrücklich reflektiert.[411] Durch die prozessuale Vorgehensweise und der damit verbundenen, analytischen Trennung der einzelnen Phasen lassen sich im Ergebnis die Gestaltungsdimensionen sowie die potentiell denkbaren Elemente eines jeden Anreizsystems überschneidungsfrei und vollständig abbilden (siehe Abbildung 6-5).[412]

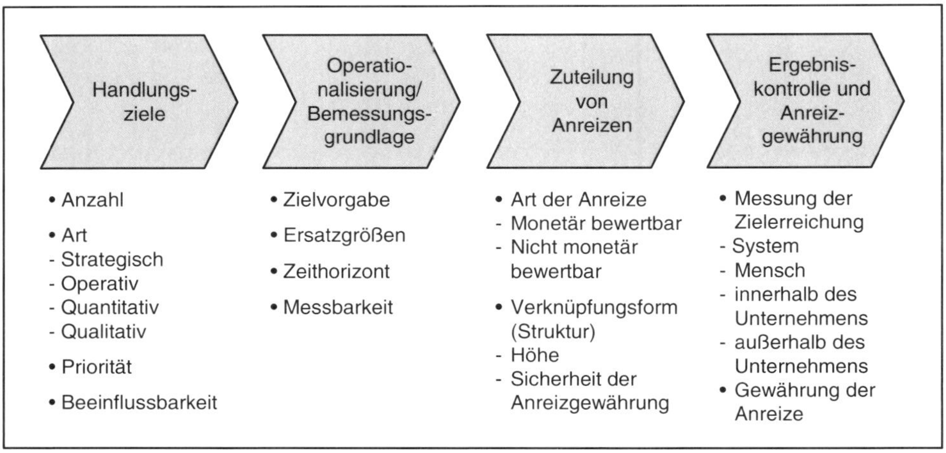

Abbildung 6-5: Konzeption eines Anreizsystems (Quelle: Brandenberg (2001), S. 36)

410 Vgl. Heckhausen (1989), S. 455. Siehe hierzu auch ausführlich Bandura (1986), S. 240f., Deci/Ryan (1985), S. 32ff., Nerdinger (1995), S. 51ff., und Rheinberg (1995), S. 134ff.

411 In der Literatur zu Anreizsystemen finden sich mehrere Phasenschemata zur Erarbeitung von "strategischen" Anreizsystemen (vgl. beispielsweise Becker (1987), Becker (1990), S. 116ff., Bleicher (1992), S. 27ff., oder Welge et al. (1996), S. 82ff.) sowie zur Einführung von Anreizsystemen in der Praxis (vgl. Ehrenfeld (1992), Kippes (1991), und Schröder/Schweizer (1999), S. 612ff.).

412 Vgl. zu den folgenden Ausführungen insbesondere Brandenberg (2001), S. 36ff.

Den Ausgangspunkt zur Ausgestaltung eines Anreizsystems bilden bestimmte *Ziele*, deren Erreichung durch den Einsatz des Anreizsystems gefördert werden soll. Finden sich mehrere *Handlungsziele*, so ist eine Priorisierung durchzuführen. Zu unterscheiden ist dabei zwischen strategischen und operativen Zielen, die entweder quantitativ oder qualitativ formuliert sein können. Allerdings ist die Verwendung der so generierten Handlungsziele häufig nicht ganz unproblematisch:[413]

- Bei allgemeinen oder ungenau formulierten Zielen kann kaum ein handlungsleitender Effekt erwartet werden.
- Bei hinreichend präzisen Zielen ist deren Erreichung bzw. Erfüllungsgrad unter Umständen weder beobachtbar noch messbar.[414]

Es scheint deshalb wesentlich, die Handlungsziele hinreichend zu konkretisieren und ihre Erreichung einer Messung, d.h. einer (*Operationalisierung*) (1) zugänglich zu machen. Im nächsten Schritt werden Anreize mit der gewählten Bemessungsgrundlage verknüpft und dem Mitarbeiter je nach Erreichungsgrad in Aussicht gestellt (2). Weitere Voraussetzungen zur Gewährung der Anreize ist die *Kontrolle der Leistung* (3).[415] Zu beachten sind darüber hinaus einige *Problemfelder* (4), für die es jedoch Ansätze zur Handhabung gibt (5).

(1) Zielvorgaben und ihre Operationalisierung

Zielvorgaben können unterschiedlicher Natur sein. Ausgangspunkt ist, dass in jedem Unternehmen Mitarbeiter Handlungen ausführen, die bestimmte Ergebnisse nach sich ziehen sollen. Als Zielvorgaben kommen zwei Alternativen in Betracht:[416]

- Erstens können Handlungs*abläufe* entlang der Leitfrage „Was soll wie gemacht werden?“ vorgegeben werden.
- Zweitens lassen sich Handlungs*ergebnisse* zur Beantwortung der Leitfrage „Was soll erreicht werden?“ anhand einer inhaltlichen Beschreibung des erwünschten Outputs festlegen.

---

413 Vgl. Brandenberg (2001), S. 36.

414 Vgl. z. B. Bleicher (1992), S. 17, Kerr (1975), S. 779f., und Winter (1996), S. 108.

415 Vgl. Brandenberg (2001), S. 38.

416 Vgl. Brandenberg (2001), S. 48f., in Anlehnung an Becker (1990), S. 22f., Simons (1995), S. 61.

Zielvorgaben können folglich je nach Erfordernis als Ergebnis, als Art und Weise der Ausführung oder als Mix aus beiden Alternativen formuliert werden. Aus Sicht des Mitarbeiters muss die Zielvorgabe beeinflussbar und erreichbar sein. Anderenfalls bewirkt sie keinen Steuerungsimpuls.[417] Hieraus resultiert eine Vielfalt an Zielvorgaben, die sich anhand zweier Dimensionen abbilden lässt (a). Die Erreichung der Zielvorgaben muss durch den Anreizgeber beobachtbar und messbar sein. Sind zudem unterschiedliche Erfüllungsgrade der Zielvorgaben möglich, so muss die Messung Vergleiche zulassen, d.h. die Erfüllungsgrade müssen skalierbar bzw. im Idealfall sogar quantifizierbar sein.[418] Mit anderen Worten, die Zielvorgaben müssen sich operationalisieren lassen (b).

(a) Zielvorgaben: Zielvorgaben lassen sich aus der strategischen Planung sowie den operativen Planungs- und Kontrollsystemen ableiten: Während die strategische Planung dabei auf die *Erfolgsfaktoren*[419] fokussiert, beinhaltet die operative Planung konkretere *Vorhaben* und *Maßnahmen*.[420] Daher ist eine Differenzierung der Zielvorgaben hinsichtlich ihrer strategischen oder operativen Ausrichtung notwendig. Da Zielvorgaben darüber hinaus sowohl quantitativ als auch qualitativ formuliert werden können,[421] ergibt sich eine 2x2-Matrix, die eine zusammenfassende Darstellung aller Zielvorgaben erlaubt (siehe Abbildung 6-6):

417 In Anlehnung an Baumgartner (1992), S. 138, und Hahn/Willers (1986), S. 499 sowie Brandenberg (2001), S. 49.

418 In Anlehnung an Ringlstetter (1995), S. 219.

419 Als Erfolgsfaktoren werden "... Elemente, Determinanten und Bedingungen bezeichnet (...), welche sowohl in der Unternehmen selbst, als auch in ihrer Umwelt wirksam sind und einen maßgeblichen Einfluß auf das Erfolgspotential einer Unternehmen ausüben" (Baumgartner (1992), S. 188f.).

420 Vgl. Brandenberg (2001), S. 50.

421 Vgl. Winter (1996), S. 110.

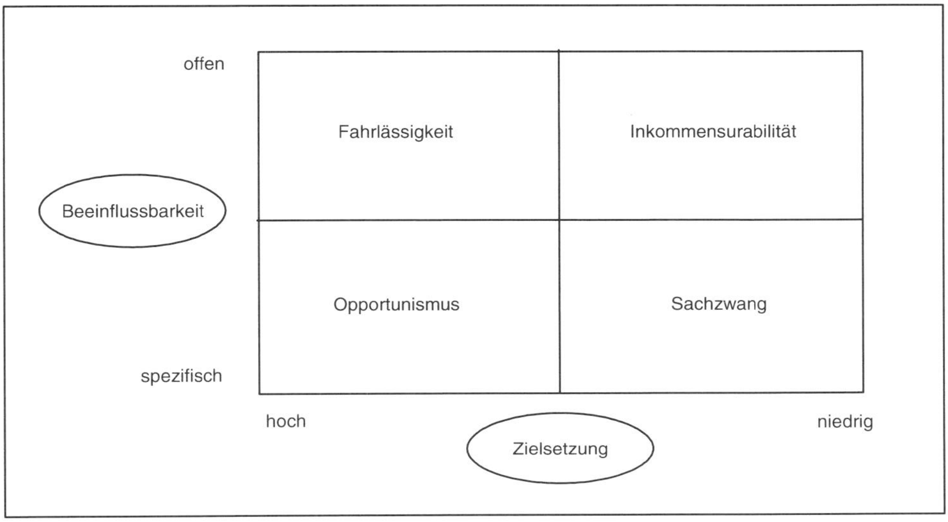

Abbildung 6-6: Mögliche Zielvorgaben eines Anreizsystems (Quelle: Brandenberg (2001)), S. 50)

Bei den originär quantitativen Vorgaben handelt es sich im operativen Bereich vor allem um Buchhaltungskennzahlen sowie um Erlös- und Aufwendungsgrößen. [422] Weil diese nur ex post erhoben werden können, sind sie tendenziell auf die Vergangenheit ausgerichtet und vermögen es daher nicht, die langfristige zukünftige Entwicklung des Unternehmens adäquat abzubilden.[423] Diesem Anspruch können im strategischen Bereich die beiden Größen „Ökonomischer" bzw. „Innerer Wert" oder aber der Börsenkurs genügen, denn sie bilden sämtliche Erwartungen der Mitarbeiter bzw. der Eigentümer an die zukünftige Entwicklung des Unternehmens ab. Hinsichtlich originär qualitativer Zielvorgaben lassen sich auf operativer Ebene konkrete Leitungs- und Leistungshandlungen sowie soziale Verhaltensweisen benennen. Auf der strategischen Ebene hingegen stehen Erfolgsgrößen, wie die Wettbewerbsposition und die Produkt- oder Ressourcenqualität, im Vordergrund.

(b) Operationalisierung der Zielvorgaben: Bevor die so ermittelten Größen in ein Anreizsystem einfließen und als Bemessungsgrundlage für die Ge-

422 Vgl. Brandenberg (2001), S. 50.

423 Vgl. Becker (1990), S. 29. Siehe zur Vergangenheitsorientierung dieser "Resultatskontrolle" auch ausführlich Simons (1995), S. 59ff.

währung eines Anreizes verwendet werden können, sind noch weitere Voraussetzungen zu erfüllen:[424]

- *Erstens* müssen die Größen so eindeutig und konkret formuliert werden, dass sie für jeden Betroffenen verständlich sind.[425] Dies impliziert, dass ggf. auch unterschiedliche Erfüllungsgrade der Zielvorgaben abzubilden sind.[426]

- *Zweitens* ist die Restriktion zu berücksichtigen, nach der die Erreichung der jeweiligen Größe auch durch den Anreizgeber bzw. einen ausgewählten Dritten beobachtbar und damit kontrollierbar sein muss.[427]

In Bezug auf die quantitativen Größen ist festzustellen, dass diese ex definitione messbar sind und dementsprechend eine differenzierte Abbildung und Erfassung erwünschter Ziele erlauben. Darüber hinaus hängt ihre Beobachtbarkeit nur von der Erfassung und der Berechnung der erforderlichen Zahlen und damit vor allem von der Qualität des Rechnungswesens ab. Folglich ist bei quantitativen Größen grundsätzlich kaum mit Schwierigkeiten zu rechnen.[428] Anders sieht dies bei qualitativen Größen aus. Da diese selbst oft nicht gemessen werden können, ist an ihrer Stelle auf *Ersatzgrößen* zurückzugreifen, an die zweierlei Forderungen zu stellen sind:[429]

- Die Ersatzgrößen müssen den Ausgangsgrößen dahingegen überlegen sein, dass sie sowohl eine hinreichend klare Formulierung erlauben als auch in ihrer Erreichung durch den Anreizgeber oder einen ausgewählten Dritten beobachtbar und kontrollierbar sind.

- Ferner müssen die Ersatzgrößen die betroffenen Mitarbeiter zu den gleichen Handlungen veranlassen wie die Ausgangsgrößen, d.h. sie müssen die Mitarbeiter im Sinne des Anreizgebers in die „richtige" Richtung lenken.[430]

---

424 Vgl. Brandenberg (2001), S. 58.

425 Vgl. Isele (1991), S. 45, und Hentze/Brose (1985), S. 82.

426 Simons (1995), S. 75, unterscheidet in Bezug auf Zielvorgaben vier alternative Skalen. Zum ersten die nominale Skala, zweitens die ordinale Skala, drittens die Intervallskala und zum vierten die Anteilsskala.

427 Vgl. Brandenberg (2001), S. 58.

428 Vgl. Becker (1990), S. 22. Siehe auch Hagen (1985), S. 7, und Winter (1996), S. 110 ff.

429 Vgl. Brandenberg (2001), S. 59ff.

430 Vgl. Kopel (1998), S. 532.

Für die Ermittlung der Ersatzgrößen sind zwei grobe Stoßrichtungen zum Vorgehen denkbar. Der *erste* Weg besteht darin, für die qualitativen Ausgangsgrößen unmittelbar quantitative Ersatzgrößen zu suchen. Ist eine derartige Übersetzung jedoch im Einzelfall nicht möglich, so kann eventuell der *zweite* Weg zur Ableitung von Hilfsgrößen weiterhelfen. Dessen Grundgedanke ist einfach: Wenn keine quantifizierbaren Größen als Alternative zur Ausgangsgröße existieren, dann ist zu prüfen, ob nicht zumindest qualitative Größen identifiziert werden können, die der Ausgangsgröße im Sinne der genannten Anforderungen überlegen sind.[431]

(2) Typologie von Anreizen

Allgemein lassen sich Anreize als handlungsleitende Vorteilserwartungen definieren. Damit wird die Wirksamkeit von Anreizen zu einer Frage der subjektiven Erwartung und entsprechend lassen sich zur Gestaltung von Anreizsystemen unterschiedlichste Typen von Anreizen heranziehen. Im Folgenden wird ein erster Eindruck dieser Vielfalt vermittelt (siehe Abbildung 6-7).[432]

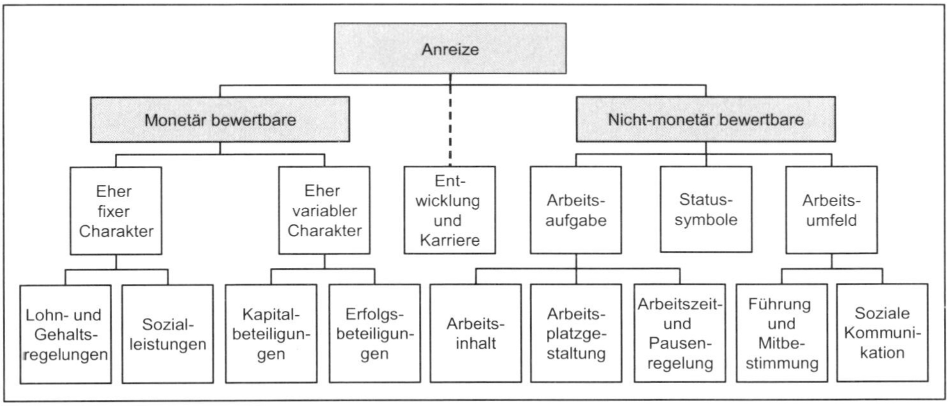

Abbildung 6-7: Klassifikation von Anreizen (Quelle: in entfernter Anlehnung an Hentze (1991), S. 63)

---

431 Vgl. Brandenberg (2001), S. 60, und für eine Übersicht auch Nicolai (2006), S. 128ff.

432 Vgl. für alternative Gliederungen Hentze (1991), S. 64, und Rosenstiel (1975), S. 231.

Zunächst lassen sich monetär bewertbare und nicht-monetär bewertbare Anreize unterschieden. Während es sich bei ersteren primär um materielle Anreize wie Geld und Sozialleistungen handelt, liegen die nicht-monetär bewertbaren Anreize eher in der Tätigkeit selbst bzw. ihren unmittelbaren Rahmenfaktoren begründet. Hierzu kann etwa bei Mitarbeitern, die Dienstleistungen erbringen, auch die Kundenzufriedenheit zählen.[433] Insgesamt wird dabei die Annahme vertreten, dass glückliche Mitarbeiter auch produktiver sind.[434] Anreize wie Entwicklungsmöglichkeiten oder Karriereperspektiven sind in diesem Kontext nicht explizit zu berücksichtigen, da sich eine vollzogene Entwicklung oder das Erklimmen der nächsten Karrierestufe in sowohl spezifischen monetär als auch nicht-monetär bewertbaren Anreizen widerspiegeln. Folglich werden diese Anreize durch die vorliegende Klassifikation bereits implizit erfasst.[435] Anreizsysteme können sich nun prinzipiell aller Typen von Anreizen bedienen. Je nach Ausgestaltung lassen sich zwei generische Formen von Anreizsystemen abgrenzen.[436]

- Unter einem Anreizsystem im engeren Sinne kann der systematische Einsatz aller monetär bewertbaren Anreize verstanden werden. Ein Anreizsystem im engeren Sinne kann daher in einem ersten Zugriff als im höchsten Maße durch ein Unternehmen gestaltbar interpretiert werden.[437]

- Ein Anreizsystem im weiteren Sinne integriert das gesamte Spektrum aller nicht-monetären Anreize inklusive der mit dem Arbeitsumfeld verbundenen Anreize. Derartige Anreizsysteme sind am schwierigsten gezielt auszugestalten und stellen eine besondere Herausforderung für ein jedes Unternehmen dar.

Obgleich der Einsatz monetärer Anreize auf dem ersten Blick hinsichtlich der Gestaltung am einfachsten wirken mag, so gibt es doch einige Herausforderungen, die teils naheliegend, teils aber auch erst secunda facie deutlich werden. Naheliegend ist beipsielsweise zunächst der Einwand, dass die Nutzung monetärer Anreize durch durch Budgetrestriktionen eingeschränkt wird. Darüber hinaus gibt es jedoch auch allgemein wirkende Kräf-

433 Vgl. Ringlstetter et al. (2006).

434 Diese Annahme wurde mit den Schlagworten „Happy-Productive-Worker“ umschrieben, vgl. Ringlstetter/Kaiser (2005), Kaiser/Ringlstetter (2006).

435 Vgl. Brandenberg (2001), S. 37f.

436 Vgl. zur Begriffswahl auch Becker (1990), S. 8ff.

437 Insbesondere im US-amerikanischen Raum wird unter einem Anreizsystem meist ein Vergütungssystem inklusive aller monetär bewertbaren Anreize verstanden. Vgl. hierzu beispielsweise Bento/White (1998), Dearden (1972), S. 117, Jensen/Murphy (1990), Kohn (1994), S. 15f., Schuler/Huber (1993), S. 364ff.

te, die einer freien Wahl von monetären Anreizen entgegenstehen. Hierzu zählen insbesondere so genannte Sozialsierungskräfte, die sich aus der sozialen Norm der Lohnangleichung ergeben und prinzipiell gegen eine überhöhte Vergütung etwas von Managern wirken.[438] Maximierungskräfte, die rein auf dem marktwirtschaftlichen Leistungsprinzip beruhen und die Sozialisierungskräfte abschwächen, führen deshalb nicht in jedem Fall zu anreizkonformen Höchstvergütungen.

Jenseits der Frage, ob auf monetäre oder nicht-monetäre Anreize gesetzt werden sollte, ist grundsätzlich auf die Anreize zurückzugreifen, die für die jeweiligen Mitarbeiter einen hohen Wert darstellen und von ihm begehrt werden. Nur auf Basis einer derartigen Individualisierung ist dann von den Anreizen eine motivierende Wirkung zu erwarten und kann es gelingen, den Mitarbeiter zur Vornahme der erwünschten Handlungen zu motivieren.[439]

Eine wichtige Rolle in diesem Zusammenhang spielen die freiwilligen Sozialleistungen, im Managementbereich auch Fringe Benefits genannt, die zwar nicht in Form von Geld erbracht aber dennoch monetär bewertet werden. Beispiele hierfür sind etwa privat nutzbare Mobiltelefone, vergünstigte Kreditkarten, finanzierte Sprachkurse, Kinderbetreuung, kostenlose Getränke und Früchte am Arbeitsplatz, wöchentliche Massageanwendungen, Reinigungs- und Bügelservices, und vieles mehr. Zum Zeitpunkt der New Economy habe derartige Benefits, auch „Perks“ genannt, ungeahnte Auswüchse angenommen, um dann unter großen Schmerzen wieder abgeschafft zu werden. Es ist abzuwarten, ob sie im Zuge des demographischen Wandels und der damit verbundenen Arbeitskräfteknappheit wieder eine Renaissance erleben dürfen.

(3) Leistungskontrolle als Voraussetzung der Anreizgewährung

Um die in Aussicht gestellten Anreize begründet gewähren zu können, ist es notwendig, die Leistungen der Mitarbeiter zu beobachten und zu kontrollieren. In Abhängigkeit vom Erreichungsgrad der Bemessungsgrundlage sind dann die in Aussicht gestellten Anreize zu gewähren.[440] Folglich ist im Anschluss an die Leistungserbringung oder auch bereits während dieser, die Leistung der Mitarbeiter durch den Anreizgeber hinsichtlich ihres Erfüllungsgrades zu bewerten. Dabei kommt es auf folgende drei Aspekte an:[441]

---

438 Vgl. Walter (2007), S. 68ff.

439 Vgl. Brandenberg (2001), S. 37.

440 Vgl. Brandenberg (2001), S. 38.

441 Vgl. zum Folgenden Winter (1996), S. 108.

- *Objektivität*: Unabhängig von der kontrollierenden Person führt die Leistungskontrolle unter sonst gleichen Bedingungen stets zu identischen Ergebnissen.
- *Reliabilität* (Verlässlichkeit): Die Kontrolle der Leistungen liefert auch bei beliebigen Wiederholungen vergleichbare Ergebnisse.
- *Validität*: Durch die Kontrolle wird auch tatsächlich die Größe erfasst, die in der Operationalisierung festgelegt worden ist. Mit anderen Worten: Es wird gemessen, was die Kontrolle zu messen vorgibt.[442]

Dabei wird von der Annahme ausgegangen, dass jegliche Art von Leistungskontrolle letztlich von real existierenden Personen durchzuführen ist. Diese Prämisse erlaubt es, die Kontrollmöglichkeiten dahingehend zu untergliedern, ob die Kontrolle mittelbar oder unmittelbar von Personen vorgenommen wird (siehe Abbildung 6-8):[443]

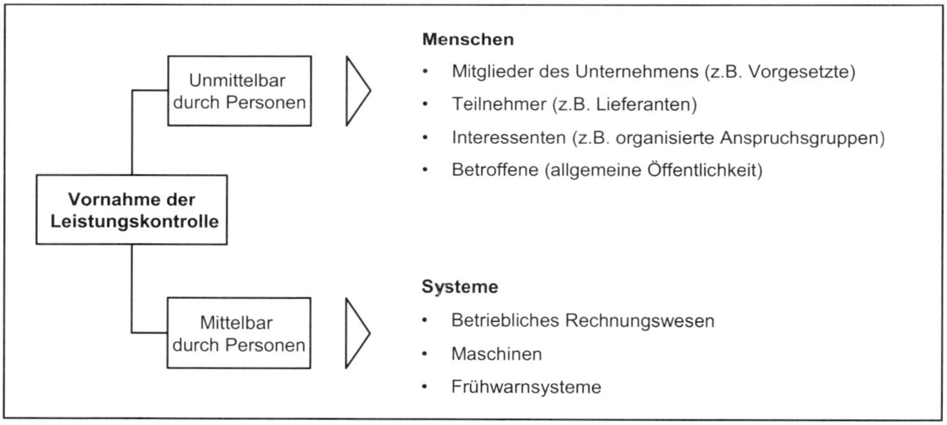

Abbildung 6-8: Alternative „Kontrolleure" der Leistungserbringung (Quelle: Brandenberg (2001), S. 70)

Wird die Leistungskontrolle unmittelbar von Personen vorgenommen, so lassen sich diese danach klassifizieren, inwieweit sie dem Unternehmen selbst zuzurechnen sind oder eher dem Umfeld des Unternehmens entstammen. Hierfür bietet sich die Unterscheidung von Betroffenen, Interes-

---

442 Vgl. Lamnek (1988).

443 Vgl. Brandenberg (2001), S. 69f.

senten, Teilnehmern und Mitgliedern eines Unternehmens an,[444] wobei die Eignung zur Vornahme von Leistungskontrollen tendenziell von den Betroffenen hin zu den Mitgliedern steigt. Eine Alternative dazu kann in der mittelbaren Kontrolle durch institutionalisierte „anonyme" Systeme gesehen werden. Hierunter sind Computer bzw. Maschinen zu subsumieren, die beispielsweise Quantität und Qualität eines bestimmten Leistungsoutputs messen.[445] Zudem zählt hierzu auch das betriebliche Rechnungswesen, mit Hilfe dessen die für eine Leistungskontrolle erforderlichen Buchhaltungskennziffern erfasst und mit einem als Zielvorgabe vereinbarten Soll-Wert abgeglichen werden können.[446]

(4) Probleme von Anreizsystemen

Hinsichtlich der Gestaltung von Anreizsystemen zeigen sich zwei elementare Problembereiche. Zum einen existieren negative Effekte, die sich während der Handlungsausführung einstellen, wobei die Handlung jedoch nicht unterbrochen, sondern bis zu ihrem Ende beibehalten wird (a). Zum anderen besteht ein Problembereich im vorzeitigen, endgültigen Abbruch der angestrebten Handlung durch die ausführende Person (b). Ein derartiger Abbruch wird sich immer dann einstellen, wenn es zu starken kognitiven Dissonanzen kommt, d.h. die Erwartungshaltung der agierenden Person nicht mehr mit ihren Wahrnehmungen der Realität übereinstimmt.

(a) Motivationale negative Effekte während der Handlungsausführung: Am Anfang eines jeden Motivationsprozesses steht die Bewertung der Handlungsalternativen hinsichtlich der Kriterien Attraktivität und Realisierbarkeit. Auf der Basis dieser Bewertung und der daraus resultierenden Reihenfolge der Alternativen trifft der Mitarbeiter dann eine für ihn Nutzen maximierende Entscheidung und wählt eine der sich bietenden Alternativen als zuerst zu verfolgendes Handlungsziel aus.

- Dabei kann es zu einem so genannten *„Priorisierungseffekt"* kommen: Der Akteur kann eine für das Unternehmen sehr wichtige Handlungsalternative als für ihn unbedeutend einstufen und gleichzeitig der Durchführung einer eher zu vernachlässigenden Tätigkeit hohe Priorität einräumen.[447]

---

444 Vgl. hierzu und zum Folgenden Kirsch (1988), S. 139ff., Kirsch (1991), S. 19 f., und Brandenberg (2001), S. 70ff.

445 Vgl. Schuler/Huber (1993), S. 292.

446 Vgl. Brandenberg (2001), S. 72.

447 Vgl. ausführlicher Brandenberg (2001), S. 91ff.

- Ist der Entschluss zu einer oder mehreren Handlungen gefallen, so fühlt sich die handelnde Person an ihre Entscheidung gebunden.[448] Diese Bindung ist zwar grundsätzlich positiv zu beurteilen, sie kann allerdings umgekehrt auch zu einem *„Blindheitseffekt“* führen: Der betroffene Mitarbeiter agiert dabei weiter auf der Grundlage seines Entschlusses und wird „blind“ für jegliche kurzfristige Veränderung.[449]

- Anschließend ist es erforderlich, die notwendigen Einzelschritte gedanklich in einem Handlungsplan vorwegzunehmen. Diese Detailplanung kann eine relativ lange Zeit in Anspruch nehmen und damit den Beginn der Handlungsausführung nachhaltig verzögern (*„Verzögerungseffekt“*).[450]

- Darüber hinaus kann es problematisch werden, wenn sich günstige Gelegenheiten zur Initiierung von Handlungsschritten bieten, die aus der Sicht des Unternehmens unerwünscht bzw. sogar schädlich sind. Auf der Basis des eigensinnigen Menschenbildes und des damit einhergehenden Opportunismus muss damit gerechnet werden, dass derartige Situationen zu manipulierenden bzw. betrügerischen Aktivitäten genutzt werden (*„Manipulations-“* bzw. *„Betrugseffekt“*).

Selbst wenn alle Leistungen von den Mitarbeitern in der gebotenen Qualität und Quantität zum richtigen Zeitpunkt ohne Auftreten der bislang diskutierten Effekte erstellt worden sind, so kann es im Anschluss dennoch zu Problemen kommen.

- Es ist denkbar, dass zwar die vorgegebenen Ziele erreicht worden sind, diese jedoch bereits zum Zeitpunkt ihrer Formulierung und Vorgabe „falsch“ waren. Die Mitarbeiter haben demnach Ziele angestrebt, die nicht im Interesse des Unternehmens waren. Damit wurde eine bereits zum Zeitpunkt der Planung „falsche“ Tendenz verfolgt (*„Fehlsteuerungseffekt“*).[451]

- Außerdem kann es im Anschluss an die Ausführung und Beendigung der Handlung zu einem *„Neideffekt“* kommen.[452] Dieser resultiert aus der Prüfung, inwieweit das angestrebte Ergebnis sowie seine Konse-

---

448 In Anlehnung an Nerdinger (1995), S. 76ff.

449 Vgl. Brandenberg (2001), S. 95ff.

450 Für nähere Erläuterungen zum Verzögerungs- und Manipulationseffekt, siehe Brandenberg (2001), S. 97ff.

451 Vgl. Brandenberg (2001), S. 103f.

452 Vgl. Brandenberg (2001), S. 104ff.

quenzen auch wirklich erreicht worden sind. Diese Bewertung beschränkt sich jedoch nicht nur auf die eigene Person und Leistung, sondern bezieht auch einen Vergleich mit anderen Mitarbeitern sowie deren Leistungen und Belohnungen mit ein.[453] Wird eine Ungleichheit zu Lasten der eigenen Person wahrgenommen, so wird diese Erkenntnis nicht nur zu „Neid“ gegenüber den Bevorteilten führen.[454]

(b) Der Abbruch von Handlungen: Handlungsabbrüche resultieren häufig aus kognitiven Dissonanzen, die wiederum im Wesentlichen einer unzureichenden Informationslage des handelnden Mitarbeiters zum Zeitpunkt der Entschlussbildung entstammen.[455] Um den Abbruch zu verhindern, muss eine angemessene Informationslage herbeigeführt werden. Dazu muss zuvor geklärt worden sein, wodurch die Informationsdefizite entstehen bzw. auf welche Kontingenzfaktoren sie auf der Seite der Organisation bzw. des Anreizgebers zurückzuführen sind. Hierzu bietet es sich zum einen an, auf die Vorstellung eigensinniger[456] Verhaltensweisen der Anreizgeber Bezug zu nehmen. Des Weiteren sind die Informationsdefizite auch mangelnden Fähigkeiten des Anreizgebers zuzuschreiben (vgl. Abbildung 6-9).

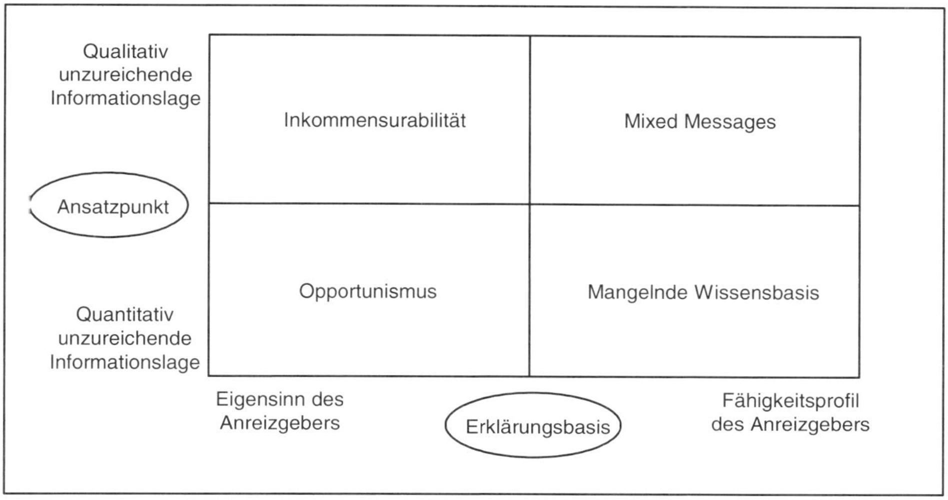

Abbildung 6-9: Erklärungen für den Abbruch von Motivationsprozessen (Quelle: Brandenberg (2001), S. 117)

---

453 Vgl. Nerdinger (1995), S. 149.
454 Vgl. Baker et al. (1988), S. 596.
455 In Anlehnung an Brandenberg (2001), S. 108ff.
456 Vgl. grundlegend Ringlstetter (1997), S. 9ff., und Kirsch (1992), S. 9ff.

- *Inkommensurable Kontexte* zwischen dem Anreizgeber und einem Mitarbeiter können die Entstehung einer qualitativ defizitären Andersinformation erklären.[457] In diesem Fall nämlich erschließt sich die gesendete Information dem Empfänger nicht automatisch, da diese losgelöst vom Kontext des Senders zunächst bindungs- und bezugslos im Raum steht und daher als „anders“ wahrgenommen wird. Will der Empfänger sie dennoch verstehen, so muss er sie in seinen Kontext transformieren und sie innerhalb dessen interpretieren. Je stärker die Kontexte des Senders und des Empfängers divergieren,[458] desto stärker wird die Interpretation abweichen und damit missverstanden werden. Der Mitarbeiter wird in der Folge von Annahmen ausgehen, die so nicht gemeint waren und auch nicht zutreffen.[459]

- Eine zweite Erklärung für das Zustandekommen einer Andersinformation sind so genannte *Mixed Messages*.[460] Hierunter ist eine mangelnde interne Konsistenz der vom Anreizgeber verbreiteten Informationen zu verstehen. Benötigt ein Mitarbeiter beispielsweise eine Aussage zu einem speziellen Sachverhalt und erhält unterschiedliche Antworten, so wird dies vermutlich zunächst Verwirrung hervorrufen. Der Mitarbeiter kann dann entweder eine verbindliche Klärung anstreben und nachfragen oder aber versuchen, die inkonsistenten Informationen zu interpretieren und dadurch in eine konsistente Gesamtaussage zu überführen.

Sowohl Inkommensurabilität als auch Mixed Messages erklären somit ein qualitatives Defizit einer gegebenen Menge von Informationen. Ist diese Menge jedoch auch quantitativ unzureichend, so liefern die beiden Ansätze keinerlei Anhaltspunkte dafür, wie es dazu kommen kann. Das Vorhandensein von *Opportunismus* hingegen kann auf diese Frage eine Antwort liefern. Opportunismus erklärt die Weitergabe von Falsch- oder Minderinformationen durch das gezielte Täuschen der Mitarbeiter durch den Anreizgeber zu dessen eigenem Vorteil. Eine quantitativ unzureichende Informationslage muss allerdings keineswegs immer einen bösartigen Hintergrund aufweisen. Gegebenenfalls ist der Anreizgeber sich auch gar nicht be-

---

457 Vgl. hierzu und zum Folgenden Brandenberg (2001), S. 117ff.

458 Als Indikator für den Umfang bzw. die Stärke einer Kontextinkommensurabilität kann in Anlehnung an Habermas (1977), S. 252) das Ausmaß der zum gegenseitigen Verständnis erforderlichen „Qual des Übersetzens" zwischen den Kontexten herangezogen werden (vgl. Ringlstetter (1995), S. 67).

459 Morrison/Robinson (1997) sprechen in diesem Zusammenhang auch von „Incongruence“. Vgl. Morrison/Robinson (1997), S. 235.

460 Vgl. hierzu und zum Folgenden Rousseau/Greller (1994).

wusst, dass Falsch- oder Minderaussagen getroffen werden. Dies ist insbesondere dann der Fall, wenn eine *mangelnde Wissensbasis* vorliegt, d.h. einige der relevanten Aspekte nicht bekannt oder aber in Vergessenheit geraten sind. Liegt diese Ursache vor, werden kognitive Dissonanzen gewissermaßen versehentlich und fahrlässig herbeigeführt.[461]

(5) Ansatzpunkte zur Handhabung der Probleme

Will ein Motivationsmanagement die genannten negativen motivationalen Effekte (a) bzw. den vorzeitigen Abbruch der Handlung (b) vermeiden, gilt es, an den Kontingenzfaktoren anzusetzen und deren Auftrittswahrscheinlichkeit durch eine geeignete Ausgestaltung des Anreizsystems zu minimieren. Zur Vermeidung bzw. Abschwächung der aufgezeigten Problembereiche lassen sich unterschiedliche Erkenntnisse und Empfehlungen ableiten.

(a) Vermeidung negativer motivationaler Effekte: Die negativen motivationalen Effekte, die sich während der Handlungsausführung einstellen können, lassen sich grundsätzlich nicht vermeiden. Unabhängig von der spezifischen Ausgestaltung eines Anreizsystems muss mit diesen Effekten stets in mehr oder minder ausgeprägter Form gerechnet werden; sie sind insofern als systemimmanent zu betrachten.[462] Dennoch bieten sich Ansatzpunkte, die Probleme wenn schon nicht zu lösen, so doch zumindest in bestmöglicher Weise zu handhaben. In diesem Zusammenhang ist auf die Vorstellung einer weitgehenden Professionalisierung des Motivationsmanagements zurückzugreifen. Diese lässt sich in Bezug auf Anreizsysteme wie folgt konkretisieren:[463]

- Erstens sollte die stetige Bereitschaft der Anreizgeber zur Aufnahme neuer, weiterführender Kontexte vorhanden sein, um das verfügbare Wissen aus- bzw. Wissensdefizite problembezogen abzubauen.
- Zweitens ist eine dauernde Wachsamkeit bei der Auswahl der Gestaltungsdimensionen eines Anreizsystems geboten: Eine genaue Untersuchung der Gestaltungsdimensionen auf mögliche Kontingenzfaktoren hin, lässt bereits im Vorhinein das Auftreten der jeweils dahinter stehenden Effekte erahnen.
- Drittens bietet sich die Gelegenheit, einzelne Parameter des Anreizsystems so zu variieren, dass die Effekte abgeschwächt bzw. sogar

461 Siehe hierzu auch Kniehl (1998), S. 75f.

462 Vgl. Brandenberg (2001), S. 200.

463 Vgl. zur Professionalisierung des Motivationsmanagements, Brandenberg (2001), S. 201.

gänzlich vermieden werden können. Neben einer zusätzlichen Operationalisierung der Zielvorgaben und einer Veränderung der Modalitäten zur Leistungskontrolle kommt hier insbesondere auch eine kritische Überprüfung der Zielvorgaben, z. B. auf der Basis von Plausibilitätsüberlegungen, in Frage.

- Viertens ist bei all diesen Bemühungen zu berücksichtigen, dass das Anreizsystem in seiner Gesamtheit betrachtet wird: Anderenfalls besteht die Gefahr, dass die Variation einzelner Parameter zwar dazu beiträgt, erkannte Kontingenzfaktoren abzuschwächen, gleichzeitig aber bislang unkritische Kontingenzfaktoren verstärkt.

(b) Verhinderung des Abbruchs von Handlungen: Dem zweiten Problembereich des vorzeitigen Abbruchs einer einmal begonnenen Handlung kann hingegen in geeigneter Weise Abhilfe geschaffen werden. Dazu wird an den vier identifizierten Kontingenzfaktoren angesetzt, die beim Aufbau einer angemessenen Erwartungshaltung gegebenenfalls hinderlich sein können. Mit dem so genannten „Zielaufklärungsgespräch"[464] findet sich ein Kommunikationsinstrument, welches auf dem Grundgedanken eines Zielvereinbarungsgespräches fußt, wie es im Zusammenhang mit einem Management by Objectives (Führung durch Ziele) diskutiert wird (siehe Abbildung 6-10).

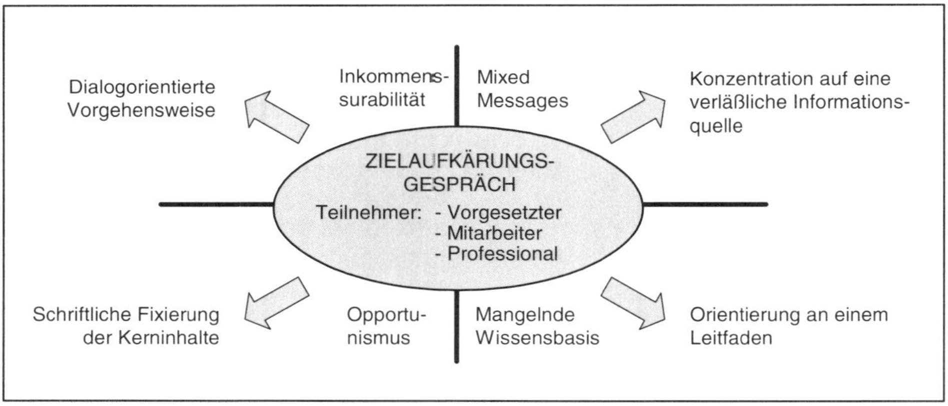

Abbildung 6-10: Bausteine eines Zielaufklärungsgespräches (Quelle: Brandenberg (2001), S. 202)

[464] Vgl. Brandenberg (2001), S. 202.

Demnach nehmen an einem idealtypischen Zielaufklärungsgespräch drei Personen teil. Neben dem Mitarbeiter sind dies der Vorgesetzte sowie ein Professional, der auf Anreizsyteme bzw. Fragen der Motivation spezialisiert ist. Den für einen späteren Handlungsabbruch verantwortlichen Kontingenzfaktoren kann dabei wie folgt begegnet werden:[465]

- Die Gefahr von Mixed Messages wird dadurch umgangen, dass das Zielaufklärungsgespräch für den Mitarbeiter als „das" Forum zur Erlangung aller handlungsrelevanten Informationen institutionalisiert wird. Dies erfordert vom Vorgesetzten wie auch vom Professional die notwendige Sachkenntnis, um die Fragen des Mitarbeiters angemessen beantworten zu können.

- Eine vorhandene Inkommensurabilität zwischen den Gesprächspartnern kann durch eine dialogorientierte Vorgehensweise – bzw. nach Habermas durch eine sog. „kommunikative Handlung" – beseitigt werden. Um diese zu ermöglichen, nimmt der Professional als Prozessbegleiter eine ausgleichende Rolle zwischen beiden Parteien ein.

- Ein opportunistisches Vorenthalten von Informationen lässt sich dadurch verringern, dass die zentralen Punkte des Zielvereinbarungsgespräches schriftlich fixiert werden.

- Was eine möglicherweise mangelnde Wissensbasis als Ursache für die Bildung einer unzureichenden Erwartungshaltung anbelangt, so ist die Entwicklung eines Leitfadens sinnvoll, der die Identifikation von im Einzelfall relevanten Aspekten der Gesamthandlung zulässt. Hierzu zählen die Analyse der Ausgangssituation, der Rahmenfaktoren sowie darauf aufbauend der potentiellen Maßnahmen der Zielerreichung.

Resümierend ist festzuhalten, dass trotz der Professionalisierung die Probleme, die mit der Motivation von Menschen verbunden sind, sich nicht als „Ingenieurprobleme" behandeln lassen. Motivationale Probleme sind im Regelfall nicht vollständig beherrschbar und eindeutig lösbar. Der Mensch ist zu vielschichtig und daher mit dem Funktionieren einer „Maschine" nicht zu vergleichen.[466] Entsprechend wird lediglich darauf abgezielt, Probleme in bestmöglicher Weise zu handhaben. Forderungen nach einer Lösung müssen zurückgewiesen werden.[467]

---

465 Vgl. zum Folgenden Brandenberg (2001), S. 203f.

466 Vgl. Ringlstetter/Kniehl (1995), S. 149ff.

467 Vgl. Knebel (1999).

Diskussions- und Verständnisfragen:

(1) Welche grundlegende Differenzierung liegt der Unterscheidung zwischen Commitment und Anreizsystemen zugrunde?
(2) Diskutieren Sie die Charakteristika der drei generischen Formen von Commitment. Welche Führungs- und Vergütungsinstrumente sind jeweils besonders geeignet, um Commitment aufzubauen?
(3) Welches sind die konzeptionellen Bausteine eines Anreizsystems? Setzen Sie sich vor diesem Hintergrund die Komplexität der Entwicklung von Anreizsystemen in der Praxis auseinander.
(4) Erörtern Sie die Möglichkeiten, die es gibt, um Probleme von Anreizsystemen handzuhaben.

Literaturempfehlungen:

- Hinweise zur Gestaltung von Anreizsystemen liefert: **Brandenberg, A. (2001):** Anreizsysteme zur Unternehmenssteuerung: Gestaltungsoptionen, neueste motivationstheoretische Herausforderungen und Lösungsansätze. Wiesbaden.
- Bedeutung und Management von Commitment ist Thema bei: **Gauger, J. (2000):** Commitment-Management in Unternehmen: Am Beispiel des mittleren Managements. Wiesbaden.
- Theoretische Grundlagen zur Motivation in Organisationen finden sich bei: **Kniehl, A. (1998):** Motivation und Volition in Organisationen: Ein Beitrag zur theoretischen Fundierung des Motivationsmanagements. Wiesbaden.

6.2 Entwicklung von Humanressourcen

Vor dem Hintergrund der Will-Skill-Matrix lässt sich erkennen, dass die Entwicklung von Humanressourcen an der Dimension „skill“, also an den Fähigkeiten der Humanressourcen ansetzt. Fähigkeiten sind somit die zentrale Zielgröße der Humanressourcen-Entwicklung. Aus Sicht der Unternehmensführung bzw. des Humanressourcen-Managements stellt sich allerdings die nahe liegende Frage, welche Fähigkeiten entwickelt werden sollen. Hierzu gilt zunächst, dass durch die Entwicklung bestimmter Fähigkeiten gegenwärtige bzw. zukünftige organisatorische Anforderungen bewältigbar werden sollen. Zudem scheint es aus ressourcenorientierter Perspektive sinnvoll, besonders derartige Fähigkeiten, die nachhaltige Wettbewerbsvorteile versprechen, zu entwickeln.

Ein Fokus wird deshalb auf Fähigkeiten liegen, die vom Wettbewerber nicht am Markt eingekauft werden können und gleichzeitig aufgrund ihrer Eigenschaften schwer imitierbar sind.[468] Gerade vor dem Hintergrund der ressourcenorientierten Perspektive lässt sich also auch die Bedeutung der Veränderung von Fähigkeiten erkennen. Es geht nicht mehr nur darum, vorhandene strategisch relevante Fähigkeiten auszunutzen, sondern vor allem auch darum, neue Fähigkeiten zu generieren:[469]

> “In our view, it is not only the bundle of resources that matter, but the mechanism by which firms learn and accumulate new skills and capabilities, and the forces that limit the rate and direction of this process” (Teece, Pisano, Shuen (1990), S. 11).

Die Entwicklung von Humanressourcen ist somit zweifach gefordert. Sie muss sich Gedanken machen um strategische Inhalte aber auch um den Prozess der Entwicklung von Fähigkeiten.[470] Letzteres impliziert den Fokus auf Lernprozesse. Darüber hinaus soll die Entwicklung von Humanressourcen, soweit möglich, aktiv gestaltet werden. Hierzu existiert eine ganze Reihe unterschiedlichster Instrumente. Die folgenden Ausführungen sind entsprechend in drei Abschnitte unterteilt. Zunächst stehen Fähigkeiten als Zielgröße der Humanressourcen-Entwicklung im Fokus (siehe Unterabschnitt 6.2.1). Anschließend rücken Lernprozesse in den Blickpunkt, durch welche die Fähigkeiten entstehen (siehe Unterabschnitt 6.2.2), um letztlich darauf aufbauende Ansatzpunkte für das Management der Entwicklung skizzieren zu können (siehe Unterabschnitt 6.2.3).

---

468 Vgl. Kaiser (2001), S. 140f.

469 Vgl. stellvertretend Knyphausen (1993), S. 781, sowie Amit/Belcourt (1999), S. 177.

470 Vgl. zu einer analogen Argumentation hinsichtlich eines strategischen Managements, Klimecki/Gmür (1993).

6.2.1 Fähigkeiten als Zielgröße der Humanressourcen-Entwicklung

Fähigkeiten bilden die zentrale Zielgröße für die Entwicklung von Humanressourcen. Zu bedenken ist hierbei, dass nicht nur das Unternehmen darauf abzielt, fähige Mitarbeiter zu entwickeln. Auch der einzelne Mitarbeiter verfolgt ganz konkrete Ziele, was die Weiterentwicklung seiner Fähigkeiten betrifft. Häufig ergeben sich hierbei Zielkonflikte zwischen Unternehmen und Humanressourcen. Beispielsweise kann das Unternehmen daran interessiert sein, den Mitarbeiter im Sinne unternehmensspezifischer Fähigkeiten zu entwickeln, während hingegen der Mitarbeiter erwägt, sich möglichst allgemein bewährte Qualifikationen anzueignen, um seine Marktgängigkeit aufrecht zu erhalten.[471]

Um Fähigkeiten von Mitarbeitern zu entwickeln, erscheint deshalb zunächst die Klärung der Frage wichtig, was unter den Fähigkeiten der Humanressourcen-Ausstattung eines Unternehmens eigentlich zu verstehen ist. Die Vorstellung einer so genannten Fähigkeitsbasis eines Unternehmens bietet hierfür einen Ansatzpunkt (1). Auf Basis der Vorstellung einer unternehmerischen Fähigkeitsbasis lässt sich anschließend verdeutlichen, dass Fähigkeiten den Charakter von Potentialen besitzen (2). Das heißt, dass Fähigkeiten es ermöglichen, auftretende organisatorische Aufgaben zu bewältigen und erst dadurch ihren Wert beweisen. Insbesondere Fähigkeiten, die eine besondere Flexibilität in der Aufgabenbewältigung besitzen, so genannte Basisfähigkeiten, spielen deshalb eine zentrale Rolle.

(1) Die Fähigkeitsbasis eines Unternehmens

Im Folgenden wird das Set an Fähigkeiten der Humanressourcen eines Unternehmens als Fähigkeitsbasis des Unternehmens bezeichnet.[472] Hiermit wird zum Ausdruck gebracht, dass es sich nicht um eine beliebige Ansammlung von individuellen Fähigkeiten einzelner Humanressourcen handelt. Vielmehr wirken die einzelnen Fähigkeiten im Verbund in spezifischer Weise zusammen, da die Fähigkeitsbasis aufgrund des organisatorischen Stellengefüges gewissermaßen konfiguriert wird (a). Auf Basis dieser Konfiguration wird zudem beschreibbar, dass Fähigkeiten zwar immer sehr individuell konstruiert werden, aber doch ähnliche Bezugspunkte besitzen können (b).

---

471 Vgl. Drumm (2005).

472 Vgl. Kaiser (2001), S. 36ff.

(a) Die Konfiguration der Fähigkeitsbasis: Die elementaren Bausteine der unternehmerischen Fähigkeitsbasis sind individuelle Fähigkeiten, nicht zuletzt da eine Reihe von Fähigkeiten sich durch Personengebundenheit auszeichnet. Diese einzelnen Fähigkeiten stehen in vielfacher Weise zueinander in Beziehung. Dahinter steht die Überlegung, dass durch eine geschickte Kombination von einzelnen Fähigkeiten bestimmte Aufgaben gemeinsam, d.h. kollektiv lösbar werden.[473] Dies lässt sich – beispielsweise für einen Erdöl-Konzern – an der Fähigkeit, eine wissenschaftliche Expedition zum Nordpol erfolgreich durchzuführen, illustrativ erläutern. Hierfür sind zunächst Fähigkeiten zur Durchführung der geplanten wissenschaftlichen Experimente von Nöten. Darüber hinaus sind Fähigkeiten der Orientierung auf See und im Eis, der Nutzung diverser Fortbewegungsmittel sowie Fähigkeiten der Integration in eine Gruppe usw. erforderlich. Nur wenn es dem Erdölunternehmen gelingt, diese teilweise sehr unterschiedlichen Fähigkeiten gleichzeitig in einer Gruppe von Mitarbeitern zu kombinieren, ist es insgesamt fähig, erfolgreiche Expeditionen dieser Art zu veranstalten.[474]

Zudem ergibt sich ab einer bestimmten Größe der Fähigkeitsbasis in zunehmendem Maße die Notwendigkeit für eine weitergehende Differenzierung, da ansonsten der Koordinationsaufwand aufgrund der steigenden Anzahl von potentiellen bilateralen Beziehungen zu hoch würde. Diese Differenzierung dient letztlich dem Zweck der möglichst effizienten Bewältigung alltäglicher Aufgaben, indem einzelne Fähigkeiten in Rekurs auf bereits bestehende und unterstützende Strukturen zur Anwendung gebracht werden. Die bestehenden Strukturen der Fähigkeitsbasis werden dabei zunächst nicht thematisiert, sondern implizit als gegeben hingenommen, da sie typischer Weise durch die Organisationsstruktur des Unternehmens *mit*strukturiert werden.[475] Man kann analog zur klassischen Unternehmensorganisation also von einer *Konfiguration der Fähigkeitsbasis* sprechen.[476] Anhand von Abbildung 6-11 lässt sich dies folgendermaßen nachvollziehen.

---

473 Grundlage für diese Überlegung ist eine systemtheoretische: Demnach kommt es in hochkomplexen Systemen in erster Linie auf die *selektive* Verknüpfung von Elementen an. Vgl. hierzu und zum folgenden insbesondere Willke (1996a), S. 134ff.

474 Derartige Beispiele lassen sich beliebig fortführen: Nur wenn ein Erdölkonzern Expeditionen durchführen, Ergebnisse auswerten und entsprechende Erdölfunde erschließen kann, ist es auch insgesamt fähig, Erdöl am Weltmarkt zu entsprechenden Preisen anzubieten.

475 Eine norwegische Tochter des französischen Konzerns Alcatel hat vor einigen Jahren sogar den umgekehrten Weg verfolgt und ihre Organisation entlang spezifischer Fähigkeitsdomänen restrukturiert. Vgl. Nordhaug (1994), S. 121.

476 Vgl. allgemein zur Konfiguration als dritte Grundfunktion der Führung – neben Koordination und Mobilisierung – Ringlstetter (1997), S. 41 und S. 57ff.

Ist eine kollektive Aufgabe zu erfüllen, für die beispielsweise eine wechselseitige Anwendung der Fähigkeiten zwei mit fünf notwendig ist, so bieten sich unterschiedliche Konfigurationsalternativen (hier A und B) der Kombination von Einzelfähigkeiten an. Je nach Konfigurationsalternative sind dann die Humanressourcen eins mit drei (A) oder zwei mit fünf (B) in die Problemlösung involviert. Die Wahl der jeweiligen Konfigurationsalternative hängt von den Verwendungsmöglichkeiten der Humanressourcen für alternative Aufgaben ab.

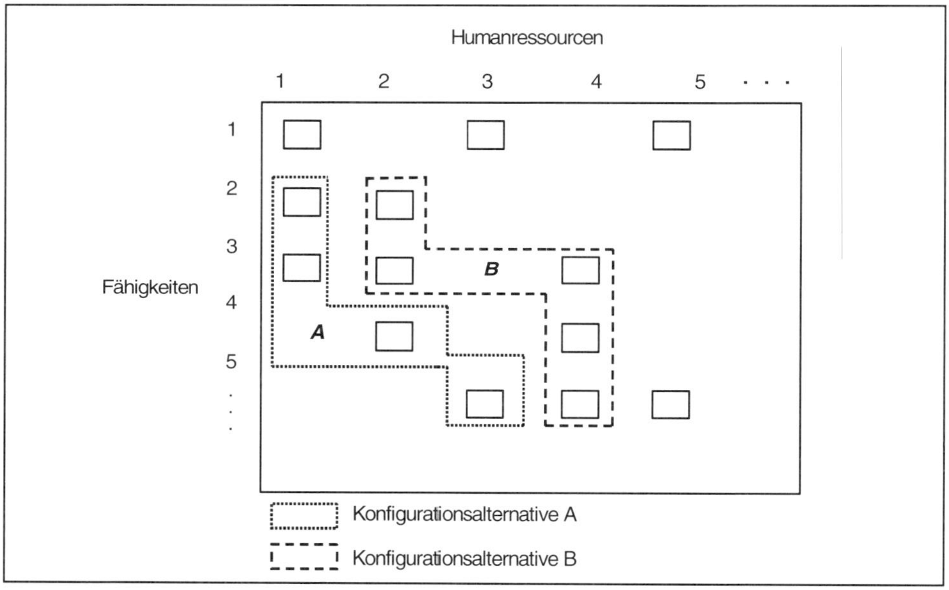

Abbildung 6-11: Konfiguration der Fähigkeitsbasis (Quelle: Kaiser (2001), S. 39)

(b) *Inhaltliche Bezugspunkte für Fähigkeiten:* Die elementaren Fähigkeiten einer Fähigkeitsbasis werden bisher kaum näher beleuchtet.[477] Eine tiefergehende Betrachtung ist insofern möglich, als Fähigkeiten inhaltlich spezifische Bezugspunkte besitzen, die letztendlich auf die Konfiguration der Fähigkeitsbasis zurückzuführen sind.[478] Die spezifischen Bezugspunkte ergeben sich, wenn es eine Menge an individuellen, aber ähnlichen Fähigkeiten gibt, die miteinander in Zusammenhang stehen. Sind diese Zusammenhänge zwischen einzelnen Fähigkeiten besonders intensiv ausgeprägt, so ist mit Wittgenstein (1984) von einer so genannten Familienähnlichkeit der betroffenen Fähigkeiten zu sprechen.[479] Diese kann als spezifischer Bezugspunkt für die einzelne Fähigkeit interpretiert werden, und Humanressourcen, die entsprechende familienähnliche Fähigkeiten besitzen, lassen sich als Mitglieder einer Kontextgemeinschaft bezeichnen.[480] In Unternehmen finden sich typischerweise einige besonders augenfällige Bezugspunkte:[481]

- Ein erster Bezugspunkt für spezifische Fähigkeiten ist die jeweilige *Branche*, in der das Unternehmen tätig ist. Dazu gehören dann vor allem Fähigkeiten, die auf der Kenntnis von Branchenstruktur und -historie basieren.[482] Auf die Relevanz von Branchenfähigkeiten weist auch die eingeschränkte Möglichkeit des Wechsels von Mitarbeitern zwischen einzelnen Branchen hin.

- Ebenso ist nahe liegend, dass *Unternehmen* oder *Teileinheiten* Bezugspunkte für Fähigkeiten darstellen können. Beispielsweise sei hier die Beherrschung eines unternehmens- oder teileinheitsspezifischen Software-Pakets genannt.

---

477 (Nordhaug (1994)).

478 Bis dato wurde die Spezifität von Fähigkeiten insbesondere in der Humankapital-Theorie benannt (vgl. für einen Überblick Knoll/Koss (1995)). Erstmals findet sich die Unterscheidung zwischen spezifischen und unspezifischen Humankapital bei Clark (1923). Etabliert hat diese Unterscheidung freilich in erster Linie Becker (1962) und Becker (1964). Auch im Rahmen der Transaktionskosten-Theorie wird unter der Bezeichnung Idiosynkrasie auf Unternehmensspezifität abgestellt. Vgl. Williamson (1985). Die grobe Unterscheidung von spezifischen und unspezifischen Humankapital erscheint jedoch unzureichend, wenn daraus Überlegungen zur konkreten Entwicklung von Fähigkeiten abgeleitet werden sollen (vgl. auch Nordhaug (1994), S. 56).

479 Vgl. zum Begriff der Familienähnlichkeit, Wittgenstein (1984), S. 278.

480 Vgl. zum Begriff der Kontextgemeinschaft Kirsch (1997b), S. 537.

481 Vgl. auch Nordhaug (1994), S. 81ff., Kaiser (2001), S.42ff.

482 Vgl. Nordhaug (1994), S. 62.

- Ein weiterer Bezugspunkt für Fähigkeiten sind *Funktionen*, wie z. B. Marketing, Beschaffung etc.[483] Vor diesem Hintergrund haben beispielsweise die Unternehmensberatungen, wie McKinsey&Company oder die Boston Consulting Group, die zunächst ihre Kompetenzen nach branchenspezifischen Gesichtspunkten gegliedert hatten, zusätzlich funktionsbezogene Kompetenzbereiche eingeführt, die dann branchenübergreifend z. B. die erfolgreichsten Marketingpraktiken untersuchen.[484]

- Geht man in der Analyse spezifischer Bezugspunkte noch einen Schritt weiter, so fällt der Blick auf *Aufgaben*. So ist sicherlich eingängig, dass bestimmte Aufgaben, wie beispielsweise Bürotätigkeiten oder auch Führungsaufgaben, besondere Fähigkeiten verlangen. Andererseits sind Aufgaben bereits häufig entlang bestimmter Fähigkeiten definiert, so dass eine Abgrenzung unter Umständen tautologisch wirken mag.

- Jenseits dieser fast lokal abgrenzbaren Bezugspunkte, können auch *Beziehungen* als relevanter Bezugspunkt gelten. Damit sind Fähigkeiten angesprochen, die auf der Kenntnis des spezifischen Zusammenspiels einzelner Tätigkeiten im Unternehmen beruhen.

Zwischen den einzelnen spezifischen Bezugspunkten bestehen Überlappungen. So überschneiden sich z. B. häufig die Bezugspunkte der Funktion und Branche. Es können z. B. spezifische Fähigkeiten für den Einsatz von Marketinginstrumenten in der Lebensmittelbranche notwendig sein.[485] Es ist folglich grundsätzlich von sich überlagernden und vernetzten Fähigkeitskomplexen auszugehen.[486] Diese können logische Hierarchien überlagern oder aber auch horizontal ausgerichtet sein. Abbildung 6-12 illustriert diese Vorstellung exemplarisch für die Produktpolitik in der Automobilbranche:

---

483 Vgl. auch Naugle/Davies (1987), S. 38f., die von so genannten „strategic skill pools" sprechen, die für Gruppen mit besonderen funktionalen Talenten stehen.

484 Vgl. Kaiser/Bürger (2004), S. 403f.

485 Formal organisiert sind derartige Überschneidungen beispielsweise in Matrixorganisationen oder durch projektbasierte Überlagerungen. Darüber hinaus können sie aber auch ohne formal-organisatorische Grundlage entstehen.

486 Für eine ähnliche Vorstellung plädiert auch Schreiner (1998), S. 261, der die Organisation als eine *Gemengelage* sich überlappender, wissensbasierter Gebilde darstellt. Zwischen den einzelnen Gebilden existieren rhizomatische Vernetzungen und Verflechtungen. Vgl. zum Bild des Rhizoms Deleuze/Guattari (1977).

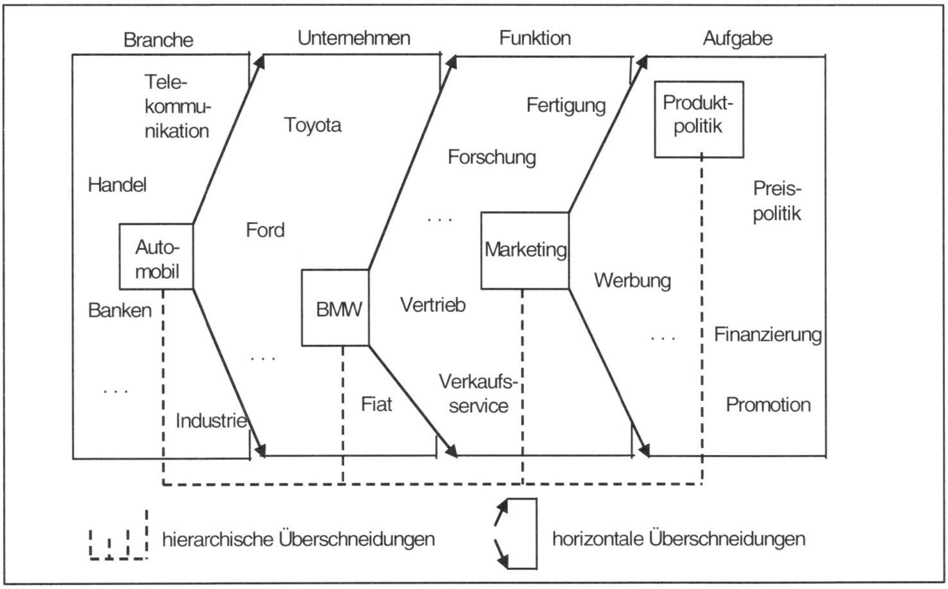

Abbildung 6-12: Überlappungen innerhalb der organisatorischen Fähigkeitsbasis (Quelle: Kaiser (2001), S. 44)[487]

(2) Der Potentialcharakter von Fähigkeiten

Fähigkeiten werden häufig als Bedingung einer Möglichkeit charakterisiert, da sie zum einen zwar bestimmte Handlungen alimentieren, es aber zusätzlich notwendig bleibt, dass das organisatorische Umfeld geeignete Verwendungsmöglichkeiten hierfür anbietet. Sie stehen somit dem durch die Metapher von Schlüssel und Schloss verdeutlichten Potentialgedanken nahe (siehe Unterabschnitt 3.3.2).[488] In Analogie zu unspezifischen Potentialen ist davon auszugehen, dass diejenigen Fähigkeiten besonders weit reichenden Potentialcharakter aufweisen, die eher unspezifische Bezugspunkte besitzen. Gerade die geringe Spezifität einer Fähigkeit eröffnet breite Anwendungsmöglichkeiten.[489] Insbesondere in der personalwirtschaftlichen Forschung wird mit derartigen unspezifischen Fähigkeiten oft das

---

487 Ghoshal (1987), S. 429, verwendet eine ähnliche Abbildung um die Anwendung des Integration-Responsiveness-Bezugsrahmens eines internationalen Managements auf unterschiedlichen Aggregationsebenen darzustellen.

488 Vgl. dazu insbesondere Wolfrum (1993), S. 58ff., und die dort zitierte Literatur.

489 Derartige Fähigkeiten entziehen sich einer inhaltlichen Beschreibung und können daher auch aus ressourcenorientierter Perspektive besondere strategische Relevanz erhalten.

Konzept der Schlüsselfähigkeiten oder auch -qualifikationen verbunden.[490] Die betriebswirtschaftliche Grundidee des Konzepts der Schlüsselqualifikationen ist die Vermeidung von Unsicherheit, indem Fähigkeiten vermittelt werden, die Veränderungen der organisatorischen Anforderungen langfristig überdauern.[491] Eine verwandte Grundlogik weist der Begriff des impliziten Wissens auf.[492] Dieses liegt

> „der Fähigkeit des Wissenschaftlers zugrunde, (1) ein Problem richtig zu erkennen, (2) diesem Problem nachzugehen und sich bei der Annäherung an die Lösung von seinem Orientierungssinn leiten zu lassen und (3) die noch unbestimmten Implikationen der endlich erreichten Entdeckung richtig zu antizipieren." (Polanyi (1985), S. 30)

Durch implizites Wissen alimentierte Fähigkeiten machen es folglich dem Einzelnen oder auch dem Unternehmen möglich, unscharf definierte Probleme anzugehen und handzuhaben.[493] Auch hierbei handelt es sich also um inhaltlich recht unspezifische Fähigkeiten. Diese scheinen gerade im Zusammenhang mit dem Hervorbringen von Innovationen, seien sie inkremental oder auch durchbruchsartig,[494] eine bedeutende Rolle zu spielen.[495]

Die Tatsache, dass Fähigkeiten als Schlüssel zur Wahrnehmung bestimmter, sich zukünftig ergebender Handlungsoptionen fungieren, gewinnt an zusätzlicher Brisanz, wenn davon ausgegangen wird, dass sich zukünftige Handlungsoptionen einer Prognose weitestgehend entziehen.[496] Damit lässt sich nun eine Forderung nach möglichst großer *Flexibilität der Fähigkeitsbasis* verbinden. In einem ersten Zugriff also eine Forderung danach,

---

490 Vgl. zusammenfassend Grieger (1997), S. 283ff., und für weitere Hinweise beispielsweise Schanz (2000), S. 383f. und Antoni (1989), S. 36ff. Das Konzept der Schlüsselqualifikationen wird entweder auf die berufspädagogischen Thesen von Mertens (1974) oder auf die von Dahrendorf (1956) aufgeworfene Frage nach extrafunktionalen Fertigkeiten zurückgeführt. Vgl. Mertens (1974), S. 37ff. sowie Dahrendorf (1956), S. 552ff.

491 Vgl. Gaugler (1987), S. 77.

492 Vgl. Eckert (1998), die ein „Primat impliziten Wissens" postuliert.

493 Vgl. hierzu auch Sternberg (1997).

494 Inkrementale Innovationen bauen auf bestehenden Kernkompetenzen auf, während durchbruchsartige Innovationen jenseits bisheriger Kernkompetenzen stattfinden.

495 Vgl. dazu Rüdiger/Vanini (1998), S. 472ff.

496 Damit soll angesprochen werden, dass es nicht nur unklar ist, mit welchen Fähigkeiten welche Handlungsoptionen wahrgenommen werden können, sondern auch welche Handlungsoptionen zukünftig überhaupt zur Disposition stehen.

dass sich mit der Hilfe der konstituierenden Fähigkeiten verschiedenste Handlungsgelegenheiten wahrnehmen lassen.[497]

Eine derartige Flexibilität, die auf unspezifische Probleme und Aufgaben gerichtet ist, verweist somit nicht nur auf das Vorhandensein und Vorhalten von redundanten Fähigkeiten. Vielmehr kann zusätzlich an einen gewissen vorsteuernden Charakter von „flexibilisierend“ wirkenden Fähigkeiten gedacht werden. Diese Zusammenhänge verweisen auf höherwertige Fähigkeiten, die eine Entwicklung von nachgelagerten Fähigkeiten vor- und mitsteuern. Derartige Fähigkeiten lassen sich als *Basisfähigkeiten* bezeichnen und spielen in dreifacher Hinsicht eine wesentliche Rolle:[498]

- Sie spielen erstens eine Rolle im situationsadäquaten Einsatz anderer Fähigkeiten.
- Zudem fördern sie die Weiterentwicklung bereits bestehender Fähigkeiten.
- Schließlich ermöglichen es die Basisfähigkeiten, auf das Eintreten neuartiger Probleme zu reagieren.

Der Einfluss von Basisfähigkeiten ist bei der Entwicklung der Fähigkeiten zu beachten.[499] Sie ermöglichen die Veränderung der Fähigkeitsbasis und machen es langfristig möglich, einen Fit zwischen gestellten Aufgaben und dafür nötigen Fähigkeiten herzustellen. Basisfähigkeiten geben damit einen ersten Hinweis auf die Bedeutung der Prozesse der Veränderung einer organisatorischen Fähigkeitsbasis.[500] Ihr Einfluss auf den Veränderungsprozess der Fähigkeitsbasis wird durch Abbildung 6-13 schematisch verdeutlicht:

---

497 Vgl. Bitterwolf (1992), S. 27ff. Dieser unterscheidet in seinem Strukturmodell des flexiblen Handelns neben der Dimension der gedanklich verfügbaren Handlungsalternativen zwei weitere, und zwar die Dimension der Motivationsstärke und des potentiellen Handlungsraums.

498 Vgl. auch Schreiner (1998), S. 217ff.

499 Damit soll jedoch nicht der Eindruck vermittelt werden, dass Basisfähigkeiten im Zeitablauf unverändert blieben.

500 An dieser Stelle lässt sich auch auf die Verwandtschaft zum Konzept der „dynamic capabilities" hinweisen. Vgl. hierzu Teece/Pisano (1994), sowie Teece et al. (1997).

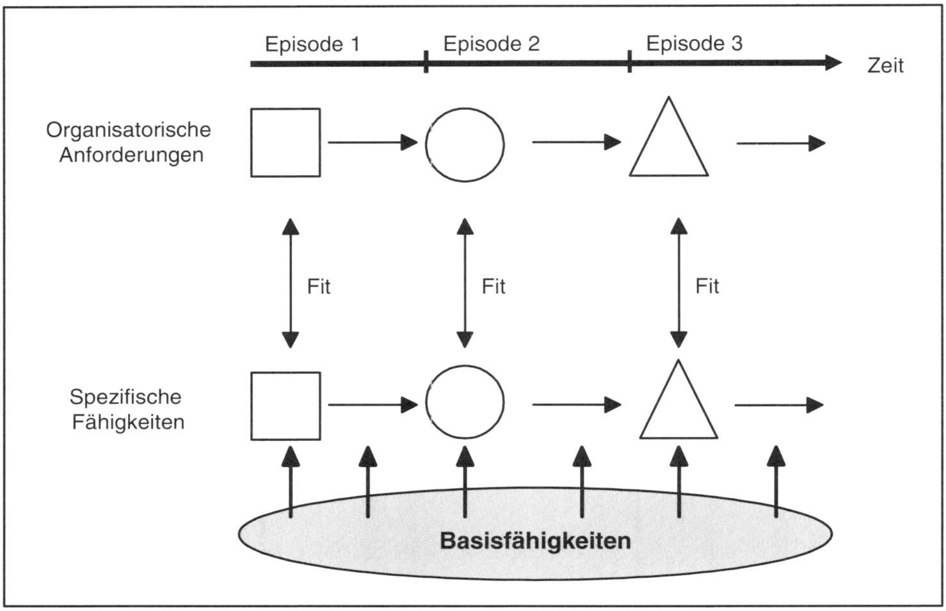

Abbildung 6-13: Die Rolle von Basisfähigkeiten (Quelle: Kaiser (2001), S. 52)

6.2.2 Lernen als Grundlage der Entwicklung von Fähigkeiten

Zielsetzung der Humanressourcen-Entwicklung ist es, neue Fähigkeiten zu generieren bzw. bestehende Fähigkeiten zu verbessern.

> „In our view, it is not only the bundle of resources that matter, but the mechanism by which firms learn and accumulate new skills and capabilities, and the forces that limit the rate and direction of this process" (Teece, Pisano, Shuen (1990), S. 11).

Der Fokus der Humanressourcen-Entwicklung ist folglich nicht nur auf den Inhalten sondern vor allem auch auf den Prozess der Entwicklung von Fähigkeiten gerichtet. Um zu verstehen, auf welche Weise sich die Fähigkeitsbasis eines Unternehmens entwickelt, lassen sich drei grundsätzliche Ansatzpunkte verfolgen, die sich in die Vorstellung der Fähigkeitsbasis integrieren lassen und als Lernprozesse interpretiert werden können:[501]

---

[501] Vgl. Kaiser (2001), S. 53f.

- Zunächst lassen sich jeweils die einzelnen Fähigkeiten der Fähigkeitsbasis entwickeln. Hierbei handelt es sich dann um individuelle Lernprozesse, die in personengebundenen Fähigkeiten resultieren (1).
- Zudem ist das Niveau des Zusammenspiels von einzelnen Fähigkeiten zu verbessern. Dadurch werden zwar nicht unbedingt neue Probleme lösbar, es kann aber davon ausgegangen werden, dass bestehende Aufgaben in effizienterer Weise erfüllt werden (2).
- Schließlich ist auch eine Veränderung der Konfiguration der Fähigkeitsbasis möglich. Dies basiert auf einer Neukombination einzelner Fähigkeiten und lässt neuartige kollektive Fähigkeiten entstehen (3).

(1) Entwicklung individueller Fähigkeiten

Der Entwicklung individueller Fähigkeiten liegt die Theorie der kognitiven Psychologie zu Grunde.[502] Darin werden Fragen geklärt, wie der Mensch Wissen und Fähigkeiten aufbaut, wie neue Erfahrungen mit bestehendem Wissen integriert werden und wie bestehendes Wissen für Problemlösungen aktiviert werden kann. Ein wesentliches Charakteristikum kognitiver Lerntheorien ist, neben der Berücksichtigung von Emotionen,[503] die Unterscheidung des Lernprozesses und der Anwendung des Gelernten in Form von Handlungen.[504] Im Folgenden werden zwei prominente Lerntheorien, die des unmittelbaren Erfahrungslernen (a) und die des Lernens durch die Beobachtung eines Modells (b), dargestellt.

(a) Lernen durch unmittelbare Erfahrungen:[505] Unmittelbare eigene Erfahrungen sind Kernstück des Konzeptes des Erfahrungslernen. Es wird davon ausgegangen, dass Individuen in der Lage sind, aufgrund von Beobachtung und Reflexion der Folgen des eigenen, persönlichen Handelns zu lernen. Für das Verständnis eines derartigen Lernens ist die Rekonstruktion der kognitiven Prozesse unerlässlich.[506] Dies gelingt, indem mit Kolb (1984) das erfahrungsorientierte Lernen als Zyklus mit vier Lernphasen verstanden wird, die sich entlang der Dimensionen „Erfahrungssammlung" und „Erfahrungsverarbeitung" verorten lassen, wie Abbildung 6-14 verdeutlicht.[507]

---

502 Vgl. Wiegand (1996), S. 345, sowie Schermer (1991), S. 20. Letzterer datiert die Geburtsstunde der Kognitiven Psychologie mit dem Erscheinen des Buches „Cognitive Psychology" von Neisser (1967) in das Jahr 1967.

503 Vgl. Pekrun/Frese (1992) sowie Isen/Baron (1991) zur Forderung nach verstärkter Berücksichtigung von Emotionen.

504 Vgl. Wiegand (1996), S. 346ff.

505 Vgl. Kolb (1984), sowie Kaiser (2001), S. 59ff.

506 Vgl. Kolb (1984), S. 20ff.

507 Ein ähnlicher Zyklus findet sich auch bereits bei Wolfe/Kolb (1979), S. 539.

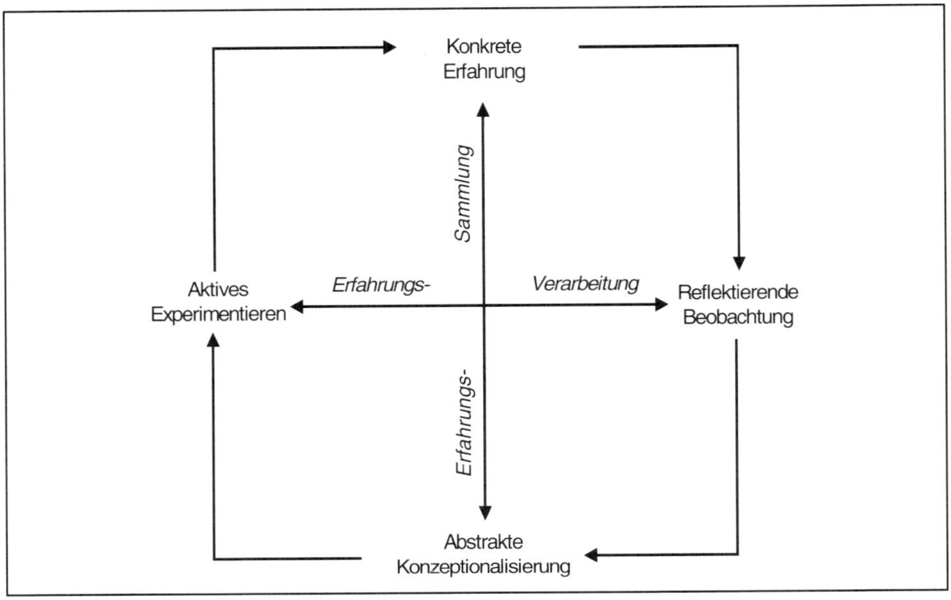

Abbildung 6-14: Zyklus des Erfahrungslernens
(Quelle: in Anlehnung an und erweitert nach Wolfe/Kolb (1979), S. 539)

Dieser Lernzyklus lässt sich folgendermaßen nachvollziehen:[508] Zunächst werden unmittelbare, konkrete Erfahrungen zur Grundlage und zum Gegenstand einer reflektierenden Beobachtung. Ergebnisse der reflektierenden Beobachtung von eigenen Erfahrungen sind dann individuelle, subjektive Theorien oder abstrakte Konzepte, aus denen sich Hypothesen bezüglich zukünftigen Handelns ableiten lassen. Die abstrakten Konzepte liegen dann dem aktiven Handeln und Experimentieren des individuellen Akteurs zugrunde, d.h. er testet sie gegenüber der Wirklichkeit auf ihre Richtigkeit. Die dadurch wiederum gesammelten Erfahrungen schließen den Zyklus des Erfahrungslernens.

Individuen unterscheiden sich dahingehend, dass sie bestimmte Phasen des beschriebenen Lernzyklus bevorzugen, so dass sich individuelle Lernstile ableiten lassen.[509] Die beiden Dimensionen, Erfahrungssammlung und Erfahrungsverarbeitung, spannen dann eine Matrix auf, in der sich vier statistisch dominierende, unterschiedliche Lernstile verorten lassen (siehe Abbildung 6-15).[510]

508 Vgl. zusammenfassend auch Wiegand (1996), S. 365ff., Schirmer (1992), S. 171ff., sowie Kaiser (2001), S. 60f.

509 Vgl. Kolb (1984), S. 64ff.

510 Vgl. zusammenfassend Scholz (2000), S. 480ff.

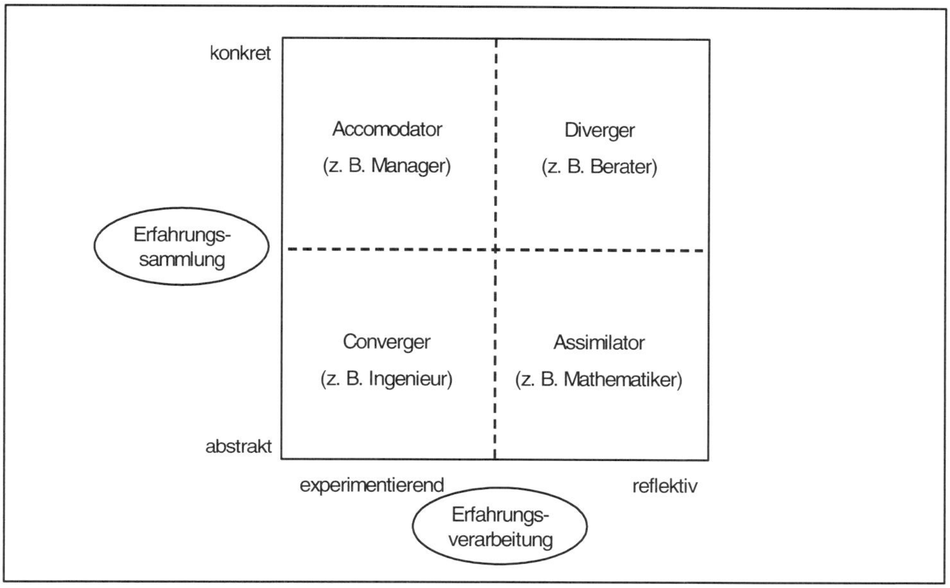

Abbildung 6-15: Typen von Lernstilen
(Quelle: verändert nach Schirmer (1992), S. 173)

Zudem wird aufgrund empirischer Untersuchungen angenommen, dass bestimmte Lernstile in jeweils spezifischer Situation besonders erfolgreich sein werden.[511] Darauf aufbauend hat eine ergänzende Analyse von Karrierewegen zu dem Ergebnis geführt, dass Humanressourcen bei ihren Karriereentscheidungen dazu tendieren, Arbeitssituationen zu suchen, die jeweils mit dem persönlichen Lernstil korrespondieren.[512] Dementsprechend konnte auch ein empirischer Zusammenhang zwischen Lernstil und Zugehörigkeit zu bestimmten Berufsgruppen bzw. organisatorischen Funktionsbereichen ermittelt werden. So besitzen beispielsweise Ingenieure tendenziell den Lernstil des „Converger". Dessen Stärke ist die praktische Anwendung von abstrakten Ideen, wodurch unmittelbar spezifische Probleme gelöst werden können.[513]

Nachfolgend werden zwei interessante Aspekte skizziert, die über die eigentliche Idee des Lernens durch eigene Erfahrung hinausgehen:

---

511 Vgl. Wolfe/Kolb (1979), S. 550. Diese unterscheiden Situationstypen hinsichtlich ihrer spezifischen Anforderungen.

512 Vgl. Wolfe/Kolb (1979), S. 556.

513 Vgl. beispielsweise Schirmer (1992), S. 174, sowie Scholz (2000), S. 482, zu der Einordnung weiterer Berufsgruppen mit den entsprechenden Erklärungen.

- Hinsichtlich der Flexibilität von Fähigkeiten erscheint eine Bevorzugung von Akkomodierern vor Assimilierern sinnvoll, da letztere dazu neigen, bestehende Fähigkeiten trotz eingeschränkter Funktionalität beizubehalten. Dies ist bereits bei der Auswahl von Humanressourcen ins Kalkül einzubeziehen, da der persönliche Lernstil, obwohl er ein erworbenes Verhaltensmuster ist, kurzfristig nicht umgestaltet werden kann.[514]

- Konzepte des Erfahrungslernens unterstützen die Annahme der Entstehung von Fähigkeiten mit ähnlichen Bezugspunkten. Denn aus den mannigfaltigen, situationsspezifischen Arbeitserfahrungen entstehen zwar nie identische Fähigkeiten. Es kann jedoch angenommen werden, dass sich innerhalb gleicher Arbeitssituationen zumindest ähnliche Fähigkeiten entwickeln.

(b) Lernen durch Beobachtung eines Modells:[515] Der Erwerb von Fähigkeiten kann nach Bandura (1986) durch Beobachtung eines Modells erfolgen.[516] Dieses kann real existieren oder nur symbolisch gegeben sein. Grundidee dabei ist, dass eine Person Lernprozesse durchlaufen kann, indem die Auswirkungen der Handlungen anderer Personen (Modelle) beobachtet und die erkennbaren Regeln des Handelns übernommen werden. Der Lernende übernimmt folglich Erfahrungen des Modells. Dadurch lässt sich die Geschwindigkeit der Lernprozesse erhöhen, da der Lernende nicht nur durch zeitaufwendige, unmittelbare Erfahrungen Fähigkeiten erwirbt, sondern eben auch auf fremde Erfahrungen zurückgreifen kann.[517]

Bandura (1986) unterscheidet in seiner Lerntheorie Prozesse der Verhaltensaneignung und der Verhaltensausführung. Die Aneignung von Verhalten untergliedert sich in Aufmerksamkeits- und Behaltensprozesse, während die Ausführung von Verhalten durch Motivations- und Reproduktionsprozesse bestimmt wird (siehe Abbildung 6-16).

---

514 Vgl. Kolb (1984), S. 61ff.

515 Vgl. zum Folgenden Kaiser (2001), S. 62ff.

516 Damit sind unterschiedliche Annahmen über die Natur des Menschen verbunden: Der Mensch hat die Fähigkeit zum Gebrauch von Symbolen, Gedanken werden zu einer möglichen Quelle der Verhaltensbeeinflussung. Ferner werden Fähigkeiten zum vorausschauenden Denken, zur Selbstreflexivität usw. vorausgesetzt. Vgl. Bandura (1986) und Schermer (1991).

517 Es ist allerdings zu konzedieren, dass dies lediglich für den Erwerb bestimmter Fähigkeiten gilt. Nicht ohne Grund gibt das geflügelte Wort: „Nur aus den eigenen Fehlern kann man lernen".

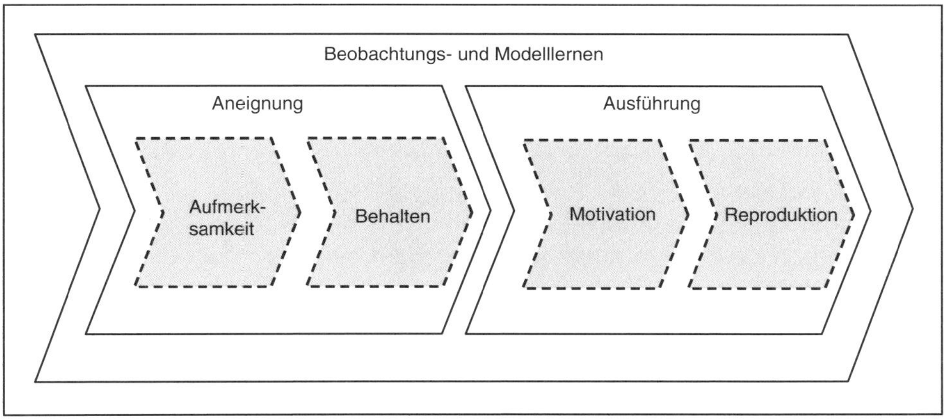

Abbildung 6-16: Lernen durch Beobachtung eines Modells (Quelle: Kaiser (2001), S. 63)[518]

Der Mensch besitzt die Fähigkeit zur abstrakten sowie kreativen Modellierung. Ersteres meint Übernahme von Regeln, die dem Verhalten auch mehrerer Modelle zugrunde legen, und deren Übertragung auf neue Anwendungszusammenhänge. Dadurch werden konzeptionelles Lernen und das Erlernen heuristischer Strategien zur Problemlösung möglich.[519] Das kreative Modellieren dagegen befähigt zum Zusammenfügen von Einflüssen mehrerer Modelle zu neuen Kombinationen. Deshalb wird bei vielfältiger Modellumgebung auch die Entstehung neuer Verhaltensmuster und Fähigkeiten wahrscheinlicher, und das Überkommen bereits eingeschliffener Verhaltensweisen wird ermöglicht.[520]

(2) Verbesserung kollektiver Leistungsfähigkeit

Kollektive Leistungsfähigkeit lässt sich als die Fähigkeit mehrere Personen bzw. einer Organisation beschreiben, bestimmte Aufgaben oder Herausforderungen zu bewältigen. Dabei konstituiert sich die kollektive Leistungsfähigkeit durch das Zusammenspiel von einzelnen Fähigkeiten, die dabei in meist komplexer Weise vernetzt werden. Voraussetzung für die kollektive Leistungsfähigkeit ist das Vorhandensein gemeinsamer Orientierungsmus-

518 Vgl. Bandura (1986), S. 52.

519 Die abstrakte Modellierung bietet dem Lernenden „cognitive and behavioral tools for innovation" (Bandura (1986), S. 104).

520 Zur Überwindung bestehender Fähigkeiten kann es also sinnvoll sein, Mitarbeitern andersartige Modellumgebungen vor Augen zu führen. Dies kann beispielsweise durch das kurzzeitige Versetzen in andere Funktionsbereiche, ins Ausland etc. geschehen.

ter, die angeben, in welcher Weise Einzelfähigkeiten zusammengebracht werden können. Sozialisationsprozesse bieten die Möglichkeit, dass derartige Orientierungsmuster entstehen (a). Auf Basis einer erfolgten Sozialisation kommt es zu einer Verbesserung kollektiver Leistungsfähigkeit, wenn das Zusammenspiel der Einzelfähigkeit weiter eingeübt wird (b).

(a) Sozialisationsprozesse: Organisationale Sozialisation ist Gegenstand verschiedenster Forschungsdisziplinen wenngleich der Erkenntnisstand zum heutigen Zeitpunkt immer noch fragmentarisch ist.[521] In einer Annäherung ist unter dem Begriff der Sozialisation folgendes zu verstehen:

> „[Organisationale Sozialisation ist der] Erwerb von Fähigkeiten, Fertigkeiten, Kenntnissen, Orientierungs- und Deutungsmustern, die für die Übernahme organisatorischer Rollen und die Bewältigung damit verknüpfter Aufgaben notwendig sind." (Schirmer (1992), S. 196, Ergänzung durch Verfasser)[522]

Organisationale Sozialisation zielt folglich darauf ab, verbindliche Interpretationsperspektiven zu vermitteln. Diese fungieren dann als Richtschnur für Routine- und Nicht-Routinehandeln,[523] und somit für jegliche Anwendung von Fähigkeiten. Damit wird organisationale Sozialisation zu einem Instrument sozialer Kontrolle, das die Konformität des individuellen Handelns mit organisationalen Handlungsregeln wahrscheinlicher machen soll.[524] In einer negativen Konnotation lässt sich von einer kollektiven Indoktrination sprechen, in einer positiven von einem Management der Unternehmenskultur.[525]

Angestoßen werden Sozialisationsprozesse dadurch, dass sich der Einzelne einer Organisation gegenübersieht, die für ihn historisches Handlungswissen repräsentiert und somit als objektive Wirklichkeit wahrgenommen wird.[526] Die als Sachzwang wahrgenommene Organisation ist Rahmenbedingung für die Anwendung individueller Fähigkeiten. Zunächst jedoch ist die organisationale Sozialisation Teil einer umfassenderen beruflichen So-

---

521 Vgl. Schirmer (1992), S. 196. Siehe auch Schein (1971), Van Maanen (1976), sowie Van Maanen/Schein (1979).

522 Vgl. Auch , S. 211ff.: „In its most general sense, organizational socialization is the process by which an individual acquires the social knowledge and skills necessary to assume an organizational role"(Van Maanen/Schein (1979), S. 211). Vgl. zusätzlich auch Heinz (1982), S. 499.

523 Vgl. Schirmer (1992), S. 196f.

524 Vgl. Schirmer (1992), S. 197, unter Rekurs auf Türk (1981), S. 36ff.

525 Vgl. dazu Ringlstetter (1995), S. 227f., der sich insbesondere auf Mintzberg (1979), S. 98, bezieht.

526 Vgl. in diesem Sinne das Werk von Berger/Luckmann (1980), sowie Weber (1972), S. 835.

zialisation. Die berufliche Sozialisation beginnt spätestens mit der berufsspezifischen Ausbildung, sei es an Universitäten oder im Rahmen dualer Ausbildungsgänge.[527] Zudem finden Sozialisationsprozesse vor dem Hintergrund der Zugehörigkeit zu einer Subkultur der Organisation statt. Häufig werden diesbezüglich berufsgruppenbezogene Subkulturen – Arbeiter, Techniker und Manager – angeführt.[528] Dadurch entstehen innerhalb eines Unternehmens unterschiedliche Kontextgemeinschaften.[529] Die Mitglieder einer Kontextgemeinschaft teilen eine spezifische Lebens- und Sprachform, die es ihnen erleichtert, in wechselseitiger Verständigung ihre Fähigkeiten für eine gemeinsame Aufgabenerfüllung anzuwenden.

Jenseits dessen ist zu erörtern, inwieweit es sich bei Sozialisationsprozessen um eine gesteuerte „Sozialmachung" oder eher um eine emergente „Sozialwerdung" handelt.[530] Letztlich trifft beides gleichzeitig zu: Auf der Basis organisatorischer Aufgaben werden mehr oder weniger spezifische Erwartungen kommuniziert.[531] Der Einzelne interpretiert zunächst diese Erwartungen und versucht, ihnen im Sinne eines Role-Taking zu entsprechen. Darüber hinaus wird das individuelle Rollenverständnis aber auch aktiv modifiziert, nicht zuletzt da die Erwartungen häufig nur verschwommen wahrgenommen werden können.[532] Es finden also ebenso Prozesse im Sinne eines Role-Making statt.[533]

Je nach Ausgestaltung der Sozialisation werden unterschiedliche Verhaltensreaktionen von Organisationsmitgliedern hervorgerufen, die auf einem Kontinuum zwischen völliger Anpassung und Rebellion liegen.[534]

527 Vgl. zur beruflichen Sozialisation, Neuberger (1994), S. 70ff.

528 Vgl. Schein (1997), S. 61ff.

529 „Die Kontextgemeinschaft ist ein soziales System, dessen Mitglieder eine spezifische Lebens- und Sprachform teilen. Diese Lebens- und Sprachform konstituiert den Kontext, in dem diese Menschen fühlen, denken, sprechen, Alltagsprobleme definieren, Werte und Interessen artikulieren usw." (Kirsch (1997b), S. 537).

530 Berger/Luckmann (1980) sprechen in diesem Zusammenhang von einer „Dialektik zwischen Identifizierung durch Andere und Selbstidentifikation, zwischen objektiv zugewiesener und subjektiv angeeigneter Identität" (Berger/Luckmann (1980)), S. 142).

531 Letztlich ist damit die Entstehung von impliziten Verträgen angesprochen. Vgl. dazu Kniehl (1998), S. 41f., sowie umfangreicher Rousseau (1989), S. 129ff. und Rousseau (1995), S. 52ff.

532 Vgl. Kieser/Kubicek (1992), S. 406ff.

533 Vgl. zur Unterscheidung von Role-Taking und Role-Making, Kronast (1989), S. 151ff.

534 Vgl. Van Maanen/Schein (1979), S. 230ff. Diese verwenden für die Unterscheidung der drei generischen Reaktionsmuster die Begriffe „custodianship" (hier: Anpassung), "role innovation" (hier: Rebellion) und „content innovation" (hier: Kreativität).

- Anpassung: Sozialisation kann zu affirmativen, d.h. bewahrenden bzw. die organisationalen Vorgaben akzeptierenden Verhaltensweisen führen. In Übertragung auf die kognitiven Prozesse des Einzelnen bedeutet dies die Akzeptanz der in der Organisation vorherrschenden Denkmuster.

- Rebellion: Ebenso kann die völlige Ablehnung nahezu aller rollenvermittelter Vorgaben ein Ergebnis von Sozialisationsprozessen sein. Eine Übernahme und Vernetzung von Fähigkeiten ist dadurch erheblich erschwert.

- Kreativität: Im optimalen Fall erzeugt Sozialisation die Akzeptanz vorgegebener Zwecke der Organisation, ist aber gleichzeitig auch mit dem Interesse an einer Verbesserung und Weiterentwicklung bestehender Verhaltensmuster verbunden.

Das Verhaltensmuster der Rebellion bewirkt, dass ein Zusammenspiel von Fähigkeiten unmöglich wird. Umgekehrt erzeugt eine zu starke Anpassung im Sinne von völliger Konformität strukturelle Rigiditäten in der organisatorischen Fähigkeitsbasis.[535] Anzustreben ist folglich, ein Sozialisationsmuster zu finden und zu verfolgen, das eine Basiskonformität innerhalb der Fähigkeitsbasis sichert, aber auch Spielraum für die Entwicklung und Kombination neuartiger Fähigkeiten erzeugt.

(b) Einüben des Zusammenspiels: Die kollektive Leistungsfähigkeit drückt sich nicht zuletzt in der Effizienz des Zusammenspiels einzelner Fähigkeiten aus. Es ist folglich davon auszugehen, dass bereits das Zusammenbringen einzelner Fähigkeiten bereits erhöhtes bzw. verändertes Problemlösungspotential bedeutet. Vielmehr muss das Zusammenspiel der einzelnen Fähigkeiten erlernt und eingeübt werden. Das Einüben von Verweisungsbeziehungen zwischen den einzelnen Fähigkeiten lässt sich in einem ersten Zugriff durch eine Koppelung von beteiligten individuellen Erfahrungslernzirkeln konzipieren.[536] Dabei spielt der Faktor Kommunikation eine entscheidende und zentrale Rolle, da dieser die individuellen Lernerfahrungen um ein koppelndes Element bereichert (siehe Abbildung 6-17).

---

535 Vgl. für eine ähnliche Argumentation, wenn auch vor anderem Hintergrund, Schirmer (1992), S. 197f.

536 Vgl. Kolb (1984) zu den individuellen Erfahrungslernen, zur Koppelung desselben Burgoyne (1995), S. 66f. Dieser versucht in weiteren Stufen die individuellen Erfahrungen hin zu einem „Metadialog" zu entwickeln, in dem organisatorische Mythen erzeugt werden.

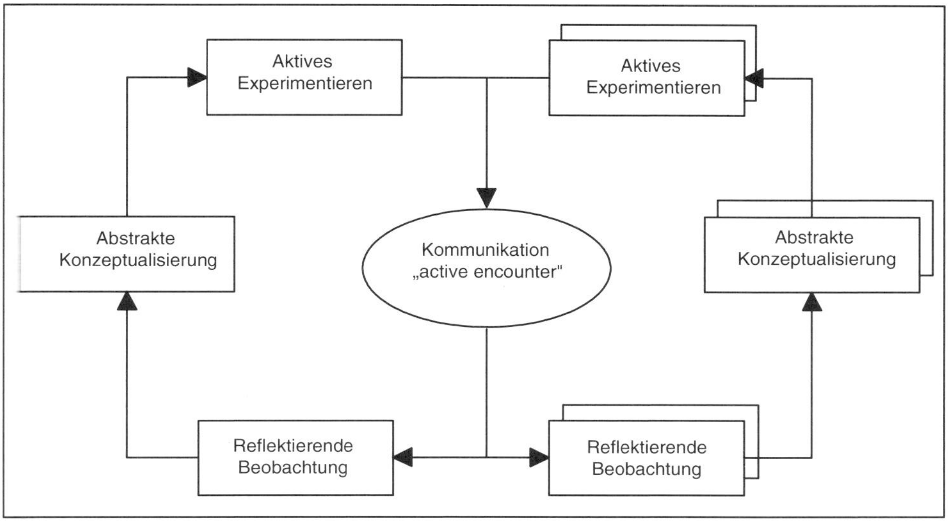

Abbildung 6-17: Koppelung von individuellen Erfahrungslernzirkeln (Quelle: stark verändert nach Burgoyne (1995), S. 67)

Die Notwendigkeit der permanenten aktiven Kommunikation wird umso deutlicher, wenn man die unternehmerische Fähigkeitsbasis als ein eigenes soziales System begreift:

> „Psychische Systeme verarbeiten den Sinn in Form von Gedanken und Vorstellungen, soziale Systeme dagegen prozessieren Sinn in Form sprachlich-symbolisch vermittelter Kommunikation“ (Willke (1996a), S. 52).

Kommunikation ist auch die Grundlage der soziologischen Lerntheorie Millers (1986), der unter kollektiven Lernprozessen eine Art des an Verständigung orientierten Handelns begreift.[537] Kollektive Lernprozesse vollziehen sich in Form einer kollektiven Argumentation, wodurch interindividuelle Widersprüche identifiziert und aufgelöst werden.[538] Dabei werden drei Prinzipien berücksichtigt:

---

537 Miller (1986) denkt im Rahmen seiner Ausführungen zum kollektiven Lernen jedoch erst in zweiter Linie ein Lernen des Kollektivs. So schreibt er, dass „der Begriff eines kollektiven Lernprozesses, wenn nicht anders gekennzeichnet, in der Bedeutung eines Lernens im Kollektiv verwendet" (Miller (1986), S. 32) wird.

538 Vgl. Miller (1986), S. 28ff.

- Verallgemeinerungsprinzip: Es ist eine argumentative Bestätigung respektive Erschütterung oder Relativierung bereits erworbener Fähigkeiten des einzelnen Individuums möglich.[539]
- Objektivitätsprinzip: Die Erweiterung der Fähigkeiten des Kollektivs mit neuen Fähigkeiten ist denkbar, wenn dadurch keine Widersprüche mit bereits bestehenden Fähigkeiten entstehen.
- Wahrheits- bzw. Konsistenzprinzip: Es besteht der Zwang zur Fortentwicklung von Fähigkeiten, falls Widersprüche in der Argumentation vorhanden sind, die kollektiv nicht akzeptiert werden.

Insgesamt erscheinen die Ideen Millers freilich recht optimistisch.[540] Hinsichtlich des Einübens von Verweisungsbeziehungen lässt sich vermuten, dass die Möglichkeit zu face-to-face-Kontakten sowie das Bestehen von Kleingruppen relevant und förderlich sind, da hierdurch die Kommunikationsintensität erhöht wird.[541]

(3) Veränderung kollektiver Fähigkeiten

Die Veränderung kollektiver Fähigkeiten ist möglich, indem einzelne Fähigkeiten im Sinne einer Umstrukturierung neu kombiniert werden. Dadurch entstehen kollektive Fähigkeiten, die sich durch eine neuartige Problemlösungskraft auszeichnen, so dass die Neukombination von Fähigkeiten als Lernen bezeichnet werden kann.[542] Zur beispielhaften Verdeutlichung kann der japanische Canon-Konzern herangezogen werden: Dieser hat durch eine geschickte Neukombination einzelner Fähigkeiten aus den Bereichen Optik, Mechanik und Mikroelektronik die Produktion der ersten von einem Mikroprozessor gesteuerten Spiegelreflexkamera ermöglicht.[543] Mit anderen Worten ist es Canon gelungen, eine neue kollektive Fähigkeit zu kreieren. Eine derartige Neukombination von Einzelfähigkeiten hat den Charakter eines heuristischen Problemlösens. Das heißt, die explizite Neukombination von Fähigkeiten muss nicht immer und nicht zwangsläufig zur Lö-

---

539 Miller verwendet anstatt des Begriffs „Fähigkeiten" in der Regel den Begriff „Wissen", wenn damit das Resultat von Lernprozessen bezeichnet werden soll.

540 Vgl. Wiegand (1996), S. 403f.

541 Miller (1986), vgl. S. 33, sieht dies allerdings anders und behauptet die Möglichkeit kollektiver Argumentationen sei auf allen Ebenen einer Gesellschaft gegeben.

542 Wiegand (1996), vgl. S. 441, spricht von Lernprozessen, die auf einer Veränderung organisationaler Routinen im Sinne von nicht-personalisiertem Wissen basieren.

543 Vgl. Steidl (1999), S. 158f., in Bezugnahme auf Goold et al. (1994), S. 169ff. Die Neukombination der Fähigkeiten geschah im vorliegenden Beispielfall durch Gründung einer „Taskforce". Für weitere Beispiele siehe auch Hargadon/Sutton (1997).

sung eines ganz bestimmten Problems führen. Vielmehr ist davon auszugehen, dass die Lösung anstehender Aufgaben lediglich wahrscheinlicher wird. Letztlich erfordert dies also meist eine schrittweise Neukombination von Fähigkeiten, die beispielsweise in Form von temporären Lernarenen oder ad hoc gebildeten Taskforces eingeleitet werden kann. Hinsichtlich der Neukombination von Fähigkeiten lassen sich drei generische Optionen unterscheiden, die in realiter auch in entsprechend denkbaren Kombinationen auftreten können:

- Zunächst ist eine Neukombination im Sinne einer „echten" Neukombination von bereits bestehenden Fähigkeiten denkbar.
- Zweitens können neue Fähigkeiten in die organisatorische Fähigkeitsbasis eingebaut werden. Die neuen Fähigkeiten sind dabei entweder neu entwickelt worden oder waren bisher außerhalb der organisatorischen Fähigkeitsbasis verortet. Ein Beispiel hierfür ist das Hinzukommen neuer Fähigkeiten durch die Akquisition von Humanressourcen.
- Drittens kann die organisatorische Fähigkeitsbasis auch durch den Wegfall bestehender Fähigkeiten umstrukturiert werden. Hierdurch werden dann beispielsweise Blockaden, die durch bestehende Fähigkeiten aufgebaut sind, aufgelöst.

Letzteres verweist darauf, dass die Neukombination von Fähigkeiten auch deshalb als Lernen bezeichnet werden kann, da sie die strukturelle Verfestigung der organisatorischen Fähigkeitsbasis aufhebt,[544] welche die Funktion der Fähigkeitsbasis in dreifacher Hinsicht beeinträchtigt:[545]

- Überstabilisierung: Hiermit ist ein genereller Verlust an Reflexions- und Anpassungsfähigkeit der Fähigkeitsbasis angesprochen, der aufgrund des rigiden Festhaltens an der bestehenden Strukturierung der Fähigkeitsbasis entsteht.
- Überkomplizierung: Die Größe der Fähigkeitsbasis kann zu einer Funktionsstörung führen, vor allem wenn die enthaltenen, einzelnen Fähigkeiten vielfältig sind. Es kommt dann zu einem Verlust der Anwendbarkeit einzelner – sich unter Umständen widersprechender – Fähigkeiten.

---

544 Vgl. für eine zusammenfassende Darstellung Heyse/Erpenbeck (1997) S. 140ff.

545 Vgl. zum folgenden auch die Ausführungen zu Pathologien sozialer Systeme nach Türk (1978), S. 111ff.

- Übersteuerung: Hierunter wird eine immanente Repressivität verstanden, die zur Folge hat, dass nur ein Teil der einzelnen Fähigkeiten auch tatsächlich angewendet wird.[546]

6.2.3 Instrumente zur Förderung der Entwicklung von Fähigkeiten

In der personalwirtschaftlichen Literatur und Praxis werden Instrumente der Personalentwicklung häufig nach dem Lernort bzw. der Nähe zur eigentlichen Arbeitstätigkeit und dem Lernzeitpunkt unterschieden (siehe Abbildung 6-18).

- Instrumente, die vor oder zum Beginn des Eintritts in ein Unternehmen Verwendung finden, werden als Into-the-job Instrumente bezeichnet. Typischerweise haben sie nur einen mittleren inhaltlichen Bezug zur eigentlichen späteren Tätigkeit. Zu diesen Instrumenten zählen insbesondere die duale Berufsausbildung und Traineeprogramme.

- Durch besondere Nähe zum Arbeitsalltag sind Instrumente geprägt, die als On-the-job und Along-the-job umschrieben werden. Unter On-the-job Instrumente fallen alle Maßnahmen, durch die das Lernpotential der Arbeit erhöht wird, z. B. Jobrotationen (Aufgabenwechsel), job enlargement (Aufgabenerweiterung) und job job enrichment (Aufgabenanreicherung). Along-the-job ist ein Ausdruck für Maßnahmen, die sich auf die Laufbahn der Humanressource beziehen, z. B. Asssistenten- und Stellvertretertätigkeiten, und auf spätere Tätigkeiten bereits vorbereiten.

- Near-the-job und auch Parallel-to-the-job sind all diejenigen Instrumente, die einen mittleren oder indirekten Bezug zur Kerntätigkeit des Mitarbeiters besitzten. Durch derartige Maßnahmen kommt es zu Lernprozessen, die für den Arbeitsalltag unterstützend wirken können. Beispiele hierfür sind Qualitätszirkel und Projektgruppen, aber auch Coaching und Mentoring.

- Die klassischen Instrumente der Humanressourcen-Entwicklung sind die so genannten Off-the-job Instrumente. Sie besitzen keinen direkten Bezug um Arbeitsalltag. Entsprechend ist das durch Off-the-job Instrumente vermittelte Wissen häufig nicht ohne weiteres in die Praxis

[546] Umgekehrt ist ein Mindestmaß an Redundanz von Fähigkeiten innerhalb der Fähigkeitsbasis sinnvoll und notwendig ist. Vgl. beispielsweise Probst (1992), S. 485f., Heyse/Erpenbeck (1997), S. 155f.

transferierbar. Beispiele hierfür sind Seminarangebote, Vorträge, aber auch innovativere Formen der Kompetenzvermittlung, wie etwas Outdoor-Trainings.

- Gewissermaßen eine Besonderheits stellen Out-of-the-job Instrumente dar. Ihr Bezug zur Tätigkeit ist definitionsgemäß gering. Sie dienen dazu, den Austritt der Humanressource in den Arbeitsmarkt (Outplacement) oder den Ruhestand vorzubereiten.

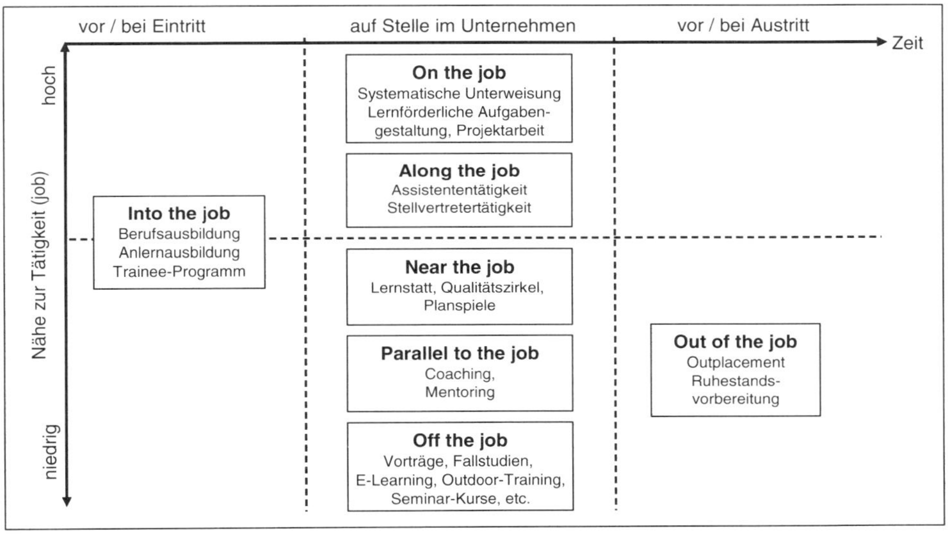

Abbildung 6-18: Praxisorientierte Differenzierung von Entwicklungsinstrumenten (Quelle: Conradi (1983), S. 25).

Im Folgenden wird der oben vorgestellten Systematik nicht direkt gefolgt. Vielmehr wird der Tatsache Rechungen getragen, dass Instrumente zur Förderung der Entwicklung von Fähigkeiten immer an Lernprozessen ansetzen müssen, indem sie diese initiieren und unterstützen. Diese Lernprozesse können individueller oder kollektiver Natur sein. Entsprechend lassen sich drei Ansatzpunkte identifizieren:

- Instrumente können erstens darauf abzielen, die Entwicklung individueller Fähigkeiten zu fördern, indem sie individuelle Lernprozesse anstoßen (1).
- Zweitens lässt sich das Zusammenspiel von Fähigkeiten begünstigen, indem Sozialisationsprozesse gelenkt werden (2).
- Drittens ist es denkbar, die Fähigkeiten neu zu kombinieren, um neuartige kollektive Leistungsfähigkeiten zu generieren (3).

(1) Förderung der Entwicklung individueller Fähigkeiten

Korrespondierend mit den skizzierten individuellen Lerntheorien, lässt sich die Entwicklung individueller Fähigkeiten auf drei Ebenen forcieren: Erstens kann die Integration fremder Erfahrungen unterstützt werden (a). Zweitens existieren Ansatzpunkte zur Förderung des Lernens durch eigene Erfahrung (b), und drittens finden sich Möglichkeiten des Managements synthetischer Erfahrungen (siehe Abbildung 6-19).

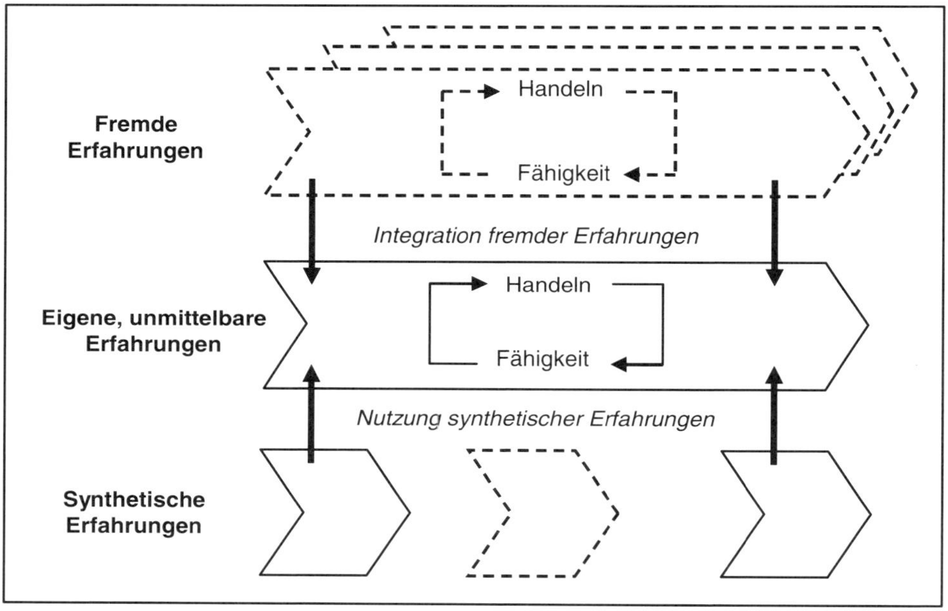

Abbildung 6-19: Lernorientierte Ansatzpunkte für Entwicklungsinstrumente (Quelle: Kaiser (2001), S. 91)

(a) Integration fremder Erfahrungen: Die Integration fremder Erfahrungen findet vor dem Hintergrund bereits bestehender Erfahrungen statt. Hierbei sind unterschiedliche Verhältnisse zwischen bisherigen eigenen und fremden Erfahrungen denkbar. Gleichzeitig sind damit auch unterschiedliche Konsequenzen der Integration fremder Erfahrungen verbunden (siehe Abbildung 6-20).

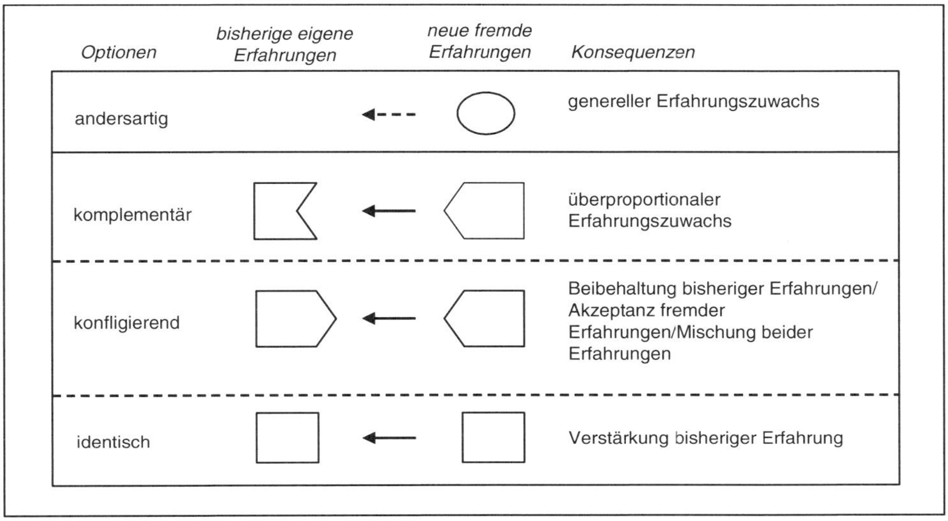

Abbildung 6-20: Optionen der Integration fremder Erfahrungen und Konsequenzen

- Besitzen fremde Erfahrungen im Vergleich zu den bisherigen eigenen Erfahrungen andersartigen Charakter, so führt dies im Regelfall zu einem generellen Erfahrungszuwachs.
- Besteht ein komplementäres Verhältnis zwischen fremden und eigenen Erfahrungen, kann aufgrund von synergetischen Effekten von einem überproportionalen Zuwachs an Fähigkeiten ausgegangen werden.[547]
- Umgekehrt können die fremden Erfahrungen den eigenen bisherigen Erfahrungen widersprechen. Der Lernende kann dann die fremden Erfahrungen entweder ablehnen oder er kann die neuen Erfahrungen akzeptieren und an die Stelle seiner bisherigen Fähigkeiten treten lassen[548] bzw. er kann zwischen bisherigen und fremden Erfahrungen eine geeignete Schnittmenge bilden.
- Sind bisherige und fremde Erfahrungen identisch oder zumindest ähnlich, so werden bestehende Fähigkeiten bestätigt und verfestigt.

---

547 Dies lässt sich in der Formel 2 + 2 = 5 ausdrücken. Vgl. stellvertretend Steidl (1999), S. 15.

548 Damit ist zu rechnen, wenn das Modell sich durch besondere fachliche Reputation oder hierarchische Position auszeichnet. Vgl. Oberschulte (1996), S. 63f.

Die Optionen der Integration fremder Erfahrungen sind nicht nur in einer Richtung zu denken, da auch der Lieferant der fremden Erfahrungen mit neuen Erfahrungen konfrontiert wird. Die Integration von Erfahrungen ist deshalb als interaktiver und wechselseitiger Prozess zu verstehen. Zentrale Herausforderung für ein Management des Lernens durch Erfahrung ist somit, dass die individuellen erfahrungsbasierten Lernprozesse in inhaltlicher und zeitlicher Hinsicht aufeinander abgestimmt werden. Grundvoraussetzung hierfür ist die Kenntnis darüber, wer in welcher Form als sinnvoller Lieferant fremder Erfahrungen agieren kann. Als Lieferanten fremder Erfahrungen kommen grundsätzlich alle Personen in Frage, mit denen der Lernende Kontakt hat (siehe Abbildung 6-21). Allerdings sind unterschiedliche Personen unterschiedlich gut geeignet sind, als Modell zu agieren.

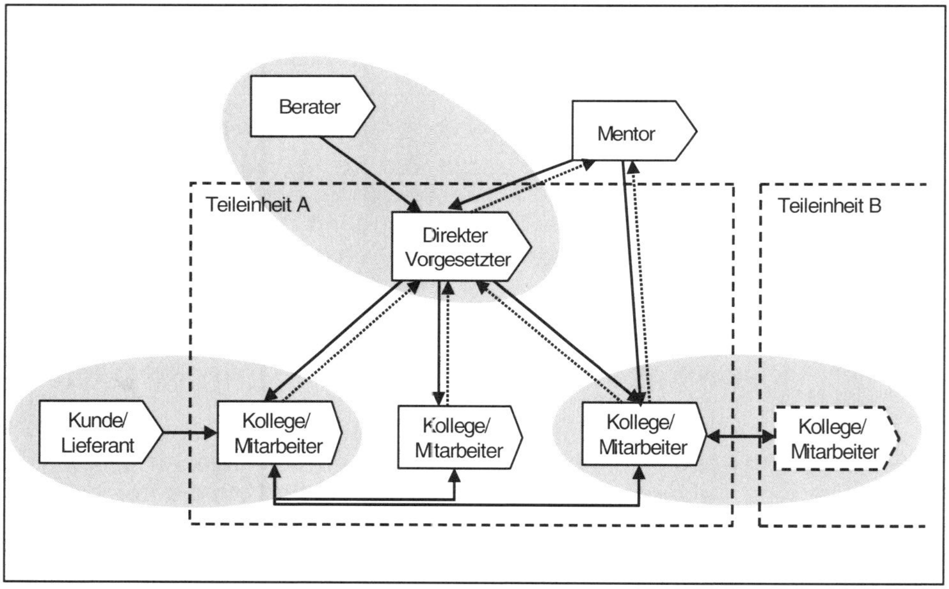

Abbildung 6-21: Beispiele für Quellen fremder Erfahrungen

(Quelle: Kaiser (2001), S. 98)

- Dass Mitarbeiter von ihrem direkten Vorgesetzten lernen, ist im ersten Zugriff eine nahe liegende Annahme, erfüllt doch der direkte Vorgesetzte als Führungskraft eine gewisse Vorbildfunktion.[549] Allerdings sind hiermit auch Schwierigkeiten verbunden.[550] Beispielsweise ist es denkbar, dass Vorgesetzte zeitlich überfordert sind oder aus opportunistischen bzw. führungstechnischen Gründen lernrelevante Informationen zurückhalten.
- Aufgrund des letzteren bietet es sich an, auch derartige Führungskräfte als Erfahrungsquelle zu nutzen, die in keiner direkten Weisungsbeziehung zum Lernenden stehen. Diese fungieren dann als so genannte Mentoren.[551]
- Jenseits dessen sind vor allem Kollegen eine weitere Quelle für fremde Erfahrungen. Kollegen als Modelle gewinnen insbesondere deshalb an Relevanz, da ein Austausch zwischen Kollegen in der Regel durch Häufigkeit und Reziprozität geprägt ist. Dabei können die Erfahrungen der Kollegen aus gleichen, ähnlichen aber auch unterschiedlichen Themenfeldern stammen. Beispielsweise können im Rahmen von entsprechenden Projekten auch funktionsübergreifende Erfahrungen ausgetauscht werden.[552]
- Zudem bestehen auch jenseits der eigentlichen Grenzen der Organisation Möglichkeiten auf Basis fremder Erfahrungen zu lernen. Zu nennen sind hier beispielsweise Kunden und Lieferanten.[553]
- Eine in letzter Zeit immer relevanter werdende Rolle als Erfahrungsquelle spielen Unternehmensberater, die sowohl aus einer externen Beratungsgesellschaft als auch aus einer internen Unternehmensberatung stammen können. Besondere Wirksamkeit hinsichtlich des Lernens wird bei den Mitarbeitern entfaltet, die aktiv in das Klienteam der Berater eingebunden sind.

(b) Lernen durch eigene Erfahrung: Die Lernpotentiale, die in den täglichen Arbeitsaufgaben liegen, sind besonders hoch, wenn die Arbeitsaufgaben eine hohe Herausforderung bedeuten, da der Mitarbeiter dadurch eine ge-

---

549 Vgl. Oberschulte (1996), S. 63ff.

550 Vgl. Mumford (1993), S. 110.

551 Vgl. stellvertretend Kram (1986), S. 160ff.

552 Vgl. Hilb (2005), S. 167ff. Vgl. auch Neuberger (1994), S. 236f., zum internen Beraternetzwerk bei der BMW AG.

553 Vgl. beispielsweise den Beitrag von Lorenzoni/Lipparini (1999).

wisse Lücke verspürt zwischen dem, was die Aufgabe fordert und was er momentan zu leisten imstande ist.[554] Aus motivationstheoretischer Sicht kann diese Lücke zunächst sogenannte Flow-Erlebnisse hervorrufen,[555] die sich durch ein Aufgehen in der Tätigkeit auszeichnen und im Sinne eines positiven Personalmanagements von herausragender Bedeutung sind.[556] Aus lerntheoretischer Sicht lässt sich das Lernpotential einer Aufgabe optimal nutzen, wenn sich diese Lücke innerhalb bestimmter Grenzen bewegt (siehe Abbildung 6-22).[557]

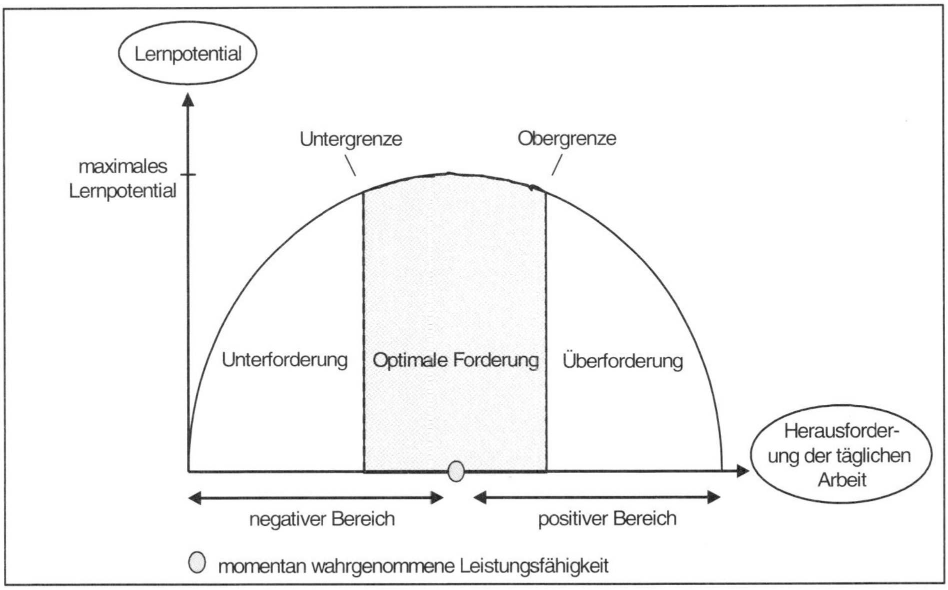

Abbildung 6-22: Lernpotential in Abhängigkeit von der Arbeitsherausforderung (Quelle: Kaiser (2001), S. 84)

Ist die Lücke, d.h. die Differenz zwischen Herausforderung und Leistungsfähigkeit, im positiven Bereich zu groß, so ist der Mitarbeiter überfordert. Umgekehrt ist der Mitarbeiter unterfordert, wenn die Lücke im negativen Bereich zu groß ist. Dementsprechend ergibt sich die optimale Nutzung des Lernpotentials in einem zwischen einer Unter- und Obergrenze liegenden

554 Vgl. Robinson/Wick (1992), S. 64.

555 Vgl. Csikszentmihalyi (2003).

556 Vgl. Kaiser/Müller-Seitz (2004), Ringlstetter/Kaiser (2007), Ringlstetter et al. (2007).

557 Vgl. Kaiser (2001), S. 82ff.

Bereich. Um Aufgaben herausfordernd zu gestalten sollten sie die Eigenschaft der Vollständigkeit aufweisen.[558] Dazu lassen sich Merkmale identifizieren, die allesamt in Richtung einer eigenständigen und partizipativen Aufgabengestaltung weisen.[559]

- Zunächst erscheint es wichtig, dem Mitarbeiter das selbstständige Setzen von Zielen zu ermöglichen.
- Ferner sollte zur Aufgabe auch die selbstständige Handlungsvorbereitung im Sinne der Wahrnehmung von Planungsfunktionen gehören.
- Daneben ist es sinnvoll, dem Mitarbeiter die Auswahl der Mittel einschließlich der erforderlichen Interaktionen zur adäquaten Zielerreichung zu überlassen.
- Darüber hinaus wird es für wichtig gehalten, die Ausführung der Aufgaben hinsichtlich eines Ablauffeedbacks zu ergänzen, um eine permanente Handlungskorrektur zu ermöglichen.
- Schließlich sollte der Mitarbeiter im Rahmen seiner Aufgabe die Resultate seiner Arbeit kontrollieren sowie die Ergebnisse der eigenen Handlungen auf Übereinstimmung mit den gesetzten Zielen überprüfen können.

Die herausfordernde Eigenschaft der Arbeitsaufgaben lässt aufgrund der damit verbundenen Lernprozesse im Zeitablauf nach. Um die Herausforderung der Arbeitsaufgaben aufrecht zu erhalten, erscheint es folglich ratsam, wenn die Arbeit immer wieder einen hohen *Neuigkeitsgrad* aufweist.[560] Der Neuigkeitsgrad signalisiert dem Mitarbeiter dann, dass es sich um eine Situation handelt, in der bisherige Fähigkeiten nicht ausreichen.[561] Im Zeitablauf ergibt sich je nach Herausforderung der Aufgabe ein idealtypischer Lernprozess. Das maximale Niveau an Leistungsfähigkeit lässt sich nur erreichen, wenn das Lernpotential permanent durch optimal heraus-

---

558 Vgl. zum Begriff der Vollständigkeit Ulich (1999), S. 124f., der stellvertretend Rice (1958), Emery (1959), Tomaszewski (1978), Volpert (1987) nennt. Dabei werden Termini, wie „vollständige Aufgabe", „vollständige Tätigkeit" sowie „vollständige Handlung" verwendet.

559 Vgl. Ulich (1999), S. 125.

560 Vgl. Friedel-Howe (1980), S. 453, und Robinson/Wick (1992), S. 64.

561 Zu diesem Zeitpunkt besteht das Risiko der Überforderung des einzelnen Mitarbeiters. Studien zeigen jedoch, dass gerade die erfolgreichsten Unternehmen dieses Risiko eingehen. Über 90 Prozent der Top-Führungskräfte befürworten das Eingehen dieses Risikos. Vgl. Handfield-Jones (2000), S. 122f.

fordernde Aufgaben genutzt wird.[562] Existieren Zeitabschnitte der Unter- oder Überforderung, so resultiert eine tatsächliche Leistungsfähigkeit, die unter der maximal erreichbaren liegt (siehe Abbildung 6-23).

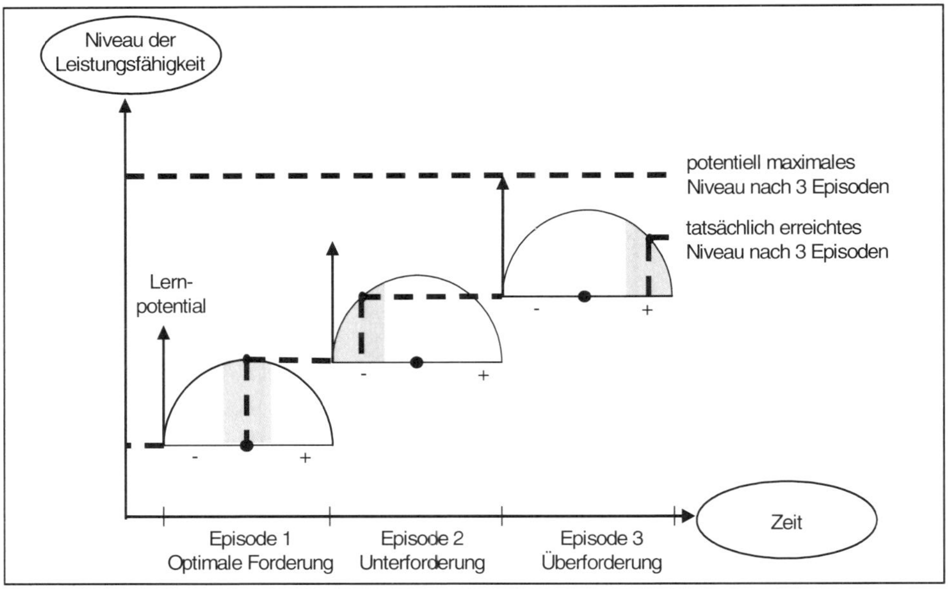

Abbildung 6-23: Idealtypischer Lernprozess (Quelle: Kaiser (2001), S. 85)

(c) Förderung synthetischer Lernerfahrungen: Werden Lernerfahrungen geplant und hierfür Variablen der Lernumgebung bzw. -situation festgelegt, lässt sich von synthetischem Erfahrungslernen sprechen.[563] Das Lernen findet dann innerhalb eines eingeschränkten Abbildes der Realität statt und hat somit synthetischen Charakter. Für die Schaffung synthetischer Lernumgebungen sprechen einige Argumente:[564]

- Erstens ermöglichen synthetische Lernumgebungen zeitlich komprimierte Erfahrungen. Dies ist vor allem dann sinnvoll, wenn gleichzeitig inhaltliche Neuigkeiten vermittelt werden müssen, wie dies zum Beispiel beim Erlernen neuer Softwareanwendungen der Fall ist.

562 Analoge Überlegungen existieren auch in der Motivations- und Führungsforschung, insbesondere im Bereich der emergenten Führung. Vgl. Scholz (2000), S. 921f.

563 Vgl. Hoberman/Mailick (1992), S. 133ff., Wiegand (1996), S. 368.

564 Vgl. zum Folgenden auch Wiegand (1996), S. 368f.

- Weiter lassen sich risikoreiche Handlungen ausführen, ohne gleichzeitig das Risiko eines Echtbetriebs zu haben.[565] Ein besonders eingängiges Beispiel ist das Betreiben von Flugsimulatoren durch Fluggesellschaften.

- Werden die täglichen Aufgaben innerhalb eines überkomplexen Arbeitskontextes verrichtet, und sind somit für den Lernenden durch eine undurchschaubare Vielzahl von Variablen gekennzeichnet, so können synthetische Lernumgebungen von einigen Variablen absehen und sind damit durch eine höhere Generalisierbarkeit und Strukturiertheit geprägt.

- Umgekehrt kann der tägliche Arbeitskontext jedoch auch aufgrund sehr geringer Kompliziertheit der Aufgaben ungeeignet zum Erlernen bestimmter Fähigkeiten sein. Dann können durch Simulation komplizierterer Situationen neue Lernmöglichkeiten geschaffen werden.[566]

- Darüber hinaus ist ein Fehlen von Reflexionsmöglichkeiten innerhalb der täglichen Aufgaben denkbar, die dann durch synthetische Lernumgebungen geschaffen oder gefördert werden müssen.[567]

Alle synthetisch geschaffenen Lernumgebungen haben ein Problem gemein: Sie sind mehr oder weniger durch Handlungs- und Anwendungsferne gekennzeichnet, wodurch der Transfer des Gelernten in die Arbeitspraxis stark gefährdet ist.[568] In der synthetischen Situation erlernte Fähigkeiten werden im Alltag häufig nicht angewendet, da sich dieser von der synthetischen Lernsituation stark unterscheidet. Die Verbesserung des Lerntransfers kann durch die verstärkte Berücksichtigung konstruktivistischer und selbststeuernder Aspekte geschehen.[569] Die Überlegungen hinsichtlich eines konstruktivistischen Lernverständnisses gehen davon aus, dass Fähigkeiten bzw. das alimentierende Wissen vom Lernenden in Abhängigkeit von bisherigen Erfahrungen und bereits bestehendem Wissen selbst „kon-

565 Vgl. Hoberman/Mailick (1992), S. 142.

566 Dies heißt gleichzeitig aber auch, dass man von sich durchaus ändernden Aufgaben ausgeht. Denn nur wenn die per se unkomplizierten Aufgaben im Zeitablauf veränderlich sind, ist Lernbedarf gegeben.

567 Vgl. Daudelin (1996), S. 36ff.

568 Der Lerntransfer gilt allgemein als eines der Hauptprobleme in der traditionell ausgerichteten Personalentwicklung und Weiterbildung. Vgl. beispielsweise Drumm (2005), S. 340ff.

569 Vgl. Wilkening (1989), S. 370ff.

struiert“ werden. Bei der Gestaltung synthetischer Lernerfahrungen sollte dies entsprechend berücksichtigt werden:[570]

- Synthetische Lernerfahrungen sollten an möglichst authentische Probleme anknüpfen und mit realen Situationen in Verbindung gebracht werden. Dadurch können die Anwendungsbedingungen mitgelernt werden, so dass der Transfer auf Probleme der alltäglichen Aufgaben erleichtert wird.

- Zusätzlich können die zu vermittelnden Fähigkeiten bzw. das zu vermittelnde Wissen in multiple Kontexte eingebettet werden. Damit wird verhindert, dass erworbene Fähigkeiten auf bestimmte Situationen fixiert bleiben.

Zur authentischen Gestaltung der Lernumgebung können Aspekte der Selbststeuerung beitragen und somit die Transferwahrscheinlichkeit des Gelernten weiter erhöhen.[571] Die Grundidee des selbst gesteuerten Lernens liegt darin, dem Lernenden während der synthetischen Lernerfahrung vielseitige Wahlmöglichkeiten zu geben.[572] Es wird dann davon ausgegangen, dass der Lernende derartige Problemstellungen wählt, die seinen realen Problemstellungen weitestgehend entsprechen, so dass die Möglichkeiten eines Lerntransfers verbessert werden.[573]

(2) Förderung des Zusammenspiels einzelner Fähigkeiten

Die Maßnahmen, die an der Förderung des Zusammenspiels der einzelnen Fähigkeiten ansetzen, besitzen zwei Stoßrichtungen. Erstens gilt es den Prozess der Sozialisation zu unterstützen, um gemeinsame Orientierungsmuster zu schaffen (a). Zweitens wird das Zusammenspiel von Fähigkeiten gefördert, indem dafür Sorge getragen wird, dass das Zusammenspiel entsprechend eingeübt wird (b).

(a) Unterstützung der Sozialisation: Optimierte Sozialisationsprozesse zielen darauf ab, kreative Individualisten zu generieren.[574] Um dieses Ziel zu erreichen, können unterstützende Maßnahmen ergriffen werden. Dazu gehören systematische Einführungsprogramme, die auf so genannten Induktionsstrategien basieren, aber auch die Verhinderung negativer Effekte, die

---

570 Vgl. Sonntag (1998), S. 182, und Sonntag (1996), S. 93ff.

571 Vgl. zur Selbststeuerung Greif/Kurtz (1996), Schreiber (1998), Brockett/Hiemstra (1991), Confessore/Kops (1998).

572 Vgl. Mandl/Reinmann-Rothmeier (1995), S. 67.

573 Fähigkeiten zur Selbststeuerung werden z. B. in so genannten Lernstrategie-Trainings vermittelt. Vgl. Schreiber (1998), S. 61ff. sowie Weinstein (1988).

574 Vgl. Van Maanen/Schein (1979), S. 230ff.

beispielsweise mit unternehmensinternen Versetzungen verbunden sein können.

Individuelle, systematische Induktionsstrategien werden in der Regel vor dem Hintergrund der Einarbeitung von Berufsanfängern in das gesamte Unternehmen diskutiert.[575] Zudem sind jedoch auch Induktionsstrategien denkbar, die jeden Aufgabenwechsel unterstützen. Grundsätzlich können – in Analogie zu Herzberg (1978) – Hygiene- und Entwicklungsfaktoren einer Induktionsstrategie unterschieden werden:[576]

- *Hygienefaktoren* sollen eine Verweigerungshaltung von wechselnden Humanressourcen verhindern. Dies kann beispielsweise durch das Angebot von (schriftlichen) Informationsunterlagen, Checklisten sowie Einarbeitungsplänen erfolgen.[577] Darüber hinaus lassen sich durch das Angebot von synthetischen Lernerfahrungen Anlaufschwierigkeiten vermeiden, die auf fehlendem Inhaltswissen basieren.[578]
- Umgekehrt erfährt durch die so genannten *Entwicklungsfaktoren* die Sozialisation eine positive Verstärkung. Hierzu zählen beispielsweise regelmäßige Induktionssitzungen mit Mitarbeitern, Kollegen oder Vorgesetzten. In diesen können Rollenerwartungen geklärt und Zusammenhänge dargestellt werden, so dass offensichtlicher wird, an welchen Stellen die Fähigkeiten des gewechselten Mitarbeiters eingesetzt werden können und sollen.[579]

Von Bedeutung bei der Umsetzung der Induktionsstrategien ist der Zeitpunkt der unterschiedlichen Maßnahmen. Nicht zuletzt aus motivationalen Gesichtspunkten und vor dem Hintergrund einer verstärkten Individualisierung des Humanressourcen-Managements ist hier in der Regel eine ausreichende Vorlaufszeit einzuplanen, da eine „Wurf-ins-kalte-Wasser"-Strategie in der Regel in Lernbarrieren resultiert.[580]

(b) Einüben des Zusammenspiels: Kollektives Lernen beginnt in Gruppen,[581] da diese als Nukleus für kollektive Lernprozesse fungieren. Ursäch-

---

575 Vgl. beispielsweise Haberkorn (1972), Stiefel (1979), Kieser et al. (1982), Möhl (1985), Gluminski (1993), Neuberger (1994), S. 122ff.

576 Vgl. Herzberg (1978), S. 98ff., der im Rahmen seiner Zwei-Faktoren-Theorie der Motivation zwischen Hygienefaktoren und Motivatoren unterscheidet.

577 Vgl. Huber (1992), S. 770f.

578 Vgl. Stiefel (1979), S. 135f.

579 Vgl. dazu Althauser (1982), S. 34.

580 Vgl. Kieser/Nagel (1987), S. 1568.

581 Vgl. Wilkesmann (1999), S. 81. Ähnlich argumentiert auch Wiegand (1996), S. 387ff.

lich hierfür sind das direkte Feedback durch Gruppenerfahrungen[582] sowie die gute Möglichkeit des Verbesserns des Zusammenspiels von einzelnen Fähigkeiten.[583] Das Einüben und Verbessern basiert zum großen Teil auf kollektiven Argumentationen.[584] Damit diese kollektiven Argumentationen erfolgreich sind bzw. mit wenigen Reibungsverlusten stattfinden können, sind ausreichende Sozialkompetenzen seitens der Teilnehmer notwendig.[585] Diese sind

> „ausgerichtet auf die Kompetenz zur verständigungsorientierten Bewältigung von Aufgaben und Problemen im sozial-kommunikativen Handeln mit anderen Menschen" (Euler (1997), S. 29).[586]

Einerseits entsteht nun Sozialkompetenz gerade durch die gemeinsame Problemlösung und ist dabei von Faktoren, wie beispielsweise der Gruppenstruktur, -stabilität, -größe sowie von der Art der Gruppenaufgabe abhängig.[587] Andererseits lässt sich aber die Entstehung von Sozialkompetenz durch die Intervention über synthetische Lernerfahrungen fördern. Hierzu zählen grundsätzlich alle gruppendynamischen Trainingsmethoden.[588] Diese können tiefe emotionale Wirkungen auslösen und Personen beeinflussen. Allerdings ist unklar, wie diese emotionalen Erfahrungen tatsächlich interpersonale Verhaltensweisen verändern, da ein Lerntransfer in den Arbeitsalltag problematisch ist.[589] Um die Lerntransferproblematik abzuschwächen, kann man Maßnahmen ergreifen, die in zwei unterschiedliche Richtungen verweisen:

- Synthetische Lernerfahrungen und die dabei durchgeführten Übungen können inhaltlich an die Aufgaben der betroffenen Mitarbeiter ange-

582 Vgl. O'Leary-Kelly (1998), insbesondere S. 262.

583 Vgl. auch Martin (1998), S. 75f.

584 Vgl. hierzu nochmals die Ausführungen zu kollektiven Lernprozessen und Argumentationen von Miller (1986), S. 23ff., sowie Punkt II.3.2.(1) dieser Arbeit.

585 Vgl. allgemein zur Bedeutung von Sozialkompetenzen in lernenden Organisationen, Meyer (1997), S. 134f.

586 Euler unterscheidet zudem Teilkompetenzen: Dialogkompetenz (Artikulationsfähigkeit, Interpretationsfähigkeit), Koordinationskompetenz (Konfliktfähigkeit, Konsensfähigkeit), Kooperationskompetenz (Teamfähigkeit, Sozialverantwortungsfähigkeit). Vgl. Euler (1997), S. 29ff.

587 Vgl. hierzu ausführlich Euler (1997), S. 14ff.

588 Vgl. Neuberger (1994), S. 205ff. Dieser nennt nur einige Beispiele von vielen: Sensivity Training, Encounter Group, Gestalt Training, Themenzentrierte Interaktion, Lab Training, Soziodrama usw.

589 Vgl. Neuberger (1994), S. 209.

passt werden. Dies sollte schrittweise erfolgen, um die Teilnehmer nicht zu überfordern und keine Lernblockaden zu verursachen.[590]

- Ferner ist es möglich, gruppendynamische Methoden in aufgabennahe Entwicklungsmaßnahmen zu integrieren. Beispiel hierfür wäre eine Ergänzung von Qualitätszirkeln[591] oder ähnlichen Maßnahmen um einzelne herausfordernde gruppendynamische Übungen.

(3) Förderung der Neukombination von Fähigkeiten

Um die Neukombination von Fähigkeiten systematisch fördern zu können, ist es zunächst notwendig, geeignete Fähigkeiten zu identifizieren (a). In einem zweiten Schritt erst sind Maßnahmen denkbar, die eine Neukombination unterstützen können (b).

(a) Identifikation von Fähigkeiten: Ob einzelne Fähigkeiten für eine Neukombination gut geeignet sind,[592] lässt sich anhand von zwei Einflussfaktoren identifizieren:[593]

- Ein erster Faktor ist die ex-ante-Wahrscheinlichkeit der Entdeckung von Möglichkeiten der Neukombination. Damit ist angesprochen, dass eine Art von Vorwissen vorhanden sein muss, um potentielle Neukombinationen zu konzeptualisieren.

- Ein zweiter Faktor ist die Entstehung von ex-post-Kosten der Neukombination.[594] Derartige Kosten entstehen aufgrund von Kosten des Einübens kollektiver Fähigkeiten sowie aufgrund von Effizienzverlusten in der Anfangsphase.

Beide genannten Faktoren hängen von Eigenschaften der neu zu kombinierenden Fähigkeiten ab (siehe Abbildung 6-24).[595]

---

590 Die Faszination gruppendynamischer Methoden basiert teilweise auch auf einem Kontrasteffekt zur alltäglichen Arbeit. Vgl. Neuberger (1994), S. 212. Dieser sollte deshalb zumindest anfangs hergestellt werden.

591 Vgl. hierzu stellvertretend Deppe (1986) sowie Deppe (1989), insbesondere S. 176.

592 Vgl. auch Steidl (1999), S. 157, hinsichtlich der Anmerkungen zur Ressourcenflexibilität.

593 Vgl. Kaiser (2001) S. 126, sowie die Ausführungen zur Ressourcenrekombination von Galunic/Rodan (1998).

594 Vgl. Galunic/Rodan (1998), S. 1995.

595 Vgl. ausführlich Galunic/Rodan (1998).

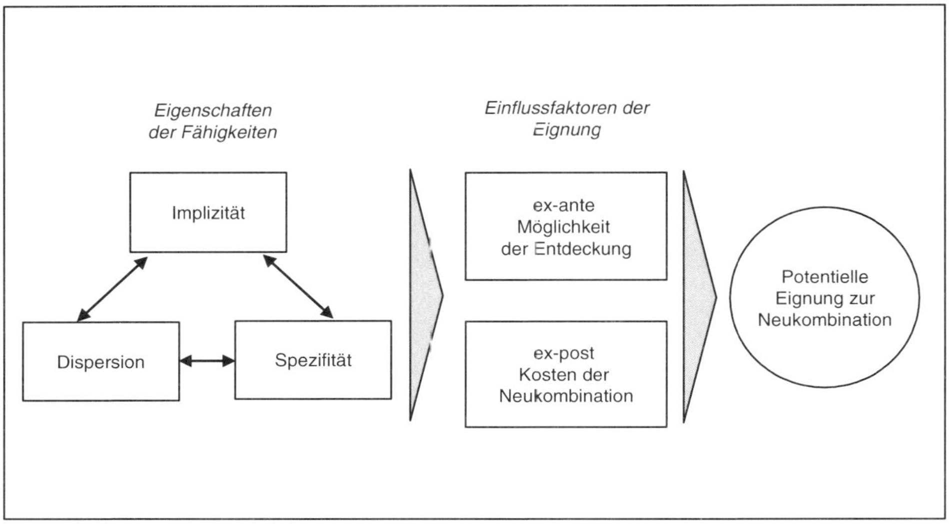

Abbildung 6-24: Einflussfaktoren auf die Neukombination von Fähigkeiten (Quelle: Kaiser (2001), S. 125)[596]

- Eine erste Eigenschaft ist die Implizität der Fähigkeit. Dadurch werden sowohl die Wahrscheinlichkeit der Entdeckung einer potentiellen Kombinationsmöglichkeit verringert als auch die ex-post-Kosten der Implementierung erhöht. Insgesamt wird die Eignung zur Neukombination folglich gesenkt.

- Eine weitere Eigenschaft ist die Spezifität oder der starke Kontextbezug von Fähigkeiten. Je spezifischer der Anwendungsbezug der zu kombinierenden Fähigkeit desto höher werden vor allem die ex-post-Kosten der Implementierung, da Übersetzungsleistungen von Nöten sind. Zusätzlich kann erwartet werden, dass sehr spezifische Fähigkeiten für eine Neukombination prima facie nicht entdeckt werden.

- Schließlich gilt es die Dispersion, d.h. den Verteilungsgrad von zu kombinierenden Fähigkeiten zu bedenken. Weisen die zu kombinierenden Fähigkeiten einen hohen Verteilungsgrad auf – d.h. sie sind beispielsweise über viele Humanressourcen verstreut – so sinkt die Eignung zu Neukombination, da sie schwer zu entdecken sind und gleichzeitig aufwendig zusammengeführt werden müssen.

---

596 Vgl. in entfernter Anlehnung Galunic/Rodan (1998), S. 1196.

(b) *Implementierung der Neukombination:* Die Neukombination von einzelnen Fähigkeiten ist meist mit interpersonellen Veränderungen verbunden. Dies gilt insbesondere dann, wenn es sich um stark personengebundene Fähigkeiten handelt. In diesem Fall verlangt eine Neukombination von Fähigkeiten gleichzeitig immer eine Versetzung von Humanressourcen in neue Tätigkeitsbereiche. Da die Funktion der Neukombination ex-ante nicht mit Sicherheit vorhergesagt werden kann, sind zwei Optionen denkbar, die gleichsam als Testpilot einer Neukombination angesehen werden können.

Erstens können Mitarbeiter für eine abgegrenzte Zeit in einen neuen Aufgabenbereich „abgestellt", um anschließend wieder ausschließlich im bisherigen Tätigkeitsbereich weiterzuarbeiten. Typisches Beispiel hierfür ist die temporäre Mitgliedschaft in Projekten. Diese zeichnen sich unter anderem dadurch aus, dass sie eine Zusammenarbeit mehrerer Spezialisten aus unterschiedlichen Bereichen erfordern. Dabei werden ex definitione komplementäre Fähigkeiten zusammengebracht. Dadurch entstehen – neben individuellen Fähigkeiten – (zunächst) temporäre Neukombinationen mit potentiell neuartiger Problemlösungskraft, die wiederum einen Ausgangspunkt für eine ko-evolutionäre Weiterentwicklung der konstituierenden Fähigkeiten bilden können. Darüber hinaus zeichnen sich Projektteams in der Regel durch eine hohe Eigenständigkeit aus, wenn sich diese in ihrem Ausmaß, auch je nach interner Organisation des Projektes, unterscheiden. In Verbindung mit der hohen Eigenständigkeit von Projektteams kann aufgrund der fehlenden Routinen von einer lernförderlichen „Kultur" ausgegangen werden.

Zweitens können Mitarbeiter zu permanenten Teilnehmern an zwei oder mehreren Tätigkeitsbereichen werden. Dies kann beispielsweise durch unterschiedliche Formen der personellen Verflechtung erreicht werden. Dadurch können sich Fähigkeiten entwickeln, die insbesondere für Übersetzungsleistungen zwischen den unterschiedlichen Kontexten zur Verfügung stehen. Hierfür lässt sich das Modell der überlappenden Gruppen von Likert (1961) als ein erster Gestaltungszugang nutzen. Dieses wurde zunächst als Unterstützung der vertikalen Auf- und Abwärts-Koordination über so genannte „linking pins" konzipiert. In seiner erweiterten Form und in Verbindung mit der Vorstellung einer organisatorischen Fähigkeitsbasis kann es zu einem Modell von personell vermaschten Fähigkeitsdomänen weiterentwickelt werden. Die BMW AG beispielsweise hat Ähnliches in ihrem Konzept der Beratungsnetze partiell umgesetzt. Jenseits der erhöhten Flexibilität der Fähigkeitsbasis wird es somit wahrscheinlicher, dass sinnvolle Kombinationen von zunächst verstreuten komplementären Fähigkeiten eher und leichter entdeckt werden.

Diskussions- und Verständnisfragen:

(1) Setzen Sie sich kritisch mit der Frage auseinander, welche Fähigkeiten eine strategieorientiertes Humanressourcen-Management entwickeln sollte?

(2) Welche Lerntheorien lassen sich hinsichtlich der Entwicklung individueller Fähigkeiten unterscheiden?

(3) Welche Rolle spielen Sozialisationsprozesse bei der Entwicklung von Humanressourcen?

(4) Erörtern Sie die Möglichkeiten, die ein Unternehmen hat, dem Mitarbeiter permanent individuelle arbeitsnahe Lernerfahrungen zu bieten.

Literaturempfehlungen:

- Vorangehende Inhalte zur Entwicklung von Humanressourcen finden sich ausführlich bei: **Kaiser, S. (2001):** Entwicklung von Humanressourcen. Eine ressourcen- und lernorientierte Perspektive. Wiesbaden.
- Als Standardwerk zu empfehlen ist: **Becker, M. (2005):** Personalentwicklung: Bildung, Förderung und Organisationsentwicklung in Theorie und Praxis. Stuttgart.
- Insbesondere psychologische Aspekte der Personalentwicklung finden sich im Herausgeberwerk von: **Sonntag, K., Hg. (1999):** Personalentwicklung in Organisationen: Psychologische Grundlagen, Methoden und Strategien. Göttingen.
- Wie sich Lernprozesse als zentrale Grundlage der Entwicklung von Personal initiieren lassen, ist Thema bei: **Stäbler, S. (1999):** Die Personalentwicklung der "Lernenden Organisation". Konzeptionelle Untersuchung zur Initiierung und Förderung von Lernprozessen. Berlin.

6.3 Placement von Humanressourcen

Im Rahmen der Funktion des Humanressourcen-Placements wird versucht, die vorhandene Ausstattung mit Humanressourcen optimal zu strukturieren. Die Grundidee dabei ist, einen Abgleich zwischen der Leistung von Humanressourcen und organisatorischen Aufgaben herzustellen, indem Humanressourcen innerhalb des organisatorischen Stellen- und Aufgabengefüges bewegt werden bzw. indem organisatorische Aufgaben angepasst werden. Hierbei gilt es unterschiedliche Dimensionen zu beachten (siehe Abbildung 6-25):

- Primär ist das Placement so zu gestalten, dass eine Übereinstimmung der Leistungsfähigkeit der Humanressource mit den Leistungsanforderungen der ihr übertragenen Aufgabe erzielt werden kann.
- Da die Leistung einer Humanressource auch von ihrer Leistungsbereitschaft abhängt, ist schließlich auch auf eine grundsätzliche Stimmigkeit zwischen Interessen und Bedürfnissen sowie den konkreten Aufgabeninhalten zu achten. Bestehen hier größere Widersprüche, ist die Aufgabenerfüllung aus motivationalen Gründen gefährdet.
- Da sich Aufgabenanforderungen permanent verändern, ist schließlich und zusätzlich darauf zu achten, dass die Entwicklungs- und Lernfähigkeit der Humanressource der Veränderungsgeschwindigkeit entspricht.

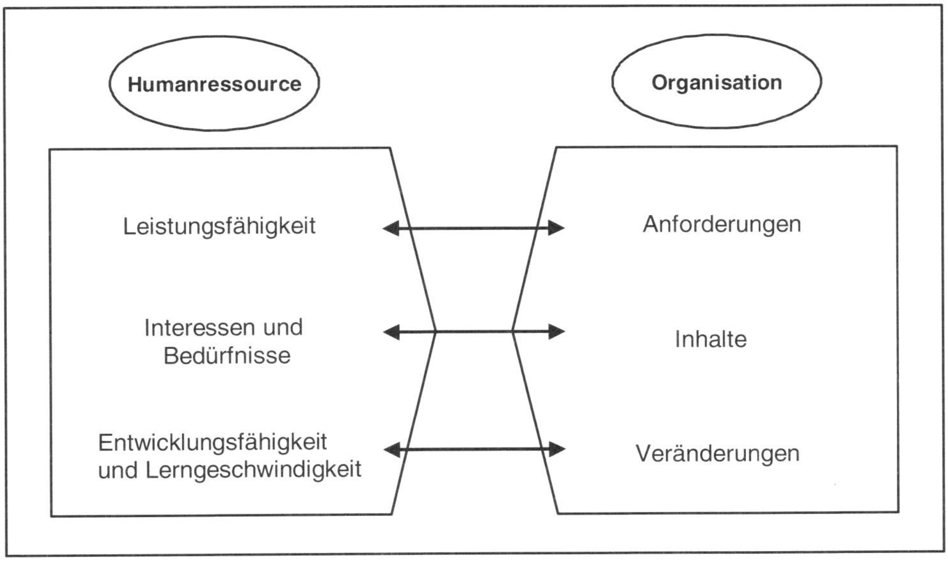

Abbildung 6-25: Abgleich zwischen Humanressource und Organisation

Während aus Sicht des Unternehmens durch das Placement unterschiedliche *Laufbahnen* von Mitarbeitern resultieren, ist das Placement aus Sicht der Humanressourcen mit dem Begriff der *Karriere* verbunden. Dieser kann entweder weit oder eng aufgefasst werden. In einer weiten Begriffsauffassung wird Karriere als „jede beliebige Stellenfolge einer Person im betrieblichen Stellengefüge“[597] bezeichnet. Eine derartige Auffassung von Karriere löst sich vom Aufstiegsstigma eines klassischen Karriereverständnisses und umfasst somit auch Placements im Sinne von Seitwärts- oder gar Abwärtsbewegungen. Demgegenüber existiert ein engeres Begriffsverständnis von Karriere, das vorsieht, dass zumindest die Summe der innerbetrieblichen Placements zu einem vertikalen Aufstieg führen müssen, um von einer Karriere sprechen zu können.[598] Letzteres entspricht auch der gesellschaftlich geläufigen Vorstellung, nach der Karriere grundsätzlich mit dem Erzielen eines beruflichen Erfolgs verbunden ist.[599] Dabei existieren unterschiedliche Karrieredeskriptoren, mit denen ein derartiger Erfolg beschrieben wird. Als Beispiele sind ein hohes Gehalt, Ansehen und Status, Einfluss und Macht sowie Anerkennung zu nennen.

Zielsetzung des Placements von Humanressourcen ist es, die Karrierevorstellungen der Humanressourcen und die unternehmerische Verwendungsplanung für die einzelnen Mitarbeiter in möglichst weitgehenden Einklang zu bringen. Hierbei sind dynamische Veränderungen zu berücksichtigen. Auf dieser Basis können dann unternehmerische Laufbahnen und individuelle Karrieren – im Sinne einer Einordnung in das organisatorische Stellengefüge – ineinander greifen. Dem Humanressourcen-Management stehen hierfür unterschiedliche Gestaltungsoptionen zur Verfügung (siehe Unterabschnitt 6.3.1). Bei der Implementierung der Gestaltungsoptionen sind zwei zentrale Herausforderungen zu bewältigen, die in einem Spannungsverhältnis stehen (siehe Unterabschnitt 6.3.2). Zum einen sind informatorische Grundlagen zu schaffen, um darauf basierend das Placement von Humanressourcen zu planen. Zum anderen ist aufgrund der Dynamik der organisatorischen Anforderungen die Planung des Placements zu flexibilisieren.

6.3.1 Gestaltungsoptionen

Dem Humanressourcen-Management stehen drei Stellgrößen zur Verfügung, mit denen es die Placementaktivitäten entlang betrieblicher Laufbah-

[597] Vgl. Berthel/Koch (1985), S. 11.
[598] Vgl. hierzu Bröcker (1991).
[599] Vgl. Stadelmann/Looss (1994), S. 12f.

nen gestalten kann. Erstens kann die Richtung der Placementaktivitäten im organisatorischen Stellengefüge bestimmt werden (1). Darüber hinaus bietet sich die Möglichkeit, die Geschwindigkeit von Placementaktivitäten festzulegen und dadurch Einfluss darauf zu nehmen, mit welcher Häufigkeit Humanressourcen von Stelle zu Stelle im Unternehmen wechseln (2).

(1) Richtungen des Placements

Für die Gestaltung des Placements von Humanressourcen ist es von Bedeutung, in welche Richtung einzelne Mitarbeiter im Unternehmen bewegt werden. Konzeptionell lassen sich diesbezüglich vier generische Richtungen identifizieren (a). In Abhängigkeit davon ergeben sich zunächst unterschiedliche Lerneffekte (b). Darüber hinaus stehen mit der Richtung des Placements unterschiedliche Karrieremuster bzw. Laufbahntypen in Verbindung (c).

(a) Generische Richtungen: Einen ersten Zugang zu möglichen Richtungen des Placements stellt die Konzeption des Scheinschen Kegels dar.[600] Dieser kann als ein Karrieresystem verstanden werden, das mögliche Richtungen der Karrierebewegungen einer Humanressource innerhalb einer Organisation beschreibt. Um zu einer höheren Transparenz von möglichen Karriereverläufen in Organisationen zu gelangen, schlägt Schein (1972) hierfür eine Perspektive der Organisation vor, in der die eindimensionale Darstellung der Hierarchie überwunden wird und entsprechend der Organisationsstruktur alle denkbaren Humanressourcenbewegungen im Unternehmen abgebildet werden.[601] So lassen sich neben vertikalen und horizontalen Bewegungsrichtungen insbesondere zentripetale Richtungen unterscheiden (siehe Abbildung 6-26).[602]

600 Vgl. Schein (1971), S. 402f., sowie Schein (1978), S. 39f.

601 Vgl. Stetter (1999), S.100, sowie für eingehende Erläuterungen Schein (1972).

602 Vgl. hierzu auch Koch (1981), S. 98ff. und S. 333ff., Berthel/Koch (1985), S. 135ff., Sengenberger (1987), S. 154ff., Schanz (2000), S. 400ff.

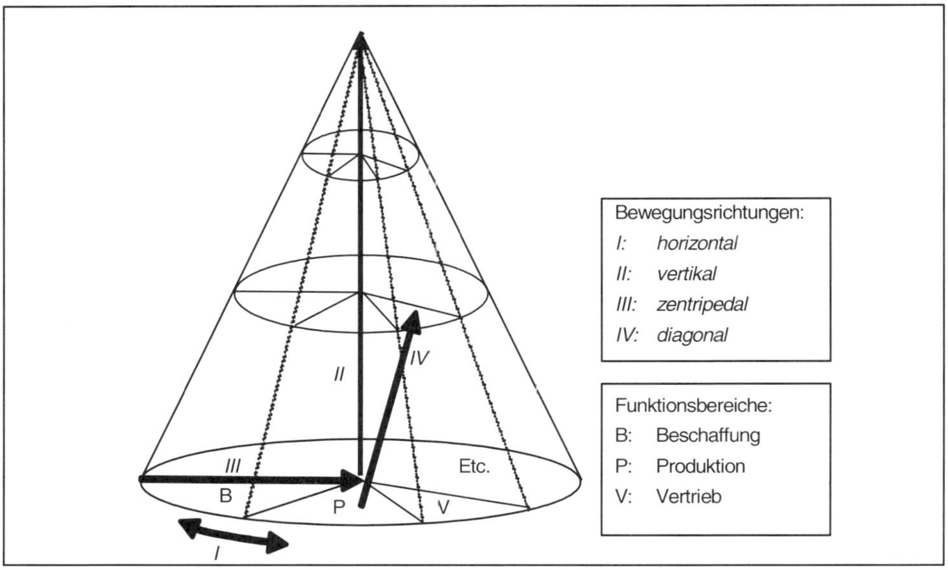

Abbildung 6-26: Der erweiterte „Scheinsche Kegel" (Quelle: Kaiser (2001), S. 150)[603]

- *Vertikale* Bewegungen beziehen sich auf den hierarchischen Aufstieg einer Humanressource innerhalb eines Funktionsbereichs, beispielsweise dem Vertrieb. Durch wiederholte vertikale Placements erwirbt die Humanressource überwiegend funktionsspezifische Qualifikationen.

- *Horizontale* Bewegungen hingegen finden auf der gleichen hierarchischen Ebene über Funktionen, wie beispielsweise Beschaffung, Produktion und Vertrieb, hinweg statt. Oftmals dienen derartige Seitwärtsbewegungen dem Zweck, die Humanressource in den unterschiedlichen Funktionsbereichen möglichst weit gefächerte Qualifikationen erwerben zu lassen, die zur Lösung höher geordneter Aufgaben erforderlich sind.

- *Zentripetale* Richtungen bedeuten eine Annäherung an die Macht- bzw. Entscheidungszentren innerhalb eines Unternehmens. Hierzu zählt beispielsweise die Aufnahme in bestimmte Gremien, die Gewährung bestimmter Privilegien oder der Zugang zu intimerem, betriebli-

603 Verändert und ergänzt nach Schein (1978), S. 39.

chen Wissens. Infolgedessen erweitert sich auch der Entscheidungsspielraum der betroffenen Humanressource.[604]

Die Richtungen von Placementaktivitäten sind nicht isoliert voneinander zu betrachten. Sie lassen sich beliebig kombinieren, so dass beispielsweise diagonale Bewegungsrichtungen entstehen.[605] Als Beispiel sei ein vertikaler Aufstieg einer Humanressource aus dem Funktionsbereich Marketing zu nennen, die auf der höheren Hierarchieebene in den Funktionsbereich Vertrieb wechselt. In diesem Fall erfolgt neben einer vertikalen auch eine horizontale Bewegung der Humanressource im Stellengefüge der Organisation.

(b) *Lerneffekte:* Humanressourcen sehen sich durch ein sich in bestimmten Zeitabständen wiederholendes Placement immer wieder mit neuartigen Aufgaben konfrontiert. Je nach Bewegungsrichtung des Placements sind hierfür inhaltlich differenzierte Fähigkeiten notwendig. Beispielsweise sind für horizontale Bewegungen neue funktionale Fähigkeiten notwendig, die eine Mobilität über unterschiedliche Funktionsbereiche hinweg ermöglichen.[606] Dabei ist unter Mobilität in diesem Kontext sowohl eine physische als auch eine mentale Mobilität zu verstehen. Da die Notwendigkeit zu horizontalen Humanressourcen-Bewegungen im Zuge der Verschlankung, sprich der Hierarchieabflachung innerhalb von Organisationen zunimmt, werden Fähigkeiten zu funktionsübergreifender, horizontale Mobilität zunehmend wichtiger.[607] Hierzu ist die Entwicklung eines Systems zur Job-Rotation zum systematischen Arbeitsplatzwechsel in unterschiedliche Funktionsbereiche notwendig, das nicht nur Nachwuchsführungskräfte berücksichtigt, sondern alle Belegschaftsgruppen im Unternehmen.[608] Umgekehrt lassen sich durch die Steuerung der Bewegungsrichtung einer Humanressource gezielt *spezifische* Fähigkeiten entwickeln. Dies gelingt in der Regel durch vertikale Placements innerhalb eines bestimmten Funktionsbereiches. Durch die Verknüpfung von vertikalen und horizontalen Placementrichtungen wird ein unternehmensweites Lernen durch unmittelbare Erfahrung in unterschiedlichen Aufgabenbereichen und Hierarchieebenen initiiert, das als „On-the-firm"-Lernen bezeichnet werden kann. Für die einzelne Humanressource könnte dies dann beispielsweise bedeuten, dass

---

604 Vgl. Staehle (1999), S. 890. Ein Beispiel für eine zentripetale Bewegung ist die Versetzung eines Mitarbeiters von einer Tochtergesellschaft zur Muttergesellschaft.

605 Vgl. Stäbler (1999), S. 95.

606 Vgl. Kaiser (2001), S. 150.

607 Vgl. Stetter (1999), S. 57ff., sowie Beer et al. (1985), S. 231ff.

608 Vgl. zu Systemen der Job-Rotation stellvertretend Hungenberg (1990), S. 212ff., Probst (1992), S. 511ff., Scholz (2000), S. 515f., mit dem erläuternden Beispiel der Job Rotation bei dem Flugantriebshersteller MTU München.

sie in den ersten Jahren durch vertikale Placements innerhalb eines Aufgabenbereichs zunächst Spezialfähigkeiten aufbaut, um später durch eher horizontale Placements generalistische und höherwertige Fähigkeiten zu erwerben.[609] Derartige Lernprozesse steigern dann als Nebeneffekt gleichzeitig die individuelle Employability des Mitarbeiters.[610]

(c) Karrieremuster und Laufbahntypen: In Abhängigkeit von den Richtungen des Placements lassen sich im Zeitablauf idealtypische Placementpfade erkennen, die sich als Karrieremuster oder Laufbahntypen bezeichnen lassen. Dabei können unterschiedliche Laufbahnoptionen als Infrastruktur für spezifische Karriereverläufe im Unternehmen verstanden werden. Zunächst ist als Laufbahnoption die klassische Führungslaufbahn zu nennen. Diese sieht im Wesentlichen eine vertikale Verknüpfung von Positionen auf unterschiedlichen hierarchischen Ebenen vor. Bedingt jedoch durch Reorganisation der Unternehmensstrukturen und eine zunehmende Ausdifferenzierung von beruflichen Funktionen durch Arbeitsteilung und Aufgabenspezialisierung sowie einer Individualisierungstendenz hinsichtlich der Karriereorientierungen der Humanressourcen, entstand in der Praxis die Notwendigkeit, neben der klassischen Führungslaufbahn weitere Laufbahnoptionen zu konzipieren bzw. einzuführen.[611]

Dahingehend hat sich in der Praxis insbesondere die so genannte *Fachlaufbahn* durchgesetzt.[612] Die Fachlaufbahn ist insbesondere für jene Humanressourcen konzipiert, die als Spezialisten und Fachkräfte in einem bestimmten Funktionsbereich tätig sind und keine Übernahme von expliziten Führungsaufgaben anstreben. Jene Humanressourcen erwarten, dass ihnen durch die Konzipierung einer Fachlaufbahn Aufstiegsmöglichkeiten geboten werden, die ihren fachspezifischen Qualifikationen entsprechen. Folglich ist die Fachlaufbahn durch ein hierarchisches Positionsgefüge für hoch qualifizierte Spezialisten mit spezifischen Bezeichnungen und Anreizen gekennzeichnet.[613] Klassische Führungsaufgaben wie etwa Personalverantwortung und auch Verwaltungsaufgaben werden bei dieser Laufbahnoption bewusst in den Hintergrund gestellt. Damit sollen unterschiedliche Ziele erreicht werden:

---

609 Vgl. diesbezüglich Fombrun et al. (1984), S. 166.

610 Unter Employability eines Mitarbeiters ist dessen „Einsetzbarkeit" zu verstehen, die auf einer breit angelegten Qualifikation basiert.

611 Vgl. Domsch (1993), S. 409.

612 In der Literatur findet sich hier oftmals eine synonyme Verwendung mit den Begriffen Parallel-, Spezialisten- oder Duallaufbahnen. Vgl. stellvertretend Domsch (1993), S. 410, sowie Berthel (1992).

613 Vgl. Frieling/Klein (1989), S. 22f. sowie Domsch (1993), S. 410.

- Eine Konzentration auf Tätigkeiten in Spezialgebieten soll ermöglicht werden, ohne Managementaufgaben nachgehen zu müssen.
- Fachliche Leistung von Spezialisten soll gefördert, erhalten und belohnt werden.
- Die Fluktuation von Know-how soll verhindert werden und die Akquisition qualifizierter Nachwuchskräfte soll erleichtert werden.

Für die Etablierung und Akzeptanz einer Fachlaufbahn ist dabei von großer Bedeutung, dass diese Laufbahnoption mit der Führungslaufbahn vergleichbar ist. Hierzu muss ein dem Führungslaufbahndesign äquivalentes Fachlaufbahndesign geschaffen werden. Ein derartiges umfasst dabei zum einen die detaillierte Beschreibung von typischen Positionen auf den klar unterscheidbaren Rangstufen der Fachlaufbahn. Mögliche Beschreibungskriterien für die Rangstufen der Fachlaufbahn können dabei neben dem Anteil und der Komplexität der einzelnen Fachaufgaben u. a. auch die Bedeutung für den Unternehmens- oder Teilbereichserfolg, Informationsfluss- bzw. Reporting-Beziehung oder zusätzliche Führungsverantwortung sein.[614] Zum anderen muss im Rahmen des Fachlaufbahndesigns die Bestimmung der Rangdeskriptoren (beispielsweise Gehaltsbreiten oder spezifische Statussymbole) und sonstige Anreize (beispielsweise Freiräume der Arbeitsgestaltung) festgelegt werden. Gleiches gilt auch für die Definition der Kriterien, die für die Auswahl und Leistungsbeurteilung von Humanressourcen in der Fachlaufbahn herangezogen werden.[615]

Neben den Führungs- und Fachlaufbahnoptionen hat sich im Zuge der Einführung projektorientierter Organisationsstrukturen[616] als dritte Laufbahnoption die Projektlaufbahn herausgebildet. Diese in sich sehr flexible Laufbahnstruktur ist dadurch gekennzeichnet, dass die einzelnen Positionen innerhalb der Projekthierarchie sich weniger am Stellengefüge der Organisation, sondern vielmehr an bestimmten Aufgabenstellungen orientieren. Dadurch wird es möglich, auch individuelle Bedürfnisse zu berücksichtigen, die in den anderen Laufbahnoptionen nur unzureichend befriedigt werden konnten. Als Beispiel sei hier das Bedürfnis nach „Unternehmerischer Krea-

---

614 Vgl. Domsch (1993), S. 411.

615 Bei Domsch (1993) findet sich zusätzlich als Aufgabe die Festlegung des Ernennungsverfahrens, beispielsweise durch die Einrichtung eines Auswahlgremiums, das u. a. mit hochrangigen Spezialisten besetzt ist.

616 Als Beispiel unterschiedlicher Projektformen lassen sich beispielsweise so genannte „Task Force", „New Venture Team", „Produktteams" oder „Zirkel" unterscheiden. Vgl. Domsch (1993), S. 414, sowie weiterführend Heintel/Krainz (1990), Herbst (1976), Meyer (1994), Cleland/King (1983) oder Bendixen/Kemmler (1971).

tivität“ zu nennen, das durch wechselnde Projektaufgaben befriedigt werden kann. Neben diesem positiven Aspekt lassen sich jedoch auch wesentliche Nachteile bei der Verfolgung der Projektlaufbahn identifizieren. So ist das Beschreiten dieses beruflichen Weges jeweils nur zeitlich begrenzt und bietet somit keine dauerhafte Alternative zu den anderen Laufbahnoptionen. Zudem lässt die Projektlaufbahn oftmals eine transparente Positionsbestimmung, im Vergleich zu den anderen Laufbahnpositionen, nicht zu und auch eine eindeutige Zuordnung in der Organisationsstruktur erweist sich als problematisch. Schließlich können mit hoher Wahrscheinlichkeit Konflikte bei den mit den jeweiligen Positionen verbundenen Kompetenz- und Personalführungsregelungen auftreten.[617]

Jenseits der Führungs-, Fach-, und Projektlaufbahn finden sich weitere Begriffe, die spezifische Placementbewegungen oder Beförderungsmuster kennzeichnen. Die *Blitzkarriere* ist eine Form der Karriere, bei der auf direktem Wege durch Überspringen einzelner Hierarchiestufen schnell obere Führungsetagen erreicht werden. Die so genannte *Stabskarriere* verläuft über Stabsabteilungen, die dem Vorstand oder anderen hohen Führungsebenen zugeteilt sind. Die dort gesammelten Erfahrungen sowie die geschaffenen Kontakte zu höheren Hierarchieebenen und persönlichen Netzwerke verhelfen der Humanressource oft zu einer Beförderung auf eine hochrangige Linienposition.[618] *Auslandskarrieren* finden sich bei großen, international tätigen Unternehmen, in denen karriereorientierte Führungskräfte oftmals eine bzw. mehrere Tätigkeiten in Auslandsfilialen oder Tochtergesellschaften übernehmen, bevor sie, bedingt durch einen Aufstieg in Form von vertikalen Placements dort, auf eine hochrangige Position im Mutterunternehmen zurückkehren können.[619] Dabei stellt die Rückkehr auf eine Position im Mutterunternehmen in der Regel ein zentripetales Placement dar. Für eine so genannte *Statuskarriere* werden zusätzliche Hierarchien künstlich geschaffen. Dabei bedient man sich beispielsweise Statussymbolen, wie dem Titel, dem Dienstwagen oder anderer Privilegien (z. B. Fahrstuhlschlüssel, Parkplatz, Mitgliedschaft in gewissen Gremien etc.).

Eine Besonderheit im Hinblick auf Muster der Beförderungen oder Laufbahntypen sind so genannte Up-or-Out bzw. Grow-or-Go Regelungen. Derartige Regeln besagen, dass Mitarbeiter das Unternehmen verlassen müssen, wenn sie einen bestimmten Karriereschritt bis zu einem festgelegten Zeitpunkt nicht gehen konnten. Verbreitet sind diese Regeln insbeson-

617 Vgl. zur kritischen Betrachtung der Projektlaufbahn Domsch (1993), S. 415.

618 Vgl. Priewe (1989), S. 104.

619 Vgl. Priewe (1989), S. 110f.

dere in Management- und Strategieberatungen, in denen sie dann spezifische Motivationswirkungen entfalten.

(2) Geschwindigkeit des Placements

Unter der Geschwindigkeit des Placements ist die Häufigkeit zu verstehen, mit der Humanressourcen von Stelle zu Stelle im Unternehmen wechseln. Diesbezüglich lassen sich mehrere Faktoren identifizieren, die Einfluss auf die Placementgeschwindigkeit von Humanressourcen im innerbetrieblichen Stellengefüge nehmen:[620]

- Ein Kriterium ist die Zugehörigkeit zu bestimmten Belegschaftstypen. So werden beispielsweise Manager häufig, Techniker hingegen eher selten versetzt.
- Zudem lässt sich in reifen Branchen tendenziell eine langsamere Geschwindigkeit des Placements feststellen als in Wachstumsbranchen, wie der IT-Branche.
- Darüber hinaus sind die Überlegungen eines Unternehmens, hinsichtlich der Bewegungsgeschwindigkeit von Entscheidungen, von anderen Unternehmen beeinflusst, wenn diese auf dem Arbeitsmarkt als Konkurrenten um Humanressourcen auftreten.[621]

Aus Sicht des Mitarbeiters zeitigt die Geschwindigkeit des Placements Effekte hinsichtlich des individuellen Lernens und der Motivation (a). In einer über die Zeit aggregierten Sichtweise ergeben sich aus der Geschwindigkeit des Placements zumindest indirekt zeitorientierte Karrieremuster (b).

(a) Motivationale Effekte und Lerneffekte: Durch das Placement von Humanressourcen werden die Entwicklung und die Motivation von Mitarbeitern berührt. Erstens sind mit dem Placement für die betroffene Humanressource Motivationseffekte verbunden, da Placements als Anreize wirken können.[622] Umgekehrt besteht jedoch die Gefahr, dass Humanressourcen das Unternehmen verlassen, wenn dieses seltener vertikale Placements durchführt als konkurrierende Arbeitgeber. Die unternehmerische Entscheidung für horizontale Bewegungsrichtungen, um dadurch zunächst generalistische Fähigkeiten und eine flexible Humanressourcen-Ausstattung zu

---

620 Vgl. zum folgenden Beer et al. (1985), S. 219. Beer et al. denken hierbei in erster Linie an vertikale Bewegungsrichtungen.

621 Vgl. Kräkel (1999), S. 234ff.

622 Diese entstehen beispielsweise aufgrund eines gestiegenen Gehaltes oder größerem Entscheidungs- und Verantwortungsspielraum nach einem vertikalen Placement.

schaffen, kann also aus Gründen der Bindung und Motivation von Humanressourcen[623] nicht getroffen werden, wenn diese ein Karriereverständnis besitzen, das von häufigen vertikalen Beförderungen ausgeht. Trifft dies zu, dann ist die Entscheidung eines Unternehmens über die Geschwindigkeit eines vertikalen Placements in gewissem Ausmaß fremddeterminiert. Ein potentieller Lösungsansatz für dieses Problem wäre die Durchführung von diagonalen Placements, bei denen eine vertikale mit einer horizontalen Bewegungsrichtung verbunden wird. Dadurch sind Mitarbeiter jedoch häufig überfordert, da damit nicht nur inhaltlich neuartige Aufgaben verbunden sind, sondern im Regelfall auch ein Zuwachs an Verantwortung.

Die Geschwindigkeit des Placements hat zweitens Einfluss auf die Geschwindigkeit und Art der Lernprozesse. Durch eine niedrige Geschwindigkeit werden nur wenige Lernprozesse initiiert, die allerdings zu sehr spezifischen Fähigkeiten führen können. Eine hohe Geschwindigkeit resultiert hingegen in einer flexiblen Humanressourcen-Ausstattung, da einzelne Humanressourcen sehr breite Qualifikationen auf unterschiedlichen Stellen erwerben. Eine derartige breite Qualifikation der Humanressourcen-Ausstattung geht jedoch zu Lasten der Ausprägung sehr spezifischer Fähigkeiten. Zudem zieht eine zu hohe Geschwindigkeit häufig eine Überforderung der betroffenen Humanressourcen nach sich, wenn deren Lernfähigkeit und Lerngeschwindigkeit durch einen zu häufigen Stellen- und Aufgabenwechsel den sich verändernden Anforderungen nicht nachkommt.[624] Darüber hinaus sind mit einer hohen Geschwindigkeit auch spezifische Kosten verbunden, die mit einer steigenden Anzahl von ineffizienten Einarbeitungsphasen mit geringer Arbeitsproduktivität und hohen Fehlerquoten einhergehen. Resümierend wäre also hinsichtlich der Lerneffekte eine mittlere Geschwindigkeit des Placements zielführend.

(b) Zeitorientierte Muster: In einer über die Zeit aggregierten Sichtweise ergibt die Geschwindigkeit des Placements unterschiedliche Muster eines beruflichen Werdegangs. Typische Modelle eines derartigen Werdegangs lassen sich zumindest nach einem traditionellen Muster in drei grundlegende Phasen unterteilen (siehe Abbildung 6-27).[625]

---

623 Vgl. zur Erhöhung der Fluktuation von Humanressourcen aufgrund geringer Beförderungswahrscheinlichkeit, Itoh (1991), S. 368, sowie die empirische Studie von Sicherman/Galor (1990), S. 188. Daneben existieren natürlich auch Aspekte des akquisitorischen Potentials, da dieses durch hohe Beförderungsgeschwindigkeiten gesteigert wird. Vgl. dazu Thompson et al. (1985), S. 22.

624 Vgl. Beer et al. (1985), S. 220, Kräkel (1999), S. 230f.

625 Vgl. Schein (1978), S. 27ff. und Berthel/Koch (1985), S. 30f. Derartige Einteilungen sind in der Literatur weit verbreitet und finden sich in leicht differenzierter Form u. a. auch bei Schanz (1982), Gerpott (1988).

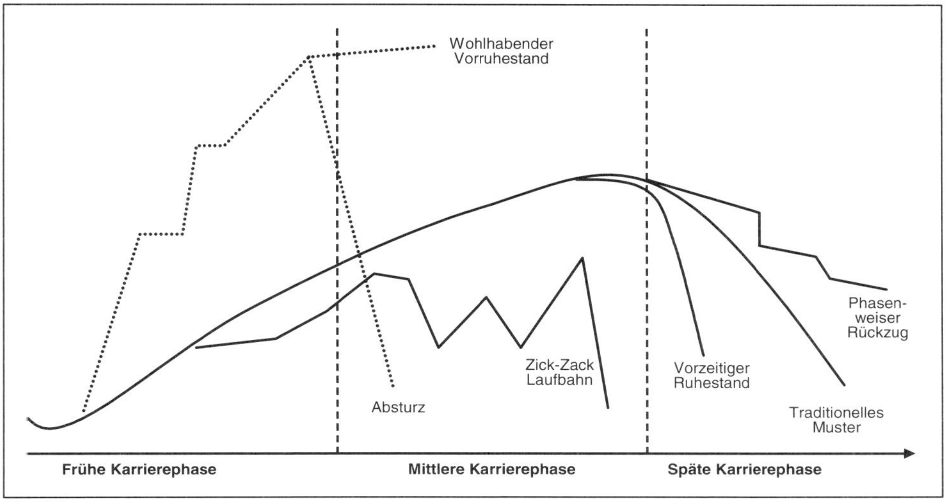

Abbildung 6-27: Zeitorientierte Karrieremuster (Quelle:leicht verändert nach Sattelberger/Höllmüller (2001), S. 348)

Eine *frühe Karrierephase* umfasst den Eintritt des Individuums in die Berufswelt. Der Berufsanfänger lässt sich dabei durch seine sehr hohen Erwartungen an eine anspruchsvolle Tätigkeit charakterisieren. Dabei kann es unter Umständen zu Enttäuschungen oder einem ersten „Praxis- oder Realitätsschock" kommen, wenn die hohen Erwartungen der Humanressource in der realen Arbeitssituation nicht erfüllt werden.[626] Durch die erworbenen Fertigkeiten und Fähigkeiten in dieser Phase, gewinnt die Humanressource eine relative Autonomie und beginnt, erste Karrierepläne zu schmieden. Zudem kann die frühe Karrierephase in der sozialen bzw. biopsychischen Sphäre des Individuums durch Heirat, Elternschaft und der Entwicklung eines eigenen Lebensstils entscheidend geprägt werden.

In der zweiten, *mittleren Karrierephase* werden wichtige Karriereweichen gestellt. Es kommt oftmals zu einer Überprüfung des „eigenen Standortes", sowohl beruflich als auch privat. Während die einen ihren bisherigen Karriereweg ausbauen bzw. weiterverfolgen und zunehmend Managementaufgaben übernehmen, brechen andere Mitarbeiter ihren Weg ab, beginnen eine zweite, neue Karriere oder verharren auf ihrer momentanen Situation.[627] Oftmals wird den Individuen in dieser Zeit erstmals die Disparität

626 Vgl. dazu Staehle (1991), S. 823 und Schein (1992), S. 24f, sowie Stetter (1999), S. 138.

627 Vgl. dazu Berthel/Becker (2003), S. 264 und Staehle (1991), S. 824.

zwischen Traum und Realität bewusst, so dass erste „Lebensbilanzen" gezogen werden. Während dieser mittleren Karrierephase muss das Unternehmen aktive Entwicklungsarbeit leisten, um die Humanressource in dieser Karrierephase zu unterstützen. Durch das Aufzeigen geeigneter Placementpfade, die einer bestimmten Karriereorientierung Rechnung tragen, können Entwicklungsperspektiven dargelegt und unter Umständen weitere Karriereschritte der Humanressourcen aktiv beeinflusst werden.

In der *späten Karrierephase* wird der „Weg nach oben" von den erfolgreichen Humanressourcen fortgesetzt oder aber versucht, das Erreichte zu erhalten und zu sichern. In dieser Karrierephase bieten sich aus zweierlei Gründen zentripetale Placements an:

- Zum einen haben Humanressourcen in ihrer späten Karrierephase oftmals bereits Positionen erreicht, in denen ein vertikaler Aufstieg nicht mehr möglich ist.
- Zum anderen wären mit einem vertikalen Aufstieg oftmals neue Lernherausforderungen verbunden, während die Lernfähigkeit und –geschwindigkeit bereits abgenommen haben. Bei zentripetalen Placements hingegen kann das im Zeitablauf gewonnene Erfahrungswissen der älteren Mitarbeiter durch eine Annäherung an die Macht- und Entscheidungszentren des Unternehmens besser genutzt werden.[628]

Das geschilderte traditionelle zeitorientierte Karrieremuster hat in den letzten Jahren an empirischer Gültigkeit verloren, und es sind neue typische Karrieremuster an seine Stelle getreten (siehe Abbildung 6-27).[629] Neuartig sind beispielsweise Zick-Zack und Patchwork-Karrieren, die durch ein Auf und Ab der Karriere sowie durch zeitgleich mehrere berufliche Arrangements geprägt sind. Ebenso kam es gerade im Zuge der New Economy zu wohlhabenden Frühruheständen oder zu jähen Karriereabstürzen.

6.3.2 Herausforderungen der Implementierung

Die Implementierung der oben angeführten Gestaltungsoptionen lässt sich als „Move" bezeichnen. Mit dem Begriff Move wird verdeutlicht, dass es eine Zeitspanne gibt, innerhalb derer der Mitarbeiter tatsächlich die Stellen im organisatorischen Aufgabengefüge wechselt. Während im Bereich des

---

628 Viele Führungskräfte empfinden den näher rückenden Ruhestand als problematisch und diesen späten Karriereabschnitt, auch in Anbetracht privater Umstände (Tod des Partners, Verlust sozialer Kontakte etc.) als besonders schwierig. Vgl. hierzu Cummings/Huse (1989), S. 358ff.

629 Vgl. Sattelberger (1999a), Sattelberger/Höllmüller (2001).

internationalen Placements von Führungskräften diese Phase des Moves häufig professionell durch eigens geschulte Mitarbeiter und spezifisch eingerichtete Institutionen unterstützt und gemanaget wird, ist die Begleitung ‚herkömmlicher' Placements nicht so sehr im Fokus der Personalabteilungen und die betroffenen Humanressourcen sind häufig in weiten Teilen auf sich selbst gestellt.

Gleichwohl sind aus Sicht eines professionalisierten Humanressourcen-Managements zwei zentrale Herausforderungen der Implementierung, d.h. des eigentlichen Moves, zu bewältigen, die in einem Spannungsverhältnis stehen. Zum einen sind informatorische Grundlagen zu schaffen, um darauf basierend das Placement von Humanressourcen zu planen (1). Der Aspekt der informatorischen Grundlagen führt zunächst zu einer stärkeren Vorstrukturierung des Placements und schränkt die Flexibilität hinsichtlich Placementrichtung und -geschwindigkeit ein. Umgekehrt ist aufgrund der Dynamik der organisatorischen Anforderungen die Planung des Placements zu flexibilisieren (2).

(1) Informatorische Grundlagen

Als informatorische Grundlage für Placementaktivitäten dienen zunächst allgemeine Informationen über die vorhandenen Stellen im Unternehmen und deren Anforderungen, wie sie etwa im Rahmen der Analyse der Allokation erhoben werden (siehe Abschnitt 5.2). Weiter hängen der Erfolg und die Güte der Placemententscheidungen von spezifischeren informatorischen Grundlagen ab. Diesbezüglich sind Informationen anzuführen, mit deren Hilfe sich erstens die Richtungen des Placements (a) sowie zweitens die Geschwindigkeit und Häufigkeit des Placements (b) planen lassen.

(a) Richtung des Placements: Für Entscheidungen hinsichtlich der Richtung des Placements ist es erstens notwendig, Informationen über vorhandene Stellen und Aufgabenbereiche im Unternehmen und deren spezifischen Anforderungen zu generieren. Diese Informationen tragen zu einer transparenten Darstellung der Organisationsstruktur bei und zeigen potentielle Bewegungsrichtungen im Unternehmen auf. Zweitens sollten Informationen über individuelle Bewegungspräferenzen der Humanressourcen als Nebenbedingung der Entscheidung für eine bestimmte Placementrichtung vorliegen. Diese Informationen stellen somit die Rahmenfaktoren für eine bestimmte Placementrichtung im Unternehmen dar.

Eine sehr konkrete Vorgehensweise zum Aufdecken dieser Informationen stellt in der Praxis die Nutzung von so genannten Personalinformationssystemen dar, die einerseits Arbeitsplatz- und andererseits Personaldatenbanken enthalten:[630]

- Arbeitsplatzdatenbanken enthalten Angaben über den Bedarf an Personal für Stellen sowie über die derzeitigen und zukünftigen Anforderungen der Stellen.
- In Personaldatenbanken hingegen werden Informationen über Ausbildung und Fähigkeiten der Mitarbeiter, deren bisherige unternehmerische Laufbahn und bisherige Arbeitsverhältnisse gesammelt. Zudem werden Informationen über bestimmte ausgewählte Einzelmerkmale der Humanressource festgehalten, die für das Unternehmen von Bedeutung sind.

Problematisch jedoch sind sowohl bei Arbeitsplatz- als auch bei Personaldatenbanken die relativ statische Perspektive sowie der Verlust eines übergreifenden Gesamtblicks. Eine abstraktere Klärung der Frage, welche Stellen und Aufgaben im Unternehmen existieren, ist in einem zweiten Zugriff anhand der organisatorischen Aufgabenanalyse und -synthese möglich.[631] Bei der Aufgabenanalyse wird die Gesamtaufgabe zunächst in Teilaufgaben aufgegliedert, um im Anschluss die entstandenen Teilaufgaben in der Aufgabensynthese einzelnen Stellen zuzuordnen. Eine derartige Analyse kann dann in die bereits eingeführte Denkheuristik des Scheinschen Kegels in unternehmensspezifischer Form überführt werden. Ergebnis ist eine recht abstrakte Übersicht über vorhandene Aufgaben und Stellen im Unternehmen, wobei im Gegensatz zu den herkömmlichen Personalinformationssystemen eine übergreifende Gesamtperspektive geschaffen wird.

Will man jedoch im Sinne einer eher proaktiven Analyse untersuchen, welche potentiellen Stellen und Aufgabenbereiche im Unternehmen existieren bzw. sich neu entwickeln, so sind hierfür geeignete Arenen, wie etwa interdisziplinäre Expertenkreise, zu institutionalisieren. Durch den Informationsaustausch der Teilnehmer, die nach Möglichkeit aus allen Unternehmensbereichen stammen, können dann funktions- und bereichsübergreifende Placementkarten entstehen.[632] Auf diesen werden Aufgabenbereiche abgebildet, in denen dann wiederum typische Aufgabenstellungen dargestellt werden. Gleichzeitig lassen sich typische, d.h. historisch bewährte oder

---

630 Vgl. Mag (1998), S. 157f.

631 Vgl. Kosiol (1976), S. 42ff., für eine Zusammenfassung und ergänzende kritische Anmerkungen, vgl. Ringlstetter (1997), S. 58ff.

632 Vgl. dazu beispielsweise Bürger/Polte (2000), S. 25, die Entwicklungskarten als ein Kerninstrument der Personalentwicklung bei der Siemens AG implementieren wollen.

plausibel erscheinende Bewegungsrichtungen für Humanressourcen eintragen.[633] Morrison und Hock (1986) sprechen in diesem Zusammenhang von so genannten „Hierarchies of Learning“, die durchlaufen werden müssen, bevor neue Aufgaben übernommen werden.[634] Diese können entweder von Aufgabe zu Aufgabe innerhalb eines Funktionsbereichs gehen, oder aber auch funktionsübergreifend konzipiert sein (siehe Abbildung 6-28).

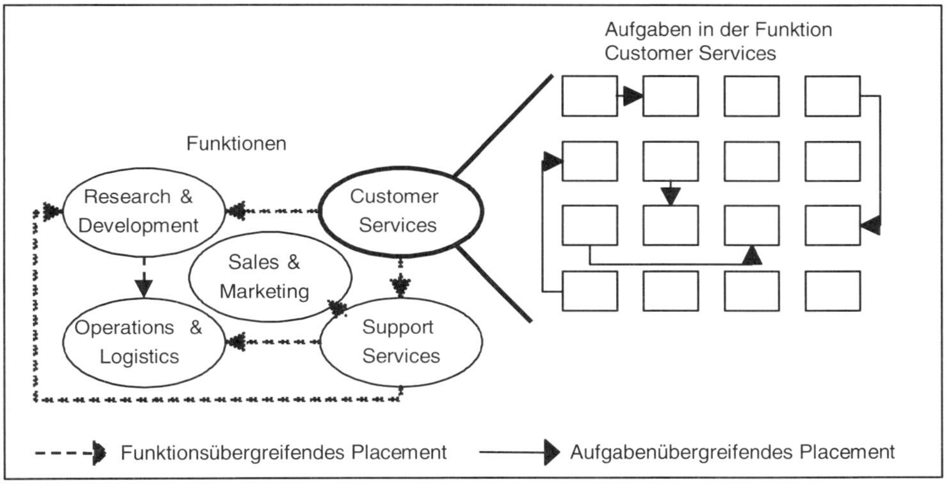

Abbildung 6-28: Beispiel einer Placementkarte (Quelle: Kaiser (2001), S. 159)[635]

Allerdings ist mit der Nutzung von Placementkarten das Problem einer rigiden Vorstrukturierung von Placementrichtungen verbunden. Das Management des Placements würde damit zu einer starren Routine. Vor diesem Hintergrund erscheint es notwendig, auch das Aufstellen von Karten einer permanenten Weiterentwicklung zu unterziehen, wobei auch Informationen über Bewegungspräferenzen der individuellen Humanressourcen einzubeziehen sind. Dadurch soll gewährleistet werden, dass ein Placement von Humanressourcen nicht nur entlang bisheriger, tradierter Laufbahnen stattfindet, sondern auch innovative Bewegungsrichtungen in Betracht gezogen

633 Vgl. Kaiser (2001), S. 158.

634 Vgl. Morrison/Hock (1986), S. 248. Die einleuchtenden Ideen von Morrison/Hock basieren größtenteils auf Erfahrungen aus dem militärischen Bereich, insbesondere der US-Marine.

635 Vgl. ähnlich Scholz (2000), S. 572f.

werden. So kann das Placement von einzelnen Humanressourcen flexibler gehandhabt und stärker individualisiert werden.

In welche Richtung Placementbewegungen stattfinden, ist ferner von der Organisation und Steuerung des Placements abhängig.[636] Placementaktivitäten können zentral über Spezialisten in einer Personalabteilung oder über andere zentrale Einheiten gesteuert werden. Damit dürften tendenziell jedoch nur bewährte Bewegungsrichtungen gefördert werden.[637] Im Sinne einer stärkeren Individualisierung und Flexibilisierung erscheint es deshalb angebrachter, eine Art „free market“-Ansatz zu verfolgen. Hierzu werden erstens unternehmensinterne Stellenausschreibungen geschaltet,[638] die allen Mitarbeitern zugänglich sind. Zweitens können Mitarbeiter sich selbst für ein Placement in eine bestimmte Richtung unter Offenlegung individueller Informationen bewerben. So können die Kompetenzprofile der Humanressourcen transparent gemacht werden,[639] die sich als historisch fundierte Kompetenzbiographien darstellen lassen.[640] Durch die Implementierung eines derartig individualisierten „free market“-Systems steigt dann die Wahrscheinlichkeit, Informationen über mögliche innovative Bewegungsrichtungen sowie über individuelle Bewegungspräferenzen zu generieren.

(b) Geschwindigkeit des Placements: Humanressourcen, die in einen neuen Aufgabenbereich versetzt werden, sollten einerseits die Qualifikation für die Anforderungen des neuen Aufgabenbereichs besitzen. Andererseits lassen sich durch ein Placement auch Lernprozesse initiieren, die erst nach einem erfolgten Placement zu einer Übereinstimmung von Fähigkeiten und organisatorischen Anforderungen führen. Dadurch entsteht ein Spannungsfeld zwischen angestrebter Stimmigkeit von individuellen Fähigkeiten und Anforderungen sowie den erwünschten Lernprozessen. Um dieses Spannungsfeld zu überwinden, kann im Sinne des Potentialgedankens von folgender Prämisse ausgegangen werden: Die lernende Weiterentwicklung der gesamten Humanressourcen-Ausstattung soll optimiert werden, während die Stimmigkeit auf einem bestimmten Niveau als Nebenbedingung gewährleistet sein muss.

---

636 Vgl. Beer et al. (1985), S. 233f. sowie Kaiser (2001), S. 159f.

637 Ein derartiges Vorgehen wenden beispielsweise General Electric und Allied Signalan. Vgl. Handfield-Jones (2000), S. 122.

638 Vgl. Thom (1987), S. 53.

639 Ein ähnliches Vorgehen verfolgt beispielsweise Hewlett-Packard. Vgl. Handfield-Jones (2000), S. 122.

640 Vgl. Erpenbeck (1999), S. 2ff., und Erpenbeck/Heyse (1999), S. 53ff., sowie Sattelberger (1999b).

Der obigen Prämisse folgend, ist ein Placement spätestens dann notwendig, wenn eine Aufgabe keine Lernherausforderung mehr darstellt. Diesbezügliche Informationen sind im Rahmen der klassischen Konzepte zur Analyse von Stellenanforderungen kaum bestimmbar.[641] Ebenso erscheint ein Rekurs auf Erfahrungswerte ungeeignet, da diese eine interindividuelle Streuung von Lerngeschwindigkeiten der Humanressourcen nicht berücksichtigen können.[642] Elaboriertere Verfahren, wie das „Job Challenge Profile" scheinen nur teilweise geeignet, da sie die bestehenden Fähigkeiten der Humanressourcen nicht mit in die Analyse einbeziehen.[643] Sie müssen deshalb durch individuelle und somit zwangsläufig subjektive Aspekte ergänzt werden.[644] Diese Ergänzung kann in Mitarbeitergesprächen stattfinden, die als Führungs- und Fördergespräche zum Placement konzipiert werden.[645] In diesen lässt sich die individuelle Einschätzung der momentanen Lernherausforderung abfragen. Zusätzlich können damit motivationale Aspekte integriert werden, indem auch die Bereitschaft und der Wunsch der Humanressource hinsichtlich eines Aufgabenwechsels mit abgeklärt werden.

(2) Ansatzpunkte zur Flexibilitätserhöhung im Placement

Der Flexibilität im Placement kommt insofern eine wichtige Bedeutung zu, als auch bei nicht antizipierbaren und plötzlichen Veränderungen die Leistungsfähigkeit der Humanressourcen-Ausstattung aufrechterhalten werden muss und die adäquate Besetzung von Stellen sicherzustellen ist. Dabei sind quantitative und gleichzeitige qualitative Veränderungen zu beobachten. Scheiden wichtige Mitarbeiter etwa plötzlich aus dem Unternehmen aus und stehen dem Unternehmen nicht mehr als Arbeitskraft zur Verfügung, so muss es dem Unternehmen möglich sein, die auftretende Lücke durch eine vergleichbar qualifizierte Humanressource zu schließen. Hierbei ist eine zeitnahe Reaktion notwendig, um die Leistungsfähigkeit und die Produktivität der Humanressourcen-Ausstattung nicht zu gefährden. Eine

---

641 Vgl. auch Thom (1987), S. 27.

642 Vgl. Morrison/Hock (1986), S. 249, zum Vorschlag den Zeitpunkt des Placements anhand des so genannten „mastery learning" festzulegen, was ausdrückt, dass es einen objektiv bestimmbaren Zeitraum gibt, innerhalb dessen eine Aufgabe ausreichend, d.h. bis zur „Meisterschaft" erlernt ist.

643 Vgl. Ruderman et al. (1990), S. 550ff. Diese haben ein das „Job Challenge Profile" (JPC) entwickelt, mit dessen Hilfe entwicklungsförderliche Faktoren von Aufgaben und Stellen abgeprüft werden können.

644 Vgl. allgemein zur Individualisierung in der Personalwirtschaft Wagner (1991), Schanz (1992), S. 268. Zu individualisierten Karrierepfaden, vgl. Stetter (1999), S. 63.

645 Vgl. Scholz (2000), S. 516.

Flexibilisierung des Placements, die eine derartige zeitnahe Reaktion ermöglicht, kann aus drei Perspektiven betrachtet werden (siehe Abbildung 6-29):

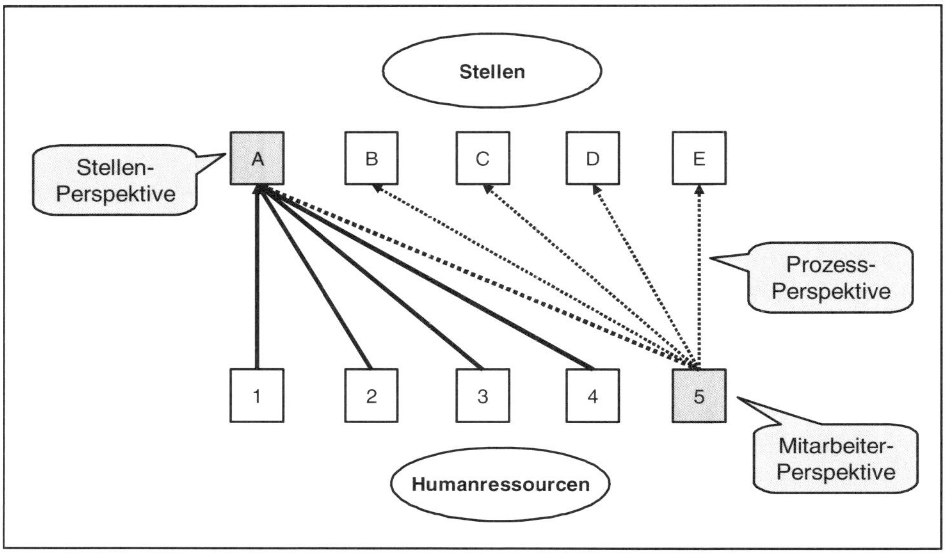

Abbildung 6-29: Ansatzpunkte zur Flexibilitätserhöhung

- Aus einer Stellenperspektive wird versucht, bei plötzlichen Veränderungen auf möglichst viele geeignete Kandidaten zur Besetzung einer bestimmten Stelle zurückgreifen zu können (a).

- Darüber hinaus kann Flexibilität auch aus einer Prozessperspektive betrachtet werden. Hier steht eine rasche und problemlose Stellenbesetzung und somit ein flexibles Management des Placementprozesses im Mittelpunkt der Überlegungen (b).

- Hinter einer Mitarbeiterperspektive steht die Überlegung, dass die Existenz möglichst vielfältiger Einsatzmöglichkeiten der Humanressourcen ebenfalls zur Handlungsflexibilität im Placement beitragen kann (c).

(a) Stellenperspektive: Wird eine Stelle im Unternehmen vakant, so entsteht die Notwendigkeit, dass die Stelle durch eine ähnlich leistungsfähige Humanressource neu besetzt wird. Wird Flexibilität nun aus der Stellenperspektive betrachtet, so bedeutet dies, dass das Unternehmen zur Besetzung einer Stelle auf möglichst viele geeignete Humanressourcen zurückgreifen kann. Als Nebenbedingung kommt hinzu, dass die Stellenbesetzung möglichst zeitnah erfolgen sollte, um eine längere Vakanz der Stelle auszuschließen.

Ein Lösungsansatz besteht darin, ein Reservoir an Humanressourcen im Unternehmen zu bilden. Die Humanressourcen des Reservoirs sind zusätzlich zu ihrer gegenwärtigen Stelle für eine weitere Stelle im Unternehmen qualifiziert, ohne aber auf dieser eingesetzt zu sein. Im Falle einer plötzlich auftretenden Vakanz kann eine Humanressource aus dem Reservoir herausgegriffen und sofort eingesetzt werden, da die entsprechenden Qualifikationen bereits vorhanden sind. Eine derartige Handlungsflexibilität ist jedoch mit einer Reihe von Nachteilen verbunden:

- Wird zur Besetzung einer freien Stelle eine Humanressource aus dem Reservoir herausgegriffen, die bisher in einer anderen Stelle eingesetzt wurde, so entsteht gleichzeitig eine erneute Vakanz.[646] Soll auch diese Vakanz möglichst zeitnah geschlossen werden können, muss auch für diese Stelle ein Humanressourcen-Reservoir gebildet werden. Die Folge ist, dass somit für jede Stelle ein Reservoir an entsprechend qualifizierten Humanressourcen bestehen muss, damit jederzeit potentielle Nachfolger für eine konkrete Stelle vorhanden sind. Dies wiederum zieht erhebliche Kosten für Qualifizierungsmaßnahmen nach sich.

- Darüber hinaus steigt im Zuge einer zunehmenden Qualifikation der Humanressourcen deren Erwartung, eine Position einzunehmen, die dem Qualifikationszuwachs entspricht. Dies geht in der Regel mit einer Beförderung bzw. einer Aufgabenerweiterung einher. Ist eine derartige Stelle bzw. ein Aufgabenbereich jedoch nicht neu zu besetzen, so können zusätzlich zu hohen Qualifizierungskosten auch Demotivations- und Abwanderungseffekte hervorgerufen werden.

Aus Sicht einer „Reservoirtheorie“ müsste der Vorteil des potentiellen Rückgriffs auf eine große Reserve potentieller Nachfolgekandidaten mehr Gewicht erhalten, als der Nachteil, infolge einer zu großen Reservebildung einige Nachwuchskräfte zu verlieren bzw. zu demotivieren.[647] Qualifizierungskosten und potentiell auftretende Demotivationseffekte bilden somit den Preis für Handlungsflexibilität in der Stellenbesetzung. Unternehmen tendieren deshalb erstens dazu, Reservoirs zusammenzulegen und die Humanressourcen dieses Reservoirs für mehrere Stellen zu qualifizieren, die vakant werden könnten. Dies erhöht dann die Wahrscheinlichkeit für die einzelne Humanressource, ihre Qualifikation auf einer vakant werdenden Stelle einbringen zu können. Zweitens wird auf externe Reservoirs, bei-

646 Setzt sich dies über mehrere Positionen im Unternehmen fort, spricht man von Vakanzketten.

647 Vgl. Mentzel (1997), S. 133.

spielsweise auf Zeitarbeitsfirmen, zurückgegriffen, wenngleich diese weniger unternehmensspezifische Fähigkeiten aufweisen.

(b) Prozessperspektive: In einer prozessorientierten Sichtweise wird auf die schnelle und reibungslose Steuerung des Placementprozesses fokussiert. Tritt der Fall ein, dass eine vakant gewordene Stelle durch eine neue Humanressource besetzt wird, ist zunächst ein Effizienzverlust in der Aufgabenerfüllung anzunehmen. Dies trifft auch für bereits entsprechend qualifizierte Humanressourcen zu, da diese zu Beginn ihrer Einarbeitungsphase dennoch mit einer geringeren Arbeitsgeschwindigkeit und tendenziell mit einer höheren Fehlerquote arbeiten. Dieser Effizienzverlust widerspricht dem Flexibilitätsziel, eine Stelle möglichst zeitnah mit einer Humanressource zu besetzen, die von Beginn an mit einer hohen Leistungsfähigkeit arbeitet. Er kann jedoch durch eine systematische Steuerung des Placementprozesses vermindert bzw. aufgehoben werden. Dafür wird der eigentliche Placementprozess um eine gleitende Phase ergänzt. Die gleitende Phase ist dabei durch ein nur partielles Placement charakterisiert (siehe Abbildung 6-30):[648]

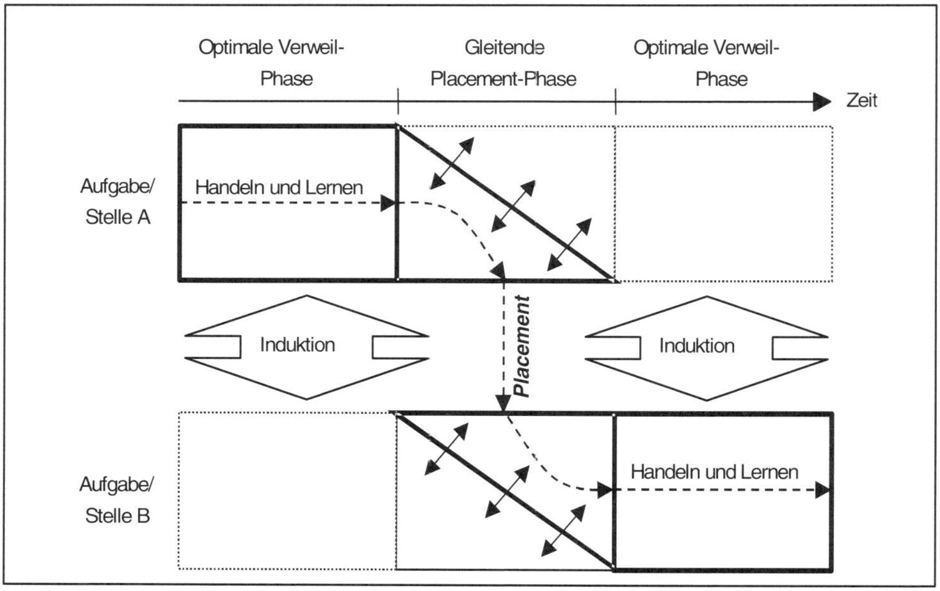

Abbildung 6-30: Prozessflexibilität durch gleitendes Placement

648 Vgl. Kaiser/Fargel (2004). Es handelt sich um eine rein schematische Abbildung, d.h., dass beispielsweise die Ausdehnung der Felder keine Aussage über die Zeitdauer der einzelnen Phasen ausdrücken soll.

- Bereits vor dem eigentlichen Placement von Aufgabe A zu Aufgabe B werden noch während der Verweil-Phase auf der bisherigen Stelle, im Rahmen so genannter Induktionsstrategien, erste Einführungsmaßnahmen durchgeführt. Diese Einführungsmaßnahmen können dabei umso geringer ausfallen, je größer die Aufgabenkongruenz der bisherigen und der neuen Stelle ist.
- Es folgt eine gleitende Phase, in welcher der bisherige und der neue Stelleninhaber in „Job-Sharing"[649] die anfallenden Aufgaben teilweise gemeinsam erfüllen. Dabei ist zu bedenken, dass unter Umständen auch der bisherige Stelleninhaber selbst bereits andere und neue Aufgaben erfüllt, so dass diese gleitende Placementphase aufgrund des einhergehenden Koordinationsaufwands durch eine hohe Arbeits- und Lernintensität geprägt sein dürfte.[650] In einigen Fällen kann der Koordinationsaufwand zwar durch den Einsatz von geeigneten modernen Informations- und Kommunikationstechnologien abgefedert werden, Face-to-Face-Kontakte lassen sich jedoch nicht völlig umgehen.
- Nach der gleitenden Placementphase werden weitere Induktionsmaßnahmen, wie beispielsweise Feedback-Gespräche und regelmäßige Induktionssitzungen, durchgeführt.[651] Darüber hinaus wird die Möglichkeit geschaffen, dass der bisherige und neue Stelleninhaber jederzeit in Kontakt treten können.[652]

Insgesamt lassen sich durch einen derartigen gleitenden Placementprozess ineffiziente Einarbeitungsphasen vermindern und die Zeitspanne verkürzen, bis eine Humanressource in vollem Umfang auf einer neuen Stelle einsetzbar ist. Dies entspricht dem Flexibilitätsziel, eine Stelle möglichst zeitnah besetzen zu können.

(c) Mitarbeiterperspektive: Eine Flexibilitätserhöhung liegt dann vor, wenn Mitarbeiter Fähigkeiten erwerben, durch die sie auch auf anderen Stellen im Unternehmen einsetzbar sind. Hierfür muss das Unternehmen seinen Humanressourcen entsprechende Anreize bieten, um deren Bereitschaft zum Qualifikationserwerb sicherzustellen. Eine Möglichkeit ist eine qualifikationsabhängige Entlohnung der Humanressourcen, wonach Mitarbeiter

---

649 Vgl. Heymann/Seiwert (1982).

650 Ein gleitendes Placement ist ergo nur dann sinnvoll, wenn die Aspekte der Effizienzsteigerung (durch die schnelle Einarbeitung) derartige des Effizienzverlustes (durch den Koordinationsaufwand und die zeitweise Doppelbesetzung) überwiegen.

651 Vgl. Marré (1997), S. 124 unter Rekurs auf Gluminski (1993).

652 Dies gilt freilich nur dann, wenn auch der bisherige Stelleninhaber im Unternehmen verbleibt.

nicht stellenbezogen oder nach ihrer Leistung auf einer bestimmten Stelle entlohnt werden, sondern gemäß ihrer vorhandenen Qualifikationen. Dies gilt auch dann, wenn gewisse Qualifikationen auf der bisherigen Stelle nicht benötigt und somit nicht eingesetzt werden, dem Arbeitgeber jedoch als Flexibilitätspotentiale dienen, da sie die betriebsinterne Einsetzbarkeit der Humanressource erhöhen. Gegen eine derartige qualifikationsabhängige Entlohnung spricht jedoch, dass sie die Kosten für qualifikatorische Slack-Ressourcen zusätzlich erhöhen, ohne sich direkt auf eine Steigerung der Arbeitsproduktivität auszuwirken. Eine Alternative zu der qualifikationsabhängigen Entlohnung lässt sich generieren, wenn die Bereitschaft der Humanressourcen zum Erwerb zusätzlicher Qualifikationen durch die Option auf positive Anreize in der Zukunft erhöht wird. Damit werden zusätzliche Qualifikationen zur Flexibilitätserhöhung erst dann vom Arbeitgeber vergütet, wenn diese in vollem Umfang im neuen Aufgabenbereich produktiv einsetzbar sind. Dem Gewähren der positiven Anreize ist das Placement zeitlich vorgelagert. Da der Qualifikationserwerb aus Sicht der Humanressource eine „Zugangsvoraussetzung" für ein Placement darstellt, kann sie bereits für einen Qualifikationserwerb motiviert werden, auch wenn dieser sich für sie erst nach dem erfolgten Placement positiv auswirken kann.

Aus Sicht des Unternehmens ist darüber hinaus die Entwicklung von Schlüsselqualifikationen besonders relevant:[653] Diese umfassen derartige Kenntnisse, Fähigkeiten und Fertigkeiten, die keinen unmittelbaren und begrenzten Bezug zu bestimmten, disparaten Tätigkeiten besitzen. Vielmehr führen Schlüsselqualifikationen zur Eignung für eine große Zahl an Positionen und Funktionen und erleichtern die Bewältigung von Anforderungsveränderungen.[654] Schlüsselqualifikationen sind dabei weder stellenspezifische, noch betriebsspezifische, noch berufsspezifische Detailqualifikationen. Es handelt sich vielmehr um Fähigkeiten, die das Ausüben und Erlernen von Detailqualifikationen erleichtern. Im Falle von auftretenden Änderungen erleichtern Schlüsselqualifikationen jedoch den schnellen Erwerb neuen Wissens. Damit ermöglichen Schlüsselqualifikationen eine Flexibilitätserhöhung auf Veränderungen, insbesondere qualitativer Art. Allerdings führt dies gleichzeitig auch zur Erhöhung der Beschäftigungsfähigkeit der Mitarbeiter am externen Arbeitsmarkt. Insofern ist die Vermittlung von Schlüsselqualifikationen für den Arbeitgeber immer mit dem Problem verbunden, dass die Humanressourcen abwandern und die getätigten Humankapitalinvestitionen verloren gehen.

---

653 Vgl. Kräkel (1999), S. 395ff.

654 Vgl. Mertens (1974), Gaugler (1987).

Diskussions- und Verständnisfragen:

(1) Diskutieren Sie kritisch, inwieweit die Richtungen des Placements mit der Entwicklung unterschiedlicher Fähigkeiten zusammenhängen?

(2) Welche sind die typischen zeitorientierten Karrieremuster? Sind diese heute noch zeitgemäß?

(3) Setzen Sie sich kritisch mit Möglichkeiten der Flexibilisierung des Placements auseinander?

(4) Wie funktioniert ein gleitendes Placement und welche Vorteile bietet es für das Unternehmen?

- Literaturempfehlungen
- Umfassende Auskunft über die Konzeption des Placements von Humanressourcen gibt das Buch von: **Fargel, Y. (2006):** Mitarbeiter-Placement: Eine fit-orientierte Perspektive. Wiesbaden.
- Ein innovativer Blick auf das Thema Karriere findet sich bei: **Stetter, F. S. (1999)**: Karriere im Management: Ansätze zur Professionalisierung des Humanressourcen-Managements. Wiesbaden.
- Eine mikroökonomisch begründete Analyse des Placements liefert: **Kräkel, M. (1999):** Ökonomische Analyse der betrieblichen Karrierepolitik. München.
- Konzeptionelle Grundlagen mit Praxisrelevanz sind Inhalte des Buches von: **Berthel, J./Koch, H.-E. (1985):** Karriereplanung und Mitarbeiterförderung. Stuttgart.

7 Restrukturierung der Humanressourcen-Ausstattung

Im Folgenden stehen die Funktionen des Humanressourcen-Managements im Fokus, die im Ergebnis eine Restrukturierung der Humanressourcen-Ausstattung bewirken. Im Gegensatz zu den bereits beschriebenen Funktionen, bedeutet die Restrukturierung der Humanressourcen-Ausstattung den Zugang beziehungsweise den Abgang von Humanressourcen. Dadurch werden der Organisation entweder neue humane Leistungspotentiale zugeführt, oder es werden nicht mehr benötigte Leistungspotentiale aufgegeben.

- Das Management des Zugangs von Leistungspotentialen korrespondiert mit der Funktion der Akquisition von Humanressourcen (siehe Abschnitt 7.1).

- Die Funktion der Dispensation von Humanressourcen hingegen geht einher mit der geplanten Aufgabe von Leistungspotentialen bzw. mit der Reduktion von personellen Kapazitäten (siehe Abschnitt 7.2).

Zu beachten ist ergo, dass es nicht nur um die erfolgsversprechende Akquisition von Humanressourcen geht. Vielmehr gilt es zusätzlich zu berücksichtigen, dass „ungeeignete" Humanressourcen aus der bisherigen Humanressourcen-Ausstattung herausgelöst werden müssen, um redundante Leistungsfähigkeiten zu vermeiden.[655] Grundidee hierbei ist die Vermeidung von „Leerkosten" und unnötigen Liquiditätsabflüssen. Führt man sich nochmals die Ausführungen bezüglich der Ressourcenorientierung eines Humanressourcen-Managements vor Augen, so wird deutlich, dass mit der Restrukturierung der Humanressourcen-Ausstattung in erster Linie der Aspekt der Ressourcenauswahl,[656] das heißt des „resource-picking", betroffen ist.

---

655 Lediglich im Sinne des Potentialgedankens kann ein gemäßigtes Vorhalten von humanen "Slack-Ressourcen" als sinnvoll erachtet werden.

656 Vgl. Makadok (2001).

7.1 Akquisition von Humanressourcen

Die Akquisition von Humanressourcen als Funktion des Humanressourcen-Managements betrifft alle Maßnahmen im Zusammenhang mit der Beschaffung von Mitarbeitern auf externen Arbeitsmärkten.[657] Übergreifende Zielsetzung der Akquisition ist es, Leistungspotentiale, die innerhalb des Unternehmens gegenwärtig bzw. auch durch Lernprozesse in absehbarer Zukunft nicht zur Verfügung stehen, durch die Anwerbung zusätzlicher Humanressourcen als Arbeitskräfte zu gewinnen. Die Akquisition von Humanressourcen spielt somit eine zentrale Rolle bei der Schaffung einer strategisch wertvollen Ausstattung an Humanressourcen[658] und ist eng mit der Vorstellung eines wettbewerbsorientierten Humanressourcen-Managements verbunden. Dies bedeutet zunächst folgendes: Unternehmen müssen sich bewusst sein, dass sie im Wettbewerb um Humanressourcen stehen und sollten deshalb entsprechende Strategien zur Positionierung im Wettbewerb entwickeln. Wettbewerbsorientierung bedeutet somit zugleich immer auch eine Orientierung am Markt für Humanressourcen. Auch wenn auf den ersten Blick Humanressourcen, die auf dem externen Arbeitsmarkt akquiriert werden können, zunächst nicht als Lieferanten nachhaltiger Wettbewerbsvorteile gelten, so sind sie doch erstens temporär wettbewerbsrelevant, wenn sie knapp und wertvoll sind, und zweitens langfristig wettbewerbsrelevant, wenn sie nicht-imitierbare und nicht-substituierbare Leistungsfähigkeiten entwickeln.

- Dementsprechend sollte die Akquisition von Humanressourcen auf strategische Erfolgspotentiale ausgerichtet werden. Dies wiederum kann nur die Genese geeigneter Strategien der Akquisition gelingen (siehe Unterabschnitt 7.1.2).

- Bevor derartige Strategien entwickelt werden, ist es notwendig, durch eine Analyse des Arbeitsmarktes informatorische Grundlagen zu schaffen, die eine Stoßrichtung der Strategien vorgeben können (siehe Unterabschnitt 7.1.1).

- Ferner gilt es die Umsetzung der entwickelten Strategien zu ermöglichen, indem die Einhaltung von spezifischen Implementierungsvoraussetzungen sichergestellt wird (siehe Unterabschnitt 7.1.3).

---

657 Eine Beschaffung von Humanressourcen auf internen Arbeitsmärkten fällt hingegen in die Funktion des Humanressourcen-Placements. Siehe hierzu I6.3.

658 Vgl. hierzu March/Simon (1958).

7.1.1 Analyse des Arbeitsmarktes

Die Unvollkommenheit und Unübersichtlichkeit des Marktes für Humanressourcen, insbesondere die vorzufindenden Informationsdefizite, erfordern eine systematische Analyse desselben. Die Analyse des Humanressourcen-Markts lässt sich idealtypisch in drei Schritten bewerkstelligen. Zunächst wird bestimmt, welche Segmente des Humanressourcen-Markts für das Unternehmen relevant sind (1). Im Anschluss daran werden die Herausforderungen der Marktsegmente, in denen das Unternehmen aktiv werden will, ermittelt (2). Parallel hierzu kann in eben diesen Marktsegmenten die Akquisitionskraft des Unternehmens bewertet werden (3). Hieraus ergibt sich unter Umständen die Notwendigkeit, die relevanten Zielmarktsegmente neu zu definieren (siehe Abbildung 7-1).

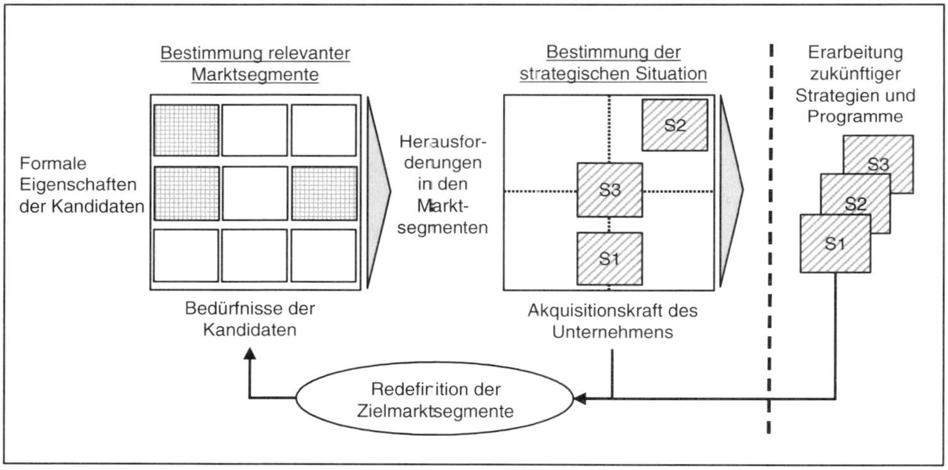

Abbildung 7-1: Vorgehensmodell zur Analyse des Arbeitsmarktes

(1) Charakteristika des Arbeitsmarktes

Der Arbeitsmarkt ist derjenige Markt, auf dem Arbeitskraft nachgefragt, angeboten und getauscht wird. Die zentrale Funktion des Arbeitsmarktes ist somit sicherzustellen, dass Arbeitsverhältnisse zustande kommen (a). Diese Funktionalität wird jedoch durch die Unvollkommenheit des Arbeitsmarktes eingeschränkt. Die Unvollkommenheit stellt deshalb ein wichtiges Charakteristikum des Arbeitsmarktes dar (b).

(a) *Arbeitsmarkt als Ort sozialer Austauschprozesse:* Bei Arbeitsverhältnissen handelt es sich um soziale Austauschbeziehungen. Das Zustandekommen derartiger Austauschbeziehungen lässt sich über eine ganze Reihe theoretischer Ansätze erklären.[659] Im Kern all dieser Erklärungsversuche steht die Auffassung, dass Austauschbeziehungen nur dann zustande kommen, wenn die Austauschpartner jeweils einen individuellen Nutzenzuwachs wahrnehmen. Laut Anreiz-Beitragstheorie ist dies dann der Fall, wenn seitens Unternehmen und seitens potentieller Mitarbeiter jeweils eine gewisse Gleichwertigkeit von „Anreizen und Beiträgen“ verspürt wird.[660] Konkret lässt sich dies für Mitarbeiter und Unternehmen folgendermaßen formulieren:

- *Mitarbeiterseite:* Für den Kandidaten müssen die gebotenen Anreize, insbesondere natürlich die Vergütung, die erwarteten zukünftigen Belastungen, die mit der Übernahme der Aufgabe verbunden wären, mindestens kompensieren oder übersteigen.

- *Unternehmensseite:* Umgekehrt ist seitens des Unternehmens der Beitrag des Kandidatens in Form der Aufgabenerfüllung mindestens gleich oder höher einzuschätzen, als die dafür notwendigerweise zu erbringende Leistung in Form der zu zahlenden Vergütung.

Nur wenn gleichzeitig sowohl auf Unternehmensseite als auch auf Mitarbeiterseite die eben beschriebenen Gleichgewichtszustände vorherrschen, kommt ein Arbeitsverhältnis zustande. Anderenfalls besteht entweder seitens des Unternehmens oder/und seitens des potentiellen Mitarbeiters kein Interesse. Seitens des Unternehmens ist zu beachten, dass die Bewertung der Gleichgewichte durch einen potentiellen Mitarbeiter höchst individuell erfolgt und somit subjektiver Natur ist. Dementsprechend ist eine verallgemeinernde Ausgestaltung der Gleichgewichtsgrößen nicht immer zielführend.

---

659 Vgl. für einen Überblick Dietmann (1993), S. 76ff.

660 Vgl. Himmelreich (1989), S. 25ff.

Betrachtung der Kandidaten durch die Unternehmung	Betrachtung der Unternehmung durch die Kandidaten	Konsequenzen	Handlungsoptionen für Unternehmen und/oder Kandidaten
Beiträge > = Leistungen	Anreize < Belastungen	**Ungleichgewicht**: Kein Interesse des Kandidaten und Suche nach Alternativunternehmung	Erhöhung der Wettbewerbsfähigkeit der Unternehmung auf dem Arbeitsmarkt durch Anreizerhöhung und/oder Belastungssenkung
Beiträge > = Leistungen	Anreize >= Belastungen	**Gleichgewicht**: Beidseitiges Interesse Arbeitsverhältnis kommt zustande	
Beiträge < Leistungen	Anreize >= Belastungen	**Ungleichgewicht**: kein Interesse der Unternehmung sowie Suche nach Alternativkandidaten	Erhöhung der Wettbewerbsfähigkeit des Kandidatens auf dem Arbeitsmarkt durch Beitragserhöhung und/oder Leistungssenkung
Beiträge < Leistungen	Anreize < Belastungen	Beidseitiges **Ungleichgewicht**: Beidseitig kein Interesse und jeweils Suche nach Alternativen	Erhöhung der Wettbewerbsfähigkeit auf beiden Seiten (eventuell)

Abbildung 7-2: Zustandekommen von Arbeitsverhältnissen

Im Sinne einer Wettbewerbs- und Potentialorientierung des Humanressourcen-Managements (siehe Abschnitt 3.3) sollten sich Unternehmen darum bemühen, gewünschte Humanressourcen zu einer Teilnahmeentscheidung zu bewegen. Dabei stehen sie im Wettbewerb mit anderen Unternehmen. Dieser Wettbewerb ist umso härter, je knapper und bedeutsamer die zu akquirierenden Humanressourcen sind. Drei Eckpunkte einer derartigen wettbewerbsorientierten Vorstellung des Markts für Humanressourcen lassen sich skizzieren:[661]

- Zunächst gilt ganz allgemein, dass der Bewerber bzw. Kandidat potentieller Kunde des Unternehmens ist. Als solcher ist er zum Kauf des Produkts „Arbeitsplatz" zu bewegen. Der angebotene Arbeitsplatz ist also das Produkt, das es potentiellen Mitarbeitern zu „verkaufen" gilt.

- Ferner ist zu konstatieren, dass andere Arbeitgeber, die sich um denselben bzw. grundsätzlich um Kandidaten bemühen, als Wettbewerber anzusehen sind.

- Schließlich ist der Arbeitsmarkt im mikroökonomischen Sinne „unvollkommen". Dies gilt unter anderem deshalb, da der angebotene Arbeitsplatz gegen eine Arbeitskraft „eingetauscht" wird, deren Qualität sich ex ante nur begrenzt abschätzen lässt.

---

661 Vgl. bereits Lampert (1994), S. 348.

(b) Die Unvollkommenheit des Arbeitsmarkts: Der Arbeitsmarkt ist der Ort, an dem Arbeitsangebot und -nachfrage aufeinander treffen.[662] Allerdings ist der Arbeitsmarkt wie eben bereits erwähnt „ein typisch unvollkommener Markt".[663] Dies liegt zum einen daran, dass er aus einer ganzen Menge von Teilmärkten besteht, die sich fachlich-beruflich, räumlich etc. unterscheiden.[664] Zum anderen existiert hohe Intransparenz zwischen Arbeitssuchenden und Arbeitgebern.

In einem betriebswirtschaftlichen Lehrbuch für das Management von Humanressourcen gilt es, die Beschreibung des Arbeitsmarktes jenseits der in der Volkswirtschaftslehre zu verortenden Überlegungen vorzunehmen. Im Folgenden werden deshalb einige Punkte angesprochen, die für das erfolgreiche Agieren am Markt für Humanressourcen von besonderer Bedeutung sind. Dabei lassen sich zwei Argumentationsstränge unterscheiden:

- Es bestehen reale Ursachen der Unvollkommenheit des Arbeitsmarktes, aufgrund deren Existenz überhaupt erst funktionsfähige Strategien entwickelt werden können. Zu nennen sind hier in erster Linie Informationsdefizite und Mobilitätsbarrieren, beide jeweils auf Seiten von Unternehmen und Humanressourcen.

- Es wird über gesellschaftliche Entwicklungen gesprochen, die tendenziell für eine zunehmende Wettbewerbsintensität und Wettbewerbsmentalität sowohl auf Unternehmens- als auch auf Mitarbeiterseite stehen.

Aufgrund von *Informationsdefiziten* ist einleuchtend, dass potentielle Kandidaten nicht alle freien bzw. freiwerdenden Positionen kennen können. Insbesondere vakante Führungspositionen werden häufig überhaupt nicht öffentlich kommuniziert. Dem Kandidaten bekannte Arbeitsangebote hingegen sind meist nicht objektiv vergleichbar, da Informationsunterschiede bestehen dürften. Auch das Unternehmen hat, je nach Intensität der Arbeitsmarktforschung,[665] keineswegs vollständige Informationen über verfügbare Kandidaten. Dies gilt vor allem für derartige Kandidaten, die sich zwar momentan in einem Arbeitsverhältnis befinden, aber durchaus wechselbereit wären.

Mangelnde Mobilität führt ebenso zu starker Unvollkommenheit des Humanressourcen-Markts. Zwar sind einzelne Kandidaten heute vermutlich

662 Vgl. stellvertretend Lampert (1994), S. 25.
663 Drumm (2005), S. 179.
664 Vgl. Kaiser (2001), S. 179.
665 Vgl. zur Arbeitsmarktforschung Abelson/Baysinger (1984), S. 84ff.

„mobiler“ als früher, von einer vollständigen Mobilität kann jedoch nicht ausgegangen werden. Kandidaten sind häufig stark an Regionen und ihren momentanen Arbeitsplatz gebunden, was an Sprachbarrieren, sozialen Bindungen und ähnlichem liegen kann.[666] Nicht zuletzt weisen Humanressourcen hinsichtlich eines Arbeitsplatzwechsels eine gewisse Risikoaversion auf. So muss eine neue Position in der Regel signifikant besser als die bisherige sein, was nur bewertet werden kann, indem pekuniäre und nicht pekuniäre Kosten in das Entscheidungskalkül der Humanressourcen einfließen.[667] Ebenso zeigt sich bei Unternehmen eine risikoaverse Einstellung bei der Neubesetzung von Stellen.

Für eine strikte Markt- und Wettbewerbsorientierung sprechen zudem empirische Phänomene, die in Richtung einer zunehmenden Wettbewerbsmentalität weisen. Hiermit ist zunächst angesprochen, dass ein Teil der Führungskräfte trotz eines hohen Commitments zu ihrer momentanen Aufgabe in ihrer Loyalität zum Unternehmen nachlassen. Hinzu kommt ein Phänomen, das weithin als Ich-AG bezeichnet wird.[668] Kandidaten verstehen sich dabei als Unternehmer an der eigenen Humanressource und beginnen sich entsprechend zu vermarkten. Folglich sprechen auch empirische Phänomene für eine gestärkte Stellung der potentiellen Mitarbeiter.

(2) Relevanz der Marktsegmente

Für einzelne Unternehmen sind in der Regel lediglich Ausschnitte des gesamten Arbeitsmarkts relevant.[669] Beispielsweise ist für kleinere Unternehmen häufig nur ein regionaler Ausschnitt des Arbeitsmarktes interessant. Es ist deshalb notwendig, zunächst die Arbeitsmarktsegmente zu bestimmen, auf denen das Unternehmen tatsächlich aktiv werden will bzw. sollte.[670] Diese Arbeitsmarktsegmente werden als *relevante* Arbeitsmarktsegmente bezeichnet und lassen sich anhand von Segmentierungskriterien bestimmen.[671] Da es eine ganze Reihe von Segmentierungskriterien gibt, wird der Gesamtarbeitsmarkt in einen multi-dimensionalen Raum unterteilt. Im Folgenden wird nun dargestellt, anhand welcher Kriterien eine Segmentierung erfolgen kann. Um die Komplexität zu reduzieren, wird hierbei als Leitidee der Segmentierung eine Unterscheidung zwischen formalen Ei-

---

666 Vgl. Lahnthaler/Zugmann (2000), S. 27.

667 Vgl. Drumm (2005), S. 335f.

668 Vgl. Dietmann (1993), S. 16ff.

669 Vgl. Drumm (2005), S. 92.

670 Mag (1998), S. 89, spricht in diesem Zusammenhang von betriebsindividuellen Arbeitsmärkten.

671 Vgl. stellvertretend Dietmann (1993).

genschaften (a) und informalen Bedürfnissen (b) von potentiellen Kandidaten getroffen.

(a) Segmentierung nach Eigenschaften: Eine erste Möglichkeit, den Gesamtarbeitsmarkt in relevante Segmente zu unterteilen, besteht darin, auf formale Eigenschaften der Humanressourcen abzustellen. Dadurch, dass sich die formalen Eigenschaften trennscharf operationalisieren lassen, konstituieren sich entsprechend deutlich abgegrenzte Arbeitsmarktsegmente. In Abbildung 7-3 sind typische formale Segmentierungskriterien verzeichnet.

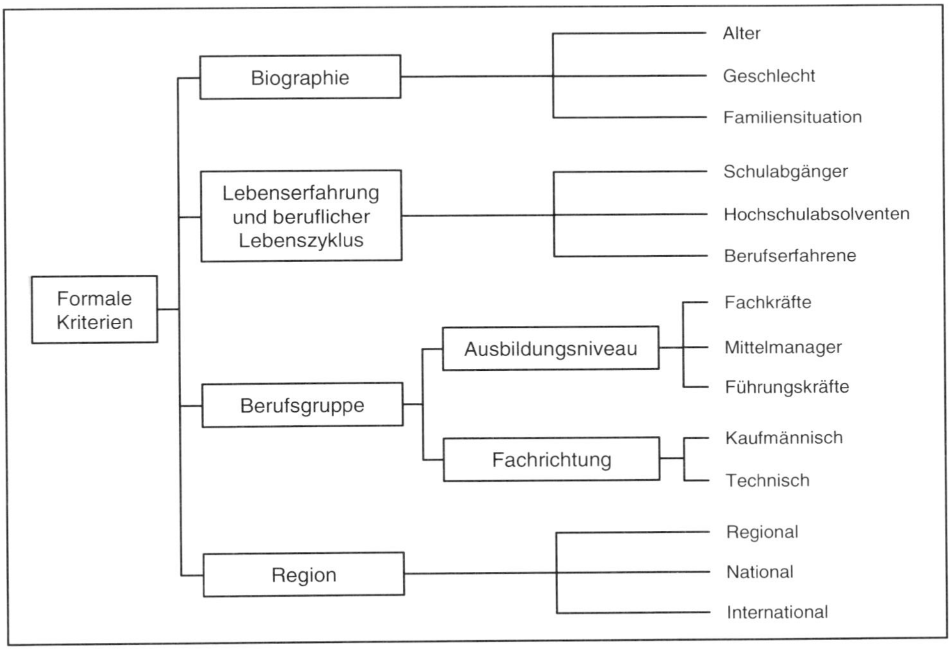

Abbildung 7-3: Segmentierung nach formalen Eigenschaften (Beispiele)

- Zunächst lässt sich der Arbeitsmarkt auch anhand biographischer Kriterien segmentierten. Hierzu zählen etwa Alter, Geschlecht und Familiensituation der Humanressourcen. Der Vorteil dieser Segmentierung liegt insbesondere in der hohen zeitlichen Stabilität der damit verbundenen Informationen.[672]

672 Vgl. Barrenstein (1999), S. 229.

- Weiter kann der Arbeitsmarkt segmentiert werden, indem auf die Dimensionen Erfahrung und beruflicher Lebenszyklus abgestellt wird.[673] Hintergrund einer derartigen Segmentierung ist die Tatsache, dass Humanressourcen je nach Lebenszyklusphase auch unterschiedliche Rollenerwartungen und Verhaltensweisen aufzeigen.

- Eine nahe liegende Form der Segmentierung ist ferner die Unterteilung des Arbeitsmarktes nach Berufsgruppen. Beispielsweise beinhaltet dies die Differenzierung von kaufmännischen und technischen Berufen (Fachrichtung) zum einen sowie das vorzufindende Ausbildungsniveau (etwa Ungelernte, Fachkräfte, Führungskräfte) zum anderen.

- Je nach strategischer Ausrichtung des Unternehmens macht schließlich eine Arbeitsmarktsegmentierung nach Regionen oder anderen geographischen Kriterien Sinn. So werden sich kleinere Unternehmen in der Regel auf regionale Arbeitsmärkte konzentrieren, während beispielsweise internationale Konzerne weltweit nach Humanressourcen, wie etwa Führungsnachwuchs, suchen.

Betrachtet man die eben aufgezählten formalen Kriterien der Segmentierung, so fällt zweierlei auf. Erstens sind neben den hier angeführten Eigenschaften von Humanressourcen selbstverständlich noch weitere formale Segmentierungskriterien denkbar. Zweitens liegen die Segmentierungskriterien zueinander quer bzw. sind voneinander abhängig.[674] Es stellt sich deshalb die Frage, anhand wie vieler Kriterien der Markt segmentiert werden sollte. Bei der Beantwortung der Frage spielen zwei gegenläufige Effekte eine Rolle. Eine Segmentierung auf Basis sehr vieler Kriterien wird die Aktivitäten der Humanressourcen-Akquisition stark einschränken. Unter Umständen werden potentiell geeignete Kandidaten durch eine zu harte, d.h. detaillierte Segmentierung nicht erfasst. Umgekehrt kann das Unternehmen auf eng abgesteckten Teilmärkten eine besonders intensive Humanressourcen-Akquisition betreiben bzw. die vorhandenen Mittel in effizienter Weise einsetzen.

(b) Segmentierung nach Bedürfnissen: Neben den formalen Segmentierungskriterien sind bei der Abgrenzung der relevanten Arbeitsmarktsegmente die Bedürfnisse der zu akquirierenden Humanressourcen zu berücksichtigen. Man spricht in diesem Zusammenhang von einer psychographischen Segmentierung des Humanressourcen-Marktes.[675] Hinter einer der-

673 Vgl. zu Phasen der beruflichen Entwicklung Dietmann (1993).
674 Beispielsweise das Kriterium „Alter" und das Kriterium „Berufserfahrung".
675 Vgl. für andere Typologien stellvertretend Drumm (2005), S. 231ff.

artigen Segmentierung steht die Überlegung, dass es zielführend ist, potentielle Kandidaten jeweils entsprechend ihrer persönlichen Bedürfnisse anzusprechen. Da eine vollständige Personalisierung der Akquisitionsaktivitäten jedoch unmöglich ist, erscheint es lohnenswert, Typen oder möglichst abgrenzbare Gruppen von Bedürfnisträgern zu bilden. Beispielsweise wird mit Fokus auf Führungskräfte vorgeschlagen, vier Gruppen von Bedürfnisträgern zu identifizieren:[676]

- „Auf das richtige Pferd setzen": Mitglieder dieser Gruppe möchten sich in erster Linie in einem erfolgreichen Unternehmen engagieren. Die Mission und die geographische Ansiedlung des Unternehmens sind von untergeordneter Bedeutung.

- „Viel verdienen, viel riskieren" ist das Motto einer zweiten Gruppe. Hier liegt der Schwerpunkt auf der Vergütung und den Karriereaussichten. Weder Mission und Erfolg des Unternehmens noch dessen Entwicklung ist sonderlich relevant.

- „Die Welt retten" bedeutet den Schwerpunkt auf Unternehmen zu legen, die eine inspirierende Mission und große Herausforderungen bieten. Die Vergütung bleibt hingegen unbedeutend.

- „Arbeiten, um zu leben": Diese Gruppe konzentriert sich auf persönliche Interessen. Die wirtschaftliche Lage des Unternehmens sowie die Beziehung zum Vorgesetzten treten in den Vordergrund. Es geht darum, sich einen gewissen Lifestyle zu wahren. Die Entwicklung des Unternehmens und der Anspruch der Tätigkeit sind nebensächlich.

Es ist offensichtlich, dass der Arbeitsmarktsegmentierung mit diesem zweiten Schritt zunächst eine relativ subjektive Note gegeben wird. Denn die hinter der Segmentierung liegenden psychologischen Konstrukte sind oftmals nur schwer zu operationalisieren und zu messen. Zudem sollte man sich vor Augen halten, dass immer eine ganze Reihe von Möglichkeiten zu einer derartigen psychographischen Segmentierung des Arbeitsmarktes besteht. Unabhängig jedoch davon, ob man nun der hier dargestellten Segmentierung folgt oder eine andere vorzieht, gibt es einen guten Grund mit Typen von Bedürfnisträgern zu arbeiten. Dieser liegt darin, dass eine bedürfnisindividuelle Ansprache einzelner, potentieller Kandidaten bereits aus ökonomischen Gründen nicht durchführbar scheint. Deshalb scheint es sinnvoll, die Akquisition auf unscharf abgegrenzten Arbeitsmarktsegmenten

676 Vgl. im folgenden Mag (1998), S. 7.

sowohl der individuellen Ansprache als auch der Bearbeitung des gesamten Arbeitsmarktes vorzuziehen (siehe zusammenfassend Abbildung 7-4).

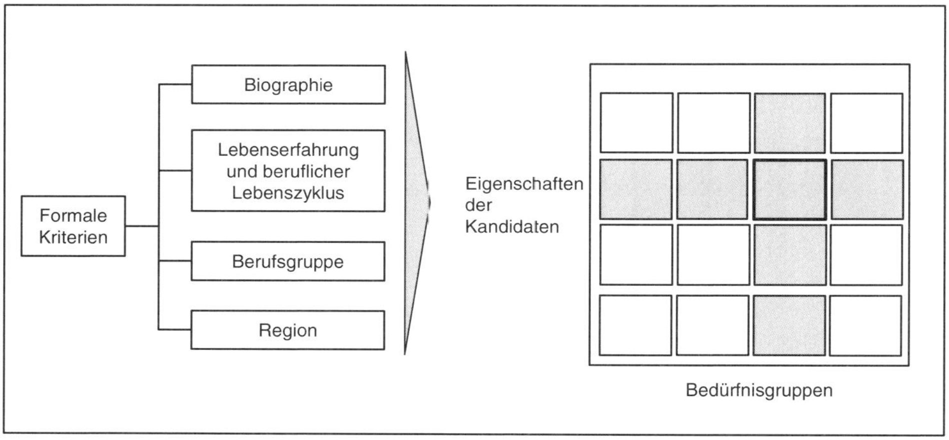

Abbildung 7-4: Segmentierung in Teilmärkte

(3) Herausforderungen in den relevanten Marktsegmenten

Sind die relevanten Marktsegmente identifiziert, stehen Überlegungen an, welche Herausforderungen in den jeweiligen Marktsegmenten vorherrschen. Die Herausforderungen lassen sich anhand mehrerer Dimensionen ablesen und bestimmen. Erstens können das relative Marktvolumen (a) sowie das Niveau und die Verteilung der Qualifikationen, kurz die Qualifikationssituation (b) ermittelt werden. Zusätzlich wird die Herausforderung durch die konkrete Wettbewerbssituation im Marktsegment, nämlich die Anzahl der Konkurrenten und die Intensität des Wettbewerbs, beeinflusst (c).

(a) Relatives Marktvolumen: Hinter dem Begriff des relativen Marktvolumen steht die Betrachtung der Anzahl potentieller Arbeitnehmer (Arbeitsnachfrage) in Relation zur Anzahl angebotener Arbeitsplätze (Arbeitsangebot).[677] Bei einer statischen Sichtweise sind offensichtlich drei Situationen denkbar: Das quantitative Angebot an Kandidaten kann größer, kleiner oder gleich der Nachfrage nach Arbeit sein.[678]

---

677 Häufig wird dieses Verhältnis auch mit dem Begriff des Beschaffungspotentials in Verbindung gebracht, z. B. Mag (1998), S. 89.

678 Vgl. stellvertretend zu Methoden der Arbeitsmarktanalyse bzw. -forschung, Porter (1992), S. 337ff. sowie Höllmüller (2002), S. 88ff.

Gleichermaßen wichtig ist es, die Entwicklung des relativen Marktvolumens zu prognostizieren. Dabei gilt es, verschiedenste Einflussfaktoren zu berücksichtigen, von denen hier nur einige exemplarisch genannt werden können. So wird das Angebot an Arbeitsplätzen z. B. vom Wachstum der Unternehmen, Rationalisierungsmöglichkeiten, dem Auftauchen neuer Anbieter etc. beeinflusst. Die Entwicklung der Nachfrage nach Arbeit ist insbesondere in Abhängigkeit von allgemeinen demographischen Veränderungen zu sehen. Aber auch politische Entscheidungen, beispielsweise zur Einwanderungs- oder Bildungspolitik, induzieren eine Veränderung der Arbeitsnachfrage. Je nach Wirkungsrichtung der Einflussfaktoren sind drei unterscheidbare Szenarien denkbar (siehe Abbildung 7-5).

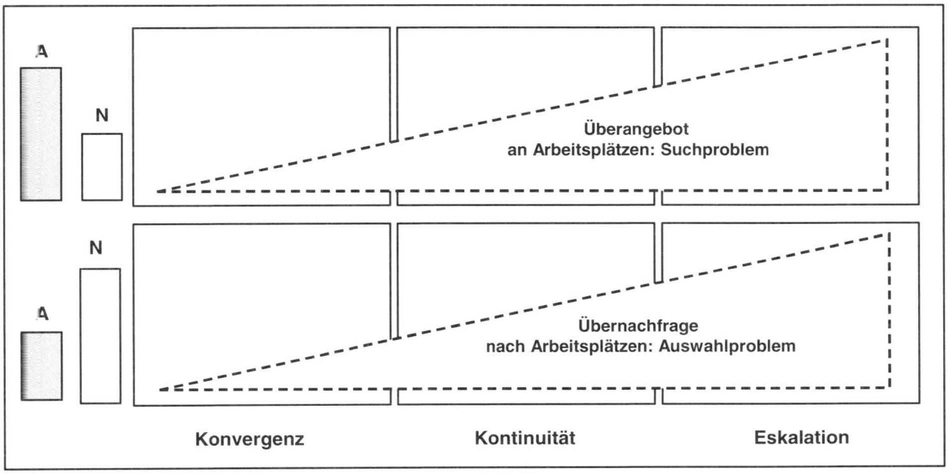

Abbildung 7-5: Relatives Markvolumen: Status und Entwicklung

- Erstens können Arbeitsangebot und -nachfrage konvergieren, d.h. eine zuvor große Differenz zwischen beiden Größen wird abgebaut.
- Zudem kann die bestehende Relation der beiden Größen unverändert bleiben (Kontinuität).
- Schließlich kann aber die Diskrepanz zwischen Arbeitsnachfrage und -angebot wachsen und eskalieren.

(b) Qualifikationssituation: Das relative Marktvolumen wird innerhalb eines relevanten Marktsegments bestimmt. Dadurch sind bereits erste Aussagen zu der Qualität der dort verorteten Humanressourcen getroffen, da qualitative Aspekte (z. B. Berufsausbildung) bereits in die Segmentierung einfließen. Trotzdem ist das Niveau und die Verteilung der spezifischen Qualifikationen innerhalb eines Marktsegments zu beurteilen. Zur Verdeutlichung sei

hier am Beispiel des Teilmarkts „Diplomkaufleute" argumentiert. Unabhängig davon, ob es mehr oder weniger Diplomkaufleute als Arbeitsplätze gibt, ist es wesentlich, Überlegungen anzustellen hinsichtlich des Niveaus und der Verteilung der Qualifikationen (siehe Abbildung 7-6).

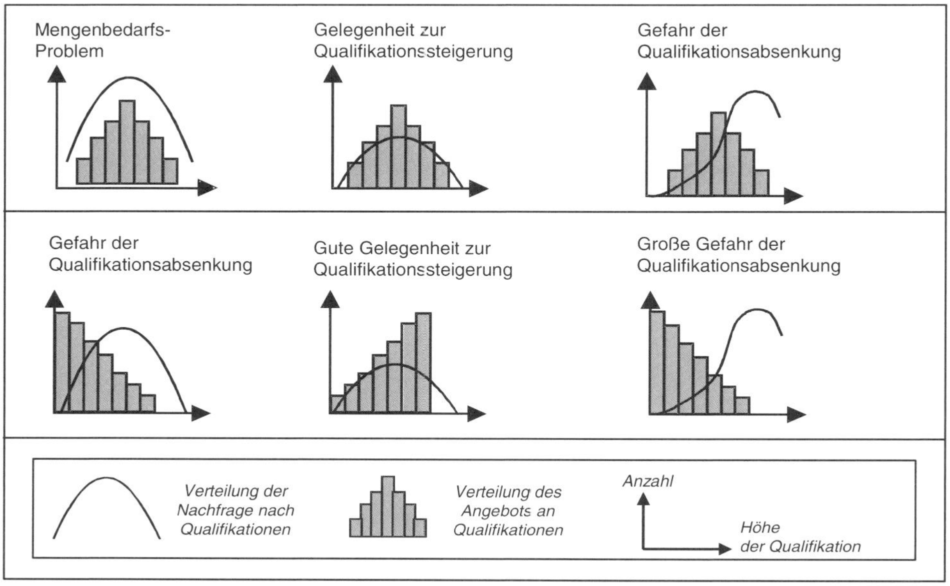

Abbildung 7-6: Niveau und Verteilung von Qualifikationen

Hinsichtlich der Verteilung von Qualifikationen wird dabei zunächst unterschieden, ob das Angebot an Qualifikationen innerhalb des Marktes für Diplomkaufleute normalverteilt oder linksschief ist. Um Extremfälle zu skizzieren wird zudem unterschieden, ob die Nachfrage nach Qualifikationen seitens der Unternehmen normalverteilt oder rechtsschief ist. Bezüglich des Niveaus von Qualifikationen wird dahingehend differenziert, ob die Nachfrage nach Qualifikationen in Relation zu dem Angebot hoch oder niedrig ist. Je nach Fall ergeben sich besondere Herausforderungen bzw. Chancen für die Humanressourcen-Akquisition. So ergeben sich Probleme, den Mengenbedarf zu decken bzw. es besteht die Gefahr, das unternehmerische Qualifikationsniveau zu senken. Es besteht aber auch die Chance, eine allgemeine Qualifikationssteigerung zu erreichen.

(c) Wettbewerbsintensität*:* Ein weiterer Punkt zur Bestimmung der strategischen Herausforderungen in einem Arbeitsmarktsegment ist der Grad der

vorherrschenden Rivalität zwischen den Wettbewerbern.[679] Die Notwendigkeit, die Rivalität zwischen Unternehmen in das Kalkül einzubeziehen, besteht nicht nur auf Gütermärkten, sondern auch auf dem Markt für Humanressourcen. Ausdruck hierfür sind Positionskämpfe in Form der Zahlung von Spitzengehältern oder Zusatzleistungen, der innovativen Gestaltung von Arbeitszeiten oder der Verbesserung von Weiterbildungs- und Karrierechancen. Die Durchführung derartiger marktwirksamer Maßnahmen und Positionskämpfe wirkt sich in der Form auf alle Wettbewerber aus, als in der Regel mit Gegenmaßnahmen geantwortet werden muss. Dies zieht letztlich Veränderungen in der Rentabilität aller Konkurrenten nach sich. Es ist deshalb von hoher Bedeutung, die Faktoren zu kennen, die Einfluss auf die Intensität der Positionskämpfe haben.[680]

- Anzahl der Wettbewerber: Sind viele Wettbewerber mit einer ähnlichen Ressourcenausstattung am fokalen Humanressourcen-Markt zu finden, so erhöht dies die Intensität des Wettbewerbs. Unternehmen werden wiederholt versuchen, unbemerkt Maßnahmen zu ergreifen, um ihre Positionierung zu verbessern.

- Heterogenität der Wettbewerber: Weisen die Wettbewerber eine hohe Heterogenität hinsichtlich ihrer Strategien und Denklogiken auf, so geraten sie auch auf den Humanressourcen-Märkten kontinuierlich in Konflikt. Beispielsweise finden Strategieberatungen und Investmentbanken keine gemeinsamen Spielregeln bei der Bearbeitung des Humanressourcen-Marktes. Nicht zu unterschätzen ist auch der Einfluss ausländischer Marktteilnehmer, die sich anderen Ausgangspositionen (z. B. bezüglich Steuergesetzgebung und typischen Gehaltsstrukturen) gegenüber sehen.

- Marktwachstum: In Situationen, die sich durch ein langsames Wachstum spezifischer Humanressourcen-Marktsegmente und gleichzeitig aber durch ein schnelles Wachstum der Branche kennzeichnen lassen, verstärkt sich der Kampf um Anteile am Markt für Humanressourcen.

- Spezifität der Marktsegmente: Eine besonders hohe Rivalität ist regelmäßig auch dann anzutreffen, wenn die Wettbewerber keine Möglichkeit sehen, in andere Segmente des Humanressourcen-Marktes auszuweichen. Der Fall ist dies beispielsweise bei sehr spezifischen Marktsegmenten mit technisch hoch qualifizierten Humanressourcen.

---

679 Vgl. Porter (1992), S. 25ff.

680 Vgl. allgemein Müller-Stewens/Lechner (2001), S. 139f.

Gerade bei einer hohen Rivalität zwischen den Wettbewerbern auf dem Humanressourcen-Markt ist es notwendig, dass ein Unternehmen eine hohe Akquisitionskraft bzw. ein hohes akquisitorisches Potential auf den Arbeitsmärkten besitzt.[681] Nur so kann es Humanressourcen gewinnen und in einem weiteren Schritt dann auch langfristig an sich binden.

(4) Akquisitorisches Potential

Grundlage für die Bestimmung der Akquisitionskraft eines Unternehmens bildet die Wahrnehmung durch die im Fokus stehenden Kandidaten. Man spricht deshalb auch von einem so genannten Employer Brand[682] oder Arbeitgeberimage,[683] das, wenn es gut ist, die Arbeitsplätze des Unternehmens als besonders begehrenswert erscheinen lassen soll. Ob dies gelingt, ist wiederum von vielerlei, teilweise logisch vorgelagerten, Faktoren abhängig. Diese sind für das fokale Unternehmen einzuschätzen und zu bearbeiten.

Ein erstes bestimmendes Element für die Akquisitionskraft eines Unternehmens ist dessen *Bekanntheit*. Dabei wird in der Regel von einem positiven Zusammenhang auszugehen sein: Je bekannter ein Unternehmen ist, desto besser ist der Zugang zu potentiellen Kandidaten. Bewegt sich das Unternehmen zweitens in einer positiv bewerteten Branche, so ist dies dem akquisitorischen Potential weiter zuträglich. So wird es nach gängigen europäischen Wertvorstellungen einem Unternehmen aus der Rüstungsindustrie – ganz unabhängig von unternehmensspezifischen Gesichtspunkten – schwerer fallen, akquisitorisches Potential aufzubauen als einem gleichermaßen bekannten Konsumgüterhersteller. Von Bedeutung in diesem Zusammenhang ist nicht zuletzt die Resonanz des sozialen Umfelds auf die Wahl eines Arbeitgebers. So ist es denkbar, dass ein Kandidat sich gegen eine spannende Beschäftigung bei einem Mineralölkonzern entscheidet, da in seinem Freundeskreis, der u.a. aus Mitliedenr von Umweltorganisationen besteht, dies wenig Anklang fände.

Ein weiterer Aspekt, der die Akquisitionskraft eines Unternehmens beeinflusst, ist das *individuelle* Unternehmensimage. Dieses wird insgesamt durch alle Verhaltensweisen der Führungskräfte und Mitarbeiter sowie durch die so genannte Unternehmensarchitektur, also die Menge aller sichtbaren physikalischen Objekte vermittelt.[684] Zumindest konzeptionell

---

681 Vgl. zum Begriff des akquisitorischen Potentials im Personalmarketing, Scholz (2000), S. 335 und Kroeber-Riehl (1984), S. 155.

682 Vgl. Gmür/Thommen (2006), S. 223.

683 Vgl. z. B. Scherm/Süß (2003), S. 38.

684 Vgl. Dietmann (1993), S. 423.

kann es losgelöst von den vorgelagerten Faktoren der Unternehmensbekanntheit und Branchenattraktivität betrachtet werden. Man denke diesbezüglich etwa an die differenzierten Bilder, die man sich von unterschiedlichen Automobilkonzernen macht.

Eingebettet in das Unternehmensimage und davon entsprechend beeinflusst ist schließlich das Image, das ein Unternehmen als Arbeitgeber besitzt. Dieses auch als *Arbeitgeberimage* bezeichnete Phänomen ist letztlich eine Aggregation der subjektiven Vorstellungen und Meinungen, die sich potentielle und bestehende Arbeitnehmer vom Unternehmen gebildet haben.[685] Führt man sich die vor Augen, so ist einleuchtend, dass es bei der Positionierung am Arbeitsmarkt nicht so sehr auf objektive Eigenschaften eines Unternehmens ankommt, sondern insbesondere auch die subjektive Wahrnehmung derselben.[686] Es lässt sich entsprechend behaupten, dass die „einzige Wirklichkeit, die zählt, jene ist, die in den Köpfen der Adressaten Wirklichkeit ist".[687]

Beeinflusst wird das Arbeitgeberimage letztlich durch eine Vielfalt von Einzelkriterien, von denen hier nur einige exemplarisch aufgezählt werden können: Wahrgenommene Aufstiegschancen, Höhe und Struktur der Vergütung, Sozialleistungen, Anspruch der Tätigkeit, Führungsstil etc. Barrenstein problematisiert hierzu, dass die für potentielle Kandidaten bedeutenden Kriterien von den meisten Unternehmen nicht ausreichend erfüllt werden können.[688] Hieraus ergibt sich dann gegebenenfalls die Notwendigkeit, die gewählten Arbeitsmarktsegmente im Sinne eines Regelkreises neu zu definieren.

Jenseits dessen ist zu beachten, dass das akquisitorische Potential dadurch beeinflußt wird, dass sich Unternehmen in strategischen Gruppen von Arbeitgebern verorten lassen. In der jüngsten Geschichte wurden diesen strategischen Gruppen unterschiedliche Attraktivitäten als Arbeitgeber zugeschrieben. So haben Strategieberatungen (McKinsey, Boston Consulting Group, etc.) und Großkonzerne (Daimler, Siemens, etc.) zu Zeiten der New Economy gegenüber den dynamischen Startups an Attraktivität stark eingebüßt.[689] Mittlerweile haben sie diese zurückgewonnen. In Erscheinung treten nun aber neuer Konkurrenten, die als Überlebende der New Economy (Ebay, Google, etc.) oder als in Mode gekommene Technologiekonzerne (Nokia, Microsoft, Cisco, etc.) am Markt für Talente auftreten.

---

685 Vgl. Ries/Trout (1986), S. 190.
686 Vgl. Drumm (2005), S. 193.
687 Barrenstein (1999), S. 21.
688 Vgl. etwa Simon/Wiltinger (1998), S. 330, Barrenstein (1999), S. 5.
689 Vgl. Sattelberger/Höllmüller (2001).

7.1.2 Ableitung generischer Strategien

Strategien der Humanressourcen-Akquisition beziehen sich jeweils auf die als relevant identifizierten Teilmärkte, da die Situation in einzelnen Teilmärkten von spezifischen Problemen geprägt ist, die jeweils eine ebenso spezifische Akquisitionsstrategie erfordern. Hierbei sind drei Ausgangssituationen identifizierbar, die zu drei generischen Akquisitionsstrategien führen (siehe Abbildung 7-7):[690]

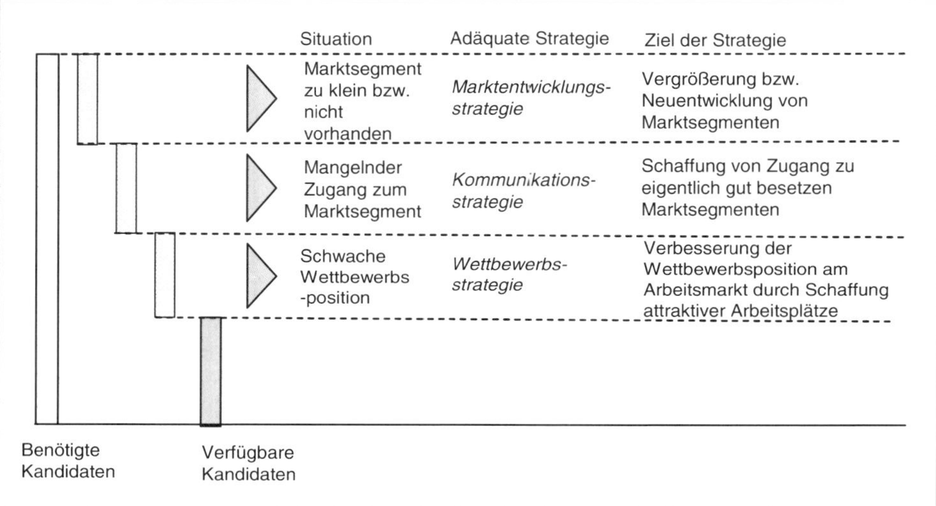

Abbildung 7-7: Ableitung marktadäquater Akquisitionsstrategien

- So ist zunächst möglich, dass auf dem gesamten Arbeitsmarkt ein relevantes Segment zwar besteht, aber nur sehr wenige potentielle Kandidaten sich innerhalb dieses Segments befinden. In diesem Fall, des zu kleinen Marktsegments sieht sich ein Unternehmen gezwungen, Strategien zur Entwicklung dieses Marksegments zu ergreifen, um es im Anschluss daran leichter bearbeiten zu können (1).

- Zweitens ist vorstellbar, dass zwar ein gut besetztes relevantes Marktsegment existiert, aber der kommunikative Zugang zu diesem für das Unternehmen problematisch ist. Daher können Instrumente einer Kommunikationsstrategie hilfreich sein (2).

---

690 Vgl. zusammenfassend auch Kaiser (2004), S. 171ff.

- Schließlich ist denkbar, dass ein Unternehmen zwar Zugang zu einem relevanten Marktsegment hat, die Wettbewerbsposition auf diesem jedoch von mangelnder Qualität ist. In diesem Fall gilt es, Ansatzpunkte für eine Wettbewerbsstrategie zu erarbeiten (3).

(1) Marktentwicklungsstrategie

Eine Marktentwicklungsstrategie zielt darauf ab, die Entstehung neuer, relevanter Marktsegmente zu fördern. Die Anwendung der Marktentwicklungsstrategie kann auf bestehenden Märkten und auf neuen Märkten erfolgen. Beide Male handelt es sich um direkte Eingriffe in den Arbeitsmarkt seitens des Unternehmens. Dabei ist allerdings davon auszugehen, dass die eingreifende Beeinflussung des Arbeitsmarktes durch ein einziges Unternehmen nur schwach wirksam und auch relativ ungezielt ist.[691] Lediglich sehr großen Konzernen oder in gemeinschaftlichen Aktionen kann durch so genannte strategische Ankündigungen eine Beeinflussung des Arbeitsmarktes gelingen. In der Vergangenheit etwa hat der Siemens Konzern durch entsprechende Kommunikation seines spezifischen Bedarfs an Humanressourcen, Veränderungen am Arbeitsmarkt für Elektroingenieure bewirken können.

Einige Ansatzpunkte lassen sich also identifizieren: Beispielsweise ist es denkbar, dass Unternehmen versuchen, ihr Interesse an bestimmten Arbeitskräften über Verbände, die Industrie- und Handelskammern oder auch Schulen und Hochschulen verstärkt zu formulieren. Ziel einer derartigen Formulierung ist, Humanressourcen zum Ergreifen einer ganz bestimmten Berufsausbildung oder eines Hochschulstudiums zu bewegen. Dieses Vorgehen kann unterstützt werden, indem zusätzliche Ausbildungskapazitäten zur Verfügung gestellt, respektive geschaffen werden. Darüber hinaus kann der Versuch unternommen werden, bisher nicht bearbeitete Märkte zu nutzen. Hierunter fällt beispielsweise das Aktivwerden auf dem internationalen Humanressourcen-Markt, sprich die Bemühung um so genannte Gastarbeiter oder so genannte „Inpatriates". Aber auch die Strategie, die in den letzten Jahren von stark wachsenden Unternehmensberatungen, etwa McKinsey & Company, angewendet wurde, nämlich mit Exotenprogrammen auch Geistes- und Naturwissenschaftler anzusprechen, kann als derartiger Versuch gewertet werden.[692] Allerdings ist die Marktentwicklungsstrategie sowohl auf bestehenden als auch auf neuen Märkten mit drei spezifischen Problemen verbunden:

---

691 Vgl. Drumm (2005) , S. 91.

692 Vgl. Kaiser (2004), S. 172.

- Zum einen ist das Aktivwerden auf *neuen* Märkten in der Regel mit einem hohen ex-post Entwicklungsaufwand verbunden, da häufig erhebliche Qualifikationsdivergenzen (z. B. Geisteswissenschaftler in der Unternehmensberatung) bzw. Kulturunterschiede (z. B. fremdländische Führungskräfte) bestehen.
- Weniger aufwendig hingegen ist die Kommunikation des Interesses an bestimmten Berufsbildern. Allerdings kommt es hierbei regelmäßig zu einer Externalisierung des Nutzens, falls auch konkurrierende Arbeitgeber von der zahlenmäßigen Vergrößerung des Marktsegments profitieren.[693]
- Am schwierigsten zu handhaben ist jedoch die große Zeitspanne, die während der Entwicklung von Marktsegmenten verstreicht. Hierdurch kommt es zu großen Prognoseunsicherheiten. Beispielsweise kann die offizielle und weit gestreute Mitteilung eines Konzerns, dass es zu wenige berufserfahrene Ingenieure gäbe, zu einer Zunahme der Studienanfänger in diesem Bereich führen. Zur Verfügung stehen diese jedoch frühestens nach 7-8 Jahren. In der Konsequenz führen Marktentwicklungsstrategien nicht selten zu so genannten „Schweinezyklen", die aufgrund langer Reaktionszeiten durch ein Auseinanderfallen von Angebot und Nachfrage gekennzeichnet sind (siehe exemplarisch Abbildung 7-8).

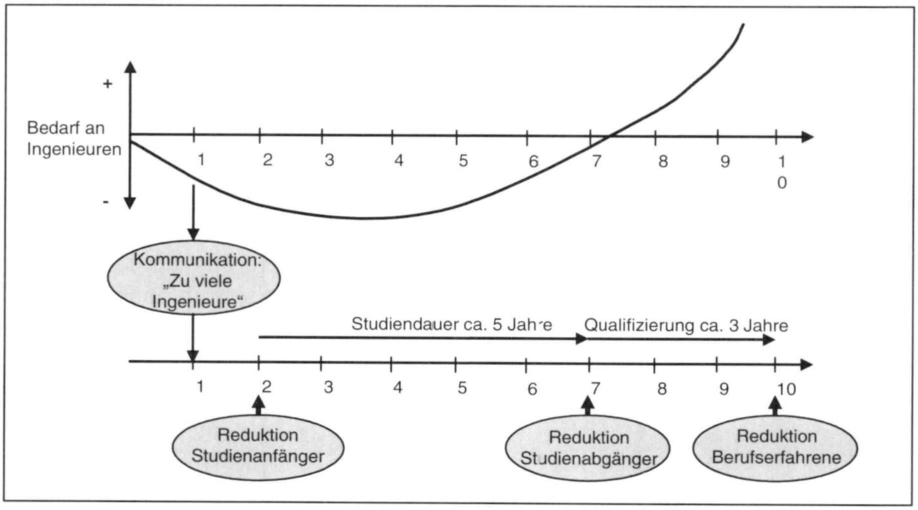

Abbildung 7-8: Schweinezyklen am Arbeitsmarkt (Beispiel Ingenieure)

693 Vgl. Reich (1992), Arnold (1992).

(2) Kommunikationsstrategie

Die Wahl einer Kommunikationsstrategie liegt immer dann nahe, wenn dem Unternehmen der Zugang zu einem eigentlich gut besetzten Arbeitsmarkt nicht gelingt. Sie zielt darauf ab, potentielle Kandidaten zu einer Teilnahmeentscheidung zu bewegen, indem das fokale Unternehmen sich als besonders interessanten Arbeitgeber darstellt. Potentielle Kandidaten sollen überzeugt werden, dass sie im fokalen Unternehmen ihren eigenen Nutzen maximieren können.[694] An dieser Stelle wird also nochmals deutlich, welche Bedeutung es hat, dass Unternehmen die Bedürfnisse ihrer Kandidaten kennen.[695]

Bei der Überlegung, welche Instrumente im Rahmen der Kommunikationsstrategie letztlich eingesetzt werden sollen, sind einige grundsätzliche Unterscheidungen zu treffen. Dimensionen dieser Entscheidung sind die Art der Kommunikation sowie der Kommunikationskanal. Darüber hinaus ist es für die erfolgreiche Ansprache potentieller Kandidaten wesentlich, geeignete Kommunikationsinhalte zu bestimmen.

Hinsichtlich der *Kommunikationsart* kann man zunächst dahingehend unterscheiden, ob die Kommunikation insgesamt eher auf das Unternehmens- bzw. Arbeitgeberimage oder grundsätzlich auf die Besetzung von Stellen abzielt.[696] Obwohl beide Anlässe und entsprechend die Kommunikationsarten häufig gleichzeitig auftreten dürften, wird im Folgenden deshalb zwischen der Personalwerbung im engeren Sinne und der breiter angelegten Öffentlichkeitsarbeit bzw. Imagewerbung unterschieden:

- Die Personalwerbung kann einerseits auf eine spezifische, vakante Stelle ausgerichtet werden und erfolgt dann in der Regel über Stellenanzeigen, sei es in Printmedien, in Online-Jobbörsen oder auch auf der eigenen Unternehmenshomepage. Andererseits erfolgt Personalwerbung häufig auch unabhängig davon, ob im Moment eine vakante Stelle besteht. Zielsetzung ist in diesem Fall die Schaffung eines Bewerberpotentials für bestimmte Unternehmensaufgaben. Derartig unspezifische Personalwerbung wird häufig im Rahmen von Hochschulkooperationen betrieben.[697]

---

694 Vgl. stellvertretend Dietmann (1993), S. 25.

695 Vgl. Gmür/Thommen (2006), S. 224.

696 Vgl. hierzu und zum folgenden Arnold (1992), S. 1816 und Ringlstetter/Kaiser (2002), S. 276.

697 Vgl. Ringlstetter/Kaiser (2002).

- Breiter angelegte Öffentlichkeitsarbeit wirkt verständlicherweise wesentlich unspezifischer und setzt häufig bereits an der Bekanntheit des Unternehmens bzw. am Unternehmensimage an, das dem Image als Arbeitgeber logisch vorgelagert ist. Elemente einer Öffentlichkeitsarbeit sind beispielsweise allgemeine Unternehmenspublikationen, Messeveranstaltungen, Kultur- und Sportsponsoring etc.

Neben den Arten der Kommunikation lassen sich unterschiedliche *Kommunikationskanäle* differenzieren. Der nahe liegende Kommunikationskanal ist die Kommunikation mit potentiellen Kandidaten durch das Unternehmen selbst. Dies wird bei der oben genannten Personalwerbung regelmäßig der Fall sein. Darüber hinaus ist es in der unternehmerischen Praxis üblich, potentielle Kandidaten über eigene Mitarbeiter anzusprechen. Dies geschieht einerseits in eher niedrig qualifizierten Arbeitsmarksegmenten unter Familienangehörigen,[698] ist andererseits aber auch ein verbreitetes Phänomen innerhalb von „Karrierenetzwerken" unter befreundeten „High-Potentials". In einem weiteren Schritt wird deutlich, dass sich auch Unternehmensexterne als Kommunikationskanäle instrumentalisieren lassen.[699] Im Hochschulbereich sind dies etwa einzelne Lehrstühle, Professoren oder Studentenorganisationen, vor allem im angelsächsischen Bereich aber auch so genannte „Placement-Offices". Qua Profession können auch die Arbeitsämter oder private Personalvermittler und Headhunter als Sprachrohr genutzt werden.

Da Kommunikationsstrategien letztlich darauf abzielen, die Vorteile der Beschäftigung beim fokalen Unternehmen zu vermitteln, ist besonderer Wert auf entsprechende *Kommunikationsinhalte* zu legen. Hierbei sind zwei wesentliche Rahmenfaktoren zu beachten. Eine erste nicht zu unterschätzende Bedingung ist, dass die kommunizierten Inhalte auch der unternehmerischen Realität entsprechen müssen.[700] Denn ist dies nicht der Fall, treten beim neuen Mitarbeiter irreversible Demotivationseffekte ein. Es kommt zum Bruch des psychologischen Vertrags. Darüber hinaus sind zweitens vor allem derartige Inhalte zu kommunizieren, die den Bedürfnissen der Kandidaten im anzusprechenden Marktsegment entsprechen und somit die Vorteilhaftigkeit einer Beschäftigung beim kommunizierenden Unternehmen transportieren.[701] Denn dadurch werden letztlich die Anreize für eine Bewerbung beim Unternehmen gesetzt. In der Regel entstammen die Kommunikationsinhalte deshalb aus unterschiedlichen Themenfeldern, die ins-

---

698 Vgl. Remer (1978), Drumm (2005), S. 329.

699 Vgl. ausführlich Kaiser/Fargel (2003).

700 Vgl. Rousseau (1995), S. 340.

701 Vgl. Höllmüller (2002), S. 336.

gesamt auf besonderes Interesse bei potentiellen Kandidaten stoßen.[702] Im Folgenden sind einige besonders relevante Themenfelder kurz skizziert, wobei versucht wird, die Themenfelder entlang einer vierstufigen Systematisierung anzuordnen.[703] Dabei bleibt zu berücksichtigen, dass erstens kein Anspruch auf Vollständigkeit gelegt wird und zweitens die einzelnen Inhalte nicht völlig losgelöst voneinander betrachtet werden können:[704]

- Der primäre finanzielle Anreiz, der auf zentrales Interesse stößt, ist die Vergütungspolitik des Unternehmens. Dabei ist zunächst die absolute Höhe des angebotenen Gehalts von Relevanz. Darüber hinaus erhalten jedoch auch das zukünftige Potential für Vergütungssteigerungen sowie die Möglichkeiten einer leistungsorientierten Prämie oder betrieblicher Altersvorsorge etc. Bedeutung. Kommuniziert werden kann auch die Vergabe von Sozialleistungen. Dabei treten nicht so sehr die gesetzlichen und etwaigen tarifvertraglichen Leistungen in den Vordergrund, sondern vor allem die freiwilligen Zusatzleistungen, die ein Unternehmen bietet.[705] Diese können von der betrieblichen Kinderkrippe, über den Bügelservice und das privat nutzbare Mobiltelefon bis zum Dienstwagen reichen.

- Kommuniziert werden auch sekundäre Anreize der Arbeit. Im weiteren Sinne zählen hierzu beispielsweise die Entwicklungsmöglichkeiten, die ein Arbeitgeber bieten kann. Hierzu gehören angebotene Entwicklungs- und Weiterbildungsmaßnahmen, aber auch das Aufzeigen von potentiellen Karrierepfaden oder ansprechenden Ausstiegsmöglichkeiten. Darüber hinaus lassen sich Themen transportieren, die man inhaltlich unter der allgemeinen Bezeichnung „Arbeitsbedingungen und Arbeitsumfeld“ subsumieren kann. Zentrale Punkte sind hier die Arbeitszeiten, insbesondere deren kurz- oder langfristige Flexibilität,[706] aber auch die Reichhaltigkeit der Arbeitsinhalte, Entscheidungsautonomie und ähnliches.[707]

- Unter eine dritte Kategorie der Kommunikationsinhalte fallen die tertiären sozialen Anreize. Diesbezüglich können etwa eine spezifische Unternehmenskultur, die Art und Weise der Kommunikation im Unter-

702 Vgl. auch Drumm (2005), S. 269.
703 Vgl. Maaßen et al. (1990), S. 319 und ähnlich Drumm (2005), S. 77.
704 Vgl. Höllmüller (2002), S. 77ff., Maaßen et al. (1990), S. 314.
705 Vgl. Scholz (2000) sowie Höllmüller (2002), S. 78.
706 Vgl. Drumm (2005), S. 602.
707 Vgl. Drumm (2005), S. 78.

nehmen oder der vorherrschende Führungsstil als entscheidungsrelevant eingeschätzt werden.

- Und schließlich sind bei der Kommunikation von Inhalten auch quartäre sozioökonomische Anreize zu berücksichtigen; inhaltlich gesehen handelt es sich dabei beispielsweise um das jeweilige Branchen- und Unternehmensimage, Freizeitangebot am Unternehmensstandort sowie das Prestige des Arbeitsplatzes in der relevanten Öffentlichkeit etc.

Es wird sich nun zeigen, dass die Beschäftigung mit den zu kommunizierenden Inhalten unter Umständen direkt zu einer weiteren Strategie, zur so genannten Wettbewerbsstrategie führen kann. Denn, wie bereits erwähnt, erscheint es zielführend, nur derartige Inhalte zu kommunizieren, die den Bedürfnissen potentieller Kandidaten entsprechen und die insbesondere auch in der unternehmerischen Realität mit hoher Wahrscheinlichkeit so wahrgenommen werden. Einem Unternehmen stellt sich somit unter Umständen das Problem, dass die kommunizierbaren „wahren" Inhalte eben nicht den Bedürfnissen der Kandidaten entsprechen. In diesem Fall muss durch eine entsprechende Strategie die Wettbewerbsposition verbessert werden.

(3) Wettbewerbsstrategie

Die Wettbewerbsstrategie geht über die Kommunikationsstrategie hinaus, muss durch diese aber entsprechend unterstützt werden. Während im Rahmen der Kommunikationsstrategie bereits bestehende Vorteile lediglich vermittelt werden sollen, müssen bei der Verfolgung der Wettbewerbsstrategie diese Vorteile zunächst erst geschaffen werden. Mit einer erfolgreichen Wettbewerbsstrategie ist deshalb in der Regel ein hoher zeitlicher und monetärer Aufwand verbunden. Notwendig für eine erfolgreiche Wettbewerbsstrategie sind häufig Neuausrichtungen, die nicht nur alle Funktionen eines Humanressourcen-Managements betreffen, sondern unter Umständen auch eine umfassende Umorientierung in nicht originären personalwirtschaftlichen Feldern erfordern. Angesichts dieser Auswirkungen ist nach dem ökonomischen Prinzip der Tragfähigkeit zu prüfen, ob eine Wettbewerbsstrategie durchgeführt werden kann.[708]

Da es bei der Wettbewerbsstrategie im Wesentlichen darauf ankommt, sich gegenüber potentiellen Konkurrenten auf dem Arbeitsmarkt zu positionieren, gilt es zunächst zu klären, womit die Positionierung eigentlich erfolgt. Im Feld des strategischen Managements wird diese Frage mit den Strategien der Kostenführerschaft und der Differenzierung bzw. mit hybriden

---

708 Vgl. Porter (1992) sowie Chambers et al. (1998), S. 337.

Strategien beantwortet. Bei der wettbewerbsorientierten Betrachtung der Akquisition von Humanressourcen bietet sich eine analoge Vorgehensweise an.

Das Produkt, welches vom Unternehmen verkauft werden soll, ist der Arbeitsplatz bzw. eine bestimmte Stelle. In Analogie zu den Wettbewerbsstrategien determinieren zwei Faktoren das Produkt „Arbeitsplatz“: Der erste Faktor ist die Qualität des Arbeitsplatzes (Produktes) in der Wahrnehmung des potentiellen Kandidaten (Kunden). Der Preis des Arbeitsplatzes ist der zweite Faktor. Hierbei ist allerdings eine Besonderheit zu beachten, da an dieser Stelle auf den ersten Blick eine inverse Logik eingeführt wird. Denn der Preis des Arbeitplatzes ist in der Wahrnehmung des potentiellen Kunden die Differenz zwischen einzugehender Belastung und angebotenen monetären Anreizen. Mit anderen Worten wird eine Stelle, die hoch dotiert ist, als relativ preiswert, ein schlecht bezahlter Arbeitsplatz dagegen als relativ teurer empfunden. Vor diesem Hintergrund stellen sich die Wettbewerbsstrategien folgendermaßen dar:

- Eine *Vergütungsstrategie* im Sinne einer der Kostenführerschaft am Markt für Humanressourcen bedeutet, dass den potentiellen Arbeitnehmern preiswerte, also hoch dotierte Arbeitsplätze, angeboten werden. Eine derartige Strategie findet man beispielsweise bei der Akquisition von Mitarbeitern für die Erdölförderung auf Bohrinseln.

- Wird hingegen die *Arbeitsplatz- oder Arbeitgeberstrategie* im Sinne einer der Differenzierung verfolgt, sind die nicht-monetären Eigenschaften des Arbeitsplatzes so zu gestalten, dass sie sich vom Angebot der Wettbewerber deutlich unterscheiden und die potentiellen Kandidaten deshalb bereit sind, dafür – im Sinne eines Verzichts auf monetäre Anreize – eine Preisprämie zu bezahlen.[709] Unternehmen aus „Mode-Branchen“, wie etwa Werbe- oder PR-Agenturen, wenden für einen Teil der Mitarbeiter reine Differenzierungsstrategien an. In diesem Fall sind insbesondere junge Mitarbeiter bereit, für eine vergleichsweise geringe Vergütung ihre Arbeitskraft zur Verfügung zu stellen.

Ein Unternehmen muss sich jedoch nicht notwendigerweise immer für die eine oder andere Strategie entscheiden. Denn bei einer genaueren Betrachtung der Zusammenhänge stellt man fest, dass das Auftreten einer

[709] Vgl. allgemein Müller-Stewens/Lechner (2001), S. 200.

negativ konnotierten „Stuck in the middle-Situation"[710] eher unwahrscheinlich ist. Dies lässt sich insofern erklären, als die entsprechende Differenzierung und Ausgestaltung des Produktes Arbeitsplatzes für das Unternehmen nicht Kosten steigernd wirkt. Vielmehr ist beispielsweise denkbar, dass durch die Differenzierung entlang von Arbeitsprozessen gleichzeitig eine erhöhte Leistungsbereitschaft bei Mitarbeitern erreicht wird. Demzufolge kann eine Differenzierungsstrategie ohne weiteres mit der Strategie der Kostenführerschaft im obigen Sinne kombiniert werden. Mit anderen Worten, es widerspricht sich nicht, interessante Arbeitsplätze anzubieten und diese trotzdem hoch zu dotieren. Vielmehr führen in diesem Fall hybride Strategien, also das gleichzeitige Verfolgen von Differenzierung und Kostenführerschaft, zu einer verbesserten Wettbewerbsposition. Kostenführerschaft und Differenzierung stehen nicht in einem imperfekten Substitutionsverhältnis, sondern ergänzen sich komplementär. Abbildung 7-9 verdeutlicht die Argumentation.

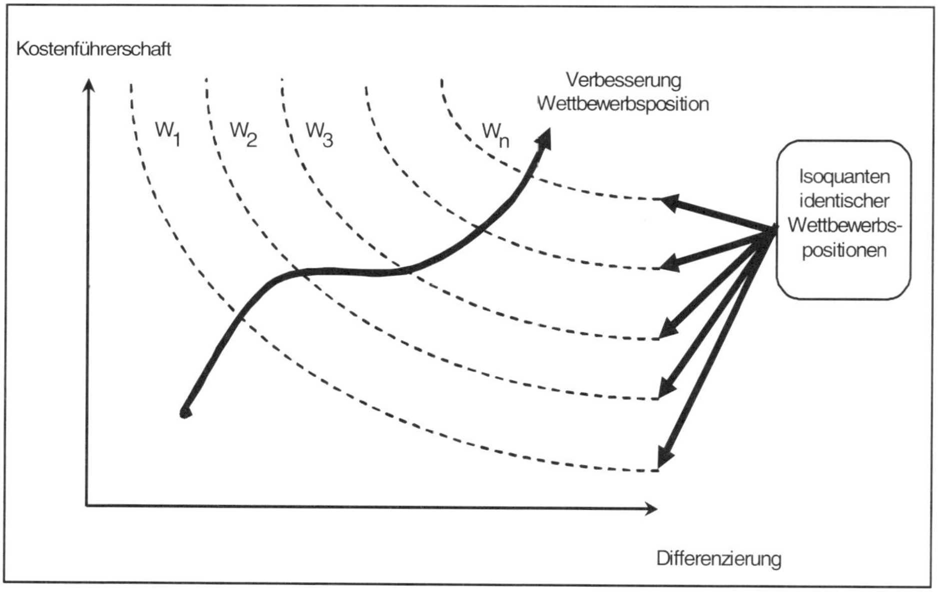

Abbildung 7-9: Isoquanten identischer Wettbewerbspositionen

710 Vgl. Pearson (1987). Im Feld des strategischen Managements ist bis heute umstritten, ob die so genannten hybriden Strategien, Wettbewerbsvorteile generieren können. Vgl. Fleck (1995).

Eine Verbesserung der Wettbewerbsposition auf dem Markt für Humanressourcen lässt sich folglich in drei Bereichen erreichen, die zur Verdeutlichung nochmals kurz skizziert werden (siehe Abbildung 7-10):

- *Arbeitsplatzstrategie* im Sinne einer Produktdifferenzierung: Hierzu zählen etwa eine Erhöhung der Entscheidungsautonomie, des Anspruchs der Tätigkeit, die Schaffung großer Herausforderungen, die Möglichkeit zur Weiterentwicklung und Karriere, das Angebot von Verantwortungsübernahme.

- *Arbeitgeberstrategie* im Sinne einer Markendifferenzierung: Übergreifende Gestaltungsmaßnahmen, wie die Anpassung der Unternehmenskultur, die Wahl eines attraktiven Unternehmensstandorts, etc. führen zu einer verbesserten Position auf dem Markt von Humanressourcen, da die Marke des Unternehmens eine höhere Überzeugungskraft erhält und insgesamt die Arbeitgeberattraktivität stärkt.

- *Vergütungsstrategie* im Sinne einer Kostenführerschaft über Preise: Hiermit ist in erster Linie die Höhe der Gesamtvergütung angesprochen, aber auch die Chance auf leistungsorientierte Prämien, oder das Angebot von Aktienoptionen oder ähnliches. Je höher die Vergütung desto günstiger erscheint es dem Kandidaten, die mit der Position verbundenen Belastungen in Kauf zu nehmen.

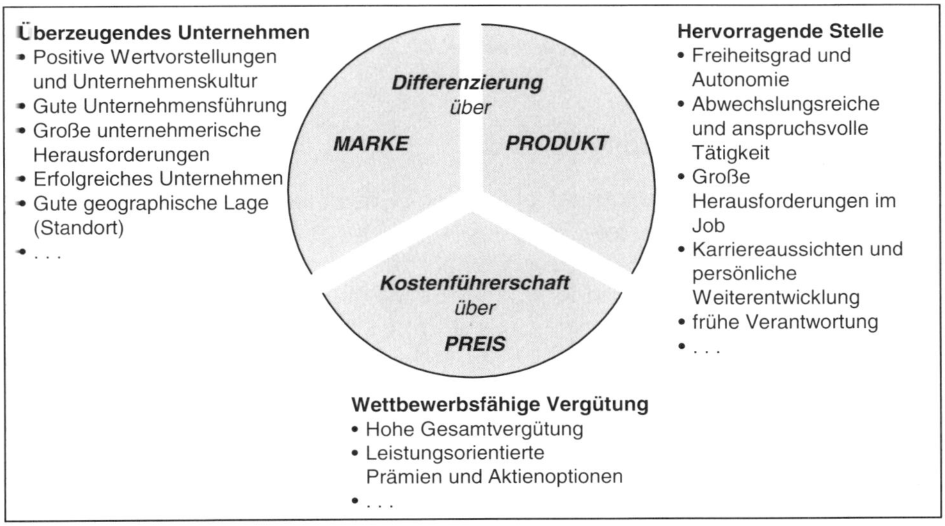

Abbildung 7-10: Ansatzpunkte zur Verbesserung der Wettbewerbsposition (Quelle: in Anlehnung an Handfield-Jones (2000))

Die Ausgestaltung beider Bereiche erfolgt jeweils differenziert nach den relevanten Arbeitsmarktsegmenten, da sich die Wettbewerbsstrategie letztlich in einem konkreten Angebot an potentielle Kandidaten ausdrücken muss. Zur beispielhaften Verdeutlichung kann man sich unterschiedlich ausgestaltete Traineeprogramme für Ingenieure und Wirtschaftswissenschaftler vor Augen führen. Zur Verortung konkreter Angebote ist deshalb ein strukturiertes Vorgehen notwendig (siehe beispielhaft Abbildung 7-11).

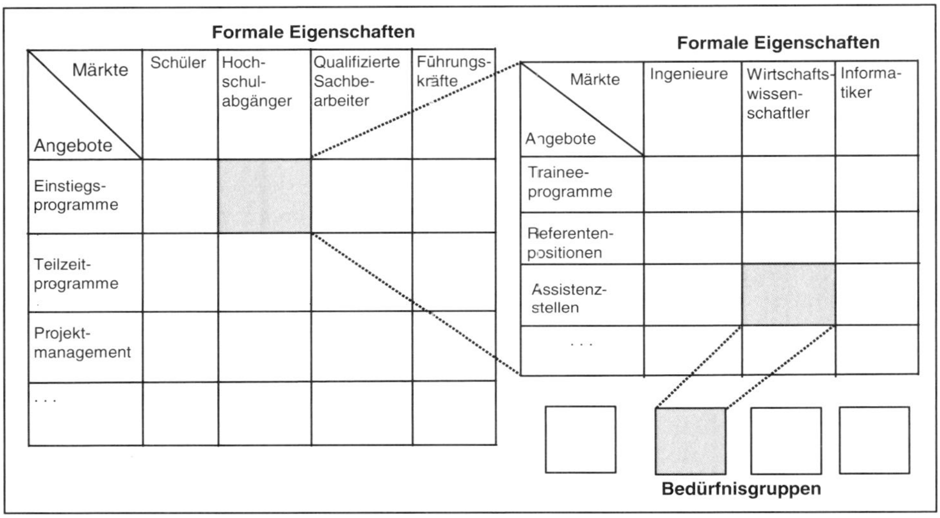

Abbildung 7-11: Segmentspezifisches Angebot

7.1.3 Implementierungsaspekte

Im vorangegangenen Abschnitt wurde die Entwicklung von erfolgversprechenden Strategien skizziert. Voraussetzung für die Umsetzung derartiger Strategien ist eine neuartige Psychologie der Arbeitsplatzvergabe, in Rahmen derer veränderterte und wettbewerbsorientiertere organisationsinterne Spielregeln zum Tragen kommen. Es ändert sich also nicht nur der Auftritt am Markt, sondern es verschiebt sich auch die unternehmensinterne Logik des strategischen Handelns:

- Aufwendungen für die Akquisition von Humanressourcen stellen in dieser Sichtweise keine Kosten für die Besetzung von Stellen dar, sondern vielmehr Investitionen in Potentiale.
- Eine Führungskraft oder ein zentrales Humanressourcen-Management (als Institution) ist dann nicht mehr nur für die Einhaltung eines Kos-

tenbudgets verantwortlich, sondern ebenso für die Schaffung der Voraussetzungen für die Realisierung von Strategien und zudem für den Aufbau von Humanressourcen-Potentialen in seinem Verantwortungsbereich.

- Eignungsprofile, die für die bisherigen Führungskräfte noch Geltung haben, müssen überdacht werden. Die auswählenden Führungskräfte stehen vor der Herausforderung, dass sie für die Auswahl Kriterien anlegen müssen, die sie selber häufig nicht erfüllen.

- Das eigene Unternehmen, dem sich die Führungskraft sich seit Jahren verpflichtet hat, hat auf den Nachwuchs unter Umständen nicht mehr dieselbe Anziehungskraft. Mitarbeiter kommen nicht als eine Art Automatismus, sondern sind umkämpfte Ressource.

- Der Rückfall in eine Position, in der nicht die besten, sondern die geeignetsten Mitarbeiter gesucht werden, ist zu überdenken. Warum passen die besten Humanressourcen nicht in das Unternehmen?

Jenseits dieser hier plakativ und exemplarisch aufgeführten Aspekt einer neuartigen Psychologie der Arbeitsplatzvergabe, sind für die Umsetzung von Akquisitionsstrategien entsprechende Organisation und ein adäquates Controlling von Nöten. Im Folgenden wird deshalb auf zwei zentrale Aspekte der Strategie-Implementierung näher und gesondert eingegangen, da sie für die Realisierung von herausragender Bedeutung sind: Die Organisation (1) und das Controlling (2) der Akquisition.[711]

(1) Organisation

Eine schlagkräftige Organisation, über die Strategien im Unternehmen realisiert werden, ist für die Implementierung maßgeblich.[712] Erst durch die Umsetzung der strategischen Festlegung des Akquisitionsmanagements werden die Voraussetzungen für die Gewinnung von Humanressourcen in ausreichendem Umfang geschaffen.[713] Für eine institutionalisierte Organisation der Akquisition sind dabei in Anlehnung an zentrale Organisationsvariablen des Personalmanagements folgende drei organisatorische Ges-

711 Vgl. zum Folgenden auch Höllmüller (2002).

712 Vgl. hierzu Chambers et al. (1998), S. 48ff., Lombardo/Eichinger (1997), S. 54, Höllmüller (2002), S. 176.

713 Vgl. Pearson (1987), S. 48, Rynes/Boudreau (1986), S. 143, Staude (1989), S. 54, Bühner (2004), S. 176ff.

taltungsdimensionen von besonderem Interesse:[714] Die vertikale hierarchische Einbindung der Akquisition (a), horizontale Aufgabenverteilung im Bereich der Akquisition (Teilnehmerschaft) (b) und die Binnenorganisation der Akquisition, vor allem im Sinne einer internen Aufgabenverteilung (c).

(a) Hierarchische Einbindung: Die vertikale Verankerungsebene der Akquisition im Unternehmen bestimmt auf welcher hierarchischen Ebene die Gesamtverantwortung für die Akquisition liegt. Dabei sind unterschiedliche Verankerungsebenen vorstellbar. Auf hierarchisch höchster Stufe kann die Akquisition bei der Unternehmensleitung verankert werden. In diesem Fall kommt dem gesamten Vorstand oder einem bestimmten Vorstandsmitglied die Verantwortung für die Akquisition zu. Auf nachgelagerten Ebenen kann etwa die Leitung der Personalabteilung oder einer Subabteilung in der Personalabteilung die Gesamtverantwortung für die Akquisition hoch qualifizierter Nachwuchskräfte zugesprochen werden. Teilweise übernimmt die Leitungsfunktion auch ein Arbeitskreis, der sich als eine Art Recruiting-Komitee im Unternehmen konstituiert.[715] Grundsätzlich gilt, dass die Akquisition möglichst hierarchisch hoch im Unternehmen verankert sein sollte. Denn diese ermöglicht erstens eine eigene Orientierung der Akquisition an der angestrebten Unternehmensentwicklung und damit eine langfristige, strategische Ausrichtung. Zweitens ist eine hierarchisch hohe Verankerung für die Bereitstellung von ausreichenden finanziellen und personellen Ressourcen für die Akquisition förderlich. Drittens erhält die Akquisition mit einer hohen hierarchischen Verankerung wesentlich leichter eine ihrer Bedeutung entsprechende Aufmerksamkeit im Unternehmen. Akquisitionsbezogene Aufgaben der Linienkräfte wie unter anderem die Durchführung von Interviews oder das Werben an Hochschulen, werden dann tendenziell eher als Aufgabe mit hoher Priorität angesehen und entsprechend sorgfältig wahrgenommen.

(b) Horizontale Aufgabenverteilung: Die Umsetzung der Strategien kann im Unternehmen universalistisch bzw. partizipativ erfolgen. In diesem Zusammenhang lassen sich zwei Extremformen der Durchführung unterscheiden: Eine völlige universalistische Konzentration der Akquisitions-Aufgaben in einer Personalabteilung oder eine völlige partizipative Aufteilung der Aufgaben in der Linie.[716] Für die zentrale Konzentration der Aufgaben der Ak-

---

714 Vgl. allgemein Unterabschnitt 4.2.3 in diesem Buch. Siehe auch Lattmann (1985) Metz (1995), S. 405–422, Sauder/Schmidt (1993), Staude (1989), Ahlers (1994), S. 71–76.

715 Vgl. Bühner (2004), S. 218.

716 Vgl. hierzu die Literatur zur Organisation der Personalabteilung beispielsweise bei Lattmann (1985) Metz (1995), S. 405ff., Sauder/Schmidt (1993), S. 207–210, Bokranz/Stein (1989), S. 622ff., Simon et al. (1995), S. 71–76.

quisition sprechen sowohl ein einheitlicher Auftritt des Unternehmens als auch die Minimierung des Koordinationsaufwands zwischen den Aufgabenträgern als auch der Aufbau an zentralisiertem Spezialwissen. Umgekehrt existieren jedoch auch Vorteile einer partizipativen Ausgestaltung der Akquisition. Hierzu zählt etwa die Ausnutzung einer breiten Ressourcenbasis. So stellen beispielsweise die Vorträge von Linienkräften an Hochschulen oder die Kooperation von Fachstellen mit Lehrstühlen eine nicht zu unterschätzende „Vertriebsoberfläche“ dar.[717] Ferner fördert die dezentral-partizipative Umsetzung der Akquisitionsstrategien die Integration neuer Humanressourcen[718] sowie eine bessere Berücksichtigung dezentraler Unternehmensanforderungen aufgrund größerer Problemnähe. Insgesamt wird deutlich, dass für die Akquisition idealerweise eine Kombination aus partizipativen und universalistischen Organisationsformen geeignet ist, um eine Nutzung der Vorteile beider Organisationsformen zu ermöglichen.

(c) Binnenorganisation: Neben der hierarchischen Verankerung und der horizontalen Aufgabenverteilung stellt die Binnenorganisation der Akquisition – bzw. genauer die interne Aufgabengliederung im Rahmen der Akquisition – eine wichtige Variable dar.[719] Diese Organisationsvariable beschreibt, wie Teilaufgaben der Akquisition auf spezifische Abteilungen zugeordnet werden. Dabei sind drei Basisvarianten der Konfiguration[720] zu unterscheiden: Bei einer funktionalen Konfiguration wird die Akquisition durch Aufgabenanalyse in einzelne Teilaufgaben aufgeteilt, wie z. B. Marktanalyse, Kommunikation etc. Diese Teilaufgaben werden dann durch einzelne Stellen bzw. Abteilungen wahrgenommen. Im Gegensatz dazu werden bei der objektorientierten Konfiguration jeweils eigenständige Abteilungen für unterschiedliche Mitarbeitergruppen eingerichtet. Beispielsweise wird dann die Akquisition von Nachwuchskräften durch eine andere Abteilung wahrgenommen als die Akquisition von Fachkräften. Als dritte Variante kann die geografische Konfiguration angeführt werden. In diesem Fall nehmen unterschiedliche Abteilungen die Akquisition in unterschiedlichen Regionen wahr. Denkbar sind nun entsprechende Kombinationen der Basisvarianten. Die konkrete Ausgestaltung ist von vielen Faktoren abhängig und nicht zuletzt meist historisch gewachsen.

---

717 Vgl. Kolenko (1996), S. 178, Ringlstetter (1997), S. 185ff.

718 Vgl. hierzu Ringlstetter (1997), S. 210.

719 Vgl. zur organisatorischen Konfigurationsmöglichkeiten bei Metz (1995), S. 69ff. und im Rahmen des Personalmanagements Sauder/Schmidt (1993), S. 130ff., Althauser (1989), S. 624ff.

720 Vgl. hierzu beispielsweise Metz (1995), S. 273–275, Sauder/Schmidt (1993), S. 113ff. oder Schulte (1989), S. 625ff.

(2) Controlling

Neben der Organisation der Akquisition ist als zweite wichtige Bedingung für eine Implementierung der Strategien ein umfassendes Controlling[721] anzuführen. Dem Controlling der Akquisition kommt dabei die Funktion einer Rückkoppelung von akquisitionsbezogenen Informationen zu. Damit dient es der kontinuierlichen Überprüfung der Akquisitionsstrategien. Dabei können unterschiedliche Controlling-Ebenen unterschieden werden: Auf einer übergreifenden Ebene kann zunächst ein globales Controlling durchgeführt werden, das der Gesamtbewertung der Akquisitionsstrategien dient (a). Dies ist um ein Controlling zu ergänzen, das die Einzelbereiche der Akquisitionsstrategien einer regelmäßigen Bewertung unterzieht (b). Zudem lassen sich operative Einzelmaßnahmen der Akquisition erfolgsorientiert steuern (c).

(a) Globales Controlling: Unter einem globalen Controlling kann die regelmäßige Bewertung der Ergebnisse der Akquisition verstanden werden.[722] Zielsetzung dabei ist, neben der Erfolgsrückkoppelung an die verantwortlichen Stellen, die Ergebnisse des Akquisitionsmanagements auch gegenüber internen Leistungsempfängern und der Unternehmensleitung darstellen zu können. Das globale Controlling ist vor dem Hintergrund spezifischer organisatorischer Rahmenfaktoren und dem „Erfolgsverständnis" des Unternehmens zu sehen.[723] Bei einer starken Kostenorientierung der Akquisition kann der Erfolg beispielsweise über die Einhaltung eines festgelegten Kostenbudgets, die Einhaltung bestimmter Sach- und Personalkostenanteile oder über die Kosten pro Einstellung bewertet werden. Liegt dagegen eine interne Dienstleistungsorientierung der Akquisition vor, ist eine Bewertung des Erfolgs über die Zufriedenheit der Dienstleistungsempfänger möglich. Dabei kann als Erfolgsgröße beispielsweise die Schnelligkeit der Stellenbesetzung dienen. Schließlich kann bei einer marktorientierten Sichtweise des Akquisitionserfolges der Erfolg über die relative Stellung am Humanressourcen-Markt bestimmt werden.

(b) Teilbereichscontrolling: Jenseits der gesamten Bewertung der Akquisitionsstrategien kann ein Controlling von Teilbereichen der Akquisitionsstra-

---

721 Vgl. Höllmüller (2002), S. 182ff. Controlling Begriff wird in der Literatur zum Personalmanagement sehr unterschiedlich verwendet. Vgl. beispielsweise die unterschiedlichen Begriffsauffassungen von Wunderer/Schlagenhaufer (1994), S. 4ff., Scherm (1991), S. 12ff. Der hier genutzte Controlling Begriff umfasst die Bewertung, Abstimmung und Korrektur von personalwirtschaftlichen Maßnahmen. Vgl. hierzu Ahlers (1994), S. 16.

722 Vgl. hierzu analog Cascio (1991), S. 244ff., Yeung/Borman (1997), S. 259ff.

723 Vgl. Arnold (1975), S. 109.

tegien stattfinden.[724] So können beispielsweise die gewählten Marktzugänge im Hinblick auf ihre Vorteilhaftigkeit betrachtet werden. Als mögliche Instrumente bieten sich die Ermittlung und Bewertung der Quantität und Qualität der eingehenden Bewerbungen pro Marktsegment an.[725] Ebenso kann beispielsweise überprüft werden, ob die kommunizierten Arbeitgeber-Anreize den Bedürfnissen der potentiellen Kandidaten entsprechen.

(c) Operatives Controlling: Dies führt direkt zum Controlling operativer Einzelmaßnahmen der Akquisition. Dadurch sollen Einzelmaßnahmen der Akquisition optimiert werden, die zur „operativen Exzellenz" von akquisitionsbezogenen Maßnahmen beitragen können. Wichtige Instrumente hierfür sind unter anderem das Führen von Statistiken oder die Befragung von internen „Kunden" der Fachabteilungen oder von angenommenen und abgelehnten Bewerbern. Beispielsweise kann durch Befragung von Studierenden überprüft werden, ob eine akquisitionsförderliche Betreuung von Praktika und Diplomarbeitsprojekten im Sinne der Anwerbung durch die Fachabteilungen erfolgt ist.[726]

---

724 Vgl. allgemein Ahlers (1994), S. 263ff., Cascio (1991), S. 247, Fitz-Enz (2000), S. 258–259, Kompa (1989), S. 94–97, Yeung/Borman (1997), S. 28, Dietmann (1993), S. 330–331.

725 Vgl. Schulte (1989), S. 282, Ahlers (1994), S. 13.

726 Vgl. Sauer (1991), S. 251.

Diskussions- und Verständnisfragen:

(1) Erklären Sie die grundlegenden Mechanismen des Zustandekommens von Arbeitsverhältnissen.

(2) Weshalb ist es für die Akquisition von Humanressourcen wesentlich den Arbeitsmarkt zu analysiseren und zu segementieren?

(3) Diskutieren Sie die Unterschiede zwischen den marktadäquaten Akquisitionsstrategien?

(4) Welche Inhalte können im Rahmen einer Kommunikationsstrategie kommuniziert werden? Diskutieren Sie, ob eine Wettbewerbsstrategie ohne gleichzeitige Kommunikationsstrategie zweckmäßig ist.

Literaturempfehlungen:

- Mit der zielgruppenorientierten Ansprache von potentiellen Kandidaten beschäftigt sich: **Dietmann, E. (1993):** Personalmarketing: Ein Ansatz zielgruppenorientierter Personalpolitik. Wiesbaden.
- Ausführungen mit Fokus auf strategische Aspekte der Akquisition von Humanressourcen finden sich bei: **Höllmüller, M. (2002):** Strategische Akquisition hochqualifizierter Nachwuchskräfte: Eine empirische Untersuchung zum Humanressourcenmanagement. Wiesbaden.
- Für näherer und detaillierte Einblicke in die Theorie der Arbeitsmärkte ist ein Blick in folgendes Buch zu empfehlen: **Sengenberger, W. (1987):** Struktur und Funktionsweise von Arbeitsmärkten. Frankfurt am Main, New York.
- Interessante Einblicke in das Thema liefert der Herausgeberband von: **Strutz, H. (1993):** Handbuch Personalmarketing. Wiesbaden.
- Die Verbindung von Humanressourcen-Management und Arbeitsmarkt wird erläutert von: **Wiskemann, G. (2000):** Strategisches Human Ressourcen Management und Arbeitsmarkt: Personalplanung als Grundlage eines systematischen Beschäftigungsmanagement. Baden-Baden.

7.2 Dispensation von Humanressourcen

Die zur unternehmerischen Leistungserstellung erforderliche Ausstattung an Humanressourcen ist in quantitativer und qualitativer Hinsicht Veränderungen unterworfen. Je nach Richtung der Veränderungen ergeben sich personelle Über- oder Unterkapazitäten. Die Zielsetzung der Funktion Dispensation besteht nun darin, im Falle personeller Überkapazitäten diese zu handhaben. Hierfür sind unterschiedliche Gestaltungsoptionen denkbar (siehe Unterabschnitt 7.2.1). Darüber hinaus ist zu bedenken, dass die Veränderung personeller Kapazitäten durch eine Vielzahl von unternehmensexternen und unternehmensinternen Einflussgrößen bestimmt wird, die nur bedingt beeinflussbar bzw. prognostizierbar sind.

- Den *unternehmensexternen* Einflussgrößen sind diejenigen Veränderungen der Unternehmensumwelt zuzurechnen, die in einzelnen Unternehmen, Branchen oder Wirtschaftszweigen zu personellen Überkapazitäten führen.[727] Dabei sind insbesondere konjunkturelle Schwankungen, rechtlich-politische Veränderungen, technologische Entwicklungen, aber auch gesellschaftliche Tendenzen von Bedeutung. Kennzeichen dieser unternehmensexternen Einflussgrößen ist insbesondere, dass sie von einzelnen Unternehmen nicht oder nur in sehr geringem Ausmaß beeinflussbar sind. Eine Prognose bzw. Erfassung der unternehmensexternen Einflussgrößen ist kurzfristig zwar möglich; mittel- bis langfristig ist eine Vorhersage aufgrund der Komplexität gesamtwirtschaftlicher Zusammenhänge jedoch mit zum Teil erheblicher Unsicherheit behaftet. Je länger der Planungszeitraum für die Humanressourcen-Ausstattung ist, desto problematischer ist die Vorhersage des Zeitpunktes und des Ausmaßes der personellen Veränderungen.[728]

- Darüber hinaus können die Ursachen für die Veränderung benötigter personeller Kapazitäten im Unternehmen selbst liegen. Eine solche *unternehmensinterne* Einflußgröße ist beispielsweise die Veränderung der Unternehmensstrategie (z. B. Internationalisierung, Desinvestition von Geschäftsfeldern etc.).[729] Da unternehmensinterne Ursachen in der Regel besser einschätzbar sind, sind in diesem Zusammenhang das Ausmaß der Beeinflussbarkeit und die Prognose der Veränderung personeller Kapazitäten einfacher.

---

727 Vgl. Sauer (1991), S. 14.

728 Vgl. Sauer (1991), S. 18.

729 Vgl. Kadel (1990), S. 19 und S. 26f.

Insgesamt lässt sich jedoch konstatieren, dass die Einflussgrößen für die Veränderung quantitativer, qualitativer oder personeller Kapazitäten außerordentlich vielschichtig und teilweise interdependent sind sowie langfristig mit wachsender Unsicherheit behaftet sein können. Außerdem können aufgrund der jeweiligen Ursachen die Veränderungen vorübergehend (z. B. saisonal, konjunkturell) oder dauerhaft (z. B. strukturell) sein. Eine zentrale Implementierungsherausforderung für die Dispensation ist deshalb die Flexibilisierung der Humanressourcen-Ausstattung (siehe Unterabschnitt 7.2.2).[730] Diese Flexibilisierung soll dem Unternehmen jene Anpassungsfähigkeit verleihen, die notwendig ist, um unter zunehmend unsicheren inner- und außerbetrieblichen Bedingungen erfolgreich zu agieren. Aus betrieblicher Sicht wird unter Flexibilität ergo die Fähigkeit des Unternehmens verstanden, sich kurzfristig und rasch an veränderte bzw. sich ändernde inner- und außerbetriebliche Bedingungen anpassen zu können.[731]

7.2.1 Gestaltungsoptionen der Dispensation

Zielsetzung der Dispensation ist es, personelle Überkapazitäten, seien sie qualitativer oder quantitativer Natur, zu verringern oder ex ante zu vermeiden. Diesbezüglich lassen sich generische Gestaltungsoptionen unterscheiden. Bei der so genannten externen Dispensation werden personelle Überkapazitäten abgebaut, indem Beschäftigte das Unternehmen verlassen und die Humanressourcen-Ausstattung dadurch zahlenmäßig verkleinert wird (1). Bei der so genannten internen Dispensation hingegen kommt es zu einer Verringerung personeller Überkapazitäten, ohne dass die Anzahl an Beschäftigten tatsächlich verkleinert wird (2).

(1) Externe Dispensation

Die externe Dispensation als Reduktion personeller Überkapazitäten wird häufig mit dem Begriff der „Entlassung“ gleichgesetzt, da diese als nächstliegendes Mittel des Personalabbaus erscheint. Entlassungen umfassen alle Kündigungen („einseitige, empfangsbedürftige Willenserklärung“) des Arbeitsverhältnisses seitens des Arbeitgebers, mit der Folge des Arbeitsplatzverlustes und des Ausscheidens des Arbeitnehmers aus dem Unternehmen. Hierbei sind allerdings unterschiedliche Formen der Kündigung denkbar (a). Gemeinsam ist diesen jedoch, dass sie mit bestimmten Prob-

---

730 An dieser Stelle ist darauf hinzuweisen, dass die Forderung nach Flexibilisierung zumindest auf den ersten Blick gewisse Widersprüchlichkeiten zur Forderung nach einer historisch gewachsenen und unternehmensspezifischen Humanressourcen-Ausstattung hervorruft.

731 Vgl. Kaiser et al. (2005), Kaiser/Fassbender (2006).

lemen verbunden sind, und Unternehmen versuchen, diese Probleme durch flankierende Maßnahmen zu handhaben, (b) oder nach Alternativen zur Kündigung suchen (c).

(a) Kündigungsformen: Kündigungsformen lassen sich in drei Dimensionen unterscheiden, den Zweck der Kündigung, den Kreis der Betroffenen und den Kündigungsanlass.

- Zweck der Kündigung: Diesbezüglich lassen sich die beiden Formen Beendigungs- und Änderungskündigung differenzieren. Bei einer Beendigungskündigung wird das Arbeitsverhältnis gekündigt und nicht mehr fortgesetzt. Der Arbeitnehmer scheidet aus dem Unternehmen aus. Bei einer Änderungskündigung wird das bestehende Arbeitsverhältnis zwar gekündigt, jedoch bietet der Arbeitgeber dem Arbeitnehmer eine Weiterbeschäftigung zu veränderten Arbeitsbedingungen an. Sollte der Arbeitnehmer das neue Arbeitsverhältnis nicht akzeptieren, dann führt die Änderungskündigung zu einer endgültigen Beendigung des Arbeitsverhältnisses.[732]

- Kreis der Betroffenen: Eine weitere Dimension, anhand der sich Kündigungsformen unterscheiden lassen, ist der Kreis der Betroffenen. Ist eine einzelne Person betroffen, spricht man von einer individuellen Kündigung. Sind hingegen mehrere Personen betroffen, handelt es sich um eine kollektive Kündigung.

- Anlass der Kündiung: Darüber hinaus werden noch Kündigungsformen aufgrund des zugrunde liegenden Anlasses differenziert. Entsprechend gibt es so genannte ordentliche bzw. außerordentliche Kündigungen.

Entlang der drei obigen Dimensionen lassen sich im Folgenden einzelne typische Kündigungsformen näher konkretisieren. Von einer *individuellen ordentlichen Kündigung* wird dann gesprochen, wenn die vorgesehenen Kündigungsbedingungen eingehalten werden. Zu diesen Kündigungsbedingungen zählen Kündigungsfristen und Kündigungstermine (§ 622 BGB). Rechtliche Vorschriften wie der besondere Kündigungsschutz bestimmter Arbeitnehmergruppen,[733] tarifvertragliche Vereinbarungen, Rationalisie-

---

732 Vgl. Berkowsky (1994), S.136 und S 149f., Olfert/Steinbuch (1999), S. 23, Bährle (1997), S. 478.

733 Hierzu zählen z. B. werdende Mütter (§ 9 MuSchG), Schwerbehinderte (§ 15f. SchwbG), Wehrdienstpflichtige (§ 2 ArbPlSchG), Auszubildende (§ 15 BBiG), Betriebsräte (§§ 103 BetrVG, 15 KSchG. Vgl. Kadel (1990), S. 145ff., Wenzel (1994), S. 112ff.

rungsschutzabkommen, die vorgeschriebene Sozialauswahl[734] sowie Anhörungsverfahren des Betriebsrats (§ 102 BetrVG) etc. sind gesondert zu beachten.[735] Eine ordentliche Kündigung des Arbeitgebers muss nach § 1 Abs. 2 KSchG sozial gerechtfertigt sein, d.h. sie muss auf einen von drei Kündigungsgründen, die gegen eine Weiterbeschäftigung sprechen, gestützt werden. Hierunter fallen

- personenbedingte Gründe (alle persönlichen leistungsmindernden Hinderungsgründe, z. B. dauerhafte Arbeitsunfähigkeit wegen Dauererkrankung),
- verhaltensbedingte Gründe (jede schuldhafte oder fahrlässige Vertragsverletzung, z. B. Arbeitsverweigerung, unentschuldigtes Fernbleiben vom Arbeitsplatz) und
- betriebsbedingte Kündigungsgründe (dringende inner- und außerbetriebliche Erfordernisse, z. B. Umsatzrückgang, Auftragsmangel, Stilllegung einer Abteilung).

Als generelle Maßgabe ist seitens des Unternehmens zu beachten, dass eine ordentliche Kündigung nur als „ultima ratio" angewendet werden kann.[736]

Die *individuelle außerordentliche Kündigung* zeichnet sich durch zweierlei aus. Einerseits ist die außerordentliche Kündigung fristlos und andererseits muss ein wichtiger Grund[737] vorliegen (§ 626 Abs. 2 BGB).[738] Aufgrund einer schwerwiegenden Störung der sich aus dem Arbeitsverhältnis ergebenden Arbeitnehmerpflichten wird die Fortsetzung des Arbeitsverhältnisses, insbesondere für die Dauer der bei einer ordentlichen Kündigung erforderlichen Kündigungsfrist, für den Kündigenden unter den bisherigen Arbeitsbedingungen unzumutbar und deshalb fristlos beendet bzw. geändert (§ 626 Abs. 1 BGB, §§ 2, 4 Satz 2 KSchG).

---

734 Zu diesen sozialen Gesichtspunkten gehören beispielsweise das Lebensalter, die Dauer der Betriebszugehörigkeit und etwaige Unterhaltspflichten etc.

735 Vgl. Bährle (1997), S. 95ff.

736 Vgl. Berkowsky (1994), S. 135ff., Wimmer/Neuberger (1998), S. 69, S. 84ff. und S. 126ff., Olfert/Steinbuch (1999), S. 233ff.

737 Hierzu zählen etwa betrügerische Angaben gefälschter Papiere, erhebliches Arbeitsversäumnis, grobe Beleidigungen, grobe Fahrlässigkeiten, schwerer Diebstahl etc. Vgl. Wenzel (1994), S. 483, Bährle (1997), S. 125ff.

738 Vgl. Olfert/Steinbuch (1999), S. 126f., Schreiber (1992), S. 483, Wimmer/Neuberger (1998), S. 324, und Hille (1994), S. 233.

Eine so genannte *kollektive Kündigung* liegt vor, wenn ein Unternehmen gesetzlich festgelegte Größen (je nach Unternehmensgröße eine bestimmte Anzahl von Mitarbeitern innerhalb von 30 Tagen) bei der Kündigung überschreitet. Nach § 17 Abs. 1 KSchG spricht man dann von einer „anzeigepflichtigen Entlassung" oder „Massenentlassung".[739] Sollte die Ursache einer Massenentlassung nach § 111 BetrVG eine Betriebsänderung sein, so sind diesbezüglich ein Interessenausgleich und gegebenenfalls ein Sozialplan abzuschließen, welche die durch die Betriebsänderung entstehenden wirtschaftlichen Nachteile abmildern bzw. ausgleichen sollen. Aus betrieblicher Sicht haben Massenentlassungen einen positiven Effekt, da das abzubauende Volumen sehr groß sein kann und die Kosten aufgrund der Kündigungsfristen überschaubar sind. Die Nachteile, die diesen Vorteilen gegenüberstehen, reichen von möglichen Imageverlusten in der Öffentlichkeit bis zu hohen Nebenkosten der Entlassung (z. B. Reinvestitionen in bestehende Arbeitskräfte durch Aus-, Fortbildung und Umschulungen sowie Reinvestitionen in neue Arbeitskräfte durch Akquisitionskosten).

Eine letzte, wenig diskutierte Form der Kündigung ist die *informelle Kündigung*. Hierbei kommt es nicht zu einer Aussprache der Kündigung. Vielmehr wird auf subtile Weise versucht, den Mitarbeiter zum Verlasen des Unternehmens zu bewegen. Dies kann etwa geschehen, indem Ressourcen entzogen werden, Beförderungen unterlassen werden oder schlicht auf Bindungsmaßnahmen verzichtet werden. Eine weitere Möglichkeit besteht darin, die Bereitschaft der Mitarbeiter zur Beendigung des Arbeitsverhältnisses durch das Ausüben von „sozialem Druck" (Mobbing) unternehmensseitig zu fördern bzw. zuzulassen. Da die zuletzt genannten Maßnahmen in ihrem Umfang sowie hinsichtlich ökonomischer und sozialer Folgen schwer abschätzbar sind sowie ethisch kaum vertretbar erscheinen, soll hierauf jedoch nicht näher eingegangen werden.

(b) Probleme von Kündigungen und flankierende Maßnahmen: Die Folgen von Personalfreistellungen, insbesondere von Entlassungen, können für die ausscheidenden Mitarbeiter durchaus sehr gravierend sein. Dies gilt vor allem dann, wenn Mitarbeiter gegen ihren Willen und unvorbereitet das Unternehmen verlassen müssen, und zusätzlich der Verlust des bisherigen Arbeitsplatzes ungleich höher wiegt als das Äquivalent, das mit der neuen Beschäftigung auf dem externen Arbeitsmarkt oder gar dem Zustand der Arbeitslosigkeit verbunden ist. Zu den Problemen, die dadurch entstehen, gehören materielle (z. B. Verlust materieller Errungenschaften), psychische

739 Vgl. Berner (1999), S. 40.

(z. B. Lethargie) und soziale Probleme (z. B. Probleme im familiären Umfeld).[740]

Aus Unternehmensperspektive sind diese negativen Folgen für die betroffenen Mitarbeiter insbesondere dann ein Problem, wenn es sich um zahlreiche Entlassungen handelt und dies gleichzeitig an die relevante Öffentlichkeit dringt. Denn dadurch wird unter Umständen ein negatives Image am Absatzmark oder auch an Finanz- und Beschaffungsmärkten transportiert. Die Probleme der betroffenen Mitarbeiter können, mit anderen Worten, negative externe Effekte auf relevanten Märkten erzeugen.

Von Bedeutung sind zusätzlich auch die Reaktionen der Beschäftigten, die ihren Arbeitsplatz behalten können. Denn die Emotionen, die Einstellungen und das Verhalten der verbleibenden Mitarbeiter entscheiden die Zukunft des Personal reduzierenden Unternehmens mit. Verbleibende Mitarbeiter nehmen ihrerseits eine Reduzierung der Personalkapazität in der Regel nicht nur zur Kenntnis, sondern zeigen vielfältige negative Reaktionen, z. B. Angst vor eigenem Stellenverlust, Zunahme von Fehlzeiten, erhöhte Fluktuation der Leistungsträger des Unternehmens, Verschlechterung des Betriebsklimas etc. Da die unterschiedlichen Reaktionen nicht quantifizierbare Kosten für das Unternehmen auslösen können, sollte es Aufgabe der Unternehmensleitung sein, potentielle Reaktionen und deren Folgen zu identifizieren, damit entsprechend etwaige Gegenmaßnahmen und flankierende Maßnahmen geplant und durchgeführt werden können.[741]

Derartige *flankierende Maßnahmen* gehen über rein verwalterische Personalmaßnahmen (Einstellung, Arbeitszeugnis, Führen von Austrittsinterviews) hinaus.

- Sie zielen vielmehr zum einen auf ein soziales, psychologisches und auch materielles Abfedern der negativen Folgen einer Kündigung beim Mitarbeiter. Denkbare Instrumente sind Outplacement,[742] Existenzgründungsunterstützung, Einrichtung von Arbeitnehmerpools, Verwendung eines Teils der Abfindungen als Lohnkostenzuschuss, Überführung in eine Leiharbeitsfirma. Voraussetzung für die Wirksamkeit der flankierenden Maßnahmen, im Sinne eines Vermeidens negativer externer Effekte, ist die intensive Kommunikation der getroffenen Maßnahmen an die relevanten Stakeholder.[743]

---

740 Vgl. Mayrhofer (1989), S. 13, Wagner (1992), S. 127f., und Berner (1999), Sp. 1551.

741 Vgl. Berner (1999), S. 12ff., Necker (1998), S. 20, und Volk (1999), S. 539f.

742 Vgl. Ridder (1999), S. 190ff.

743 Vgl. Bergmann et al. (1995), S. 141, Hemmer (1997), S. 21, Klös (1995), S. 154ff., Knuth/Vanselow (1995), S. 49ff. und 105ff., Wiskemann (2000), S. 151.

- Zum anderen dienen die flankierenden Maßnahmen der Vermeidung negativer Konsequenzen bei verbleibenden Mitarbeitern.[744] Hierbei geht es etwa um die frühzeitige Kommunikation und Begründung von Freistellungen, das Setzen zusätzlicher Leistungsanreize, die Organisation von zunehmenden Arbeitsbelastungen etc. Ziel dieser Maßnahmen ist damit die Verhinderung einer ungewollten Abwanderung von Leistungsträgern, einer Senkung der Leistungsmotivation der Beschäftigten und eines schlechteren Betriebsklimas.[745]

(c) *Alternative zur Kündigung:* Wie eben erläutert, sind Entlassungen in der Regel mit negativen Konsequenzen verbunden. Auch wenn diese durch flankierende Maßnahmen abgeschwächt werden können, liegt es nahe, nach Alternativen zur Kündigung zu suchen.[746] Kernpunkt dieser Alternativen ist der Versuch, die personellen Überkapazitäten im Unternehmen ohne Kündigung abzubauen, und doch die Mitarbeiterzahl zu verringern. Hierfür gibt es prinzipiell zwei Stellhebel.

- Erstens kann die natürliche Fluktuation der Mitarbeiter in Verbindung mit Einstellungsstopps genutzt werden.

- Zweitens können Angebote zum freiwilligen Verlassen des Unternehmens unterbreitet werden.

Unter dem Begriff der „natürlichen Fluktuation" versteht man den Abgang von Humanressourcen, der nicht vom Arbeitgeber induziert wurde. Hierzu lassen sich beispielsweise die freiwillige Kündigung seitens der Mitarbeiter, die Einberufung zum Wehrdienst, der Ruhestand, der Tod, aber auch das Nichtverlängern von Zeitverträgen zählen.[747] Damit Fluktuation zu einer quantitativen Reduktion von Personalkapazitäten führt, ist gleichzeitig ein Stopp von Neuakquisitionen notwendig. Ein derartiger Einstellungsstopp bedeutet in diesem Zusammenhang, dass bei Nutzung der natürlichen Fluktuation Mitarbeiter, welche die Organisation ohne direkte Freistellungsmaßnahmen der Organisation (z. B. Kündigung) verlassen, nicht wieder ersetzt werden, und dass eine Neuakquisition sowohl für eine bisher

---

744 Vgl. Hemmer (1997), S. 21, und Wiskemann (2000), S. 115.

745 Vgl. Buchhorn (2000), S. 344, Ernst (1999), S. 68, Haari (1999), S. 466, Hamm/Rupp (1997), S. 11ff., Hartmann (1997), S. 9, Heymann/Seiwert (1982), S. 22f., Hilb (1977), S. 307ff., Klötzl (1994), S. 16, Knuth/Vanselow (1995), S. 20f. und S. 96ff., Mayrhofer (1989), S. 45f., Mayrhofer (1992), Sp. 1524ff.

746 Vgl. Berthel (2000) Berthel/Becker (2003), S. 213, und Wimmer/Neuberger (1998), S. 252f.

747 Vgl. Berthel/Becker (2003), S. 213, Domsch/Krüger-Basener (1995), S. 1565f., Goossens (1961), S. 280, Kadel (1990), S. 73ff., Wimmer/Neuberger (1998), S. 252.

freigehaltene Stelle als auch für eine neu geplante Stelle nicht vorgesehen ist.[748] Dabei sind unterschiedliche Formen und Ausgestaltungen denkbar:[749]

- *Genereller Einstellungsstopp*: Selten wird ein genereller Einstellungsstopp angewandt, da auf eine Ersatz- oder Neueinstellung bestimmter Arbeitnehmer (z. B. Fachkräfte) nicht verzichtet werden kann. Um die Wirkung dieser Maßnahme besser abmessen und im Einzelfall richtig beurteilen zu können, bedarf es für die Nutzung der natürlichen Fluktuation im Zusammenhang mit dem Einstellungsstopp neben einer informatorischen Grundlage auch einer Arbeitsanalyse zur Vermeidung von Leistungsüberforderungen.[750] Grundsätzlich macht sich ein Einstellungsstopp nicht kurzfristig bemerkbar, sondern nur mittel- bis langfristig. Es besteht die Gefahr einer Überalterung der Belegschaft, einer sinkenden Innovationsbereitschaft und Kreativität des Mangels an freien Aufstiegsstellen.

- *Relativer und qualifizierter Einstellungsstopp*: Als zielführend wird daher ein gezielter Einstellungsstopp nach Maßgabe vorhersehbarer, unternehmerischer Anforderungen erachtet. Für jede Stelle, die durch eine Fluktuation frei wird, wird dann überprüft, welche Tätigkeiten entfallen, welche Aufgaben durch andere Stellen übernommen werden und ob die Stelle auch intern wiederbesetzt werden kann.[751] Je nach Ergebnis der Prüfung sind beim relativen und qualifizierten Einstellungsstopp Neu-Akquisitionen denkbar. Dadurch wird die Wirkung auf die Reduktion der personellen Kapazitäten eingeschränkt.

Bei geschickter Handhabung der natürlichen Fluktuation können Unsicherheit und Motivationsverluste der im Unternehmen verbliebenen Mitarbeiter und dem Weggang qualifizierter Mitarbeiter vorgebeugt werden. Das Unternehmen erleidet ferner keinen Imageschaden.[752]

Neben der Wirkung der natürlichen Fluktuation ist es möglich, Mitarbeiter ohne Kündigung, sondern stattdessen auf Basis von Freiwilligkeit zum Verlassen des Unternehmens zu bewegen. Hierunter fallen der *vorzeitige Ruhestand* sowie *Aufhebungsverträge*.

---

748 Vgl. Olfert/Steinbuch (1999), S. 476, Marr/Stitzel (1979), S. 353, Park (1999), S. 11.

749 Vgl. weiter etwa Mag (1998), S. 183, Schreiber (1992), S. 343ff.

750 Vgl. Böckly (1995), S. 189, Inhoffen (1979), S. 2000, Jakobs-Fuchs (1978), S. 171, Mag (1998), S. 183, Schreiber (1992), S. 344.

751 Vgl. Hentze (1991), S. 265.

752 Vgl. Becker (1977)Becker, S. 115f., Böckly (1995), S. 188f., Mag (1998), Schreiber (1992), S. 245f.

Durch den *vorzeitigen Ruhestand* bietet sich für das Unternehmen die Möglichkeit, quantitativ den Personalbestand ohne Kündigung zu reduzieren. Hierbei wird Arbeitnehmern, von denen sich der Arbeitgeber trennen will und welche ein bestimmtes Lebensjahr überschritten haben, angeboten, vor dem Erreichen der Altersgrenze (momentan 67. Lebensjahr) aus dem Unternehmen auszuscheiden und in den Ruhestand zu treten. Voraussetzung dafür ist die Zustimmung des betroffenen Arbeitnehmers. Dies ist nur dann zu erwarten, wenn der vorzeitige Ruhestand ohne wesentliche materielle Einbußen in den Jahren bis zur Rentenzahlung vonstatten geht und gegebenenfalls darüber hinaus mit Abfindungszahlungen oder einer betrieblichen Altersversorgung ausgestattet ist.[753]

Umsetzen lässt sich der vorzeitige Ruhestand in zwei Ausprägungsformen:

- Beim einstufigen Verfahren erfolgt der Ruhestand zu einem bestimmten Zeitpunkt übergangslos.
- Beim gleitenden Übergang in den Ruhestand wird hingegen der Arbeitseinsatz stufenweise reduziert, z. B. durch die so genannte Altersteilzeit.[754]

Durch das freiwillige Ausscheiden älterer Arbeitnehmer, die wegen der Sozialkriterien (Alter und Betriebszugehörigkeit) faktisch unkündbar sind, wird die betriebliche Altersstruktur insofern verbessert, als für jüngere Arbeitnehmer Aufstiegschancen erhalten bzw. eröffnet werden. Der vorzeitige Ruhestand kann für das Unternehmen aber auch negative Effekte mit sich bringen.

- Erstens kann sie eine Beeinträchtigung der Substanz aufgrund des Fehlens altersspezifisch, positiver Eigenschaften, z. B. Erfahrung oder Verantwortungsbewusstsein, zur Folge haben;
- Zweitens ist diese antizipative Maßnahme nur für einen zahlenmäßig begrenzten Personenkreis einsetzbar.

---

753 Vgl. Berthel/Becker (2003), S. 216, Kadel (1990), S. 66, Mag (1998), S. 183, Schreiber (1992), S. 350.

754 Vgl. Berthel/Becker (2003), S. 216, Inhoffen (1979), S. 2001, Hoß/Jansen (1994), S. 77, Hunold (1982), S. 38f., Schreiber (1992), S. 350f. Der gleitende Übergang in den Ruhestand führt also nicht zu einer Reduzierung der Anzahl der Arbeitsverhältnisse. Damit handelt es sich beim gleitenden Übergang genau genommen um ein Instrument der internen Dispensation.

- Drittens ist es aufgrund des „Freiwilligkeitsprinzips“[755] ex ante schwer einzuschätzen, ob und zu welchen Bedingungen die angesprochenen Mitarbeiter bereit sind, ihr Arbeitsverhältnis vorzeitig zu beenden.[756]

Durch den Abschluss eines *Aufhebungsvertrags* wird ein Mitarbeiter zum Verlassen des Unternehmens bewegt. Der Aufhebungsvertrag (bzw. Auflösungsvertrag) beinhaltet einen formlosen Vertragsabschluss zwischen Arbeitgeber und Arbeitnehmer, in dem beide einvernehmlich eine Beendigung des Arbeitsverhältnisses zu einem vereinbarten Zeitpunkt vereinbaren können (§ 305 BGB).[757] Der Aufhebungsvertrag kann der gesamten Belegschaft, bestimmten Arbeitnehmergruppen (z. B. Mitarbeiter mit besonderem Kündigungsschutz) oder einzelnen Arbeitnehmern angeboten werden. Aufhebungsverträge sind zur Vermeidung von Kündigungen geschaffen worden, da sie zum einen einer geringeren Regulierung unterliegen und zum anderen negative Begleiterscheinungen vermeiden, aber dennoch einen hohen Personalabbau ermöglichen.[758]

Damit die Vorteile eines Aufhebungsvertrages jedoch greifen, müssen die Arbeitnehmer Bereitschaft zeigen, ihren Arbeitsplatz aufzugeben. Mit Hilfe von Abfindungen an den Arbeitnehmer hat der Arbeitgeber die Möglichkeit, sich diese Vorteile eines Aufhebungsvertrages zu „erkaufen“. Die Abfindungshöhe, die sich in der Regel nach der Höhe des bisherigen Entgelts, nach der Dauer der Betriebszugehörigkeit und nach dem Lebensalter richtet, ist Verhandlungssache. Insgesamt bieten Aufhebungsverträge gegenüber der Kündigung für die Arbeitgeberseite mehr Vor- als Nachteile. Damit ist der Abschluss eines Aufhebungsvertrages ein gezielt einsetzbares Instrument zur Reduktion personeller Überkapazitäten, welches aufgrund nicht zu berücksichtigender arbeitsrechtlicher Schutzvorschriften leicht steuerbar und grundsätzlich jederzeit einsetzbar ist. Imageschäden, wie sie beispielsweise aus Massenentlassungen resultieren können, sind tendenziell nicht zu erwarten. Problematisch bleiben jedoch die zu geringe Bereitschaft einzelner Mitarbeiter und damit einhergehend hohe Abfindungszahlungen.[759]

---

755 Vgl. Hunold (1982), S. 40, Inhoffen (1979), S: 2001, Mag (1998), S. 183f.und Schreiber (1992), S. 354.

756 Vgl. Hentze (1991), S. 265, Mag (1998), S. 183f., Schreiber (1992), S. 253.

757 Vgl. Hartmann (1999), S. 47ff., Inhoffen (1979), S. 2001, Kunisch (1998), S. 31ff., und Weuster (1996), S. 3.

758 Vgl. Hartmann (1999), S. 47, und Jakobs-Fuchs (1978), S. 119f.

759 Vgl. Böckly (1995), S. 212, Hartmann (1999), S: 76f., Kadel (1990), S: 82, und Schreiber (1992), S. 348.

(2) Interne Dispensation

Externe Dispensation führt zu einer zahlenmäßigen Verringerung der Humanressourcen-Ausstattung, da Arbeitsverhältnisse beendet werden und die Humanressourcen auf den externen Arbeitsmarkt freigestellt werden. Mit einer derartigen Verringerung des Personalbestandes ist häufig auch ein qualitativer Substanzverlust verbunden. Zur Vermeidung dieser Konsequenz ist nach Wegen zu suchen, die Humanressourcen-Ausstattung zahlenmäßig zu erhalten und trotzdem die Kapazitäten zu variieren. Damit angesprochen ist auch die interne Dispensation, bei der es zu einer Änderung bestehender Arbeitsverhältnisse ohne Bestandsreduktion kommt.[760] Diesbezüglich sind drei Ansatzpunkte denkbar:[761]

- *Aufgabeninhalt*: Der Aufgabeninhalt von Mitarbeitern kann verändert werden, indem ihnen neue Aufgaben zugewiesen werden (a).
- *Ort*: Humanressourcen werden bei jeden beliebigen Aufgabeninhalten in andere Unternehmensbereiche versetzt, so dass sich lediglich der Ort der Aufgabenerfüllung verändert (b).
- *Arbeitszeiten*: Es können Arbeitszeiten reduziert werden (c).

Spezifische Kombinationen der drei genannten Ansatzpunkte sind offensichtlich möglich. Beispielsweise kann ein Mitarbeiter in einem anderen Unternehmensbereich bei reduzierter Arbeitszeit neuartige Aufgaben wahrnehmen.

(a) Inhaltliche Veränderung von Aufgaben: Eine Option des Abbaus personeller Überkapazitäten ohne zahlenmäßige Reduktion der Humanressourcen-Ausstattung ist die inhaltliche Veränderung von Aufgaben. Die Grundidee dabei ist, dass eine bestimmte Stelle nicht wegfällt, sondern lediglich die „Stellenbeschreibung" verändert wird. Ausgangspunkt ist also eine kleinere Veränderung in den organisationalen Anforderungen, die neuartige Aufgaben bzw. Aufgabenanforderungen mit sich bringt. Neben dieser quasi organisatorischen Rahmenbedingung sind noch weitere Voraussetzungen zu erfüllen. Voraussetzung für die Funktionalität der inhaltlichen Veränderung von Aufgabeninhalten ist erstens das Vorliegen entsprechender Fä-

760 Zu beachten ist an dieser Stelle, dass die interne Dispensation somit streng genommen nicht zur tatsächlichen Restrukturierung der Humanressourcen-Ausstattung führt. Gleichwohl steht der Gedanke des Managements von personellen Überkapazitäten im Vordergrund, so dass die im Folgenden beschriebenen Maßnahmen ursprünglich im Zusammenhang mit der Funktion der Dispensation zu sehen sind.

761 Vgl. auch Mag (1998), S. 180ff.

higkeiten und zweitens das Vorhandensein entsprechender Veränderungsbereitschaft bei der Humanressource.

- Unter Umständen wird es notwendig, auf dem Wege der Fort- und Weiterbildung, Umschulung etc. die Mitarbeiter für die veränderten Aufgaben zu qualifizieren.
- Ebenso sind eventuell die Anreizstrukturen an die neuen Aufgabeninhalte anzupassen.
- Dadurch wird schließlich die dritte Voraussetzung für die inhaltliche Veränderung von Aufgaben evident und zwar ein ausreichendes finanzielles und zeitliches Budget.[762]

Die Wirksamkeit und Sinnhaftigkeit dieser Maßnahmen sind daher im Einzelfall zu prüfen. Zudem sind die Mitbestimmungsrechte des Betriebsrats etwa bei der Planung von Maßnahmen der Personalentwicklung zu beachten.[763]

(b) Veränderung des Orts der Aufgabenerfüllung: Eine weitere Alternative der Verringerung von personellen Überkapazitäten ist die räumliche Veränderung der Aufgabenerfüllung. Diese lässt sich auch als Versetzung (§ 95 Abs. 3 BetrVG) oder Umsetzung beschreiben.[764] Versetzungen bzw. Umsetzungen[765] können sowohl horizontal (auf der gleichen Hierarchieebene) oder vertikal (hierarchischer Auf- oder Abstieg) als auch permanent oder temporär erfolgen (siehe Abbildung 7-12).

---

762 Vgl. Becker (1988), S. 274, Bisani (2000), S. 286f., und Jakobs-Fuchs (1978), S. 176.

763 Vgl. Berthel (2000) Berthel/Becker (2003), S. 209f. sowie I6.3.1.

764 Vgl. Jakobs-Fuchs (1978), S. 143.

765 Eine Umsetzung bedeutet, dass ein Arbeitnehmer einen räumlich-sachlich, vom ersten Arbeitsplatz unterschiedlichen Arbeitsplatz, welcher bereits vorhanden ist bzw. neu geschaffen wird, übernimmt. Vgl. Goossens (1975), S. 307f.

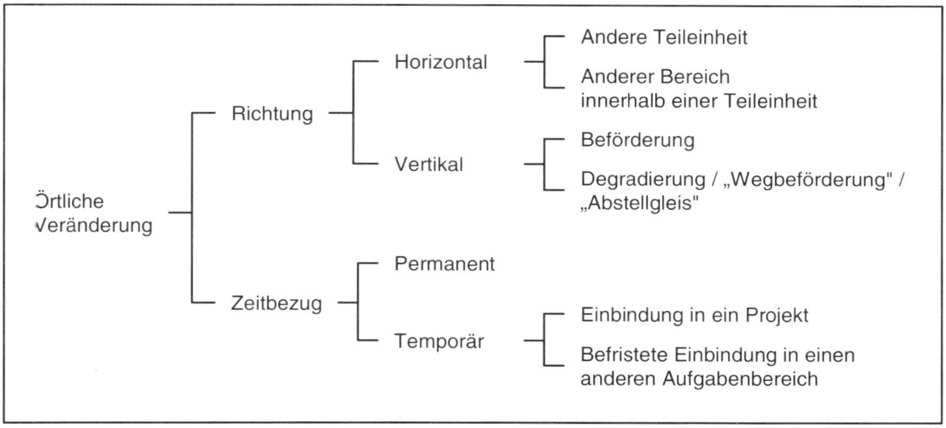

Abbildung 7-12: Örtliche Veränderung der Aufgabenerfüllung

Zur Unterstützung des Abbaus von personellen Überkapazitäten sind örtliche Veränderungen insbesondere dann geeignet, wenn zwei Voraussetzungen erfüllt sind:

- Erstens, in einem Unternehmen existieren organisatorisch eigenständige und wirtschaftliche weitgehend selbständige Teileinheiten.
- Zweitens, diese Teileinheiten haben zum gleichen Zeitpunkt unterschiedliche, personelle Kapazitätsanforderungen.

Typischerweise sind derartige Voraussetzungen in großen Konzernen vorzufinden. Obgleich damit meist auch inhaltliche Veränderungen der Aufgaben einhergehen, ist das Ziel der örtlich orientierten Maßnahmen doch ein quantitativer Kapazitätsausgleich innerhalb des Unternehmens, d.h. die Kompensation lokaler Personalüberdeckungen in schrumpfenden Unternehmensbereichen durch lokale Personalunterdeckungen in wachsenden Unternehmensbereichen.[766]

(c) Reduktion von Arbeitszeiten: Neben der Möglichkeit Humanressourcen auf inhaltlich und/oder räumlich anderen Arbeitsplätzen einzusetzen, kann in das bisherige Beschäftigungsverhältnis entweder durch eine Verringerung der Arbeitszeit und der damit einhergehenden Entlohnung oder durch eine Verlagerung der Arbeitszeit eingegriffen werden. Dies kann sowohl durch einen Abbau von Mehrarbeit, Überstunden oder Sonderschichten, durch Kurzarbeit, durch Urlaubsplanung sowie durch Arbeitszeitverkürzung erreicht werden (siehe Abbildung 7-13).[767]

---

766 Vgl. Becker (1994), S. 304, Berthel (2000) Berthel/Becker (2003), S. 210, und Kunisch (1998), S. 68f.

767 Vgl. hierzu und zu Folgendem auch Mag (1998), S. 180ff.

Maßnahmen	Ziele
Abbau von Mehrarbeit, Überstunden oder Sonderschichten	Kurzfristiges Erreichen einer nachhaltigen, vorübergehenden Reduzierung der Personalkapazitäten durch Verteilung der überdurchschnittlichen Arbeitsmenge auf die vorhandenen Arbeitsplätze.
Kurzarbeit	Vorübergehende Reduktion der vertraglich vereinbarten regelmäßigen Arbeitszeit; kurz- bis mittelfristige Realisierung bei längerfristiger Aufrechterhaltung des Personalbestandes (z. B. zeitweiliger Auftrags - oder Absatzmangel).
Urlaubsplanung	Ausgleich von kurzfristigen, zeitlich in etwa vorhersehbaren zyklischen und/oder saisonalen Beschäftigungsschwankungen durch Verlegung der Urlaubsansprüche der Arbeitnehmer in auslastungsärmere Zeiten (z. B. Vorverlegung des Jahresurlaubs).
Kollektive Arbeitsverkürzung	Kollektive, undifferenzierte Verkürzung der täglichen, wöchentlichen, monatlichen oder jährlichen Arbeitszeit sowie der Lebensarbeitszeit aller Mitarbeiter zur Verminderung personeller Überkapazitäten im Unternehmen.
Individuelle Arbeitszeitverkürzung	Individuell differenzierte Verkürzung der täglichen, wöchentlichen, monatlichen oder jährlichen Arbeitszeit sowie der Lebensarbeitszeit aller Mitarbeiter zur Verminderung personeller Überkapazitäten im Unternehmen (z. B. Übergang zur Vollzeit- auf Teilzeitarbeit nach §§ 9 und 11 TzBfG).

Abbildung 7-13: Maßnahmen zur Reduktion von Arbeitszeiten

Die einzelnen Maßnahmen wirken jeweils sehr unterschiedlich. Stellt beispielsweise der Abbau von Mehrarbeit, Überstunden oder Sonderschichten eine Rückkehr von der Überbeschäftigung zur Normalbeschäftigung dar, so bedeutet die Kurzarbeit eine Abkehr vom Normalzustand, d.h. die Kurzarbeit reduziert die Normalbeschäftigung auf eine Unterbeschäftigung. Ebenso differieren die Auswirkungen der Maßnahmen. So kann es bei einem Abbau von Mehrarbeit, Überstunden oder Sonderschichten wegen des Wegfalls zusätzlichen Arbeitsentgelts zu Demotivationstendenzen bei den Mitarbeitern kommen, vor allem wenn sich der Abbau nur auf einzelne Unternehmensbereiche konzentriert und in anderen trotz rückläufiger Beschäftigung Überstunden geleistet werden. Bei der Verschiebung von Urlaubsansprüchen über das Jahr hinweg, sollte berücksichtigt werden, dass diese Maßnahme durch unterschiedliche Faktoren, z. B. Begrenztheit des jährlichen Anspruchs auf Urlaub, schlechte Kalkulierbarkeit, Beachtung allgemeiner Urlaubsgewohnheiten, Einschränkung der Planungsfreiheit der Arbeitnehmer („Zwangscharakter"), negativ beeinflusst wird. Das Instrument zur kollektiven Arbeitszeitverkürzung ist in Verbindung mit einem vollen Lohnausgleich aus Unternehmenssicht nicht immer finanzierbar. Dagegen kann eine kollektive Arbeitszeitverkürzung ohne Lohnausgleich zu Unzufriedenheit und verstärkter Abwanderung der Arbeitnehmer führen. Die Variante der individuellen Arbeitszeitverkürzungen verlangt besonderes Verhandlungsgeschick. Der genaue Umfang der Realisierbarkeit ist nicht planbar und kommt nur für Humanressourcen in Frage, die eine Verringerung des Einkommens in Kauf nehmen wollen.

7.2.2 Herausforderungen der Implementierung

Ausgehend von einem zunehmend dynamischen Unternehmensumfeld ändern sich auch die qualitativen und quantitativen organisationalen Anforderungen an die Humanressourcen-Ausstattung mit erhöhter Geschwindigkeit.[768] Zieht man die Schwierigkeiten, die mit einem Abbau von personellen Kapazitäten einhergehen, mit in das Kalkül ein, so scheint es sinnvoll, insgesamt eine flexible Humanressourcen-Ausstattung zu schaffen,[769] da sich dadurch die Möglichkeiten sowohl für die externe Dispensation als auch für die interne Dispensation verbessern lassen. Konkrete Maßnahmen zur Erhöhung der Flexibilität setzen an unterschiedlichen Dimensionen an und haben andere, zunächst sogar widersprüchlich wirkende Zielsetzungen. Denn durch eine Flexibilitätserhöhung will man entweder Freistellungen vermeiden, Freistellungen antizipativ erleichtern oder den Umgang mit negativen Folgen von Freistellungen verbessern.[770] Dabei lassen sich unterschiedliche Flexibilitäten der Humanressourcen-Ausstattung anhand von vier Dimensionen identifizieren (siehe Abbildung 7-14).

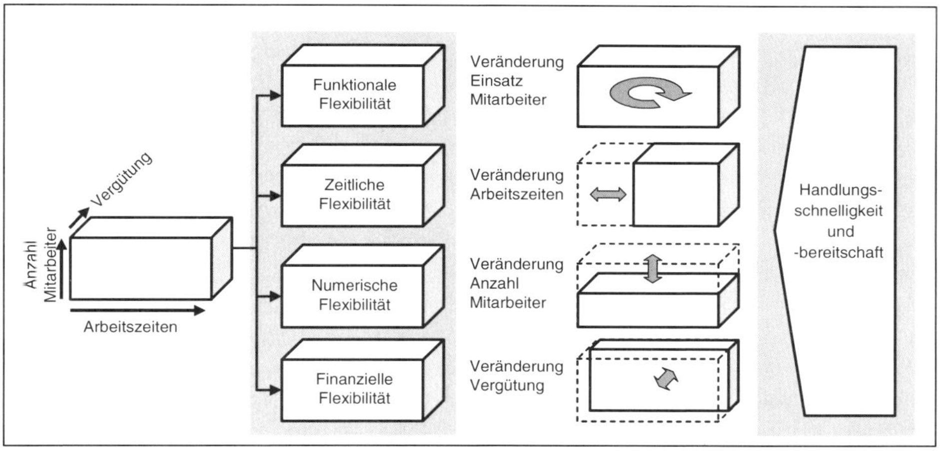

Abbildung 7-14: Dimensionen der Flexibilität der Humanressourcen-Ausstattung (Quelle: Kaiser/Rossbach (2003))

768 Vgl. Kaiser/Rossbach (2003), Kaiser (2006).

769 Vgl. Alewell/Friedrich (2005), Kaiser et al. (2005). Zu beachten sind allerdings auch die Kosten einer Flexibilisierung.

770 Vgl. Kaiser/Rossbach (2003).

- Die Humanressourcen-Ausstattung zeichnet sich durch funktionale Flexibilität aus, wenn breitbandig qualifizierte Mitarbeiter eingesetzt werden, die mit wechselnden Anforderungen zurechtkommen und kurzfristig neuartige Tätigkeiten aufnehmen können.
- Von zeitlicher Flexibilität ist zu sprechen, wenn es vielseitige Möglichkeiten gibt, die Arbeitszeiten des Unternehmens entsprechend den aktuellen Anforderungen zu variieren.
- Numerische Flexibilität liegt hingegen vor, wenn sich die Anzahl von Mitarbeitern deutlich sowie möglichst schnell und reibungslos verändern lässt.
- Existieren im Unternehmen Wege, die Personalkosten durch Variabilisierung von Vergütungsbestandteilen in Krisenzeiten abzusenken, zeugt dies von finanzieller Flexibilität der Humanressourcen-Ausstattung.

Ergänzt und unterstützt werden diese vier Dimensionen der Flexibilität durch eine allgemeine Handlungsschnelligkeit und -bereitschaft seitens des Humanressourcen-Managements sowie der personalverantwortlichen Führungskräfte. Ausgangspunkt hierfür ist eine Analyse des Ist-Zustandes sowie eine Festlegung von Soll-Zuständen der Flexibilität.[771] Die Analyse des Ist-Zustandes erfolgt systematisch entlang der beschriebenen Flexibilitätsdimensionen. Zunächst wird auf Ebene einzelner Teileinheiten/Abteilungen des Unternehmens für unterschiedliche Mitarbeitergruppen (z. B. Führungskräfte/Fachkräfte) die Flexibilität entlang der einzelnen Dimensionen hinsichtlich ihrer Ausprägung eingeschätzt (1 = sehr hoch bis 5 = sehr niedrig). Die Einschätzung wird im Regelfall auf Meinungen von Personalexperten und auf vorhandenen Personalinformationen basieren. Eine gewisse Subjektivität lässt sich bei der Einschätzung damit kaum vermeiden. Anschließend lassen sich die Einschätzungen auf Ebene des Gesamtunternehmens aggregieren (siehe Abbildung 7-15).

771 Vgl. hierfür Kaiser/Rossbach (2003).

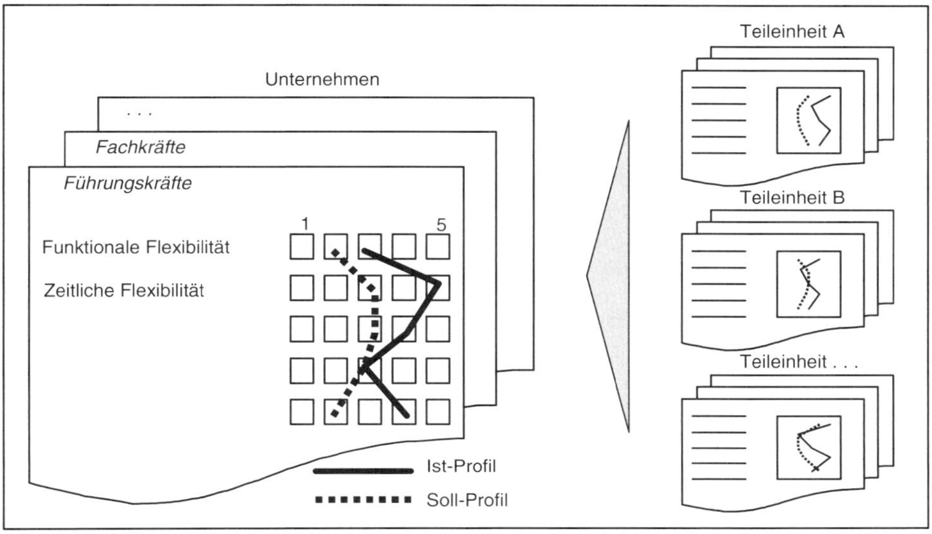

Abbildung 7-15: Analyse der Flexibilität
(Quelle: Ebert (2006), S. 144, nach Kaiser/Rossbach (2003))

Die Festlegung von Zielbereichen der Flexibilität geschieht ebenso durch das Management und Personalexperten. Hilfreich ist dabei, wenn Benchmarks von anderen Unternehmen aus der gleichen oder verwandten Branchen vorliegen. Durch einen Abgleich der Zielbereiche mit den geschätzten Ist-Zuständen lässt sich der Handlungsbedarf in unterschiedlichen Flexibilitätsdimensionen ablesen. Maßnahmen zur Flexibilisierung können dann entweder unternehmensweit, auf Ebene von einzelnen Teileinheiten oder auch nur für bestimmte Mitarbeitergruppen durchgeführt werden. Beispielsweise könnte sich konkreter Handlungsbedarf hinsichtlich zeitlicher Flexibilität bei Fachkräften in der Abteilung Vertrieb oder aber auch ganz allgemein hinsichtlich unternehmensweiter funktionaler Flexibilität aller Mitarbeitergruppen abzeichnen. Insgesamt ermöglichen die vier Flexibilitätstypen dem anwendenden „flexiblen Unternehmen" neben der Wettbewerbsfähigkeit einen breiten Handlungsspielraum für ein wandeladäquates Auftreten im Markt.[772]

(1) Funktionale Flexibilität

Experten stellen fest bzw. prognostizieren, dass berufliche Biografien immer seltener als lineare Abfolge verlaufen werden („Normal-Biografie"), sondern zunehmend durch Unterbrechungen, Umwege, Höhen und Tiefen sowie Neuanfänge gekennzeichnet sind. „Patchwork-Biografie", Portfolio-

772 Vgl. Atkinson (1985), S. 11ff., sowie allgemein auch Sennett (1999), S. 57ff.

Worker, Zick-Zack-Laufbahn sind Schlagworte dieser Entwicklung.[773] Dies ist nicht zuletzt Ausdruck dafür, dass Mitarbeiter für Unternehmen in dynamischen Umfeldern vor allem dann wertvolle Ressourcen sind, wenn sie ihre individuellen fachlichen sowie persönlichen Kernkompetenzen bzw. Schlüsselqualifikationen kontinuierlich weiterentwickeln. Diesbezüglich wird gefordert, dass Humanressourcen hierfür Kreativität, Selbstständigkeit, Eigenverantwortung, Engagement, unternehmerisches Denken und Selbstgestaltung zeigen, d.h. jeder Arbeitnehmer soll sich fortan als Unternehmer seiner eigenen Arbeitskraft begreifen.

Im Zusammenhang mit der funktionalen Flexibilität heißt dies, dass die Entwicklung von Fähigkeiten der Mitarbeiter im Gegensatz zu der bisher eher funktionalistischen und tätigkeitsspezifischen Qualifizierungspolitik zunehmend auf die Beschäftigungsfähigkeit[774] ausgerichtet wird. Hiermit ist einerseits der Erwerb möglichst breiter Qualifikationen angesprochen (Beispiel 1), andererseits der Erwerb von Mehrfachqualifikationen (Beispiel 2). Beides führt zu neuartigen Kompetenzprofilen (siehe Abbildung 7-16).

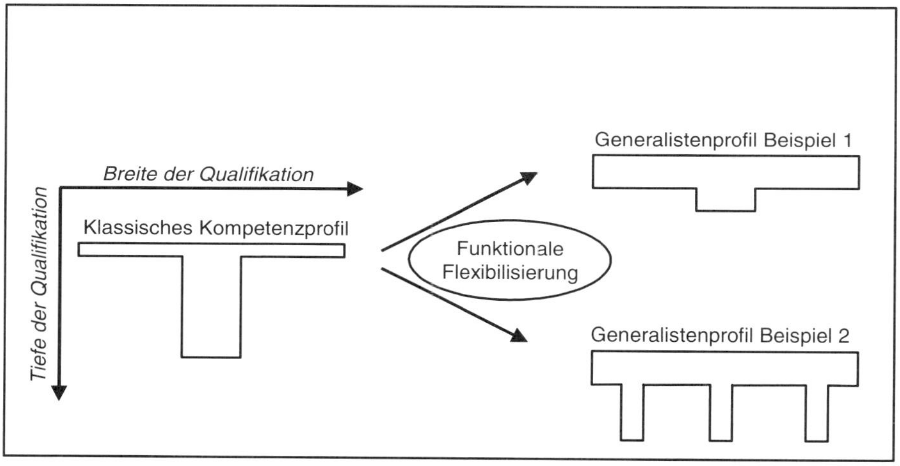

Abbildung 7-16: Generalistische Kompetenzprofile

773 Vgl. stellvertretend Dielmann (1999), S. 52, Lombriser/Uepping (2001), S. 6ff., Sattelberger (1997), S. 700, Sattelberger (1998), S. 10, und Steffens-Duch/Fischer (2000), S. 550.

774 Das hierfür verwendete englische Wort „Employability" bedeutet im Deutschen soviel wie „Arbeitsfähigkeit, Einsetzbarkeit, Beschäftigungsfähigkeit". Damit ist auf Arbeitnehmerseite die Bereitschaft und Fähigkeit des Einzelnen zur Weiterbildung sowie zum internen und externen Arbeitsplatzwechsel gemeint. Vgl. Blancke/Roth (2000), S. 9, Dielmann (1999), S. 52, Honegger (2001), S. 50, und Steffens-Duch/Fischer (2000), S. 550f.

Um derartige Generalistenprofile zu fördern sind erstens qualifikatorische Maßnahmen zu ergreifen, die eine entsprechende Entwicklung von Fähigkeiten fördern, zweitens sind parallel unterstützende Anreizsysteme zu implementieren:

- Um generalistische Kenntnisse und Fähigkeiten der Mitarbeiter zu fördern, sind Maßnahmen wie Job-Rotation (Regelmäßiger Arbeitsplatzwechsel), Job-Enlargement (Aufgabenerweiterung), Job-Enrichment (Aufgabenbereicherung), breit angelegte Trainee-Programme etc. zu implementieren.

- Die dafür notwendige Lern- und Mobilitätsbereitschaft der Mitarbeiter kann durch eine adäquate Organisation der internen Stellenausschreibung, die Normierung der Verweildauer auf einer Funktion, durch finanzielle Anreize sowie eine Rückkehrgarantie bei Mobilität gefördert werden. Hinsichtlich der finanziellen Anreize kann auf das Konzept des Potentiallohns zurückgegriffen werden, das eine Entlohnung nach Qualifikationen vorsieht und somit zum Lernen motiviert.[775]

Insgesamt bedeutet die Förderung der funktionalen Flexibilität immer auch die Erhöhung von Beschäftigungsfähigkeit auf dem externen Arbeitsmarkt. Für den einzelnen Mitarbeiter kann funktionale Flexibilisierung folglich auch externe Employability, anstelle einer lebenslangen Beschäftigungssicherheit bei einem Unternehmen bedeuten: Aus diesem Grund kann funktionale Flexibilität als Beitrag zur Lösung des Dilemmas gesehen werden, welches aus den Flexibilitätsanforderungen des Unternehmens und den Bedürfnissen der Arbeitnehmer nach Arbeitsplatzsicherheit resultiert.[776]

(2) Zeitliche Flexibilität

Eine zeitlich flexible Humanressourcen-Ausstattung ist dann gegeben, wenn die Arbeitszeiten[777] jederzeit den wechselnden unternehmensspezifischen Anforderungen angepasst werden können.[778] Auch wenn die zeitliche Flexibilität primär der Erhöhung der Wirtschaftlichkeit des Unternehmens dient, so kann sie als Nebenfolge zur Zufriedenheit der Mitarbei-

---

775 Vgl. Drumm (2005), S. 602ff.

776 Vgl. Dielmann (1999), S. 54f., Sattelberger (1997), S. 701, und Sattelberger (1998), S. 11.

777 Arbeitszeit ist dabei nach Arbeitszeitgesetz die Zeit von Beginn bis zum Ende der Arbeit, wobei die Ruhepausen abgezogen werden. Vgl. Berthel/Becker (2003), S. 351.

778 Vgl. Kaiser/Rossbach (2003), S. 17.

ter und zur Beschäftigungssicherung beitragen,[779] da eine gezielte Flexibilisierung dem Interesse der Mitarbeiter entsprechen kann. Prinzipiell ist eine ganze Reihe von flexiblen Arbeitszeitmodellen denkbar.[780] Diese Modelle lassen sich anhand unterschiedlicher Dimensionen beschreiben. Typischerweise werden zunächst die Länge (Chronometrie) und Lage (Chronologie) der Arbeitszeiten unterschieden.[781] Dahinter stehen die Fragen, wie lange und wann gearbeitet wird (z. B. 8 Stunden von 10-18.00 Uhr). Darüber hinaus existieren unterschiedliche Bezugsebenen oder Objekte einer Arbeitszeitflexibilisierung, beispielsweise tägliche, wöchentliche, jährliche Arbeitszeit oder gar die Lebensarbeitszeit. Insgesamt lassen sich auf dieser Basis drei Grundmodelle identifizieren:

- So ermöglicht die *dynamische* Arbeitszeit eine Variation der Dauer der Arbeitszeit bzw. chronometrische Arbeitszeitflexibilisierung (z. B. gleitender Übergang in den Ruhestand, Teilzeitarbeit).

- Die *gleitende* Arbeitszeit überwindet durch Flexibilisierung der Lage der Arbeitszeit (chronologisch) das starre System der üblichen Verteilung der Arbeitszeit und schafft andere Verteilungsalternativen ohne Veränderung der Arbeitszeitlänge (z. B. gleitender Arbeitstag, gleitende Arbeitswoche).

- Die *variable* Arbeitszeit als dritter Grundtyp überwindet das starre System der Arbeitszeit hinsichtlich Länge und Lage der Arbeitszeit bzw. Chronometrie und Chronologie (z. B. Jahres-/ Lebensarbeitszeitvertrag, Wochenendarbeit, Job Sharing, Freie Arbeitszeit).[782]

Eine weitere und hinsichtlich der Flexibilisierung relevante Beschreibungsdimension ist der Dispositionsspielraum.[783] Dieser gibt an, ob und inwieweit im Einzelfall das Unternehmen, der Mitarbeiter Einfluss auf die Flexibilisierungsentscheidung haben (siehe Abbildung 7-17).[784]

---

779 Vgl. Fauth-Herkner et al. (2001), S. 91ff.

780 Vgl. Beyer (1992), Sp. 458f., und Marr (2001), S. 162.

781 Vgl. stellvertretend Drumm (2005).

782 Vgl. Heymann/Seiwert (1984), S. 21, May/Mohr (1985), S.20ff., Schuh et al. (1993), S. 134ff.

783 Vgl. Schuh et al. (1993), S. 1401.

784 Vgl. Däubler (2001), S. 173. Ein derartiger Dispositionsspielraum ist bei allen Arbeitszeitstrukturen (z. B. Teilzeitarbeitsformen mit festen zeitlich vorgegebenen Rhythmen oder bei allen Schichtarbeitssystemen) definitionsgemäß nicht gegeben. In diesen Fällen kann zwar von Unterschieden hinsichtlich „Lage" und „Dauer" gesprochen werden, aber kaum in Bezug auf ihr Flexibilitätspotential, vgl. Schuh et al. (1993), S. 139ff.

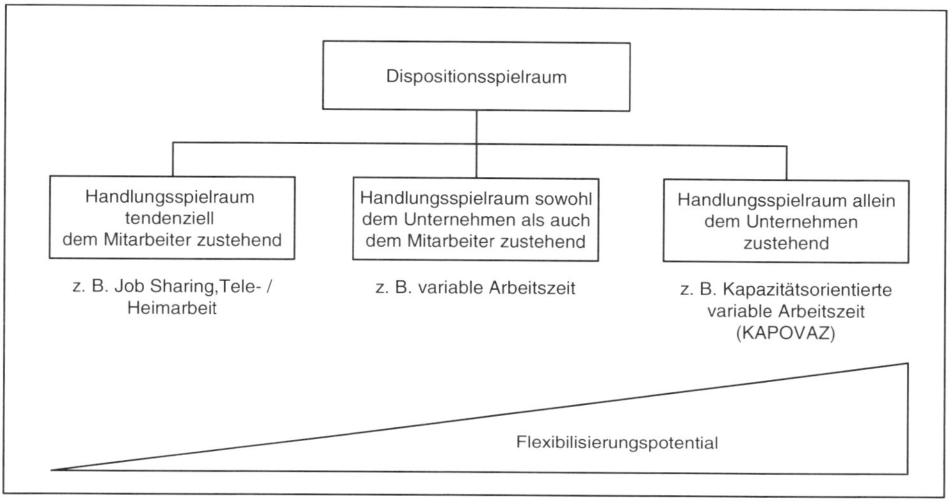

Abbildung 7-17: Dispositionsspielraum und Flexibilisierungspotential (Quelle: in entfernter Anlehnung an Schuh et al. (1993), S. 141)

Aus Perspektive des Unternehmens sind diejenigen Arbeitszeitmodelle interessant, welche die Flexibilisierung in die Hand des Unternehmens legen. Umgekehrt sind derartige Modelle aufgrund der Schutzbedürftigkeit der Mitarbeiter selten. Eine Ausnahme in diese Richtung stellt lediglich die „Kapazitätsorientierte variable Arbeitszeit" (KAPOVAZ) dar. Ansatzpunkt der KAPOVAZ ist ein im Zeitablauf schwankender Arbeitsanfall, dem durch einen möglichst flexiblen, an der jeweiligen Auslastung orientierten Personaleinsatz kurzfristig Rechnung getragen werden soll (§ 12 Abs. 1 TzBfG). Mit dem Mitarbeiter wird ein Arbeitsvertrag geschlossen, der eine jährlich oder monatlich zu leistende Sollarbeitszeitmenge sowie das daran gekoppelte Arbeitsentgelt festlegt. Im ursprünglichen Sinn sind dabei die Arbeitnehmer verpflichtet, dem Unternehmen „jederzeit" (eine Aufforderung des Arbeitgebers muss mindestens vier Tage im Voraus erfolgen) abrufbereit zur Verfügung zu stehen (§ 12 Abs. 2 TzBfG). Vorteil dieser Flexibilisierungsvariante liegt aus personalwirtschaftlicher Sicht in der Anpassung der Arbeitszeit des Stammpersonals an betriebsspezifische Gegebenheiten, ohne zwingend Neueinstellungen vornehmen zu müssen.[785] Das Modell KAPOVAZ wird in der Unternehmenspraxis jedoch selten angewendet.

---

785 Vgl. Bährle (1997), S. 93f., Beyer (1986), S. 82, Fritz (1985), S. 163, Mag (1998), S. 118, Oechsler (2000), S. 280, Schreiber (1992), S. 337f., und Schuh et al. (1993), S. 141. Diese Variante wird vor allem im Handel eingesetzt, da hier regelmäßig erhöhter Arbeitsanfall (z. B. Stoßzeiten) vorkommt Vgl. Oechsler (2000), S. 280.

Großer Beliebtheit hingegen erfreuen sich seit einigen Jahren so genannte *Arbeitszeitkonten*. Der Einsatz von Arbeitszeitkonten, auch Zeitsparkonten genannt, erleichtert ebenso die ungleichmäßige Verteilung der Arbeitszeit im Zeitablauf, wodurch eine Ausdehnung der Flexibilitätsparameter der Gleitzeitarbeit möglich ist. Mittels Arbeitszeitkonten werden Abweichungen der tatsächlichen individuellen Arbeitszeit von der vereinbarten Regel-/Standardarbeitszeit verbucht.[786] Dabei können Zeitguthaben und –schulden über einen Bezugszeitraum (z. B. Woche, Monat, Jahr) saldiert werden. Arbeitszeitkonten ermöglichen sowohl die Bildung von Zeitguthaben (z. B. Mehrarbeit, Resturlaub) als auch die Bildung von Zeitschulden (z. B. Freizeitentnahmen, Kurzarbeit).

Der Vorteil von Arbeitszeitkonten liegt darin, dass zum einen der zeitliche Ausgleich nicht vorab fixiert werden muss und zum anderen der Ausgleichszeitraum die gesamte Beschäftigungsdauer der Beschäftigten (z. B. Jahresarbeitszeit, Lebensarbeitszeit) umfassen kann. Damit wird der größtmögliche Rahmen für die individuelle Arbeitszeitgestaltung ausgeschöpft. Insgesamt bieten sie also die Möglichkeit, die Arbeitszeit transparent und kontrolliert zu variieren.[787] Für den Fall, dass der Ausgleich in dem vorgesehenen Bezugszeitraum nicht gelingt, können Ausgleichsansprüche in Zeit oder Geld realisiert werden. Inwieweit diese beiden Varianten miteinander kombiniert werden können, unterscheidet sich entsprechend der Ausrichtung des Arbeitszeitkontos.

- Kurzzeitkonten sehen einen kurzfristigen Freizeitausgleich beispielsweise in Form eines Urlaubs oder verlängerten Wochenendes vor. Arbeitszeitkonten mit dem Ziel eines kurzfristigen Ausgleichs können entweder nach dem Durchschnittsprinzip geführt werden, zu keinem Zeitpunkt abgerechnet werden (z. B. Übertrag von Zeitguthaben oder -schulden auf ein Langzeitkonto) oder laufend gesteuert werden (z. B. Ampelkonto, zweites Konto, Zeitbudgetkonto).[788]
- Demgegenüber werden bei Langzeitkonten Ansprüche über mehrere Jahre und bei Lebenszeitkonten sogar über Jahrzehnte aufgebaut. Diese Überschüsse resultieren zumeist aus fest vereinbarter Mehrarbeit, Überschüssen aus anderen Unterkonten (z. B. Gleitzeitkonto, Überstundenkonto, Wochenstundenausgleichskonto) oder anderen be-

786 Voraussetzung für ein Arbeitszeitkonto ist eine von der tatsächlichen Arbeitszeit unabhängige Vergütung, eine „Normalverteilung" der Vertragsarbeitszeit und die Zeiterfassung.

787 Vgl. Beyer (1986), S. 80, Mag (1998), S. 119, Muhr (1996), S. 3ff., und Schreiber (1992), S. 361.

788 Vgl. Ackermann/Vollmer (2001), S. 50, Hoff (1997), S. 338ff.

trieblichen Leistungen (z. B. Urlaubsansprüche). Langzeit- und Lebenszeitkonten sind in erster Linie darauf ausgerichtet, dass die Mitarbeiter entsprechend ihrer individuellen Bedürfnisse zwischen unterschiedlichen Modellvarianten (z. B. Sabbatical, zeitweiliger Teilzeitarbeit, Altersteilzeit) bei unverändertem Entgelt wählen können.

(3) Numerische Flexibilität

Kündigungs-, Bestandsschutzregelungen, Mitspracherechte der Arbeitnehmervertretungen und sonstige Regelungen verhindern und verteuern die quantitative Anpassung der Personalkapazität an konjunkturelle Auslastungsschwankungen, an die Erfordernisse des wirtschaftlich-technischen Strukturwandels und an innerbetriebliche Schwankungen. Deshalb praktizieren einige Unternehmen neue, differenzierte Varianten einer Beschäftigungspolitik, die auf eine erhöhte Flexibilität der Humanressourcen-Ausstattung abzielen. Diese Flexibilität lässt sich mit klassisch abhängig Beschäftigten kaum erreichen. Aus diesem Grund wird neben einer festen Kern- bzw. Stammbelegschaft (in der Regel bestehend aus unbefristeten Vollzeitarbeitsverhältnissen) eine flexible Randbelegschaft aufgebaut.[789] Diese ist in der Regel durch so genannte atypische Beschäftigungsverhältnisse geprägt,[790] wobei sich der Begriff „atypisch" darauf bezieht, dass sie vom Normalarbeitsverhältnis abweichen. Sie sind

- entweder durch kurze Dauer und fehlende Stabilität der Beschäftigung,
- oder durch niedrigen Umfang der vertraglich vereinbarten und tatsächlichen Wochenarbeitszeit,
- oder durch fehlende sozialversicherungsrechtliche Absicherung,
- oder durch anderen rechtlichen Status der Erwerbstätigkeit (z. B. Freier Mitarbeiter),
- oder durch räumliche Trennung vom Arbeitsplatz gekennzeichnet.

Häufig wird der Einsatz von flexiblen Randbelegschaften kritisch bewertet. Die Kritik ist dahingehend gerichtet, dass atypische Beschäftigungsformen die stabilen Standards des Normalarbeitsverhältnisses unterliefen sowie Beschäftigungsinstabilität, wiederholte Arbeitslosigkeit, relative Verarmung, Lücken in der sozialen Sicherheit und die Umgehung arbeits- und sozial-

789 Vgl. zu den damit verbundenen Managementherausforderungen Kaiser/Ringlstetter (2003).

790 Vgl. hierzu Bollinger et al. (1991), S. 178, Mückenberger (1991), S. 204f. und Rudolph/Schröder (1997), S. 104.

rechtlicher sowie gewerkschaftlicher Kontrolle zur Folge hätten. D.h. die Flexibilität der Unternehmen führt zu einer Externalisierung der von den Unternehmen zu tragenden Kosten auf die Arbeitnehmer, deren Familien und die Gesellschaft. Dieser Kritik wird jedoch entgegengesetzt, dass atypische Beschäftigungsverhältnisse nicht für alle Beschäftigten nachteilig wären, da sie zum Teil persönlichen Wünschen entsprechen oder akzeptable Lösungen für Zwangssituationen sind.

Jenseits dieser politisch gefärbten Diskussion, ist festzuhalten, dass atypische Beschäftigungsverhältnisse dem Management größere personalpolitische Handlungsspielräume (z. B. bezüglich der Arbeitszeit- und Lohngestaltung, der Kontinuität der Beschäftigung etc.) ermöglichen als das Normalarbeitsverhältnis. Ein Unternehmen mit hohem Anteil atypischer Beschäftigungsverhältnisse kann sich in Krisensituationen ohne großen Aufwand von erheblichen Teilen der so genannten peripheren Humanressourcen-Ausstattung trennen,[791] aber auch umgekehrt in Boomzeiten schnell Personal aufbauen.[792] Insgesamt lassen sich vier Untergruppen von atypischen Beschäftigten unterscheiden (siehe Abbildung 7-18): Geringfügig Beschäftigte (a), befristet Beschäftigte (b), Leih- und Zeitarbeiter (c) sowie sonstige externe Mitarbeiter (d).

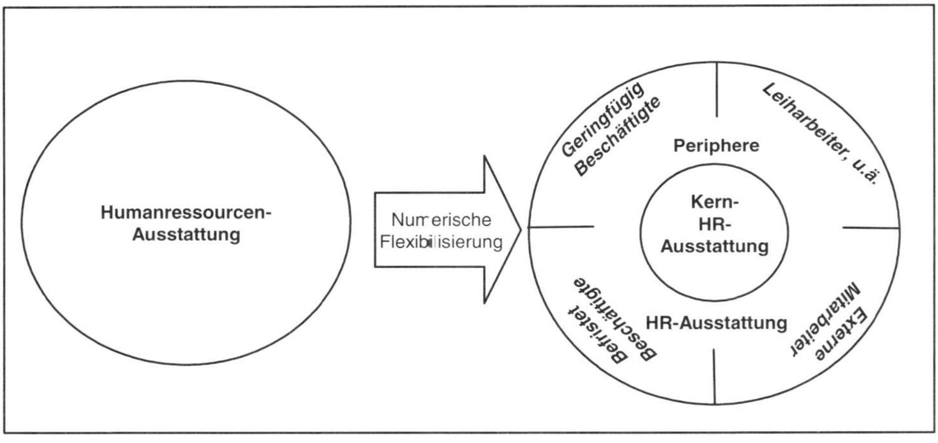

Abbildung 7-18: Numerische Flexibilisierung

[791] Vgl. Bollinger et al. (1991), S. 178, Wimmer/Neuberger (1998), S. 277, Kaiser et al. (2005).

[792] Vgl. DGFP (2006), S. 18ff.

(a) Geringfügige Beschäftigung: Als geringfügig beschäftigt nach Sozialgesetzbuch IV §8 gilt momentan, wer regelmäßig nur 15 Stunden in der Woche arbeitet und wessen Arbeitsentgelt im Monat eine bestimmte Höhe (zur Zeit 400 €) nicht übersteigt oder wer innerhalb eines Jahres in einem oder mehreren – auf bis zu 50 Arbeitstage oder zwei Monate – befristeten Arbeitsverhältnissen beschäftigt ist. Durch geringfügige Beschäftigungsverhältnisse entsteht aufgrund von vereinfachten Kündigungsvorschriften numerische Flexibilität, die sich zum Abbau von personellen Überkapazitäten nutzen lässt. Umgekehrt bietet befristete Beschäftigung auch die Möglichkeit, Auftragsspitzen abzufedern, Urlaubsvertretungen zu organisieren oder Arbeiten durchzuführen, die nur wenige Stunden in der Woche anfallen. Darüber hinaus ist es ein wichtiges ökonomisches Argument für Arbeitgeber, dass geringfügig beschäftigte Arbeitskräfte von vielen Sozialleistungen (z. B. keine Lohnfortzahlung im Krankheitsfall, kein Weihnachts- und Urlaubsgeld) ausgeschlossen werden.[793]

(b) Befristete und bedingte Arbeitsverhältnisse: Ein weiteres Instrument der numerischen Flexibilisierung der Humanressourcen-Ausstattung ist die befristete und bedingte Beschäftigung. Ein befristeter oder bedingter Arbeitsvertrag ist ein auf bestimmte Zeit geschlossener Arbeitsvertrag. Dieser liegt in Übereinstimmung mit § 620 BGB vor, wenn das Arbeitsverhältnis durch Zeitablauf oder nach Zweckerreichung (§ 3 Abs. 1 TzBfG) endet.[794] Waren bisher sowohl befristete als auch bedingte Arbeitsverträge unbeschränkt zulässig, so bedarf es jetzt grundsätzlich für den Umstand der Befristung und zugleich für die Dauer der Befristung nach § 14 TzBfG eines sachlichen Grundes (z. B. Arbeitsverträge zur Probe, Vertretung eines Arbeitnehmers, vorübergehender Bedarf, Tätigkeit im Anschluss an eine Ausbildung oder an ein Studium, Eigeninteresse des Arbeitnehmers, Eigenart der Arbeitsleistung).

Es besteht prinzipiell die Möglichkeit, einen befristeten Arbeitsvertrag bis zur Dauer von zwei Jahren dreimal zu verlängern (§ 14 Abs. 2 Satz 2 TzBfG). Entweder wird das Arbeitsverhältnis nach zwei Jahren beendet (eine Verlängerung ist hier nach § 14 Abs. 2 Satz 2 TzBfG unzulässig) oder es wird nach Zweckerreichung oder Eintritt der Bedingung auf unbestimmte Zeit fortgesetzt (§ 15 TzBfG). Eingesetzt wird dieses Instrumentarium von Unternehmen häufig dann, wenn sich erhöhte Absatz- und Produktionschancen, z. B. in der Zeit der Hochkonjunktur, abzeichnen, deren Dauerhaftigkeit jedoch ungewiss ist. Der Abschluss befristeter Arbeitsverträge

793 Vgl. Friedrich (1995), S. 82f., Wimmer/Neuberger (1998), S. 290.

794 Vgl. Oechsler (2000), S. 272, Welslau (2001), S. 62, und Wimmer/Neuberger (1998), S. 285. Seit 2001 ist die befristete Beschäftigung im Teilzeit- und Befristungsgesetz (TzBfG) umfassend geregelt.

eröffnet dem Unternehmen somit einen Flexibilitätsspielraum, indem bei wieder sinkendem Personalbedarf die personellen Kapazitäten sich durch Auslaufen von befristeten Verträgen reduzieren.

Den Flexibilitätsvorteilen befristeter Beschäftigung stehen jedoch auch Nachteile gegenüber. So besteht die Gefahr, dass eine befristet beschäftigte Arbeitskraft auf der einen Seite weniger sorgfältig arbeiten wird, wenn sie sich keine Chancen auf Übernahme ausrechnet. Auf der anderen Seite wird sich die Person subjektiv einem erhöhten Erwartungsdruck ausgesetzt fühlen und Schwierigkeiten haben, Überstunden zu verweigern oder sich gegen extensive Versetzungspraktiken zu wehren, da die Situation der eventuellen Übernahme für sie intransparent und unklar bleibt. Vorgesetzte können diese Verunsicherung über Maß und Grenzen der betrieblichen Leistungserwartungen sich dadurch zu Nutzen machen, indem sie die Möglichkeit einer Übernahme immer wieder andeuten, ohne sich aber explizit festzulegen.[795]

(c) Leiharbeit: Unterschiedliche Formen der Leiharbeit (Zeitarbeit, Personalleasing, Arbeitnehmerüberlassung)[796] sind weitere Wege zur numerischen Flexibilisierung der Humanressourcen-Ausstattung. Leiharbeit eignet sich insbesondere zur Abdeckung kurzfristiger Personalengpässe und zur Vermeidung von Personal-Leerkosten.[797] Durch die Leiharbeit lassen sich Spitzenbedarfe ohne Neueinstellungen kurzfristig und im Gegensatz zur überbetrieblichen Personalreserve der Arbeitsämter relativ unbürokratisch bewältigen bzw. genauso schnell wieder abbauen. Die Leiharbeit stellt somit eine überbetriebliche Mobilitätsreserve für ein Unternehmen dar.[798] Geregelt ist die Leiharbeit im Arbeitnehmerüberlassungsgesetz. Den Begriffen zur Folge leihen Entleih-Unternehmen (=Verleiher) gewerbsmäßig bei ihnen beschäftigtes Personal (=Leiharbeitnehmer) befristet (maximal auf 24 aufeinander folgende Monate) an Dritte (=Entleiher) zum Zwecke der Arbeitsleistung aus (§§ 1 Abs. 2, und 3 Abs. 1 Nr. 6 AÜG). Die Leiharbeiter

795 Vgl. Wimmer/Neuberger (1998), S. 287.

796 Vergleiche zu den Begriffen Arbeitnehmerüberlassung (juristischer Begriff), Leiharbeit (langfristige gewerbsmäßige Überlassung von Arbeitnehmern), Personalleasing (amerikanisierter Begriff) und Zeitarbeit (kurzfristige gewerbsmäßige Überlassung von Aushilfskräften) Becker (1975), S. 2055f., Becker (1992), S. 242, Becker (1994), S. 309f., Ehreiser/Nick (1975), S. 1583, Krellmann (1987), S. 8ff., und Voswinkel (1995), S. 125.

797 Diese fallen dann an, wenn Normalbeschäftigte nicht ausgelastet sind. Sie können nicht abgebaut werden (vgl. Wimmer/Neuberger (1998), S. 257).

798 Vgl. Dombois/Osterland (1982), S. 477, Oechsler (2000), S. 275f., und Rudolph/Schröder (1997), S. 105.

arbeiten zwar nach Weisungen des Entleihers, sind aber weiterhin ihrem Verleiher, welcher sie versichert und bezahlt, unterstellt.[799]

Mit Hilfe von Leiharbeit lässt sich die Kernbelegschaft so klein halten, wie es einem niedrigen Niveau und einer intensiven, kontinuierlichen Nutzung des Personalbedarfs entspricht. Der gesamte zusätzliche, möglicherweise schwankende Mehrbedarf an qualifizierten Arbeitskräften kann kurzfristig über den Leiharbeitsmarkt gedeckt werden.[800]

Schwierigkeiten bei der Leiharbeit auf Unternehmensseite bestehen darin, ad hoc die geeigneten Leute zu finden.[801] Weiterhin besteht die Gefahr, dass illegale „Schein-Werkverträge" abgeschlossen werden. Der Verleiher umgeht hier absichtlich die Bestimmungen des Arbeitnehmerüberlassungsgesetzes, indem er angebliche Werkvertragsmitarbeiter ohne Erlaubnis – meistens über längere Zeit – zur Erfüllung bestimmter Arbeitsleistungen an einen Fremdbetrieb entleiht. Informiert sich der Entleiher nicht über dessen Erlaubnis zum Entleihen, so geht er (ungewollt) mit den vermittelten Arbeitskräften ein unbefristetes Arbeitsverhältnis ein.[802]

(d) Externe Mitarbeiter: Eine weitere Möglichkeit der numerischen Flexibilisierung der Humanressourcen-Ausstattung ist der Einsatz externer Mitarbeiter.[803] Diese können entweder Selbstständige oder Beschäftigte eines Dienstleistungsunternehmens sein. De facto arbeiten diese Beschäftigten häufig wie „normale" Mitarbeiter im Unternehmen, d. h. sie haben einen eigenen Schreibtisch, eigene Büros etc. Verbreitet sind sie beispielsweise im Informations- und Technologiebereich. Der Vorteil der Nutzung externer Mitarbeiter liegt auf der Hand:[804] Das unternehmerische Risiko wird auf den externen Mitarbeiter bzw. das dahinter stehende Dienstleistungsunternehmen abgewälzt. Die Beziehung mit dem externen Mitarbeiter ist auf die Zeit der Erstellung einer bestimmten Leistung beschränkt. Danach wird die Beziehung automatisch beendet. Hinzu kommen Aspekte einer funktionalen

---

799 Vgl. Becker (1992), Sp. 242, Goslich (2001), S. 25, Oechsler (2000), S. 275f., und Wimmer/Neuberger (1998), S. 292ff.

800 Vgl. Dombois/Osterland (1982), S. 477f., Eisinger (2000), S. 6ff., Rudolph/Schröder (1997), S. 117, und Schneider (1999), S. 67.

801 Vgl. Wimmer/Neuberger (1998), S. 295. So findet auf dem Leiharbeitsmarkt ein doppeltes „matching" statt, d.h. die Leiharbeitsfirmen suchen (für sich) passende Arbeitnehmer, welche dann wiederum mit den Anforderungen der Entleih-Unternehmen übereinstimmen müssen. Vgl. Rudolph/Schröder (1997), S. 105, und Wimmer/Neuberger (1998), S. 295f.

802 Vgl. Däubler (2001), S. 314, und Dombois/Osterland (1982), S. 472.

803 Vgl. Kaiser/Paust (2004).

804 Vgl. ausführlich Kaiser et al. (2007b).

Flexibilität, denn das Unternehmen kann genau den externen Mitarbeiter am Markt suchen, der die „richtigen" Fähigkeiten besitzt.

(4) Finanzielle Flexibilität

Funktionale, zeitliche und numerische Flexibilisierungen dienen in indirekter Form dazu, Personalkosten über eine Veränderung der Humanressourcen-Ausstattung innerhalb einer absehbaren Frist zu variabilisieren. Neben diesen indirekten Ansätzen besteht die Möglichkeit zu einer direkten Variabilisierung der Personalkosten. Dies gelingt Unternehmen, indem sie sich verstärkt von einer komplett fixen Vergütung lösen und Vergütungskomponenten variabilisieren. Zentral hierfür ist eine möglichst direkte Koppelung der Personalkosten an den Unternehmenserfolg, wie sie vor allem durch unterschiedliche Formen von Erfolgsbeteiligungen erreicht werden kann.[805] Mit diesen wird den Arbeitnehmern neben dem Fixlohn ein Anteil am Erfolg des Unternehmens gewährt. Bezugspunkte für den Erfolg des Unternehmens können dabei der Gewinn, der Ertrag oder andere betriebswirtschaftliche Leistungsgrößen sein (siehe Abbildung 7-19):[806]

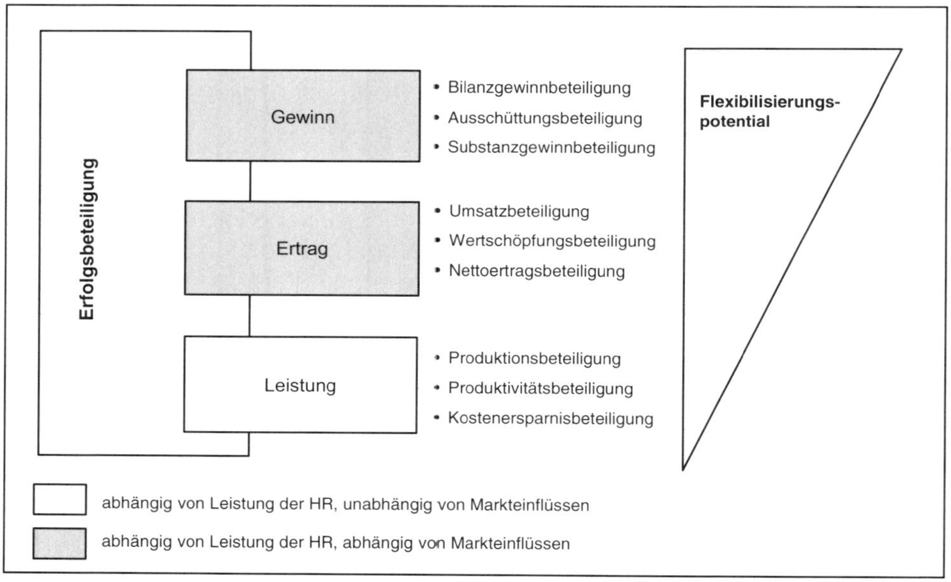

Abbildung 7-19: Finanzielle Flexibilisierung durch Erfolgsbeteiligung (Quelle: verändert aus Ebert (2006), S. 119)

805 Vgl. allgemein und stellvertretend Gaugler (1985), S. 362ff., Lesch (2001), S. 30, Steinle (1985), S. 10, und Weber (1993), Sp. 944.

806 Vgl. Ebert (2006), S. 119f.

- Beteiligungen am Gewinn werden dann ausgeschüttet, wenn das Unternehmen tatsächlich Gewinne erwirtschaftet und sich diese Vergütungskomponente damit entsprechend ‚leisten' kann.[807] Dadurch lassen sich über das Konstrukt der Gewinnbeteiligung negative Veränderungen im marktlichen Wettbewerbsumfeld durch eine Reduktion von Personalkosten kompensieren.

- Ertragsbeteiligungen sind meistens als Umsatzbeteiligungen konzipiert. Denkbar sind aber auch Wertschöpfungs- oder Nettoertragsbeteiligungen.[808] Im Vergleich zur Gewinnbeteiligung ist die Umsatzbeteiligung häufig auch in Situationen auszuzahlen, in denen das Unternehmen keinen Gewinn ausweisen kann. Das Ziel, Personalkosten entsprechend der wirtschaftlichen Situation zu variabilisieren, wird somit nicht zwangsläufig erreicht.

- Auch Leistungsbeteiligungen werden unabhängig von den jeweiligen Marktgegebenheiten bei Erlangung von vereinbarten Zielen ausgezahlt. Vereinbarte Ziele können dabei an Outputgrößen, Verhältnisgrößen oder Kostenersparnissen festgemacht werden. Leistungsbeteiligungen sind damit häufig sehr direkt an individuelle Leistungen von Mitarbeitern koppelbar, aber sind nur indirekte Vorsteuergröße für die wirtschaftliche Situation des Unternehmens.

Erfolgsbeteiligungen bieten dann das höchste Flexibilisierungspotential, wenn sie in möglichst direkter Weise an den wirtschaftlichen Erfolg des Unternehmens gekoppelt sind. Flexibilisierungspotential ist somit anders definiert als der tatsächliche Flexibilisierungsspielraum, der angibt, welcher Anteil der Personalkosten tatsächlich variabilisiert wird. Zu bedenken ist zudem, dass die Koppelung von Vergütungsbestandteilen an wirtschaftliche Erfolgsgrößen auf hoher Abstraktionsebene weniger motivationale Effekte bei den Mitarbeitern auslösen, da die Einflussnahme nur mittelbar nachzuvollziehen ist. Die Koppelung von Vergütungen an Gewinne ist deshalb insbesondere für hierarchisch hoch angesiedelte Personen geeignet, deren Handlungen in direkter kausaler Beziehung mit den entsprechenden Größen stehen.

---

807 Es werden Bilanzgewinn-, Ausschüttungs- und Substanzgewinnbeteiligungen unterschieden. Vgl. Schneider/Zander (1993), S. 87ff.

808 Vgl. Schneider/Zander (1993), S. 80ff.

Diskussions- und Verständnisfragen:

(1) Was ist der wesentliche Unterschied zwischen Formen der internen und externen Dispensation?
(2) Welche Maßnahmen zur Reduktion von Arbeitszeiten kennen Sie, und welche Ziele werden damit verfolgt?
(3) Warum ist die Flexibilisierung der Humanressourcen-Ausstattung eine zentrale Herausforderung der Dispensation von Humanressourcen?
(4) Inwieweit dienen neue Beschäftigungsformen der Flexibilisierung der Humanressourcen-Ausstattung? Diskutieren Sie, welche weiteren Konsequenzen diese für das Humanressourcen-Management haben könnten?

Literaturempfehlungen

- Einen flexibilitätsorientierten Bezugsrahmen für die Dispensation von Humanressourcen liefert: **Ebert, D. (2006):** Dispensation von Humanressourcen: Eine flexibilitätsorientierte Betrachtung. Wiesbaden.
- Kritisch mit der Frage, was ein flexibilitätsorientiertes Humanressourcen-Management im Falle von Unternehmenskrisen ausrichten kann, beschäftigen sich: **Kaiser, S./Müller-Seitz, G./Ringlstetter, M. (2005):** Der Beitrag eines flexibilitätsorientierten Humanressourcen-Managements in Unternehmenskrisen: Eine kritische Betrachtung. In: Zeitschrift für Personalforschung 19 (3), 252–272.
- Ein kurzer Überblick zu den Dimensionen einer flexibilisierten Humanressourcen-Ausstattung findet sich bei: **Kaiser, S./Rossbach, M. (2003):** Flexibilisierung in der Personalausstattung. In: Personal – Zeitschrift für Human Resource Management 55 (1), 16–19.

STICHWORTVERZEICHNIS

LITERATURVERZEICHNIS

Abelson, M. A./Baysinger, B. D. (1984): Optimal and Dysfunctional Turnover: Toward an Organizational Level Model. In: Academy of Management Review 9 (2), 331–341.

Ackermann, K.-F. (1987): A Contingency Model of Humanressourcen-Management-Strategy: Empirical Research Findings Reconsidered. In: Lattmann, C. (Hg.). Personal-Management und strategische Unternehmensführung. Heidelberg, 65–84.

Ackermann, K.-F./Vollmer, S. (2001): Arbeitszeitmanagement. In: Bühner, R. (Hg.). Management-Lexikon. München, Wien, 48–51.

Ahlers, F. (1994): Strategische Nachwuchskräfterekrutierung über Hochschulkontakte: Empfehlungen zum Management personalbeschaffungsorientierter Hochschulkontakte auf Grundlage einer Unternehmensbefragung. München.

Alewell, D./Friedrich, C. (2005): Die Flexibilitätsmatrix. Ein Instrument zur Gestaltung der Flexibilität personeller Ressourcen. In: Der Betriebswirt 46 (4), 13–18.

Allen, N. J./Meyer, J. P. (1991): A Three Component Conceptualization of Organizational Commitment. In: Human Resource Management Review 1 (1), 61–89.

Althauser, U. (1982): Entwurf einer Theorie organisationaler Sozialisation. Mannheim.

Althauser, U. (1989): Strategische Personalarbeit und Organisation der Personalabteilung. In: Weber, W./Weinmann, J. (Hg.). Strategisches Personalmanagement. Stuttgart, Schäffer, 267–283.

Amit, R./Belcourt, M. (1999): Human Resources Management Processes: A Value-Creating Source of Competitive Advantage. In: European Management Journal 17 (2), 174–181.

Amit, R./Shoemaker, P. H. J. (1993): Strategic Assets and Organizational Rent. In: Strategic Management Journal 14 (1), 33–46.

Angle, H. L./Lawson, M. B. (1994): Organizational Commitment and Employee's Performance Ratings: Both Type of Commitment and Type of Performance Count. Psychological Reports. 75: 1539–1551.

Antoni, M. (1989): Menschliche Arbeit: Grundbedürfnis oder fremdgesetzte Norm? Konsequenzen für die Personalentwicklung. In: Riekhof, H.-C. (Hg.). Strategien der Personalentwicklung. Wiesbaden. 2. Auflage, 23–46.

Arnold, U. (1975): Personalbeschaffung. Berlin.

Arnold, U. (1992): Personalwerbung. In: Gaugler, E./Weber, W. (Hg.). Handwörterbuch des Personalwesens. Stuttgart, 1815–1825.

Arthur, J. (1992): The Link Between Business Strategy and Industrial Relations Systems in American Steel Minimills. In: Industrial and Labor Relations Review 45 (4), 488–506.

Arthur, J. (1994): Effects of Human Resource Systems on Manufacturing Performance and Turnover. In: Academy of Management Journal 37 (3), 670–687.

Ashforth, B./Saks, A. (1996): Socialization Tactics: Longitudinal Effects on Newcomer Adjustment. In: Academy of Management Journal 39 (1), 149–178.

Atkinson, J. (1985): Flexibility, Uncertainty and Manpower Management. Brighton.

Bährle, R. J. (1997): Arbeitsrecht. Stuttgart.

Baker, G. P./Jensen, M. C./Murphy, K. J. (1988): Compensation and Incentives: Practice vs. Theory. In: Journal of Finance 43 (3), 593–616.

Bandura, A. (1986): Social Foundations n Thought and Action: A Social Cognitive Theory. New Jersey.

Barber, F./Strack, R. (2005): The Surprising Economics of a "People Business". In: Harvard Business Review 83 (6), 80–90.

Barney, J. B. (1991): Firm Resources and Sustained Competitive Advantage. In: Journal of Management 17 (1), 99–120.

Barney, J. B./Wright, P. M. (1998): On becoming a strategic partner: the role of human resources in gaining competitive advantage. In: Human Resource Management 37 (1), 31–46.

Barrenstein, P. (1999): Der Kampf um Talente. In: McKinsey akzente (11), 2–7.

Baumgartner, H. (1992): Anforderungen an die Gestaltung eines mehrdimensionalen strategischen Anreiz- und Belohnungssystems für Führungskräfte. Bamberg.

Bechtel, R. (2006): Humankapitalberechnung zwischen Markt- und Ressourcenorientierung. Eine axiomatische Integration. München.

Becker, B. E./Huselid, M./Pickus, P. S./Spratt, M. F. (1997): HR as a source of shareholder value: research and recommendations. In: Human Resource Management 36 (1), 39–47.

Becker, F. (1975): Zeitarbeit. In: Gaugler E. (Hg.). Handwörterbuch des Personalwesens. Stuttgart, 2053–2059.

Becker, F. (1987): Zur Ausgestaltung eines strategisch-orientierten Anreizsystems: Anforderungen und Gestaltungsmerkmale zur Beeinflussung des strategischen Leistungsverhaltens. In: Zeitschrift für Führung und Organisation 56 (3), 159–164.

Becker, F. (1988): Personalfreisetzung – Begriff, Ursachen, Maßnahmen und Folgen. In: Das Wirtschaftsstudium (WISU) 17 (5), 272–280.

Becker, F. (1990): Anreizsysteme für Führungskräfte: Möglichkeiten zur strategisch-orientierten Steuerung des Managements. Stuttgart.

Becker, F. (1992): Arbeitnehmerüberlassung. In: Gaugler, E./Weber, W. (Hg.). Handwörterbuch des Personalwesens. Stuttgart. 2. Auflage, 242–253.

Becker, F. (1994): Lexikon des Personalmanagements. München.

Becker, G. S. (1962): Investment in Human Capital: A Theoretical Analysis. In: Journal of Political Economy 70 (5), 9–49.

Becker, G. S. (1964): Human Capital. New York.

Becker, H. (1960): Notes on the Concept of Commitment. In: American Journal of Sociology 66 (1), 32–40.

Becker, M. (1977): Betriebliche Beschäftigungspolitik in der Rezession: Speziell in Schweizerischen Industrieunternehmen. Diessenhofen.

Beer, M./Spector, B./Lawrence, P. R./Mills, D. Q. (1985): Human Resource Management: A General Manager's Perspective. New York.

Beer, M./Spector, B./Lawrence, P. R./Mills, D. Q./Walton, R. E. (1984): Managing Human Assets. New York.

Bendixen, P./Kemmler, H. W. (1971): Planung, Organisation und die Methodik innovativer Entscheidungsprozesse. Berlin.

Bento, R. F./White, L. F. (1998): Participants' Values and Incentive Plans. In: Human Resource Management 37 (1), 47–59.

Berger, P./Luckmann, T. (1980): Die gesellschaftliche Konstruktion der Wirklichkeit: Eine Theorie der Wissenssoziologie. Frankfurt am Main.

Bergmann, C./Bosch, G./Knuth, M. (1995): Wenn Personalabbau droht – Perspektiven bieten! Beschäftigungspolitische Verantwortung der Unternehmen und die Schaffung von Brücken in den Arbeitsmarkt. In: Knuth, M./Vanselow, A. (Hg.). Über den Sozialplan hinaus: Neue Beschäftigungsperspektiven bei Personalabbau. Berlin, 133–147.

Berkowsky, W. (1994): Die betriebsbedingte Kündigung. München.

Berner, S. (1999): Reaktionen der Verbleibenden auf einen Personalabbau. Bamberg.

Berthel, J. (1992): Laufbahn- und Nachfolgeplanung. In: Gaugler/Weber (Hg.). Handwörterbuch des Personalwesens. Stuttgart. 2. Auflage, 1203–1213.

Berthel, J. (2000): Personal-Management: Grundzüge für Konzeptionen betrieblicher Personalarbeit. Stuttgart.

Berthel, J. (2004): Personalcontrolling. In: Gaugler, E./Oechsler, W./Weber, W. (Hg.). Handwörterbuch des Personalwesens. Stuttgart, 1441–1455.

Berthel, J./Becker, F. G. (2003): Personal-Management: Grundzüge für Konzeptionen betrieblicher Personalarbeit. Stuttgart.

Berthel, J./Koch, H.-E. (1985): Karriereplanung und Mitarbeiterförderung. Stuttgart.

Beyer, H.-T. (1986): Betriebliche Arbeitszeitflexibilisierung: Zwischen Utopie und Realität. München.

Beyer, H.-T. (1992): Arbeitszeitmodelle. In: Gaugler, E./Weber, W. (Hg.). Handwörterbuch des Personalwesens. Stuttgart. 2. Auflage, 458–470.

Beyer, H./Fehr, U./Nutzinger, H. G. (1995): Unternehmenskultur und innerbetriebliche Kooperation. Wiesbaden.

Bies, R. J./Moag, J. S. (1986): Interactional Justice: Communication Criteria of Fairness. In: Bazermann, M. H./Lewicki, R./Sheppard, B. (Hg.). Research on Negotiations in Organizations. Greenwich, C.T., 43–55.

Bisani, F. (1990): Personalwesen: Grundlagen, Organisation, Planung. Wiesbaden.

Bisani, F. (2000): Personalwesen und Personalführung. Wiesbaden.

Bitterwolf, W. (1992): Flexibilität des Handelns: Empirische Untersuchungen zu einem Persönlichkeitskonstrukt. Regensburg.

Blancke, S./Roth, C., Schmid, J. (2000): Employability ("Beschäftigungsfähigkeit") als Herausforderung für den Arbeitsmarkt: Auf dem Weg zur flexiblen Erwerbsgesellschaft. Arbeitsbericht Nr. 157. Stuttgart.

Bleicher, K. (1992): Strategische Anreizsysteme: Flexible Vergütungssysteme für Führungskräfte. Stuttgart.

Böckly, W. (1995): Personalanpassung. Ludwigshafen.

Bokranz, R./Stein, S. (1989): Strategische Personalbeschaffung bei Hochschulabsolventen. In: Personal 41 (5), 176–180.

Bollinger, D./Cornetz, W./Pfau-Effinger, B. (1991): "Atypische" Beschäftigung – Betriebliche Kalküle und Arbeitnehmerinteressen. In: Semlinger, K. (Hg.). Flexibilisierung des Arbeitsmarktes: Interessen, Wirkungen, Perspektiven. Frankfurt, New York, 177–199.

Boxall, P. (1996): The strategic HRM debate and the resource-based view of the firm. In: Human Resource Management Journal 6 (3), 59–75.

Boxall, P./Purcell, J. (2001): Strategic human resources managment: where have we come from and where should we be going? In: International Journal of Management Reviews 2, 183–203.

Brandenberg, A. (2001): Anreizsysteme zur Unternehmenssteuerung: Gestaltungsoptionen, neueste motivationstheoretische Herausforderungen und Lösungsansätze. Wiesbaden.

Brewster, C./Larsen, H. H. (1993): Human Resource Management in Europe: Evidence from Ten Countries. In: Hegewisch, A./Brewster, C. (Hg.). European Developments in Human Resource Management. London.

Bröcker, H. F. (1991): Managementkarrieren in Europa: Eine vergleichende Analyse der Merkmale, Mobilitätsprofile und kohortenspezifischen Verlaufsmuster der Karrieren europäischer Führungskräfte. Stuttgart.

Brockett, R. G./Hiemstra, R. (1991): Self-direction in adult learning: Perspectives on theory, research, and practice. New York.

Brockhoff, K. (1977): Prognoseverfahren für die Unternehmensplanung. Wiesbaden.

Buchanan II, B. (1974): Building Organizational Commitment: The Socialization of Managers in Work Organizations. In: Administrative Science Quaterly 19, 533–546.

Buchhorn, E. (2000): Sanfte Trennung. In: Manager Magazin 30 (11), 342–350.

Bühner, R. (1997): Increasing Shareholder Value Through Human Asset Management. In: Long Range Planning 30 (5), 710–717.

Bühner, R. (2004): Personalmanagement. Landsberg am Lech.

Buller, P. F. (1992): Erfolgreiche Partnerschaft: Human Resources und strategische Planung bei acht Spitzenfirmen. In: Kienbaum, J. (Hg.). Visionäres Personalmanagement. Stuttgart, Poeschel, 101–124.

Bürger, M./Polte, R. (2000): Instrumente einer integrierten und umfassenden Personalentwicklung. In: Personalführung 15 (4), 20–25.

Burgoyne, J. (1995): Learning from Experience: From individual discovery to meta-dialogue via the evolution of transitional myths. In: Personnel Review 24 (6), 61–72.

Burnes, B. (1992): Managing change: A strategic approach to organizational development and renewal. London.

Burton-Jones, A. (1999): Knowledge capitalism: Harnessing the value of knowledge for organizations in the 21st century. London.

Butler, J. E./Ferris, G. R./Napier, N. K. (1991): Strategy and Human Resources Management. Cincinnati et al.

Caldwell, D./Chatman, J./O'Reilly, C. (1990): Building Organizational Commitment: A Multifirm Study. In: Journal of Occupational Psychology 63 (3), 245–261.

Cascio, W. (1991): Applied Psychology in Personnel Management. London.

Cascio, W. F. (1989): Managing Human Resources: Productivity, Quality of Work Life, Profits. New York.

Castanias, R. P./Helfat, C. E. (1991): Managerial Resources and Rent. In: Journal of Management 17 (1), 155–171.

Chambers, E./Foulon, M./Handfield-Jones, H./Hankin, S. M./Michaels, E. G. (1998): The war for talent. In: McKinsey Quarterly (3), 44–57.

Chandler, A. D. (1962): Strategy and Structure – Chapters in the History of the Industrial Enterprise. Cambridge, London.

Chatterjee, S./Wernerfelt, B. (1991): The Link between Resources and Type of Diversification: Theory and Evidence. In: Strategic Management Journal 12 (1), 33–48.

Clark, J. M. (1923): Studies in the Economics of Overhead Costs. Chicago.

Cleland, D. I./King, W. R. (1983): System Analysis and Projects Management. New York.

Coff, R. W. (1997): Human Assets and Management Dilemmas: Coping with Hazards on the Road to Resource-based Theory. In: Academy of Management Review 22 (2), 374–402.

Collis, D. J. (1991): A Resource-based Analysis of Global Competition: The Case of the Bearings Industry. In: Strategic Management Journal 12 (4), 49–68.

Collis, D. J./Montgomery, C. A. (1995): Competing on Resources: Strategies in the Nineties. Unveröffentliches Arbeitspapier, Harvard Business School. Cambridge (Mass.).

Comelli, G./Rosenstiel, L. v. (1995): Führung durch Motivation: Mitarbeiter für Organisationsziele gewinnen. München.

Confessore, S. J./Kops, W. J. (1998): Self-Directed Learning and the Learning Organization: Examing the Connection Between the Individual and the Learning Environment. In: Human Resource Development Quarterly 9 (4), 365–375.

Connor, K. R. (1991): A Historical Comparison of Resource-based Theory and Five Schools of Thought Within Industrial Organization Economics: Do We Have a New Theory of the Firm? In: Journal of Management 17 (1), 121–154.

Conradi, W. (1983): Personalentwicklung. Stuttgart.

Csikszentmihalyi, M. (2003): Good Business: Leadership, Flow and the Making of Meaning. London.

Cummings, T. G./Huse, E. F. (1989): Organization Development and Change. St. Paul.

Curth, M./Lang, B. (1990): Management der Personalbeurteilung. München.

Dahrendorf, R. (1956): Industrielle Fertigkeiten und soziale Schichtung. In: Kölner Zeitschrift für Soziologie und Sozialpsychologie 8 (4), 540–568.

Däubler, W. (2001): Arbeitsrecht: Ratgeber für Beruf, Praxis und Studium. Frankfurt am Main.

Daudelin, W. M. (1996): Learning from Experience Through Reflection. In: Organizational Dynamics 24 (3), 36–48.

Dearden, J. (1972): How to make incentive plans work. In: Harvard Business Review 50 (4), 117–124.

Deci, E. L./Ryan, R. M. (1985): Intrinsic Motivation and Self-Determination in Human Behavior. New York.

Delery, J. E./Doty, D. H. (1996): Modes of Theorizing in Strategic Human Resource Management: Tests of Universalistic, Contingency, and Configurational Performance Predictions. In: Academy of Management Journal 39 (4), 802–835.

Deleuze, G./Guattari, F. (1977): Rhizom. Berlin.

Deppe, J. (1986): Qualitätszirkel – Ideenmanagement durch Gruppenarbeit. Bern.

Deppe, J. (1989): Mitarbeitermotivation durch Qualitätszirkel. In: Deppe, H./Scharfenkamp, N./Voß, J. (Hg.). Arbeit und Personal: Beiträge zu aktuellen Problemen der Personalwirtschaft. München, 171–196.

DGFP, Hg. (2005): PIX – der Personalmanagement-Professionalisierungs-Index der DGFP: Grundlagen, Konzept, Messmethodik. Bielefeld.

DGFP, Hg. (2006): Flexibilisiertes Personalmanagement: Grundlagen, Handlungshilfen, Praxisbeispiele. Bielefeld.

Dielmann, K. (1999): Förderung von Employability in den Niederlanden. In: Personalführung 32 (7), 52–55.

Dierickx, I./Cool, K. (1997): Asset Stock Accumulation and Sustainability of Competitive Advantage. In: Foss, N. J. (Hg.), 161–172.

Dietmann, E. (1993): Personalmarketing: Ein Ansatz zielgruppenorientierter Personalpolitik. Wiesbaden.

Dombois, R./Osterland, M. (1982): Neue Formen flexiblen Arbeitskräfteeinsatzes: Teilzeitarbeit und Leiharbeit. In: Soziale Welt 33 (3), 466–481.

Domsch, M. (1993): Personalplanung und -entwicklung für Fach- und Führungskräfte. In: Rosenstiel, L. v./Regnet, E./Domsch, M. (Hg.). Führung von Mitarbeitern: Handbuch für erfolgreiches Personalmanagement. Stuttgart, S. 401–417.

Domsch, M./Gerpott, T. (1992): Organisation des Personalwesens. In: Frese, M. (Hg.). Handwörterbuch der Organisaton. Stuttgart. 3. Aufl., 1934–1949.

Domsch, M./Krüger-Basener, M. (1995): Mobilität und Fluktuation von Führungskräften. In: Kieser, A./Reber, G./Wunderer, R. (Hg.). Handwörterbuch der Führung. Stuttgart, 1565–1578.

Drumm, H. J. (2005): Personalwirtschaft. Berlin.

Drumm, H. J./Scholz, C. (1983): Personalplanung: Planungsmethoden und Methodenakzeptanz. Stuttgart.

Dubs, R. (1997): Human Resource Management. In: Siegwart, H./Dubs, R./Mahari, J. (Hg.). Meilensteine im Management (Band 6): Human Resource Management. Stuttgart, 13–30.

Duncan, W. J. (1981): Organizational Behavior. Boston.

Ebert, D. (2006): Dispensation von Humanressourcen: Eine flexibilitätsorientierte Betrachtung. Wiesbaden.

Eckert, N. (1998): Unternehmensentwicklung und Ökologie des Wissens. Der Primat impliziten Wissens und seine Implikationen für eine evolutionäre Organisationstheorie. München.

Edvinsson, L./Malone, M. S. (1997): Intellectual capital: realizing your company's true value by finding its hidden roots. New York.

Ehreiser, H.-J./Nick, F. R. (1975): Personalleasing. In: Gaugler, E. (Hg.). Handwörterbuch des Personalwesens. Stuttgart, 1582–1588.

Ehrenfeld, T. (1992): The Case of the Unpopular Pay Plan. In: Harvard Business Review 70 (1), 14–23.

Eisenhardt, K. M./Brown, S. L. (1999): Wie Sie Ihr Geschäftsportfolio flexibel gestalten. In: Harvard Businessmanager 21 (6), 72–85.

Eisinger, B. (2000): Manager auf Zeit. In: Wirtschaft – Das IHK-Magazin für München und Oberbayern 56 (4), 6–9.

Emery, F. E. (1959): Characteristics of Socio-Technical Systems. Tavistock Document. London.

Ernst, E. E. (1999): Neue Perspektiven – Out- und Replacement. In: Wirtschaft – Das IHK-Journal für München und Oberbayern 55 (11), 68–69.

Erpenbeck, J. (1999): Wissensmanagement, Kompetenzentwicklung und Lernkultur. In: Quem-Report 3, 2–7.

Erpenbeck, J./Heyse, V. (1999): Kompetenzbiographie – Kompetenzmilieu – Kompetenztransfer: Zum biographischen Kompetenzerwerb von Führungskräften der mittleren Ebene, nachgeordneten Mitarbeitern und Betriebsräten. In: Quem-Report 3.

Etzioni, A. (1975): Die aktive Gesellschaft: Eine Theorie gesellschaftlicher und politischer Prozesse. New York.

Euler, D. (1997): Sozialkompetenz als didaktische Kategorie – vom 'didaktischen Impressionsmanagement' zu einem Forschungsprogramm. St. Gallen.

Fargel, Y. (2006): Mitarbeiter-Placement: Eine fit-orientierte Perspektive. Wiesbaden.

Farrell, D./Rusbult, C. E. (1981): Exchange Variables as Predictors of Job Satisfaction, Job Commitment, and Turnover: The Impact of Rewards, Costs, Alternatives, and Investments. In: Organizational Behavior and Human Performance 28 (1), 78–95.

Fauth-Herkner, A./Wiebrock, S./Partner, F.-H. (2001): Modul 3: Flexibles Arbeitszeitmanagement. In: Stiftung, B./Partner, F.-H./Oechsler, W. (Hg.). Leitfaden systematisches Beschäftigungsmanagement: Hilfestellung für ein modernes Personalmanagement. Gütersloh, 91–141.

Fitz-Enz, J. (2000): The ROI of Human Capital. New York.

Fleck, A. (1995): Hybride Wettbewerbsstrategien. Wiesbaden.

Fombrun, C. J./Tichy, N. M./Devanna, M. A. (1984): Strategic Human Resource Management. New York.

Friedel-Howe, H. (1980): Qualifikation durch Arbeitsstrukturierung. In: Neubauer, R./Rosenstiel, L. v. (Hg.). Handbuch der Angewandten Psychologie, Band 1: Arbeit und Organisation. München, 443–459.

Friedrich, W. (1995): Sozialversicherungsfreie Beschäftigungsverhältnisse 1987 und 1992. In: Keller, B./Seifert, H. (Hg.). Atypische Beschäftigung: Verbieten oder gestalten? Köln, 65–83.

Frieling, E./Klein, H. (1989): Fachlaufbahn für Konstrukteure. In: Personalwirtschaft 16 (10), 22–29.

Fritz, K. (1985): Individuelle Flexibilisierung der Arbeitszeit – Praktische Modelle, ihre Ziele und Auswirkungen. In: Personalwirtschaft 12 (5), 162–170.

Galunic, D. C./Rodan, S. (1998): Resource Recombinations in the Firm: Knowledge Structures and the Potential for Schumpeterian Innovation. In: Strategic Management Journal 19 (12), 1193–1201.

Gälweiler, A. (1987): Strategische Unternehmensführung. Frankfurt.

Gauger, J. (2000): Commitment-Management in Unternehmen: Am Beispiel des mittleren Managements. Wiesbaden.

Gaugler, E. (1985): Erfolgsbeteiligung und Vermögensbildung im arbeitgebenden Unternehmen. In: Giersch, H. (Hg.). Wie es zu schaffen ist: Agenda für die deutsche Wirtschaftspolitik. Stuttgart, 349–366.

Gaugler, E. (1987): Zur Vermittlung von Schlüsselqualifikationen. In: Gaugler, E. (Hg.). Betriebliche Weiterbildung als Führungsaufgabe. Wiesbaden, 69–84.

Gaugler, E. (2003): Geschichte des Personalwesens. In: Gaugler, E./Oechsler, W./Weber, W. (Hg.). Handbuch des Personalwesens. Stuttgart, 837–853.

Gaugler, E./Weber, W., Hg. (1992): Handwörterbuch des Personalwesens. Stuttgart.

Gerpott, T. J. (1988): Karriereentwicklung von Industrieforschern. Berlin.

Gerpott, T. J. (2004): Technologischer Wandel im Personalmanagement. In: Gaugler, E./Oechsler, W./Weber, W. (Hg.). Handbuch des Personalwesens. Stuttgart, 1882–1893.

Ghoshal, S. (1987): Global Strategy: An Organizing Framework. In: Strategic Management Journal 8 (5), 425–440.

Gluminski, I. (1993): Berufliche Sozialisation während des betrieblichen Induktionsprozesses – eine Longitudinaluntersuchung. Bochum.

Gmür, M./Schwerdt, B. (2005): Der Beitrag des Personalmanagements zum Unternehmenserfolg. In: Zeitschrift für Personalforschung 19 (3), 221–251.

Gmür, M./Thommen, J.-P. (2006): Human Resource Management: Strategien und Instrumente für Führungskräfte und das Personalmanagement. Zürich.

Golden, K. A./Ramanujam, V. (1985): Between a Dream and a Nightmare: On the Integration of the Human Resource Management and Strategic Planning Processes. In: Human Resource Management 24 (1), 429–452.

Goold, M./Campbell, A./Alexander, M. (1994): Corporate-Level Strategy: Creating Value in the Multibusiness Company. New York.

Goossens, F. (1961): Personalwechsel und Fluktuation. In: Personal – Mensch und Arbeit im Betrieb 13 (4), 277–280.

Goossens, F. (1975): Arbeitsplatzwechsel, innerbetrieblicher. In: Gaugler, E. (Hg.). Handwörterbuch des Personalwesens. Stuttgart, 306–314.

Goslich, L. (2001): Von Rechts wegen. In: Wirtschaft – Das IHK-Magazin für München und Oberbayern 57 (11), 24–26.

Gouldner, A. (1960): The Norm of Reciprocity: A Preliminary Statement. In: American Sociological Review 25 (2), 161–178.

Grant, R. M. (1991): The Resource-based Theory of Competitive Advantage: Implications for Strategy Formulation. In: California Management Review 33 (3), 114–135.

Greer, C. R. (2001): Strategic Human Resource Management. A General Managerial Approach. New Jersey.

Greif, S./Kurtz, H.-J., Hg. (1996): Handbuch Selbstorganisiertes Lernen. Göttingen et al.

Grieger, J. (1997): Hierarchie und Potenzial: Informatorische Grundlagen und Strukturen der Personalentwicklung in Unternehmungen. Neustadt/Coburg.

Guest, D. (1989): Personnel and Humanressourcen-Management: Can You Tell the Difference? In: Personnel Management 21 (1), 48–51.

Gutschelhofer, A. (2004): Mitarbeitergespräch. In: Gaugler, E./Oechsler, W./Weber, W. (Hg.). Handwöterbuch des Personalwesens. Stuttgart, 1221–1231.

Guzzo, R. A./Noonan, K. A./Elron, E. (1994): Expatriate Managers and the Psychological Contract. In: Journal of Applied Psychology 79 (4), 617–626.

Haari, R. (1999): Nutzen von Gruppen-Outplacement für Stellensuchende – Ergebnisse einer empirischen Langzeitstudie. In: Personal 51 (9), 466–471.

Haberkorn, K. (1972): Die Einführungsschrift für neue Mitarbeiter. Neuwied.

Habermas, J. (1977): Erkenntnis und Interesse. Frankfurt am Main.

Hagen, R. (1985): Anreizsysteme zur Strategiedurchsetzung. Spardorf.

Hahn, D./Willers, H. G. (1986): Unternehmensplanung und Führungskräftevergütung. In: Hahn, D./Taylor, B. (Hg.). Strategische Unternehmensplanung – strategische Unternehmensführung. Heidelberg, 494–503.

Hall, R. (1992): The Strategic Analysis of Intangible Resources. In: Strategic Management Journal 13 (2), 135–144.

Hall, R. (1993): A Framework Linking Intangible Resources and Capabilities to Sustainable Competitive Advantage. In: Strategic Management Journal 14 (8), 607–618.

Hamm, I./Rupp, R. (1997): Betriebsänderungen – Interessenausgleich – Sozialplan. Neuwied.

Handfield-Jones, H. (2000): How executives grow: Talent can be bought, but the best companies develop their own. In: McKinsey Quarterly 5 (1), 116–123.

Hargadon, A./Sutton, R. I. (1997): Technology brokering and innovation in a product development firm. In: Administrative Science Quarterly 42 (4), 716–749.

Hartmann, B. K. (1999): Betriebliche Personalpolitik durch Aufhebungsverträge: Entlassen auf die sanfte Tour? Baden-Baden.

Hartmann, F. (1997): Outplacement-Beratung (Beratung zur beruflichen Neuorientierung): Modernes Instrument im Personalmanagement – schafft es neue Perspektiven? Düsseldorf.

Hasenack, W. (1961): Mensch im Betrieb: Inwieweit kann oder muß die Betriebswirtschaftslehre den Menschen in ihre Untersuchungen einbeziehen? In: Zeitschrift für Betriebswirtschaft 31 (10), 577–596.

Hax, K. (1961): Grundfragen der betrieblichen Personalpolitik. In: Zeitschrift für Betriebswirtschaft 31 (12), 721–732.

Heckhausen, H. (1989): Motivation und Handeln. Berlin.

Heilmann, J. (2004): Arbeitschutzrecht. In: Gaugler, E./Oechsler, W./Weber, W. (Hg.). Handwörterbuch des Personalwesens. Stuttgart, 386–397.

Heintel, P./Krainz, E. E. (1990): Projektmanagement: Eine Antwort auf die Hierarchiekrise? Wiesbaden.

Heinz, W. R. (1982): Berufliche Sozialisation. In: Hurrelmann, K./Ulich, D. (Hg.). Neues Handbuch der Sozialisationsforschung. Weinheim, Beltz, 499–519.

Hemmer, E. (1997): Sozialpläne und Personalanpassungsmaßnahmen: Eine empirische Untersuchung. Köln.

Hennemann, C. (1997): Organisationales Lernen und die lernende Organisation: Entwicklung eines praxisbezogenen Gestaltungsvorschlages aus ressourcenorientierter Sicht. München.

Hentze, J. (1991): Personalwirtschaftslehre 2: Personalerhaltung und Leistungsstimulation, Personalfreistellung und Personalinformationssysteme. Bern.

Hentze, J. (1994): Personalwirtschaftslehre 1 – Grundlagen, Personalbedarfsermittlung, -beschaffung, -entwicklung und -einsatz. Bern.

Hentze, J./Brose, P. (1985): Unternehmensplanung. Bern.

Herbst, P. G. (1976): Alternatives to Hierarchies. Leiden.

Herzberg, F. (1978): One More Time: How Do You Motivate Employees? In: Natemeyer, W. E. (Hg.). Classics of Organizational Behavior. Oak Park, 95–106.

Heymann, H.-H./Seiwert, L. J., Hg. (1982): Job Sharing: Flexible Arbeitszeit durch Arbeitsplatzteilung. Stuttgart.

Heymann, H.-H./Seiwert, L. J. (1984): Flexible Pensionierung: Arbeitszeitmodelle – Vorruhestandsregelungen – Ruhestandsvorbereitung. Grafenau.

Heyse, V./Erpenbeck, J. (1997): Der Sprung über die Kompetenzbarriere: Kommunikation, selbstorganisiertes Lernen, Kompetenzentwicklung von und in Unternehmen. Bielefeld.

Hilb, M. (1977): Das Austrittsinterview. In: Management-Zeitschrift io (Industrielle Organisation) 46 (7/8), 307–310.

Hilb, M. (2005): Integriertes Personal-Management: Ziele – Strategien – Instrumente. München.

Hille, H.-E. (1994): Personalanpassung in Krisenzeiten: Eine Arbeitshilfe für Unternehmer und deren Berater. Bonn.

Himmelreich, F.-H. (1989): Arbeitsmarktanalyse. In: Strutz, H. (Hg.). Handbuch Personalmarketing. Wiesbaden, 25–37.

Hoberman, S./Mailick, L. (1992): Experiential management development: From learning to practice. New York et al.

Hofbauer, W. (1991): Organisationskultur und Unternehmensstrategie. München.

Hofer, C./Schendel, D. (1978): Strategy Formulation: Analytical Concept. St. Paul.

Hoff, A. (1997): Das persönliche Zeitkonto: ein Auslaufmodell. In: Personal 49 (7), 336–341.

Höland, A. (2004): Arbeitsvertrag. In: Gaugler, E./Oechsler, W./Weber, W. (Hg.). Handwörterbuch des Personalwesens. Stuttgart, 414–420.

Höllmüller, M. (2002): Strategische Akquisition hochqualifizierter Nachwuchskräfte: Eine empirische Untersuchung zum Humanressourcenmanagement. Wiesbaden.

Holtbrügge, D. (2004): Personalmanagement. Stuttgart.

Honegger, J. (2001): Employability statt Jobsicherheit. In: Personalwirtschaft 28 (6), 50–54.

Hoß, A./Jansen, H. (1994): Gezielte Personalanpassung. Landsberg/Lech.

Hoyningen-Huene, G. v. (2004): Individuelles Arbeitsrecht. In: Gaugler, E./Oechsler, W./Weber, W. (Hg.). Handwörterbuch des Personalwesens. Stuttgart, 358–368.

Huber, K. H. (1992): Einführungsprogramme für neue Mitarbeiter. In: Gaugler, E./Weber, W. (Hg.). Handwörterbuch des Personalwesens. Stuttgart. 2. Auflage, 763–773.

Huber, S. (1998): Strategisches Personalcontrolling als Unterstützungsfunktion des strategischen Personalmanagements. München.

Hulin, C. (1991): Adaption, Persistence, and Commitment in Organizations. In: Dunette, M./Hough, L. (Hg.). Handbook of Industrial and Organizational Psychology. Palo Alto, Consulting Psychologist Press, 445–505.

Hungenberg, H. (1990): Planung eines Führungskräfteentwicklungssystems: Eine konzeptionelle Untersuchung der Gestaltung des Führungskräfteentwicklungssystems einer Unternehmung auf system- und entscheidungsorientierter Grundlage. Gießen.

Hunold, W. (1982): Personalanpassung in Recht und Praxis: Eine Anleitung zur Lösung betrieblicher Probleme bei rückläufiger Beschäftigung. München.

Hunter, J./Hunter, R. (1984): Validity and Utility of Alternative Predictors of Job Performance. In: Psychological Bulletin 96 (1), 72–98.

Huselid, M. (1995): The Impact of Human Resource Management Practices on Turnover, Productivity, and Corporate Financial Performance. In: Academy of Management Journal 38 (3), 380–391.

Inglehart, R. (1977): The silent revolution. Princeton.

Inhoffen, A. (1979): Personalabbau ohne Entlassung: Alternativen im Vorfeld der Entlassung. In: Der Betrieb, Wochenschrift für Betriebswirtschaft, Steuerrecht, Wirtschaftsrecht, Arbeitsrecht 32 (41), 1997–2003.

Isele, S. (1991): Managerleistung messen – beurteilen – honorieren. Zürich.

Isen, A. M./Baron, R. A. (1991): Positive affect as a factor in organizational behavior. In: Research in Organizational Behavior 13, 1–54.

Itoh, H. (1991): Japanese Human Resource Management from the Viewpoint of Incentive Theory. In: Recerche Economiche 45, 345–376.

Jacobs, S./Thiess, M./Söhnholz, D. (1987): Human-Ressourcen-Portfolio. In: Die Unternehmung 41 (3), 205–218.

Jakobs-Fuchs, I. (1978): Planung der Personalfreisetzung: Determinanten, Instrumente, Strategien. München.

Jensen, M. C./Murphy, K. J. (1990): CEO Incentives – It´s Not How Much You Pay, But How. In: Harvard Business Review 68 (3), 138–153.

Jenson, A. R. (1980): Bias in Mental Testing. New York.

Jochum, E. (1987): Gleichgestelltenbeurteilung. Stuttgart.

Kadel, P. (1990): Personalabbauplanung im arbeitsrechtlichen Kontext. München, Mering.

Kaiser, S. (2001): Entwicklung von Humanressourcen – Eine ressourcen- und lernorientierte Perspektive. Wiesbaden.

Kaiser, S. (2004): Humanressourcen-Management in Professional Service Firms. In: Ringlstetter, M./Bürger, B./Kaiser, S. (Hg.). Strategien und Management für Professional Service Firms. Weinheim, 163–184.

Kaiser, S. (2006): Flexibilitätsorientierung als Aspekt des strategischen Personalmanagements. In: DGFP (Hg.). Flexibilitätsorientiertes

Personalmanagement. Grundlagen, Handlungshilfen, Praxisbeispiele. Bielefeld, 27–38.

Kaiser, S. (2008 im Erscheinen-a): Konsequenzen des eBusiness für das Personalmanagement. In: Scholz, C. (Hg.). Vahlens Großes Personallexikon. Wiesbaden.

Kaiser, S. (2008 im Erscheinen-b): Stichwortgruppe "Webbasiertes Personalmanagement": Cyberculture, Cyperspace, Cybersquatting, Distance Learning, Extranet, HR-XML, Hypermediasystem, Internet, Internetkonferenz, Intranet, Virtuelle Realität, Virtuelles Büro, Virtuelles Team, Web-Based-Training (WBT), World Wide Web. In: Scholz, C. (Hg.). Vahlens Großes Personallexikon. Wiesbaden.

Kaiser, S./Bürger, B. (2004): Erfolgversprechende Strategien für Professional Service Firms in Krisenzeiten. In: Ringlstetter, M./Bürger, B./Kaiser, S. (Hg.). Strategien und Management für Professional Service Firms. Weinheim, 395–412.

Kaiser, S./Fargel, Y. (2003): Karrierenetzwerke – wie Unternehmen das Beziehungskapital ihrer Mitarbeiter nutzen können. In: Personalwirtschaft 30 (9), 40–43.

Kaiser, S./Fargel, Y. (2004): Das Wissens retten beim Stellenwechsel. In: Personalmagazin (11), 82–84.

Kaiser, S./Fassbender, P. (2006): Konzept zur Deeskalation. In: Personal – Zeitschrift für Human Resource Management 58 (5), 30–32.

Kaiser, S./Müller-Seitz, G. (2004): Positive Organizational Scholarship (Stichwort). In: Zeitschrift für Planung & Unternehmenssteuerung 15 (4), 449–454.

Kaiser, S./Müller-Seitz, G./Lopes, M./Cunha, M. (2007a): Weblog-Technology as a Trigger to Elicit Passion for Knowledge. In: Organization – The critical journal of organization, theory and society 14 (3), 385–406.

Kaiser, S./Müller-Seitz, G./Ringlstetter, M. (2005): Der Beitrag eines flexibilitätsorientierten Humanressourcen-Managements in Unternehmenskrisen: Eine kritische Betrachtung. In: Zeitschrift für Personalforschung 19 (3), 252–272.

Kaiser, S./Paust, R. (2004): Der Einsatz hochqualifizierter externer Mitarbeiter im Unternehmen: Managementansätze für ein wenig beachtetes Phänomen. In: Der Betriebswirt 45 (3), 30–36.

Kaiser, S./Paust, R./Kampe, T. (2007b): Externe Mitarbeiter. Ein Wegweiser für ein erfolgreiches Management externer Professionals, Freelancer und Dienstleister. Wien.

Kaiser, S./Ringlstetter, M. (2003): Management einer Blended Workforce. In: Personalmagazin (10), 24–26.

Kaiser, S./Ringlstetter, M. (2006): Individuell-subjektives Glücksempfinden als unternehmerischer Erfolgsfaktor. In: Ringlstetter, M./Kaiser, S./Müller-Seitz, G. (Hg.). Positives Management – Zentrale Konzepte und Ideen des Positive Organizational Scholarship. Wiesbaden, 145–160.

Kaiser, S./Rossbach, M. (2003): Flexibilisierung in der Personalausstattung. In: Personal – Zeitschrift für Human Resource Management 55 (1), 16–19.

Kanter, R. M. (1989): When Giants learn to dance. London.

Kerr, S. (1975): On the Folly of Rewarding A, While Hoping for B. In: Academy of Management Journal 18 (4), 769–783.

Kieser, A./Althauser, U./Hippler, G./Krüger, K.-H./Krüger, M. (1982): Die Eingliederung neuer Mitarbeiter in die Unternehmung. In: Zeitschrift für betriebswirtschaftliche Forschung 34, 941–958.

Kieser, A./Kubicek, H. (1992): Organisation. Berlin, New York.

Kieser, A./Nagel, R. (1987): Führung von neuen Mitarbeitern. In: Kieser, A. (Hg.). Handwörterbuch der Führung, Enzyklopädie der BWL. Stuttgart. 10, 1566–1572.

Kim, W./Mauborgne, R. (1998): Procedural Justice, Strategic Decision Making, and the Knowledge Economy. In: Strategic Management Journal 19, 323–338.

Kippes, S. (1991): Strategisch orientierte Anreiz- und Beitragssysteme. In: Zeitschrift für Organisation 60 (6), 430–433.

Kirsch, W. (1988): Die Handhabung von Entscheidungsproblemen: Einführung in die Theorie der Entscheidungsprozesse. München.

Kirsch, W. (1991): Unternehmenspolitik und strategische Unternehmensführung. München.

Kirsch, W. (1992): Kommunikatives Handeln, Autopoiese und Rationalität: Sondierungen zu einer evolutionären Führungslehre. München.

Kirsch, W. (1997a): Betriebswirtschaftslehre – Eine Annäherung aus der Perspektive der Unternehmensführung. München.

Kirsch, W. (1997b): Wegweiser zur Konstruktion einer evolutionären Theorie der strategischen Führung. München.

Kirsch, W./Maaßen, H., Hg. (1990): Managementsysteme – Planung und Kontrolle. München.

Klages, H. (1984): Werteorientierungen im Wandel. Rückblick, Gegenwartsanalyse, Prognosen. Frankfurt am Main.

Kleinhenz, G./Falck, O. (2004): Arbeitsmarkt und Beschäftigung. In: Gaugler, E./Oechsler, W./Weber, W. (Hg.). Handwörterbuch des Personalwesens. Stuttgart, 287–299.

Klimecki, R./Gmür, M. (1993): Strategie und Flexibilität: Wenn Erfolgspotenziale zu Risikopotenzialen werden. Diskussionsbeitrag Nr. 5 Universität Konstanz. Konstanz.

Klimecki, R./Gmür, M. (1998): Personalmanagement: Funktionen, Strategien, Entwicklungsperspektiven. Stuttgart.

Klimecki, R./Gmür, M. (2001): Personalmanagement: Strategien, Erfolgsbeiträge, Entwicklungsperspektiven. Stuttgart.

Klös, H.-P. (1995): Ansatzpunkte betrieblicher Arbeitsmarktpolitik. In: Knuth, M./Vanselow, A. (Hg.). Über den Sozialplan hinaus: Neue Beschäftigungsperspektiven bei Personalabbau. Berlin, 149–168.

Klotz, A. (1990): Varianten von Denkmodellen. In: Kirsch, W./Maaßen, H. (Hg.). Managementsysteme – Planung und Kontrolle. München, 459–490.

Klötzl, G. L. (1994): Das Austritts-Gespräch – eine Quelle "reiner" Information? In: Personal 46 (1), 16–19.

Knebel, H. (1999): Das Ende des "Konstruktivismus" in der Personalführung. In: Personal (2), 80–85.

Kniehl, A. (1998): Motivation und Volition in Organisationen: Ein Beitrag zur theoretischen Fundierung des Motivationsmanagements. Wiesbaden.

Knoll, L./Koss, B. (1995): Spezifisches Humankapital: Ökonomische Theorie und betriebliche Praxis. In: Zeitschrift für Personalforschung 9 (4), 401–415.

Knuth, M./Vanselow, A. (1995): Über den Sozialplan hinaus: Neue Beschäftigungsperspektiven bei Personalabbau. Berlin.

Knyphausen-Aufsess, z. D. (1995): Theorie der strategischen Unternehmensführung: State of the Art und neue Perspektiven. Wiesbaden.

Knyphausen, D. (1993): Why are Firms different? Der "Ressourcenorientierte Ansatz" im Mittelpunkt einer aktuellen Kontroverse im Strategischen Management. In: Die Betriebswirtschaft 53 (6), 771–792.

Koch, H.-E. (1981): Grundlagen und Grundprobleme einer betrieblichen Karriereplanung. Frankfurt am Main, Bern.

Kochan, T. A./Barocci, T. A. (1985): Human Resource Management and Industrial Relations: Text, Readings and Cases. Boston.

Kogut, B./Zander, U. (1992): Knowledge of the Firm, Combinative Capabilities, and the Replication of Technology. In: Organization Science 3 (3), 383–397.

Kohn, A. (1994): Warum Incentive-Systeme oft versagen. In: Havard Business Manager 16 (2), 15–24.

Kolb, D. A. (1984): Experiential Learning: Experience as The Source of Learning and Development. London et al.

Kolenko, T. (1996): College Recruitment: Realities and Guidelines for the 1990s. In: Ferris, G. R./Buckley, M. R. (Hg.). Human Resources Management: Perspectives, Context, Functions, and Outcomes. New Jersey, 201–212.

Kompa, A. (1989): Personalbeschaffung und Personalauswahl. Stuttgart.

Kopel, M. (1998): Zur verzerrten Performancemessung in Agency-Modellen. In: Zeitschrift für betriebswirtschaftliche Forschung 50 (6), 531–550.

Kosiol, E. (1976): Organisation der Unternehmung. Wiesbaden.

Kräkel, M. (1999): Ökonomische Analyse der betrieblichen Karrierepolitik. München.

Kram, K. E. (1986): Mentoring in the Workplace. In: Hall, D. T. (Hg.), 160–201.

Krauss, N. F. (2002): Strategische Perspektiven des Humanressourcen-Managements. Wiesbaden.

Krellmann, M. (1987): Personalleasing. Tettnang.

Krippendorf, K. (1984): Paradox and Information. In: Dervin, B./Voigt, M. J. (Hg.). Progress in Communication Sciences. Norwood. 5, 46–71.

Kroeber-Riehl, W. (1984): Konsumentenverhalten. München.

Kronast, M. (1989): Controlling: Notwendigkeit eines unternehmensspezifischen Selbstverständnisses. München.

Krulis-Randa, J. S. (1987): Strategie und Personalmanagement. In: Lattmann, C. (Hg.). Personal-Management und strategische Unternehmensführung. Heidelberg, 3–12.

Kunisch, P. (1998): Personalreduzierung: Aufhebungsvertrag – Kündigung – Sozialplan. Stuttgart.

Kutschker, M. (1999): Perspektiven der internationalen Wirtschaft. Wiesbaden.

Lahnthaler, W./Zugmann, J. (2000): Die ICH-Aktie. Frankfurt am Main.

Lamnek, S. (1988): Qualitative Sozialforschung, Band 1: Methodologie. München, Weinheim.

Lampert, H. (1994): Lehrbuch der Sozialpolitik. Berlin.

Latham, G./Wexley, K. (1981): Increasing Productivity Through Performance Appraisal. Massachusetts.

Lattmann, C. (1975a): Leistungsbeurteilung als Führungsmittel. Bern.

Lattmann, C. (1975b): Organisation der Personalabteilung. In: Gaugler, E. (Hg.). Handwörterbuch des Personalwesens. Stuttgart, 1427–1442.

Lattmann, C. (1985): Die Personalabteilung. In: Die Unternehmung 39 (3), 192–211.

Laukamm, T./Walsh, I. (1985): Strategisches Management von Humanressourcen: Die Einbeziehung von Humanressourcen in das Strategische Management. In: Little, A. D. (Hg.). Management im Zeitalter der strategischen Führung, 77–100.

Lay, R. (1989): Ethik für Manager. Düsseldorf.

Lengnick-Hall, C. A./Lengnick-Hall, M. L. (1988): Strategic Human Resources Management: A Review of the Literature and a Proposed Typology. In: Academy of Management Review 13 (3), 454–470.

Lesch, H. (2001): Das deutsche System der Lohnfindung unter Anpassungsdruck. Köln.

Lewin, K. (1963): Feldtheorie in den Sozialwissenschaften: ausgewählte theoretische Schriften (Hrsg. von Dorwin Cartwright). Bern.

Liebel, H. J./Oechsler, W. A. (1992): Personalbeurteilung, Neue Wege der Leistungs- und Verhaltensbewertung. Bamberg.

Liebel, H. J./Oechsler, W. A. (1994): Handbuch Human Resource Management. Wiesbaden.

Lombardo, M./Eichinger, R. (1997): HR´s role in building competitive edge leaders. In: Human Resource Management 36 (1), 141–146.

Lombriser, R./Uepping, H., Hg. (2001): Employability statt Jobsicherheit: Personalmanagement für eine neue Partnerschaft zwischen Unternehmen und Mitarbeitern. Neuwied.

Lorenzoni, G./Lipparini, A. (1999): The leverage of interfirm relationships as a distinctive organization capability: A longitudinal study. In: Strategic Management Journal 20 (4), 317–338.

Lorson, P. (1999): Shareholder Value-Ansätze. Zweck, Konzepte und Entwicklungstendenzen. In: Der Betrieb, Wochenschrift für Betriebswirtschaft, Steuerrecht, Wirtschaftsrecht, Arbeitsrecht 52 (26), 1329–1339.

Lueger, G. (1992): Die Bedeutung der Wahrnehmung bei der Personalbeurteilung. München.

Maaßen, H./Geiger, U./Grebenc, H./Klotz, A. (1990): Das Managementsystem der mitarbeiterbezogenen Planung und Kontrolle. In: Kirsch, W./Maaßen, H. (Hg.). Managementsysteme – Planung und Kontrolle. München, 289–340.

Macneil, I. R. (1985): Relational Contract: What We Do and Do Not Know. In: Wisconsin Law Review, 483–525.

Mag, W. (1998): Einführung in die betriebliche Personalplanung. München.

Mahoney, J. T./Pandian, J. R. (1992): The Resource-based View within the Conversation of Strategic Management. In: Strategic Management Journal 13 (5), 363–380.

Makadok, R. (2001): Toward A Synthesis Of The Resource-Based and Dynamic-Capability Views Of Rent Creation. In: Strategic Management Journal 22 (5), 387–401.

Mandl, H./Reinmann-Rothmeier, G. (1995): Unterrichten und Lernumgebungen gestalten. Forschungsbericht Nr. 60 des Lehrstuhls für Emipirische Pädagogik und Pädagogische Psychologie an der LMU. München.

March, J. G./Simon, H. A. (1958): Organizations. New York.

Marr, R., Hg. (2001): Arbeitszeitmanagement: Grundlagen und Perspektiven der Gestaltung flexibler Arbeitszeitsysteme. Berlin.

Marr, R./Stitzel, M. (1979): Personalwirtschaft – ein konfliktorientierter Ansatz. München.

Marré, R. (1997): Die Bedeutung der Unternehmenskultur für die Personalentwicklung. Frankfurt am Main et al.

Martin, A., Hg. (2003): Personal als Ressource. München.

Martin, C. (1998): Lernen durch Teamarbeit. In: Zeitschrift für Personalforschung 12 (1), 67–78.

Mathieu, J. E./Zajac, D. (1990): A Review and Meta-Analysis of the Antecedents, Correlations and Consequences of Organizational Commitment. In: Psychological Bulletin 108 (2), 171–194.

May, K./Mohr, E. (1985): Probleme und Realisierungschancen individueller Arbeitszeitmodelle. München.

Mayer, R. C./Schoorman, F. D. (1992): Predicting Participation and Production Outcomes Through a Two-Dimensional Model of Organizational Commitment. In: Academy of Management Journal 35 (3), 671–684.

Mayrhofer, W. (1989): Outplacement – Stand der Diskussion. In: Die Betriebswirtschaft 49 (1), 55–68.

Mayrhofer, W. (1992): Lebenszyklus, individueller und Lebensplanung. In: Gaugler, E./Weber, A. (Hg.). Handwörterbuch des Personalwesens. Stuttgart, 1240–1254.

McClean Parks, J./Schmedemann, D. (1994): When Promises Become Contracts: Implied Contracts and Handbook Provisions on Job Security. In: Human Resource Management 33 (3), 403–424.

McCormick, E. J./Jeanneret, P. R./Mecham, R. C. (1972): A study of job characteristics and job dimensions as based on the Position Analysis Questionnaire (PAQ). In: Journal of Applied Psychology 56, 347–368.

Meckl, R./Eigler, J. (1998): Gefahren des Outsourcing personalwirtschaftlicher Leistungen – Eine empirisch gestützte Analyse. In: Journal für Betriebswirtschaft 48 (3), 100–112.

Meffert, H. (1985): Größere Flexibilität als Unternehmenskonzept. In: Zeitschrift für betriebswirtschaftliche Forschung 37 (2), 121–137.

Mentzel, W. (1997): Unternehmenssicherung durch Personalentwicklung. Mitarbeiter motivieren, fördern und weiterbilden. Freiburg.

Mertens, D. (1974): Schlüsselqualifikationen: Thesen zur Schulung für eine moderne Gesellschaft. In: Mitteilungen aus der Arbeitsmarkt und Berufsforschung 7 (1), 36–43.

Metz, T. (1995): Status, Funktion und Organisation der Personalabteilung. München.

Meyer, A. (1997): Soziale Kompetenz und Führungshandeln: Paradigma der Managementbildung in lernenden Organisationen. In: Freimuth, J./Haritz, J./Kiefer, B.-U. (Hg.). Auf dem Weg zum Wissensmanagement: Personalentwicklung in lernenden Organisationen. Göttingen, Verlag für angewandte Psychologie, 125–138.

Meyer, C. (1994): Projektteams: Effektiv arbeiten nach eigenen Leistungskriterien. In: Harvard Business Manager 15 (4), 94–108.

Meyer, J. P./Allen, N. J. (1997): Commitment in the Workplace, Theory, Research and Application. Thousand Oaks, CA.

Meyer, J. P./Allen, N. J./Smith, C. A. (1993): Commitment to Organizations and Occupations: Extension and Test of a Three Component Conceptualization. In: Journal of Applied Psychology 78 (4), 538–551.

Meyer, J. P./Paunonen, S. V./Gellatly, I. R./Groffin, R. D./Jackson, D. N. (1989): Oragnizational Commitment and Job Performance: It's the Nature of Commitment that Counts. In: Journal of Applied Psychology 74 (1), 152–156.

Meyer, M. C. (1978): Demotivation: Its Cause and Its Cure. In: Personnel Journal 57 (5), 260–266.

Miles, R. E./Snow, C. C. (1986): Unternehmensstrategien. Hamburg.

Miller, M. (1986): Kollektive Lernprozesse. Studien zur Grundlegung einer soziologischen Lerntheorie. Frankfurt am Main.

Mintzberg, H. (1979): The Structuring of Organizations. Englewood Cliffs.

Mintzberg, H. (1995): Die strategische Planung: Aufstieg, Niedergang und Neubestimmung. München.

Mintzberg, H./Ahlstrand, B./Lampel, J. (1999): Strategy Safari: Eine Reise durch die Wildnis des strategischen Managements. Wien.

Möhl, W. (1985): Die Einführung neuer Mitarbeiter. In: Personalwirtschaft 12 (4), 129–135.

Morrison, D. E. (1994): Psychological Contracts and Change. In: Human Resource Management 33 (Fall 1994), 353–372.

Morrison, E. W./Robinson, S. (1997): When Employees Feel Betrayed: A Model of how Psychological Contract Violation Develops. In: Academy of Management Review 22 (1), 226–256.

Morrison, R. F./Hock, R. R. (1986): Career Building: Learning from Cumulative Work Experience. In: Hall, D. T. (Hg.). Career Development in Organizations. San Francisco, Jossey-Bass, 236–273.

Moser, K. (1996): Commitment in Organisationen. Bern.

Mowday, R. T./Porter, L. W./Steers, R. M. (1982): Employee-Organization Linkage: The Psychology of Commitment, Absenteeism, Turnover. New York.

Mowday, R. T./Steers, R. M./Porter, L. W. (1979): The Measurement of Organizational Commitment. In: Journal of Vocational Behaviour 74 (2), 224–247.

Mückenberger, U. (1991): Re-Regulierung neuer Beschäftigungsformen: Kann "atypische" Beschäftigung sozialverträglich sein? In: Semlinger, K. (Hg.). Flexibilisierung des Arbeitsmarktes: Interessen, Wirkungen, Perspektiven. Frankfurt, New York, 203–224.

Mühlbrandt, T./Schawilye, R. (2005): Analyse personalwirtschaftlicher Risiken und Potentiale. In: Arbeitswissenschaft, I. f. A. (Hg.). Demographische Analyse und Strategieentwicklung in Unternehmen. Köln, 38–59.

Muhr, M. (1996): Zeitsparmodelle in der Industrie: Grundlage und betriebswirtschaftliche Bedeutung mehrjähriger Arbeitszeitkonten. Wiesbaden.

Müller-Stewens, G./Lechner, C. (2001): Strategisches Management: Wie strategische Inititiven zum Wandel führen. Stuttgart.

Mumford, A. (1993): How Managers Can Develop Managers. Hampshire.

Naugle, D. G./Davies, G. A. (1987): Strategic-skill Pools and Competitive Advantage. In: Business Horizons 30 (6), 35–42.

Necker, G. (1998): Personalarbeit in der Rezession. In: Schwuchow, K./Gutmann, J. (Hg.). Jahrbuch Personalentwicklung und Weiterbildung 1998/99. Neuwied, Kriftel, 20–25.

Neisser, U. (1967): Cognitive psychology. New York.

Nerdinger, F. W. (1995): Motivation und Handeln in Organisationen: Eine Einführung. Stuttgart, Berlin, Köln.

Nerdinger, F. W. (2003): Grundlagen des Verhaltens in Organisationen. Stuttgart.

Neuberger, O. (1973): Das Mitarbeitergespräch. München.

Neuberger, O. (1994): Personalentwicklung. Stuttgart.

Neuberger, O. (1997): Personalwesen 1: Grundlagen, Entwicklung, Organisation, Arbeitszeit, Fehlzeiten. Stuttgart.

Neuberger, O./Wimmer, P. (1998): Personalwesen 2: Personalplanung, Beschäftigungssysteme, Personalkosten, Personalcontrolling. Stuttgart.

Nicolai, C. (2006): Personalmanagement. Stuttgart.

Nieschlag, R./Dichtl, E./Hörschgen, H. (1988): Marketing. Berlin.

Nordhaug, O. (1994): Human Capital in Organizations. Oslo et al.

Nüßgens, K.-H. (1975): Führungsaufgabe Personalwesen: Analyse zur Gestaltung eines Personalinformationssystems. Berlin.

O'Leary-Kelly, A. M. (1998): The Influence of Group Feedback on Individual Group Member Response. In: Research in Personnel and Human Resources Management 16, 255–294.

O'Reilly III, C./Chatman, J. (1986): Organizational Commitment and Psychological Attachment: The Effects of Compliance, Identification, and Internalization on Prosocial Behavior. In: Journal of Applied Psychology 71 (3), 492–499.

Oberschulte, H. (1996): Organisatorische Intelligenz – ein Vorschlag zur Konzeptdifferenzierung. In: Schreyögg, G./Conrad, P. (Hg.). Managementforschung 6: Wissensmanagement. Berlin, 41–81.

Odiorne, G. S. (1984): Führungshandbuch zur Steigerung von Umsatz und Gewinn. Landsberg am Lech.

Oechsler, W. (2000): Personal und Arbeit: Grundlagen des Human Ressourcen Managements und der Arbeitgeber-Arbeitnehmer-Beziehungen. München.

Oechsler, W. (2005): Personalforschung als Ad-hoc-Aktionismus: Der Personalmanagement-Professionalisierungs-Index der DGFP. In: Zeitschrift für Personalforschung 19 (2), 107–119.

Olfert, K./Steinbuch, P. (1999): Personalwirtschaft. Ludwigshafen.

Organ, D./Ryan, K. (1995): A Meta-Analytic Review of Attitudinal and Dispositional Predictors of Organizational Citizenship Behavior. In: Personnel Psychology 48 (4), 775–802.

Park, Y.-K. (1999): Personalfreisetzungsstrategien und Personalfreisetzungsalternativen: Eine transaktionskostentheoretische Untersuchung. München.

Pearson, A. E. (1987): Muscle-build the organization. In: Harvard Business Review 65 (4), 49–55.

Pekrun, R./Frese, M. (1992): Emotions in work and achievement. In: International review of industrial and organizational psychology 7 (5), 153–200.

Penrose, E. (1959): The Theory of the Firm. London.

Peteraf, M. A. (1993): The Cornerstones of Competitive Advantage: A Resource-Based View. In: Strategic Management Journal 14 (3), 179–191.

Pfeffer, J. (1995): Producing Sustainable Competitive Advantage Through the Management of People. In: Academy of Management Executive 9 (1), 55-69.

Polyani, M. (1985): Implizites Wissen. Frankfurt am Main.

Porter, M. E. (1992): Wettbewerbsstrategie: Methoden zur Analyse von Branchen und Konkurrenten. Frankfurt am Main.

Priewe, J. (1989): Aufwärts, aber ohne Beförderung. In: Management Wissen 12, 98–112.

Probst, G. J. B. (1992): Organistation: Strukturen, Lenkungsinstrumente, Entwicklungsperspektiven. Landsberg am Lech.

Purcell, J. (1995): Corporate Strategy and its Link with Human Resource Management Strategy. In: Storey, J. (Hg.). Human Resource Management: A Critical Text. London, 63–86.

Purcell, J./Ahlstrand, B. (1994): Human Resource Management in the Multi-Divisional Company. Oxford.

Rasche, C. (1994): Wettbewerbsvorteile durch Kernkompetenzen: Ein ressourcenorientierter Ansatz. Wiesbaden.

Rasche, C./Wolfrum, B. (1994): Ressourcenorientierte Unternehmensführung. In: Die Betriebswirtschaft 54 (4), 501–517.

Reich, K.-H. (1992): Der Einsatz von Marketinginstrumenten im Personalbereich. In: Strutz, H. (Hg.). Strategien des Personalmarketing: Was erfolgreiche Unternehmen besser machen. Wiesbaden, 13–27.

Remer, A. (1978): Personalmanagement: Mitarbeiterorientierte Organisation und Führung von Unternehmungen. Berlin.

Rheinberg, F. (1995): Motivation. Stuttgart.

Ricardo, D. (1817): Principles of Political Economy and Taxation. London.

Rice, A. K. (1958): Productivity and Sozial Organization: The Ahmedabad Experiment. London.

Ridder, H.-G. (1999): Personalwirtschaftslehre. Stuttgart.

Ridder, H.-G./Conrad, P./Schirmer, F./Bruns, H. J. (2001): Strategisches Personal-Management: Mitarbeiterführung, Integration und Wandel aus ressourcenorientierter Perspektive. Landsberg.

Rieble, V. (2004): Kollektives Arbeitsrecht. In: Gaugler, E./Oechsler, W./Weber, W. (Hg.). Handwörterbuch des Personalwesens. Stuttgart, 368–377.

Riedl, J. (1995): Strategie und Personal: Ansätze zur Personalorientierung der strategischen Unternehmensführung. Wiesbaden.

Ries, A./Trout, J. (1986): Positioning: Die neue Werbestrategie. Hamburg.

Ringlstetter, M. (1988): Auf dem Weg zu einem evolutionären Management. München.

Ringlstetter, M. (1995): Konzernentwicklung – Rahmenkonzepte zu Strategien, Strukturen und Systemen. München.

Ringlstetter, M. (1997): Organisation von Unternehmen und Unternehmensverbindungen: Einführung in die Gestaltung der Organisationsstruktur. München.

Ringlstetter, M./Kaiser, S. (2002): Innovative Hochschulkooperationen: ein erfolgversprechender Ansatz im "War for Talent". In: Götz, K. (Hg.). Personalarbeit der Zukunft. München, 77–88.

Ringlstetter, M./Kaiser, S. (2005): Mit individuellem Glück zu unternehmerischen Erfolg führen: eine betriebswirtschaftliche Perspektive. In: Meier, U./Sill, B. (Hg.). Zwischen Gewissen und Gewinn. Werteorientierte Personalführung und Organisationsentwicklung. Regensburg, Verlag Friedrich Pustet, 186–200.

Ringlstetter, M./Kaiser, S. (2007): Positives Personalmanagement in wissensintensiven Dienstleistungsunternehmen. In: Gouthier, M./Coenen, C./Schulze, H./Wegmann, C. (Hg.). Service Excellence. Innovative Aspekte zur Schaffung herausragender Dienstleistungen, Festschrift zum 60. Geburtstag von Bernd Stauss. Wiesbaden, Gabler, 347–362.

Ringlstetter, M./Kaiser, S./Müller-Seitz, G. (2006): Der Einfluss der Kundenzufriedenheit auf die Mitarbeiterzufriedenheit bei Professional Service Firms. In: Zeitschrift für Management 1 (4), 308–342.

Ringlstetter, M./Kaiser, S./Müller-Seitz, G. (2007): Positive Organizational Scholarship. Die Wende der Organisationsforschung zum Positiven? In: Zeitschrift Führung + Organisation 76 (3), 172–175.

Ringlstetter, M./Kniehl, A. (1995): Professionalisierung als Leitidee eines Human Resource Managements. In: Wächter, H./Metz, T. (Hg.). Professionalisierte Personalarbeit? Perspektiven der Professionalisierung des Personalwesens. München, 139–161.

RKW, Hg. (1990): RKW-Handbuch Personalplanung. Neuwied.

Robinson, G. S./Wick, C. W. (1992): Executive Development that Makes a Business Difference. In: Human Resource Planning 15 (1), 63–76.

Robinson, S. L./Kraatz, M. S./Rousseau, D. M. (1994): Changing Obligations and the Psychological Contract: A Longitudinal Study. In: Academy of Management Journal 37 (1), 137–152.

Romzek, B. S. (1989): Personal Consequences of Emplyee Commitment. In: Academy of Management Journal 32 (3), 649–661.

Rosenstiel, L. v. (1975): Die motivationalen Grundlagen des Verhaltens in Organisationen: Leistung und Zufriedenheit. Berlin.

Rosenstiel, L. v. (1987): Wandel in der Karrieremotivation: Verfall oder Neuorientierung? In: Rosenstiel, L. v./Einsiedler, H. E./Streich, R. (Hg.). Wertewandel als Herausforderung für die Unternehmenspolitik. Stuttgart, 35–52.

Rosenstiel, L. v. (1992): Grundlagen der Organisationspsychologie. Stuttgart.

Rousseau, D. M. (1989): Psychological and Implied Contracts in Organizations. In: Employee Rights and Responsibilities Journal 2 (2), 121–139.

Rousseau, D. M. (1995): Psychological Contracts in Organizations: Understanding Written and Unwritten Agreements. Thousand Oaks, London, New Delhi.

Rousseau, D. M./Greller, M. M. (1994): Human Resource Practices: Administrative Contract Makers. In: Human Resource Management 33 (3), 385–401.

Ruderman, M. N./Ohlott, P. J./McCauley, C. D. (1990): Assessing Opportunities for Leadership Development. In: Clark, K. E./Clark, M. B. (Hg.). Measures of Leadership. West Orange (New Jersey), 547–562.

Rüdiger, M./Vanini, S. (1998): Das Tacit Knowledge-Phänomen und seine Implikationen für das Innovationsmanagement. In: Die Betriebswirtschaft 58 (4), 467–480.

Rudolph, H./Schröder, E. (1997): Arbeitnehmerüberlassung: Trends und Einsatzlogik. In: Mitteilungen aus der Arbeitsmarkt- und Berufsforschung 30 (1), 102–126.

Rynes, S. L./Boudreau, J. W. (1986): College Recruiting in large organizations: Practice, evaluation and research implications. In: Personnel Psychology 39 (4), 729–757.

Sattelberger, T. (1997): Vom Quantensprung zum Paradigmenwechsel. In: Personalführung 30 (8), 700–706.

Sattelberger, T. (1998): Humanressourcenpolitik in virtuellen Organisationen. In: Schwuchow, K./Gutmann, J. (Hg.). Jahrbuch Personalentwicklung und Weiterbildung 1998/99. Neuwied, 9–15.

Sattelberger, T. (1999a): Der "Neue Moralische Kontrakt": Nadelöhr für das strategische Management der Humanressourcen in Netzwerkorganisationen. In: Sattelberger, T. (Hg.). Handbuch der Personalberatung: Realität und Mythos einer Profession, 59–95.

Sattelberger, T. (1999b): Kompetenz-Profile als strategische Steuerungsgrößen der Führungskräftegewinnung und -entwicklung. In: Sattelberger, T. (Hg.). Handbuch der Personalberatung: Realität und Mythos einer Profession, 8–19.

Sattelberger, T. (2002): Economies of Loyality: Chance für stakeholder-verantwortliches Personalmanagement. In: Marr, R. (Hg.). Managing People – Perspektiven für das Personalmanagement. München, 89–137.

Sattelberger, T./Höllmüller, M. (2001): David gegen Goliath – Wettbewerb am Markt für "Unternehmer-Humanressourcen". In: Ringlstetter, M. (Hg.). Clicks in E-Business. München, 345–370.

Sauder, G./Schmidt, H. (1993): Personalabteilung. In: Strutz (Hg.). Handbuch Personalmarketing. Wiesbaden, 617–628.

Sauer, M. (1991): Outplacement-Beratung: Konzeption und organisatorische Gestaltung. Wiesbaden.

Schanz, G. (1982): Organisationsgestaltung. München.

Schanz, G. (1992): Flexibilisierung und Individualisierung als strategische Elemente der Personalpolitik. In: Kienbaum, J. (Hg.). Visionäres Personalmanagement. Stuttgart, 255–282.

Schanz, G. (2000): Personalwirtschaftslehre. München.

Schein, E. (1970): Organizational Psychology. Englewood Cliffs.

Schein, E. (1971): The Individual, the Organization and the Career: A Conceptual Scheme. In: Journals of Applied Behavioral Science 7 (4), 401–426.

Schein, E. (1972): Individuum, Organisation und Karriere. Ein theoretisches Modell. In: Gruppendynamik 3 (2), 139–156.

Schein, E. (1978): Career Dynamics: Matching Individual and Organizational Needs. Massachusetts.

Schein, E. H. (1992): Organizational Culture and Leadership. San Francisco.

Schein, E. H. (1997): Wenn das Lernen im Unternehmen wirklich gelingen soll. In: Harvard Business Manager 19 (3), 61–72.

Scherm, E. (1991): Der schwierige Umgang mit dem Personal-Controlling. In: Personalwirtschaft 30 (12), 16–19.

Scherm, E. (1992): Personal-Controlling: Eine kritische Bestandsaufnahme. In: Die Betriebswirtschaft 52 (3), 309–323.

Scherm, E./Süß, S. (2003): Personalmanagement. München.

Schermer, F. J. (1991): Lernen und Gedächtnis. Stuttgart, Berlin, Köln.

Schirmer, F. (1992): Arbeitsverhalten von Managern, Bestandsaufnahme, Kritik und Weiterentwicklung der Aktivitätsforschung. Wiesbaden.

Schneider, H. J./Zander, E. (1993): Erfolgs- und Kapitalbeteiligung der Mitarbeiter in Klein- und Mittelbetrieben. Freiburg.

Schneider, M. (1999): Personalpolitische Anpassungen als Risikomanagement. Ein ökonomischer Beitrag zur Theorie des Flexiblen Unternehmens. In: Zeitschrift für Personalforschung 13 (4), 347–348.

Scholl, R. W. (1981): Differentiating Organizational Commitment from Expectancy as a Motivating Force. In: Academy of Management Review 6 (4), 589–599.

Scholz, C. (2000): Personalmanagement: informationsorientierte und verhaltenstheoretische Grundlagen. München.

Scholz, C. (2005): Die Saarbrücker Formel: Was Ihre Belegschaft wert ist. In: personalmanager (2), 16–19.

Scholz, C./Stein, V./Bechtel, R. (2006): Human Capital Management: Wege aus der Unverbindlichkeit. München.

Schreiber, B. (1998): Selbstreguliertes Lernen. Entwicklung und Evaluation. Münster.

Schreiber, S. (1992): Integrierter Prozeß der Personalfreistellung. Bergisch Gladbach, Köln.

Schreiner, G. (1998): Organisatorische Fähigkeiten. Konzeptualisierungsvorschläge vor dem Hintergrund einer evolutionären Organisationstheorie. München.

Schreyögg, G. (1998): Organisation. Grundlagen moderner Organisationsgestaltung. Wiesbaden.

Schröder, G. A./Schweizer, T. (1999): Anreizsysteme als Steuerungsinstrument in Sparkassen. In: Zeitschrift für betriebswirtschaftliche Forschung 51 (6), 608–622.

Schuh, S./Schultes-Jaskolla, G./Stitzel, M. (1993): Alternative Arbeitszeitstrukturen. In: Marr, R. (Hg.). Arbeitszeitmanagement: Grundlagen und Perspektiven der Gestaltung flexibler Arbeitszeitsysteme. Berlin. 2. Auflage, 133–159.

Schuler, H. (1972): Das Bild vom Mitarbeiter. München.

Schuler, H. (1989): Leistungsbeurteilung. In: Roth, E. (Hg.). Organisationspsychologie. Göttingen, 399–430.

Schuler, R. S./Huber, V. L. (1993): Personnel and Human Resource Management. St. Paul.

Schuler, R. S./Jackson, S. E. (1987): Linking Competitive Strategies with Human Resource Management Practices. In: Academy of Management Executive 1 (3), 207–219.

Schuler, R. S./MacMillan, I. (1984): Gaining Competitive Advantage through Human Resource Practices. In: Human Resource Management 23 (3), 241–256.

Schulte, C. (1989): Personal-Controlling mit Kennzahlen. München.

Schultz, T. W. (1981): Investing in People. The Economics of Population Quality. Berkeley.

Schumpeter, J. A. (1950): Capitalism, Socialism, and Democrazy. New York.

Schuster, F. E. (1986): The Schuster Report: The Proven Connection betweeen People and Profit. New York.

Schweizer, L./Knyphausen-Aufsess, z. D./Ulscht, C. (2005): Outsourcing von Personalfunktionen: eine (erneute) Bestandsaufnahme. In: Zeitschrift für Personalforschung 19 (1), 25–44.

Seelbach, R./Pullig, K.-K. (1992): Handbuch Mitarbeiterbeurteilung. Wiesbaden.

Sengenberger, W. (1987): Struktur und Funktionsweise von Arbeitsmärkten. Frankfurt am Main.

Sennett, R. (1999): Der flexible Mensch – Die Kultur des neuen Kapitalismus. Berlin, New York.

Sheldon, M. (1971): Investments and Involvements as Mechanisms Producing Commitments to the Organization. In: Administrative Science Quaterly 16 (2), 143–150.

Sicherman, N./Galor, O. (1990): A Theory of Career Mobility. In: Journal of Political Economy 98 (1), 169–192.

Simon, H./Wiltinger, K. (1998): High Potentials Recruiting. In: Personalwirtschaft 37 (6), 28–34.

Simon, H./Wiltinger, K./Sebastian, K./Tacke, G. (1995): Effektives Personalmarketing. Wiesbaden.

Simons, R. (1995): Levers of Control: How Managers Use Innovative Control Systems to Drive Strategic Renewal. Boston.

Simons, T./Simons, T./Pelled, L. H. (1999): Making Use of Difference: Diversity, Debate, and Decision Comprehensiveness in Top Management Teams. In: Academy of Management Journal 42 (6), 662.

Somers, M. J. (1995): Organizational Commitment, Turnover, and Absenteeism: An Examination of Direct and Interaction Effects. In: Journal of Organizational Behavior 16 (1), 49–58.

Sonntag, K. (1996): Lernen im Unternehmen. Effiziente Organisation durch Lernkultur. München.

Sonntag, K. (1998): Personalentwicklung "on the job". In: Kleinmann, M./Strauß, B. (Hg.). Potentialfeststellung und Personalentwicklung. Göttingen, 175–197.

Stäbler, S. (1999): Die Personalentwicklung der "Lernenden Organisation". Konzeptionelle Untersuchung zur Initiierung und Förderung von Lernprozessen. Berlin.

Stadelmann, S./Looss, W. (1994): Wo, bitte, geht's denn jetzt nach oben? Karriereplanung in turbulenten Zeiten. In: Hernsteiner 7 (4), 12–14.

Staehle, W. H. (1988): Human Resource Management (HRM): Eine neue Managementrichtung in den USA? In: Zeitschrift für Betriebswirtschaft 58 (5/6), 576–587.

Staehle, W. H. (1991): Redundanz, Slack und lose Kopplungen in Organisationen: Eine Verschwendung von Ressourcen? In: Staehle, W. H./Sydow, J. (Hg.). Managementforschung 1. Berlin, 313–345.

Staehle, W. H. (1999): Management. Eine verhaltenswissenschaftliche Perspektive. München.

Staude, J. (1989): Strategisches Personalmarketing. In: Weber, W./Weinmann, J. (Hg.). Strategisches Personalmanagement. Stuttgart, Schäffer, 167–178.

Steers, R. M. (1977): Antecedentes and Outcomes of Organizational Commitment. In: Administrative Science Quarterly 22 (1), 46–56.

Steffens-Duch, S./Fischer, H. (2000): Employability: Beschäftigungsfähigkeit sichern. In: Personal 52 (10), 550–554.

Steffy, B./Maurer, S. (1988): Conceptualizing and Measuring the Economic Effectiveness of Human Resource Activities. In Academy of Management Review 13 (2), 271–286.

Steidl, B. (1999): Synergiemanagement im Konzern: Organisatorische Grundlagen und Gestaltungsoptionen. Wiesbaden.

Steinle, R. (1985): Die Beteiligung der Mitarbeiter am arbeitgebenden Unternehmen: Eine finanzwirtschaftliche Wirkungsanalyse. Frankfurt am Main.

Steinmann, H./Schreyögg, G./Thiem, J. (1989): Strategische Personalführung: Inhaltliche Ansatzpunkte und Überlegungen zu einem konzeptionellen Bezugsrahmen. In: Bolte, K. M./Mertens, D./Büttner, H.et al (Hg.). Mitteilungen aus der Arbeitsmarkt- und Berufsforschung, 397–407.

Sternberg, R. J. (1997): Tacit Knowledge and Job Success. In: Anderson, N./Herriot, P. (Hg.). International Handbook of Selection and Assessment. Chichester et al., 201–213.

Stetter, F. S. (1999): Karriere im Management: Ansätze zur Professionalisierung des Humanressourcen-Managements. Wiesbaden.

Stiefel, R. T. (1979): Planung und Durchführung von Induktionsprogrammen. München.

Stitzel, M. (2004): Werte und Wertewandle. In: Gaugler, E./Oechsler, W./Weber, W. (Hg.). Handwörterbuch des Personalwesens. Stuttgart, 1989–1998.

Strack, R./Franke, J./Dertnig, S. (2000): Workonomics (*TM): Der Faktor Mensch im Wertmanagement. In: Zeitschrift Führung + Organisation 69 (5), 283–288.

Strack, R./Villis, U. (2001): RAVE(*TM): Die nächste Generation im Shareholder Value Management. In: Zeitschrift für Betriebswirtschaft 71 (1), 67–84.

Strack, R./Villis, U. (2002): RAVE (*TM): Integrated Value Management for Customer, Human, Supplier and Invested Capital. In: European Management Journal 20 (2), 147–158.

Süss, C. (2001): Führung im mittelständischen Konzernen: Eine kontingenztheoretische Analyse der Führungsstrukturen großer und mittelständischer Industriekonzerne. Lohmar.

Teece, D./Pisano, G. (1994): The Dynamic Capabilities of the Firm: An Introduction. In: Industrial and Corporate Change 3 (3), 537–556.

Teece, D./Pisano, G./Shuen, A. (1990): Firm Capabilities, Resources, and the Concept of Strategy, Economic Analysis and Policy. Working Paper EAP-38. University of California.

Teece, D./Pisano, G./Shuen, A. (1997): Dynamic Capabilities and Strategic Management. In: Strategic Management Journal 18 (7), 509–533.

Thiele, M. (1997): Kernkompetenzorientierte Unternehmensstruktur: Ansätze zur Neugestaltung von Geschäftsbereichorganisationen. Wiesbaden.

Thom, N. (1987): Personalentwicklung als Instrument der Unternehmensführung. Stuttgart.

Thompson, P. H./Kirkham, K. L./Dixon, J. (1985): Warning: The Fast Track May Be Hazardous to Organizational Health. In: Organizational Dynamics 13 (4), 21–33.

Tollison, R. D. (1982): Rent Seeking: A Survey. In: Kyklos 35 (4), 575–602.

Tomaszewski, T. (1978): Tätigkeit und Bewusstsein. Weinheim.

Trux, W./Kirsch, W./Ringlstetter, M./Knyphausen, D. (1991): Die Evolution eines Strategischen Managements. In: Kirsch, W. (Hg.). Beiträge zum Management strategischer Programme. München, 713–764.

Türk, K. (1978): Instrumente betrieblicher Personalwirtschaft. Neuwied.

Türk, K. (1981): Personalführung und soziale Kontrolle. Stuttgart.

Tyson, S. (1995): Human Resource Strategy. Towards a General Theory of Human Resource Management. London.

Ulich, E. (1999): Lern- und Entwicklungspotenziale in der Arbeit. In: Sonntag, K. (Hg.). Personalentwicklung in Organisationen. Psychologische Grundlagen, Methoden und Strategien. Göttingen et al. 2. überarbeitete und erweiterte Auflage, 123–153.

Ulrich, D. (1998): Intellectual Capital = Competence x Commitment. In: Sloan Management Review 39 (4), 15–26.

Ulrich, H. (1984): Management. Bern.

Van Maanen, J. (1976): Breaking-in: Socialization to work. In: Dubin, R. (Hg.). Handbook of Work, Organization and Society. Chicago, Rand McNally, 67–130.

Van Maanen, J./Schein, E. H. (1979): Toward a Theory of Organizational Socialisation. In: Staw, B./Cummings, T. (Hg.). Research in organizational behavior. Greenwich (Conn.), 209–264.

Volk, H. (1999): Gefährdete Loyalität und Motivation. In: Betriebswirtschaftliche Blätter 48 (11), 539–540.

Volpert, W. (1987): Psychische Regulation von Arbeitstätigkeiten. In: Kleinbeck, U./Rutenfranz, J. (Hg.). Enzyklopädie der Psychologie, Themenbereich D. Göttingen. Band 1, 1–42.

Voswinkel, S. (1995): Die Regulierung der Leiharbeit: Zeitarbeit zwischen Arbeitsvermittlung und überbetrieblicher Beschäftigung. In: Keller, B./Seifert, H. (Hg.). Atypische Beschäftigung: Verbieten oder gestalten? Köln, 108–138.

Wagner, D. (1991): Organisation, Führung und Personalmanagement. Neue Perspektiven durch Flexibilisierung und Individualisierung. Freiburg.

Wagner, D. (1992): Personalabbau/-freisetzung. In: Gaugler, E./Weber, W. (Hg.). Handwörterbuch des Personalwesens. Stuttgart. 2. Auflage, 1545–1556.

Walter, U. (2007): Löhne und Gehälter in Deutschland. Ihre Entwicklung in Wirtschaft und Staat von 1960 – 2000. Wiesbaden.

Weber, M. (1972): Wirtschaft und Gesellschaft: Grundriß der verstehenden Soziologie. Tübingen.

Weber, W. (1993): Karriere. In: Weber, W./Mayrhofer, W./Nienhüser, W. (Hg.). Grundbegriffe der Personalwirtschaft. Stuttgart.

Weibler, J. (1995): Personalwirtschaftliche Theorien – Anforderungen, Systematisierungsansätze und konzeptionelle Überlegungen. In: Zeitschrift für Personalforschung 9 (2), 113–134.

Weick, K. E. (1981): The Social Psychology of Organizing, Reading. Massachusetts.

Weinert, A. B. (1984): Menschenbilder als Grundlagen von Führungstheorien. Analyse und Systematisierung von a priori Klassifikationen. In: Zeitschrift für Führung und Organisation 53 (2), 117–123.

Weinstein, C. E. (1988): Assessment and training of student learning strategies. In: Schmeck, R. R. (Hg.). Learning strategies and learning styles. New York, 291–316.

Welbourne, T. M./Andrews, A. O. (1996): Predicting the Performance of Initial Public Offerings: Should Human Resource Management Be in the Equation? In: Academy of Management Journal 39 (4), 891–919.

Welge, M. K./Hüttemann, H. H./Al-Laham, A. (1996): Strategieimplementierung, Anreizsystemgestaltung und Erfolg. In: Zeitschrift für Organisation 65 (2), 80–85.

Welslau, D. (2001): Befristung. In: Personalwirtschaft 28 (2), 62–64.

Wenzel, L. (1994): Kündigung und Kündigungsschutz. Neuwied.

Wernerfelt, B. (1984): A Resource-based View of the Firm. In: Strategic Management Journal 5, 171–180.

Wernerfelt, B. (1995): The Resource-based View of the Firm: Ten Years After. In: Strategic Management Journal 16 (3), 171–174.

Weuster, A. (1996): Aufhebungsverträge als Instrument des Personalabbaus. In: Berthel, J./Groenewald, H. (Hg.). Personalmanagement: zukunftsorientierte Personalarbeit. Landsberg am Lech, 1–21.

Wiegand, M. (1996): Prozesse Organisationalen Lernens. Wiesbaden.

Wiener, Y. (1982): Commitment in Organizations: A Normative View. In: Academy of Management Review 7 (3), 418–428.

Wilkening, O. (1989): Bildungscontrolling: Instrumente zur Effizienzsteigerung der Personalentwicklung. In: Riekhof, H. C. (Hg.). Strategien der Personalentwicklung. Wiesbaden. 2. Auflage, 367–394.

Wilkesmann, U. (1999): Lernen in Organisationen. Die Inszenierung von kollektiven Lernprozessen. Frankfurt am Main.

Williamson, O. (1985): The Economic Institutions of Capitalism. New York.

Williamson, O. E. (1990): Die ökonomischen Institutionen des Kapitalismus: Unternehmen, Märkte, Kooperationen. Tübingen.

Willke, H. (1996a): Systemtheorie 1: Grundlagen: Eine Einführung in die Grundprobleme der Theorie sozialer Systeme. Stuttgart.

Willke, H. (1996b): Systemtheorie 2: Interventionstheorie. Stuttgart.

Wimmer, P./Neuberger, O. (1998): Personalwesen 2, Personalplanung, Beschäftigungssysteme, Personalkosten, Personalcontrolling. Stuttgart.

Winter, S. (1996): Prinzipien der Gestaltung von Managementanreizsystemen. Wiesbaden.

Wiskemann, G. (2000): Strategisches Human Ressourcen Management und Arbeitsmarkt: Personalplanung als Grundlage eines systematischen Beschäftigungsmanagement. Baden-Baden.

Wittgenstein, L. (1984): Philosophische Untersuchungen. In: Wittgenstein, L. (Hg.). Werksausgabe. Frankfurt am Main, Suhrkamp. 1, 225–580.

Wolfe, D. M./Kolb, D. A. (1979): Career development, personal growth, and experiental learning. In: Kolb, D. A./Rubin, J. M./McIntyre, J. M. (Hg.). Organizational Psychology. Englewood Cliffs. 3. Auflage, 535–565.

Wolfrum, U. (1993): Erfolgspotentiale: Kritische Würdigung eines zentralen Konzeptes der strategischen Unternehmensführung. München.

Wright, P./Ferris, S. P./Hiller, J. S./Kroll, M. (1995): Competitiveness through management of diversity: Effects on stock price valuation. In: Academy of Management Journal 38 (1), 272.

Wright, P. M./McMahan, G. C./McWilliams, A. (1994): Human Resources and Sustained Competitive Advantage. A Resource-based Perspective. In: International Journal of Human Resource Management 5 (2), 299–326.

Wunderer, R./Sailer, M. (1987): Instrumente und Verfahren des Personal-Controlling. In: Personalführung 21 (8), 600–606.

Wunderer, R./Schlagenhaufer, P. (1994): Personal-Controlling: Funktionen – Instrumente – Praxisbeispiele. Stuttgart.

Yeung, A. K./Borman, B. (1997): Adding value through human resources: Reorienting human resource measurement to drive business performance. In: Human Resource Management 36 (3), 321–335.